河川計画論

潜在自然概念の展開

玉井信行──［編］

東京大学出版会

Principles in Eco-Compatible River Basin Management
Nobuyuki TAMAI, Editor
University of Tokyo Press, 2004
ISBN4-13-061125-9

まえがき

　1990年代は生態学と河川工学の共同作業が始まり，両者の共通の場がだんだんと広がった時代である．そうした時代に，編者代表として河川生態環境に関する2冊の書物を東京大学出版会から刊行することができた．『河川生態環境工学——魚類生態と河川計画』(1993)と『河川生態環境評価法——潜在自然概念を軸として』(2000)である．これらは，魚類生態と河川計画，植物生態と河川計画を念頭においてとりまとめられたものであり，河川工学が生態学の知識を学び，取り入れる時代を反映したものである．

　こうした状況はつぎのようにたとえることができる．すなわち，1990年代は河川工学が生態学に対して門戸を開いた維新の時代であり，これに関連する知識が奔流のように河川工学分野に流れ込んできた時代である．編者は還暦を迎えて東京大学を退職するのを前にして，文明開化の時代のように片側の世界から知識を学ぶ一方の態度では，本当の交流はできないのではないか，河川工学の側から「河川計画」とは何かを示したものがあるのか，という思いにとらわれるようになった．その結果，編者が携わってきた東京大学河川／流域環境研究室の活動をとりまとめて，これに対する答えを出したいと考えるようになった．前の2冊が河川に関わる魚類生態学と植物生態学をとりまとめたとすれば，本書は「河川計画」が必要とする論理の体系，判断基準としての流域の認識，望ましい流域管理に向けて考えるべき将来の課題を示したものである．

　本書はその構成を，第I部総論編，第II部治水編，第III部水資源編，第IV部生態／流域環境編，第V部総合管理編と大分類し，河川計画の骨格を示した．その下に13の章を配置し，各編の内容を詳述するかたちとした．さらに，7つのカラムを挿入して最近の動向を示し，環境流量や総寿命影響評価の議論に関係する基礎的な資料として，ダムの容量と二酸化炭素排出量原単位を付録に掲げている．

　河川計画は，水と土砂に関わる力学のみでは成り立たない．少なくとも，

生態学，さらに経済学，応用倫理学の成果に目を配り，これらの成果を含んだ体系とする必要がある．このような認識に立ち，従来の河川工学の枠組みを大きく超える範囲に対し体系化を行ったものである．本書により，「河川計画論」は川についてのすべての関係者の合意に基づく流域管理を支援する学問体系であると定義づけられ，その内容が明快に示されたとすれば執筆関係者の喜びはこれに過ぎるものはない．

　この『河川計画論——潜在自然概念の展開』は『河川生態環境工学——魚類生態と河川計画』『河川生態環境評価法——潜在自然概念を軸として』と並べて編者の活動を描きだす三部作である．上述したように，本書は河川計画の体系を河川工学の研究者，技術者に示すとともに，生態学，環境学の研究者や実務者に河川計画の核となる学問体系を示すことを目的としている．最初の出版から考えても10年以上の年月が流れたことになり，河川生態環境学もようやく一人前の体系を持ち得た，という感慨がある．

　この三部作を通して東京大学出版会編集部にはたいへんお世話になった．清水恵さんは本書の企画段階までを含めて三部作のすべてに編集者として関わっていただいたが，上梓に至る前に定年を迎えられ出版会を去られた．本書の最終段階では，光明義文さんがその仕事を引き継ぎ，協力された．編集者として緻密な仕事を遂行していただいたお2人に感謝する次第である．

2004年8月　金沢にて
編者　玉井信行

目 次

まえがき i

第 I 部　総論編
第 1 章　潜在自然概念の河川計画への展開 ―――― 3

1.1　潜在自然概念　3
　1.1.1　河川をめぐる課題と規範はどう変化してきたか　3
　1.1.2　自然をどうとらえるか――潜在自然概念　6
1.2　河川の自然特性　9
　1.2.1　自然の攪乱　10
　1.2.2　連続性　12
　1.2.3　地形特性と河床形態の多様性　14
1.3　地形・土地と川の関わり　17
　1.3.1　地形の尺度と現象の規模　17
　1.3.2　集水域のとらえ方　19
1.4　生息域適性評価とは　21
　1.4.1　生息域適性度の定量的評価　21
　1.4.2　流量増分式生息域評価法　23
1.5　潜在自然型河川計画とは　25
　1.5.1　環境倫理について考える　25
　1.5.2　生物多様性について　26
　1.5.3　自然復元の水準　27
　1.5.4　潜在自然型河川計画の原則　27
　1.5.5　環境倫理学に応える潜在自然型河川計画　29
1.6　河川計画のあり方と本書の構成　30

第 II 部　治水編
第 2 章　計画洪水流量 ―――― 37

2.1　安全性の水準について　37

- 2.2 基準となる洪水流量の算定　38
  - 2.2.1 計画降雨の継続時間　38
  - 2.2.2 計画降雨の決定　38
  - 2.2.3 基本高水流量の決定　39
  - 2.2.4 計画高水流量の決定　40
  - 2.2.5 計画流量の変遷　41
- 2.3 雨量の出現確率　44
  - 2.3.1 再現期間と確率水文量　44
  - 2.3.2 プロッティング・ポジション公式　45
  - 2.3.3 確率分布モデル　46
  - 2.3.4 降雨継続時間と降雨強度——拡張フェア式　49
- 2.4 流出解析　50
  - 2.4.1 合理式　50
  - 2.4.2 貯留関数法　52
  - 2.4.3 タンクモデル　53
- 2.5 年最大日流量を用いた年最大流量の推定　54
  - 2.5.1 鬼怒川平方観測所における試み　54
  - 2.5.2 多摩川石原観測所での解析　59
  - 2.5.3 年最大日流量を用いた計画尖頭流量の推定法のまとめ　63

第3章　安全な河道の設計と洪水被害軽減策の動向　65

- 3.1 計画流量に対する水理解析の実務　65
  - 3.1.1 基本的な考え方　65
  - 3.1.2 種々の水理解析手法の特徴　65
  - 3.1.3 一次元解析手法による流下能力検討の基本的な考え方　69
  - 3.1.4 準二次元解析手法　70
- 3.2 水制の周りの流れ——数学モデルによる解析　77
  - 3.2.1 非線形 $k\text{-}\varepsilon$ モデルの基礎方程式　78
  - 3.2.2 砂移動の算定方法　80
  - 3.2.3 流れと河床変化に関する予測結果の検証　83
  - 3.2.4 現地観測結果の例　88
- 3.3 高水時のわんど周辺の流れ　90
  - 3.3.1 実験条件　91
  - 3.3.2 わんどの水深　92
  - 3.3.3 底面付近の流れと洗掘　94
- 3.4 複断面二重蛇行流路の流れ　98
  - 3.4.1 概説　98

3.4.2　実験の概要　100
　　　3.4.3　位相差による流れの差異　102
　3.5　水理実験の相似則　106
　　　3.5.1　基礎的な相似則　106
　　　3.5.2　洪水現象の再現について　107
　　　3.5.3　砂礫州をめぐる相似則　109
　3.6　世界の大河川における洪水と被害軽減への新しい動向　111
　　　3.6.1　ミシシッピ川　112
　　　3.6.2　長江　122
　　　3.6.3　今後の治水策の基本的考え方　133

第4章　自然の不確定性と河川計画 ———— 138

　4.1　河川における植生と水面からの比高　138
　4.2　洪水の大小による粗度係数の変化　140
　　　4.2.1　理論的な背景と過去の動向　140
　　　4.2.2　実測値に基づく解析事例　141
　4.3　河床形状の不確定性が水位に及ぼす影響　142
　　　4.3.1　河床形状の変動と河道計画　142
　　　4.3.2　河床勾配の変動事例と数学モデル　143
　　　4.3.3　河床の縦断変化の不確定性が水位に与える影響　145
　4.4　高水敷の植生と流れの相互相関　146
　　　4.4.1　河原の樹林化の趨勢　146
　　　4.4.2　植生の成長による植生領域の変化　148
　　　4.4.3　洪水流による植生域の変形　150
　4.5　植生域の不確定性が水位に与える影響　157
　　　4.5.1　樹木倒伏流量の決定　157
　　　4.5.2　日流量の確率分布と100年分の流量データの作成　158
　　　4.5.3　植生の変化の推定　160
　　　4.5.4　植生域の変化が水位縦断形へ与える影響　162
　　　4.5.5　植生域の不確定性による水位増分量について　164

第III部　水資源編

第5章　流域水循環の保全 ———— 173

　5.1　都市域の水循環に関する課題　173
　　　5.1.1　水利用の現況　173
　　　5.1.2　都市化が水収支，熱収支へ与える影響　174

5.1.3　下水道の役割　175
5.2　首都圏における水収支と熱収支　181
　5.2.1　水・熱収支の統合解析　181
　5.2.2　東京都の水・熱収支解析　184
　5.2.3　首都圏の水・熱収支　190
5.3　関東地方の水収支　192
　5.3.1　流域のモデル化の概要　192
　5.3.2　流出と表面流解析の統一モデル　194
　5.3.3　蒸発散量に及ぼす温度上昇の影響　201

第6章　地球環境と日本の水資源 ―― 211

6.1　地球規模の気候変化と降水変動　212
　6.1.1　地球の気候システムにおける水循環の役割　212
　6.1.2　水の物理特性　215
　6.1.3　降水分布とその変動　218
6.2　アジアモンスーンの変動と水資源　222
　6.2.1　アジアモンスーンとは　222
　6.2.2　アジアモンスーンの年々変化　225
　6.2.3　降水量の変動特性と水資源　227
6.3　日本の水資源の変動性　229
　6.3.1　わが国の水循環変動とその広域性　229
　6.3.2　地球温暖化に伴うわが国の水資源　231

第IV部　生態／流域環境編

第7章　水界の生態解析の基礎 ―― 237

7.1　水界生物と生態系についての基礎　237
　7.1.1　生物分類についての基礎　237
　7.1.2　生物の個体，群，生態系　240
　7.1.3　水生生物の生活様式による分類　241
7.2　食物連鎖とエネルギー循環　242
　7.2.1　食物連鎖と栄養段階　242
　7.2.2　エネルギーフローと現存量の関係　243
　7.2.3　物質生産　244
7.3　群集と生物の相互作用　246
　7.3.1　資源をめぐる競争――増殖力と環境収容力　246
　7.3.2　種間の競走モデル　247

7.3.3　資源供給のモデリング（Tilman 型）　249
　　7.3.4　ハッチンソンのニッチ　251
　　7.3.5　捕食と攪乱——非平衡な群集と多様性　252
　　7.3.6　栄養段階による捕食と群集間の競争　254
　　7.3.7　r 戦略と K 戦略　255
　　7.3.8　分布　256

第8章　生息域の健全性に関わる評価 ───── 259

8.1　正常流量　259
　　8.1.1　定義　259
　　8.1.2　環境用水の備えるべき要件　261
　　8.1.3　諸外国における環境用水量設定手法の潮流　264
　　8.1.4　現在行われている環境流量設定の実用手法　266
　　8.1.5　環境流量設定の日本におけるケーススタディ　263
8.2　流況変化の評価法　272
　　8.2.1　河床生態保全洪水について　272
　　8.2.2　河床生態保全洪水の変化　276
8.3　生息域適性評価法　278
　　8.3.1　小規模生息域の評価法（略称 PHABSIM）　278
　　8.3.2　適性曲線の定義　280
8.4　魚に対する生息域適性評価法　282
　　8.4.1　瀬・淵区域における位相と魚の利用密度　282
　　8.4.2　第 3 種生息域適性度指数　285
　　8.4.3　速度分布資料に基づく考察　286
8.5　環境因子の重み付けを考慮する生息域適性評価　288
　　8.5.1　主成分分析による環境因子の重み付け　289
　　8.5.2　主成分分析による生息域適性度評価法　290
　　8.5.3　ファジィ測度と生物群集の特性　292
　　8.5.4　ファジィモデルによる生息域適性評価　296

第9章　物質収支と水域の水質 ───── 301

9.1　河川における物質収支の基本構造と水質との関係　301
　　9.1.1　河川生態系におけるエネルギー生産過程　301
　　9.1.2　河川流域における栄養塩収支　303
　　9.1.3　食物連鎖と各栄養段階と生物群集，従属栄養生物に与える影響　305
9.2　下水道と河川水質　310

           9.2.1 下水道の普及と現状　310
           9.2.2 下水道と河川の関係　310
           9.2.3 河川の自然自浄作用　311
           9.2.4 水質指標生物　312
       9.3 汽水域の水質問題　314
           9.3.1 汽水域の物理的特徴　314
           9.3.2 汽水域の生物生産性と水質　315
       9.4 深い湖沼と貯水池の水質　317
           9.4.1 物理的要素　317
           9.4.2 溶存酸素と二酸化炭素　318
           9.4.3 窒素とリン　320
           9.4.4 その他の元素　322
           9.4.5 貯水池における特徴　323
       9.5 浅い湖沼の特性　325
           9.5.1 風成流　326
           9.5.2 谷中湖における湖流解析例　328
           9.5.3 簡易な湖沼水質予測モデル　329
       9.6 湖沼沿岸帯，ウェットランドの生物現象と水質　334
           9.6.1 大型植物と水質および植物プランクトンとの関係　334
           9.6.2 栄養塩の循環　337
           9.6.3 栄養カスケードとトップダウン，ボトムアップ効果　339
       9.7 生態モデル　341
           9.7.1 生態を記述するモデル　341
           9.7.2 ミニマルモデル　342
           9.7.3 バイオエナジェティクスによるモデル　344

第10章　都市環境の機能回復 ────────── 353

       10.1 ヒートアイランド現象　353
           10.1.1 ヒートアイランドの形成　353
           10.1.2 ヒートアイランド解析と風の効果　355
           10.1.3 首都圏におけるヒートアイランドと海風　357
       10.2 都市域の水・熱収支　360
           10.2.1 基礎式　360
           10.2.2 土地利用　363
           10.2.3 人工排熱　364
           10.2.4 東京都の水収支・熱収支　366
       10.3 屋上緑化による環境緩和　368

　　　　10.3.1　屋上緑化の可能性　368
　　　　10.3.2　屋上緑化の熱環境改善効果　370
　10.4　親しみのある都市河川空間　372
　　　　10.4.1　都市空間における河川の課題　372
　　　　10.4.2　都市河川空間の評価構造　373

第11章　良好な河川環境の保全・復元を目指した河川計画の事例 ―――――386

　11.1　河川環境保全・復元の基礎　386
　　　　11.1.1　基本的な考え方　386
　　　　11.1.2　河川環境の保全・復元に当たっての目指すべき方向性の検討　388
　　　　11.1.3　河川整備・管理の目標の設定　389
　　　　11.1.4　治水・利水・環境等の総合的な観点からの河川整備計画等の検討　389
　　　　11.1.5　事前調査・事後調査の実施と予測・評価手法の開発　390
　　　　11.1.6　河川環境情報図の作成と活用　390
　　　　11.1.7　河川環境GISの整備と活用　394
　11.2　北川における河川改修計画　396
　　　　11.2.1　はじめに　396
　　　　11.2.2　河川環境調査の実施　399
　　　　11.2.3　河川環境情報図の作成と河川環境の特徴の把握　400
　　　　11.2.4　改修計画の検討　402
　　　　11.2.5　改修後河道の安定性の評価　404
　　　　11.2.6　モニタリング調査　404
　　　　11.2.7　おわりに　404
　11.3　乙川における河川改修計画　406
　　　　11.3.1　はじめに　406
　　　　11.3.2　多自然型川づくりの基本方針　408
　　　　11.3.3　検討の進め方　410
　　　　11.3.4　改修計画の検討　412
　　　　11.3.5　多自然型川づくり計画策定に関する今後の課題　420
　　　　11.3.6　おわりに　421

第V部　総合管理編

第12章　経済評価 ――――――――――――――――――429

- 12.1 治水・利水における経済的評価法　429
  - 12.1.1 治水経済調査要網　429
  - 12.1.2 多目的ダムの費用割り振り　433
- 12.2 自然復元事業の経済的評価　435
  - 12.2.1 自然復元の価値と評価法の選択　435
  - 12.2.2 評価手法の各論　437
  - 12.2.3 多自然型河川工事の経済評価　439
  - 12.2.4 表明選好法の適用例　441
- 12.3 自然復元と総寿命影響評価　444
  - 12.3.1 総寿命影響評価とは　444
  - 12.3.2 自然復元事業の総寿命影響評価事例　445
- 12.4 環境経済統合勘定　448
  - 12.4.1 環境経済統合勘定の概念　448
  - 12.4.2 河川流域への適用　450
- 12.5 事業評価　453
  - 12.5.1 行政の動き　453
  - 12.5.2 事業評価手法　456

第13章　住民参加と合意形成　　461

- 13.1 合意形成の目標選択　461
  - 13.1.1 河川事業を取り巻く社会情勢の変化　461
  - 13.1.2 河川の認知度の向上　463
  - 13.1.3 民意の聴取およびディスカッション　464
  - 13.1.4 合意形成のための価値比較手法　465
- 13.2 河川整備計画における地域連携と住民参加　470
  - 13.2.1 どのように協働を進めるか？　470
  - 13.2.2 住民参加の事例　473
  - 13.2.3 多摩川水系河川整備計画　476

- カラム-1　洪水ハザードマップ　121
- カラム-2　高規格堤防　131
- カラム-3　地下河川　131
- カラム-4　下水道新世紀　176
- カラム-5　案内板付高落差立杭　178
- カラム-6　自然再生推進法　422
- カラム-7　自然再生への取り組み　423

付録　484

索引　506

編者・執筆者紹介　511

I
総論編

Ⅰ
理論編

1 潜在自然概念の河川計画への展開

　第Ⅰ部では本書の基礎をなす潜在自然概念をもとに，河川流域の特徴を分析する．そして得られた結果を，河川計画のなかで活用できる技術としてどのように体系化するかを考える．この体系が備えるべき基本的な項目は次のようなものである．まず，自然とは何かを十分に考察し，自然を表現する客観的な概念を導く必要がある．次に，川がもっている自然の営みの特徴を知る必要がある．さらに自然のみでなく，人間の営為の影響を判定する基準を構築する必要がある．とくに，生態系への影響を判定できる手法が重要である．河川計画は，人間が川に対して働きかける営為であるから，川に向き合ったときの行動の基礎となる哲学をもっている必要がある．これは水倫理ということもできる．河川計画に携わる者が理解すべき基本的な概念，知としてもつべき技術，水倫理を通して自然に対してもつべき姿勢をとりまとめるのが第Ⅰ部の目的である．

1.1　潜在自然概念

1.1.1　河川をめぐる課題と規範はどう変化してきたか

　1896（明治29）年の河川法は，日本が近代的な法治国家として歩みだし，憲法をはじめとして一連の法律の整備を進めたころに制定されている．また，明治10年代の後半から20年代にかけては，水害が頻発していた．国の主産業である農業，それを支える農地を安全に守ることが国の発展のために重要である，という認識のもとに制定されたものといえる．慣行水利権を認めたことはこうした背景を象徴的に示しており，「大河川の治水」がこの法律を

貫く中心課題であった．1964（昭和39）年の新河川法では，水系一貫主義を中心として，各水系ごとに治水と利水をともに含む工事実施基本計画の策定を義務づけた．これは経済の高度成長期を迎えて，都市用水の需要増大が見込まれるなかで，水資源開発の重要性を河川管理のなかに位置づけたものといえる．その後，経済成長の結果が人口の都市集中，土地利用の激しい変化をもたらし，都市水害を激化させるとともに，河川環境の悪化を招いた．

その後の環境に関する河川事業の推移を表1.1.1に示す．表1.1.1には河川審議会の答申，河川局からの通達，河川事業，ダム事業の主なものを示してある．1960年代には経済の高度成長に伴って多くの水域で水質汚濁が進行した．この時代の汚濁負荷は点源からの放出が主なものであった．環境庁の創設，水質汚濁防止法の制定，オイルショックによる経済活動の減速，下水道の進展などにより，1970年代には点源からの汚濁負荷は急速に減少した．しかし，一般家庭排水，山林・農地などの面源からのチッソ・リンの流入を防ぐことはできず，1980年代以降は湖・貯水池などの停滞水域での富栄養化が課題となった．1970年代には高度成長の過程で生じた都市の膨張に伴う課題が出現した．環境面では都市の水辺の喪失が課題となり，「親水」が取り上げられた．この段階では，もっぱら人間が水辺に近づくことができるような対策が考えられた．

河川の実務に「環境」が初めて登場したのは，1981年の河川審議会の答申である．しかし，このときも河川環境は狭い範囲で考えられており，人間にとっての快適性が追求されていた．生物に関する理解は限定的であり，水産資源に配慮する，という記述が見られるだけであった．こうしたなかで自然回復に向かって大きな一歩を進めるきっかけをつくったのは，1988年に出された建設省開発課長からの通達「発電水利権の期間更新時における河川維持流量の確保について」である．地元住民や，環境団体から要望が強かった「減水区間の解消」は，この通達により大きく前進した．1990年代に入ると，生態系を含んだ本来の意味での環境への認識が高まり，生物への配慮が前面に登場してくる．1990年に治水課長から「多自然型川づくり」に関する通達が出され，「河川水辺の国勢調査」が始められたのはこの皮切りであった．これらの動きにより，自然環境・生物が河川技術者の日常の実務に大きく登場してきた．1994年には「環境を内部目的化する」ことを謳った

表1.1.1 河川工学における環境に関わる主要な動きおよび事業（玉井，1998）

河川審議会答申など	河道・水路に関わる事業	ダム・貯水池に関わる事業
	1969　河川の浄化事業	1975　ダム周辺環境整備事業
1981　河川環境の管理の原則		
1983　通達：河川環境に関する基本計画策定	1987　ふるさとの川モデル事業 1987　流水保全水路整備事業	1987　特定貯水池総合保全整備事業
1988　通達：発電所からの維持流量放流	1988　桜づつみモデル事業 1989　せせらぎふれあいモデル事業	1988　ダム湖活用促進事業 1989　レクリエーション湖面整備事業
1990　通達：多自然型川づくり 1990　河川水辺の国勢調査 1991　今後の河川工事に関する原則 1992　109の一級河川における河川環境の監視制度	1990　レイクフロント整備事業 1991　魚が上りやすい川づくり推進モデル事業 1993　清流ルネサンス21 1993　よみがえる水辺づくりモデル事業	1990　レクリエーション多目的ダム事業 1993　ダム水環境改善事業 1993　ダム貯水池水質保全事業
1994　通達：環境政策大綱 1994　環境法成立 1995　河川環境はいかにあるべきか 1996　21世紀の社会を展望した今後の河川整備の基本的方向について 1996　社会経済の変化を踏まえた今後の河川制度の在り方について 1997　河川法の改正	1994　総合浄化対策特定河川事業	1994　ダム湖活用環境整備事業

「環境政策大綱」が通達されている．この年には環境法も成立し，環境への社会的関心が具体的な法律の形としてまとめられている．

この後，河川審議会は1995年「河川環境はいかにあるべきか」，1996年「21世紀の社会を展望した今後の河川整備の基本的方向について」，1996年「社会経済の変化を踏まえた今後の河川制度の在り方について」と矢継ぎ早に答申を行い，河川は生物に生息域（ハビタット）を提供している，という

概念を定着させた．これを見ると，最近では「環境への配慮」とは「人間を含めた全生態系への配慮」であるという認識となっており，これが社会的な規範であるといってよい．こうした動向を踏まえ，1997年の5月に「河川法の一部を改正する法律案」が国会で成立し，12月に施行法が成立し，実施に移されることになった．今回の改正の骨子は，①目的に「河川環境の整備と保全」を加え，地域の意向を反映した河川整備計画を導入したこと，②異常渇水時の円滑な水利使用の調整を管理者に義務づけたこと，③堤防やダム貯水池周辺の一定の幅の樹林帯を，保安林制度等と調整のうえ，河川管理施設として適正に整備または保全することができるよう措置したことである，とまとめることができる．

21世紀の河川整備はまさにこの河川法に則って進められる．しかしながら，これをどのように具体化してゆくかの具体的な指針や体系，とくに新しく目的に加えられた「河川環境の整備と保全に関する技術体系」に対する考察はやっと始まったばかりであり，河川管理者も模索中の段階であると考えられる．過去の事例や将来の課題を分析し，それを生み出している基本となる動向や思想を見いだすのは水工学研究者の役割である．また，思想を具体的な設計に体現するための技術体系をつくりあげることもわれわれに課せられた使命である．

1.1.2 自然をどうとらえるか——潜在自然概念

自然環境を論ずるときに問題となるのは，「自然」という用語に対して，各人がじつにさまざまな意味を付与することである．自然という用語が普通名詞であることを考えれば，これはけだし当然のことである．しかし，学術・技術のなかでは定義が必要になり，事業に関して多くの関係者が議論するとすれば，「自然とは何か」に関して共通の基礎概念が必要である．

植物生態学では「今日的潜在自然植生」という概念が用いられている（井手・武内，1985，および表1.1.2参照）．これを河川環境を考える際に援用することができる．本書においては「今日的潜在自然」を，自然を考える際の基礎概念として提唱し，その定義を表1.1.2に示している．そして，魚類，植生その他の評価を行うときに，共通してこの概念を基礎に据えて判断ができる（玉井ら，2000）．本書においては，これを河川計画全体に敷衍して論

1.1 潜在自然概念

表 1.1.2 今日的潜在自然の定義

今日的潜在自然	自然因子については現在の条件を変えずに，人為的な活動のみを止めたときに出現する自然である．
	いつの時点で人為的活動を止めるか（いつを今日とするか，どの時点まで遡るか）は，任意に選ぶことができる．

ずる（1.6 節参照）．

　この概念は絶対的な原始自然を定義するのでなく，現在までの人間の営為が加わっていることを前提とした，相対的な概念であるところに特徴がある．この概念を用いれば，時間軸の原点はいろいろな時代に置くことができるので，日本やヨーロッパなどのように人為的な影響が広範囲に及んでいるような地域に適した概念であるといえる．河川にもともとあった自然を復元しようとするときにすぐ問題になるのは，どの時代の自然を目標にしたらよいか，という課題であり，これを定量的に論ずることができる論理体系が必要になる．たとえば 50 年前が好ましい状態にあった，と仮定する．50 年前における今日的潜在自然を考え，それ以後の人間の営為が加わった現在の状態と比較する．現状の自然環境と 50 年前の時点での今日的潜在自然状態との差異を見れば，50 年間の人間の営為により引き起こされた自然環境の変形を知ることができるのである．

　潜在自然の概念における人間活動の影響および議論の出発点となる時点をどう選ぶのかという点につき，内容をいま少し述べる（玉井，1999）．対象期間として，日本における近代を考える．

　日本における産業革命は工場制工業が成立し，それが国民経済の主要な分野をとらえるようになった時点と考えるのが妥当であり，これは日清戦争前後から日露戦争にかけての時期である（隅谷，1985）．この時期は近代的な法律が初めて整備された時代と重なっており，1896 年には最初の河川法が制定された．これ以後，淀川や利根川などの大河川で高水を対象とする計画が策定され，連続堤防による治水事業が進展してきている．

　人間活動の大きな影響が自然環境に加えられた次の機会は，日露戦争の後から第一次世界大戦にかけての時期である．この時期には，海運・鉱業・造船・化学・鉄鋼・電力などの企業活動が活発化し，電力が動力としての地位を固めたことが特徴である．第二次産業革命の時期といえよう．河川には高

さ 50 m を超えるダムが初めて建設され，それ以後，大型の貯水池を活用した発電や水利用が主流となっていった．ダムは河川の流況が季節的に大きく変動するなかで，安定した水供給を可能にするために人類が獲得した手段である．土木技術史的にいえば，この時期を境にして日本の河川においてはダムの存在を考慮する必要が生じてきた．その後の展開として，第二次世界大戦後は洪水制御のためにもダムが建設され，多目的ダムの時代となった．

　3番目の大変革は，いわゆる経済の高度成長期（1960年から1975年）に生じたといえる．この時期には第一次産業に従事する人が約60%減り，一方，第二次産業，第三次産業に従事する人はそれぞれ30%程度増え，農村から都市への人口の大移動が生じた．急激な都市化により都市河川の水害は激化し，河川は高いコンクリートの洪水防御壁の彼方に押しやられたり，普段は深い掘割の底を流れるような河川が見られるようになった．また，急激な工業化や都市化に対応するためには新しい水資源政策が必要となり，これを念頭に置いた新河川法が1964年に制定され，治水と利水が車の両輪となる河川事業が行われることとなった．河川環境をめぐる課題がしだいに重要性を増し，1997年の河川法改正につながったことは，当初に紹介した通りである．この時代には仕事量が膨大に増え，仕事の効率化のために標準設計（全国均一の設計）が広く採用された．この時代を経て日本は先進工業国の仲間入りを果たし，鋼とコンクリートを惜しみなく使える時代となり，無機質で人工的な環境が増えるひとつの要因となった．

　また，人間活動の影響により時代とともに自然度が劣化してきた様子を示したのが図1.1.1である．劣化が激しいのは前述の3つの時期である．図1.1.1の曲線（3）は経済の高度成長期の前に人間活動の影響を取り除いた場合を示しており，昭和30年代初頭の「今日的潜在自然」を考えた場合の推移を示している．われわれは今日では高度成長に伴って達成した高い文明生活を享受しており，これをすべて放棄して昭和30年代初頭の生活水準に戻すことは望まない．とすれば，今後の自然復元活動によって取り戻すことができる自然度は，図1.1.1の曲線（4）と（3）の中間部にあることになる．

　ここで，潜在自然植生を通して河川の特殊性について触れておきたい．河川の自然環境は1.2節で示されるように，不断に自然の撹乱を受けている．したがって，河川の現実の環境は植生が成長する間に洪水が生ずることが多

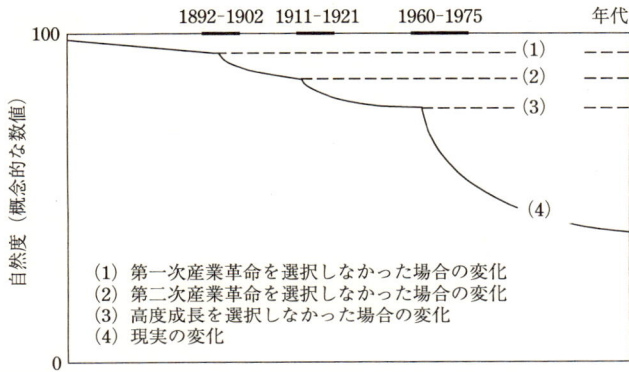

図 1.1.1 産業活動の高度化と自然度の低下の関係を示す概念図

く，潜在自然植生を考えるときの条件「自然因子については現在の条件を変えずに」からつねに外れているといったほうがよいのである．したがって，従来は河川域における「今日的潜在自然植生」を議論することは避けられてきたようである．このように現実の場では往々にして自然因子の条件が変化するので，潜在自然植生は「将来予測される植生」とは異なるものであることに注意する必要がある．しかし，潜在自然植生を最初から意識した調査を行えば，河川域においても潜在自然植生を推定できる（玉井，1999 参照）．

1.2 河川の自然特性

河川の自然特性をどのようにとらえるかについてはさまざまな観点から，さまざまな意見があると思われる（Calow and Petts, 1992, 1994; Klingeman, 1996）．しかし，今日的潜在自然概念を河川の利用や自然復元を目指した人間活動において活用するためには，河川の自然特性をとりまとめ，共

表 1.2.1 河川の自然特性の一覧

河川動態の物理的特性	河川の3大自然特性	代表的な現象・因子
	自然現象による攪乱と更新	洪水，渇水
	縦断方向・横断方向の連続性	水・栄養塩・土砂・生物の移動，河川回廊
	河床形態の多様性	瀬と淵，中州，河岸

通の認識を形成する必要がある．このためには河川の自然現象や人間活動の動的な変化が，河川域にどのような影響を残してゆくかを考える必要がある．こうした観点から河川の本質を議論し，自然の攪乱，連続性，河床形態の多様性の3つに集約した分析がある（玉井，1998）．この節においては自然の攪乱，連続性，河床形態の多様性が河川にとってどのように重要であるか，あるいはこうした課題に関する法則性について述べる．この節の要約が表1.2.1に示されている．

1.2.1 自然の攪乱

川を取り巻く自然環境は日々に変化している．「春の小川」と形容されるような穏やかな流れのときもあれば，台風などによる豪雨の際には，堤防からあふれんばかりに荒れ狂う姿を見せるときもある．川の水量は雨の降り方に影響を受けているので，川の変化を考えるには気象の変化を考えてみるのがよい．雨の多い年・少ない年，雨の多い時期・少ない時期がある．しかし，長い年月の平均を考えてみると，毎年梅雨や台風の季節には雨が多く，冬は乾燥する，という変化は繰り返して起こっている．こうした多年平均が河川の平衡状態を表しており，それぞれの年や月また日ごとの状態はこうした平均からのずれを含んでいる．われわれが「今年は雨の多い年だった」というのは，多年平均の年雨量よりもその年の年雨量が多いときにこのように表現するのである．また，「今月（たとえば5月）は例年になく雨が多かった」というのは，その月（5月）の雨量の多年平均値よりもその年の5月に雨が多かったことを表している．

次に，河川の水理量の変化の具体的な姿を眺めてみよう．図1.2.1は利根川屋形原地点における日流量（毎正時流量の1日間の平均値）とその標準偏差を1月1日から順番に示したものである．資料は1972年から1994年に至るもので，23年間にわたるそれぞれの平均値を示している．融雪出水や梅雨・台風期などで流量が大きく変化している様子がよくわかる．また，図に示されている日流量の標準偏差を見ると，融雪出水では変動係数が小さく，梅雨・台風期の出水は変動が大きいことがわかる．大きな降雨・出水に際しては山腹斜面からの土砂供給，あるいは河道内での土砂移動が生じ，河床の形も変動を余儀なくされる．また，砂州や高水敷が変形すれば，植生ならび

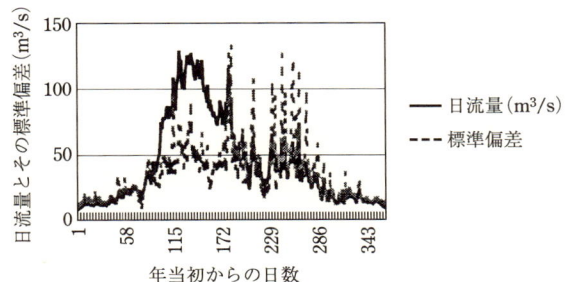

図 1.2.1 利根川屋形原地点における日流量とその標準偏差 (1972-1994 年の平均値)

にそこで生活する生物なども大きな影響を受ける．

図 1.2.1 は日流量の 23 年間の平均値であり，ほぼ平衡状態の日流量を示している．そして，これが毎日変化している様子を示している．では，こうした流量の変動と「攪乱」とは同じものであろうか．これは必ずしも同じではなく，攪乱は生物が棲んでいる場所の状態との関係が含まれている．すなわち，「攪乱とは，生物の生息域の条件を変えてしまう外的条件の変化およびその変化した結果」を指している．流量との関係でいえば，ある程度以上の大きな流量が攪乱をもたらすのである．大きな流量が現れると，水位も上がって普段水がない高位の砂州も浸水したり，洗掘と堆積により砂州の形が変わったり，河床の砂礫が移動したり，河岸の変形が生じたりする．浸水や変形により流出したり，枯死したり，種が漂着したりする植生があれば植物の生態が変化する．河床の砂礫が流出すれば底生生物の生息域は破壊され，新たな遷移が始まる．大きな出水により流路が移動すれば，それに応じた生態系の営みが始まることになる．

河川環境を規定している自然因子には大きな変動が含まれており，それに伴って生息域の破壊と更新が引き起こされている状況を，「自然の攪乱」と呼ぶ．現在の河川生態系は，こうした自然の攪乱を受けつつ，ある平衡状態に達しているのである．絶滅危惧種などが注目を集めるのは，この平衡状態が崩されつつあると考えられるからである．基本的な状態が短かな年月で変化してゆく不安定な系であれば，絶滅は珍しいことではなく，話題にはならないであろう．河川の自然環境は平衡状態といえども，変化がない状態が静的に続くのではなく，ある程度の規則性をもった変動が繰り返して現れてい

る．したがって，動的な平衡状態にあるということができる．

　攪乱には定性的に述べれば，小規模・中規模・大規模な攪乱という区別をつけることができるであろう．たとえば，小規模な攪乱は年間の最大洪水によってもたらされる生息域の変形を指し，中規模な攪乱は10年間の最大洪水によるもの，大規模な攪乱は100年間の最大洪水によるものという水準を設けることができる．砂州の形状からすると，年最大洪水でその長さとか高さが定まるといわれているので，普段の微小な変形が1年に一度は修正されて，次の年を迎えると考えることができる．10年間の最大洪水であれば，砂州の形状はかなりの変形を受ける．また，澪筋が変化するかもしれない．100年間の最大洪水であれば，澪筋の変化だけでなく，高水敷の形が変わったり，氾濫により流路の位置そのものが変わることも起こりそうである．この基準は洪水の規模，人の一生の長さなどから見た時間の尺度でのひとつの例である．着目する視点を地形，地質，生物の種の交代，生物の進化などと変えると，攪乱の時間尺度も変化するであろう．河川における"規模"については，1.3節においてさらに議論する（図1.3.1参照）．

1.2.2　連続性

　河川はいうまでもなく水源山地から海まで連続したもので，水，土砂やさまざまな物質を集めて上流から下流へと輸送・運搬している．このような輸送・運搬が生ずるときに，流域の各部分がどのように連結しているかにより，水・栄養塩・土砂などの流域内の分布が定まる．自然状態であれば，こうした連結を妨げるものはないので，「縦断方向・横断方向の連続性」が第二の重要な自然特性であるといえる．とくに，横断方向の連続性は流域と河道との連続性を支配している．これは，水生生物のみでなく，陸生生物や植物にとっても重要な因子である．

　前段では輸送される物質として，水・栄養塩・土砂などを挙げたが，栄養物質が生物に取り込まれて食物連鎖として上流から下流まで関連している面にも注目する必要がある．食物の最初の生産者は植物であり，上流域では河畔林からの落葉，倒木などが栄養を供給する．上流域ではこうした大型の有機物を噛み砕く破砕食型の底生動物や微生物の作用により，大型の有機物が小さな粒状有機物や溶解性の栄養塩となってゆく．こうして食物が供給され

るので，水中の小さな粒状有機物を濾し取る濾過食型の底生動物も見られ，これらを食する魚類も現れるのである．上流域では水路幅も狭く，河畔植生も濃密であるので水中は暗く，藻類の活動水準は低い．中流域となると川の周辺も開け，藻類の活動が活発となり，瀬の石表面の付着藻類を剝がす刈り取り食型の底生動物，淵で沈殿した有機物を食べる沈殿食型の底生動物の割合が増えてくる．また，集水域からの栄養塩の流入も増え，植物プランクトン，動物プランクトンなども増えて，栄養塩濃度は上昇する．下流域では富栄養化が生じ，沈殿食型の底生動物が優勢となる．一般的に下流になるに従い，栄養塩の流入量が増えるので水質も悪化する．しかし，水質の変化には水中の酸素濃度や，光合成によって生産される有機物が関与するので，河川における連続性を理解しようとするときには生物的な作用を忘れるわけにはゆかない．

現実には，ダムや堰などの横断構造物で土砂輸送が不連続となり，貯水池下流の河床低下，上流の河床上昇に伴って治水・利水機能が低下したり，河床形状の変化が生態系にも影響を及ぼしている可能性が推定される．生態環境において横断面の不連続をもたらしている主たるものは，低水護岸である．とくに水際周辺の植物・昆虫に必要な生息環境が欠落する影響があり，より自然な河岸処理を行うことなどにより，人為的な悪影響を避けたり，緩和する工夫が重要である．

河川には大きく区分して，上流，中流，下流の区分がある．上記の自然特性は，こうした区域ごとに異なる特徴的な姿を現す．こうした流程に伴う変化を考えるときには，地理上の指標を用いるのがよい．山本（1994）は河床の勾配がほぼ一定に維持される大きな区間が存在することに着目し，この区間をセグメントと呼んだ（表1.2.2参照）．同一のセグメントでは，勾配に応じて河床材料の大きさ，典型的な河床形状や流路特性が統計的な意味で均質である．同一のセグメントでは物理的な河道特性のほか，植生分布も特徴的でそれゆえに河道生態系もそれに応じた類似性をもっている（宇多ら，1994）．

植生に代表されるように，個々のセグメントでのその横断分布は地形に応じ，水際から離れるに従って特徴的な連続性を示している．こうしてセグメントは独特な性質をもつ区間であるが，それ以上にそれらが上流から下流へ

表 1.2.2 一般的なセグメント区分（山本，1994 に基づいて一部修正）

	渓谷における渓流	沖積扇状地	沖積平野	三角州
勾配	多様	1/60-1/400	1/400-1/5000	<1/5000
河岸構成物質	多数の岩石が露出	河床材料と同じ	下層は河床材料と同じ，砂，シルト，粘土の混合物	シルトおよび粘土
河床材料の代表径	多様	>2.0 cm	0.3 mm-2 cm	<0.3 mm
蛇行の程度	多様	比較的少ない	蛇行が激しい水深に対する幅の比率が大きい場合，独立した島が形成される	多様
河岸の侵食	きわめて激しい	きわめて激しい	中程度	弱く，河道の位置の移動はほとんどない
低水路の水深	多様	0.5-3 m	2-8 m	3-8 m
断面の形状	自然の河川 掘込型 単断面	掘り込み河道 有堤型 単断面または複断面	掘り込み河道 有堤型 単断面または複断面	掘り込み河道 有堤型 単断面または複断面

特徴をもってつながっていることも重要である．生態系の観点からはコリドーという言葉で縦断方向に連続した生息環境の重要性が指摘されている．固定した地点での環境や生物の生息域だけでなく，それらの縦断連続性が高移動性生物の移動経路，まさにコリドーとなっていることにも注意したい．環境や生態の視点でのコリドーは，治水・利水における水系一貫の視点と共通するものである．

1.2.3 地形特性と河床形態の多様性

河川の特徴は，その境界が移動する物質で構成されているところにある．そのために礫の河原，砂の中州，粘土質の河岸，瀬と淵などの多様な形状が現れる．これに基づいて流れも多様となり，こうした水域の物理的な多様性が，生物の多様性を支える基礎となっていると考えられる．したがって，自然特性の第三として「河床形態の多様性」を挙げることができる．

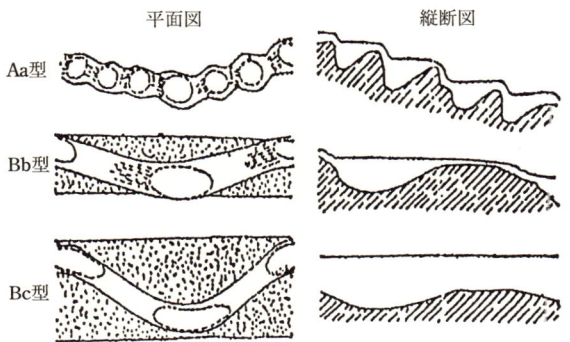

図1.2.2 河川形態の3つの型（水野・御勢, 1993）

　生態学的観点からは可児による瀬と淵の分類が知られている（水野・御勢, 1993）．基本的に上流型（Aa），中流型（Bb），下流型（Bc）の3つに分けられる（図1.2.2）．上流型は流路平面形と独立に瀬・淵が連続する型で，1つの湾曲のなかに複数の瀬・淵の組を含む．中流型，下流型では蛇行と相関し，1つの湾曲に一組の瀬・淵が現れる．中流では瀬・淵の水深，流速の違いが顕著である．この分類も勾配に着目しており，セグメントに特徴的な河床形態の単位が存在していることを示している．また，可児は瀬を平瀬と早瀬に分けた．瀬・淵が連続しているとき淵の下流に平瀬，上流に早瀬ができる．平瀬では河床材料が沈み石となっているのに対し，後者では浮き石となっている．一方，淵については，蛇行に起因するM型，岩の周辺の洗掘に起因するR型，川底の硬さの違いによる深掘れ部のS型がある（図1.2.3）．

　河川の地形的な特徴と人間活動や生物との関係を把握するためには，河川がさまざまな規模の単位の生息域から成り立っていることを認識する必要がある．生息域の規模としては，（ⅰ）巨視的生息域を代表する流域，（ⅱ）中規模生息域を代表するセグメント，（ⅲ）微視的生息域を代表する川幅の数倍程度の長さ，の3種を指摘することができる．こうした空間規模に対応して時間規模も考えるべきである．一般に大きな空間規模は長い時間規模に対応することが多い．生物にとっては「瀬と淵」の一組が重要な意味をもっている．したがって，瀬と淵を含むような区域が，微視的な生息域の単位として取り扱われるわけである．

　一方，河川水理学的に中規模河床形態と呼ばれる交互砂州や湾曲部の寄り

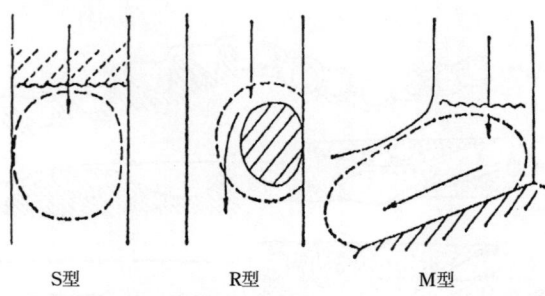

図1.2.3 淵の基本的な3つの型
斜線は岩などの硬い部分を，破線で囲われた部分が淵を示す（水野・御勢，1993）

州などは，水路幅に規定される現象であり，小規模河床形態と呼ばれる砂漣（ripples）や砂堆（dunes）は水深により規定される現象であることがわかっている．渓流部では階段状の瀬と淵（chute and pool）が形成され，扇状地では交互砂州（alternate bars），複列砂州（multiple alternate bars）が発達し，沖積平野では蛇行流路（meandering channel）が形成される．このように分野が異なると，同じ用語が異なった概念で用いられるので，注意する必要がある．

湾曲部では表面で外岸に向かい，底面で内岸に向かう二次流が発達する．外岸から内岸に向かう横断方向の土砂輸送によって外岸部に洗掘が生じ，内岸部に寄り州ができる．この二次流の流速分布，平衡横断形状については池田（1974）の研究がある．また，流路のなかにある橋脚や水制の周りではさまざまな渦が形成され，局所洗掘が生じる（中川・辻本，1986）．こうした河道形態は局所的な流れの変化や河床材料の偏在（分級）を伴い，微視的生息環境を規定している．

砂漣，砂堆，反砂堆（antidunes）などの小規模河床形態は河床波とも呼ばれ，規模は河床材量や水深に規定されるものの平均値の周りに広く分布する．また，移動性をもっている．これらの河道形態の形成機構や形状は河川水理学の研究対象とされてきて，多くのものについて形成条件や平均的な規模をおおむね推定することができる（たとえば，中川・辻本，1986）．

図1.2.4（黒木・岸，1984）によると，小規模・中規模河床形態（単列・複列）が無次元掃流力（$T_* = u_*^2 / [(\rho_s/\rho_r - 1)gd]$，$u_*$：摩擦速度，$\rho_s, \rho_r$：

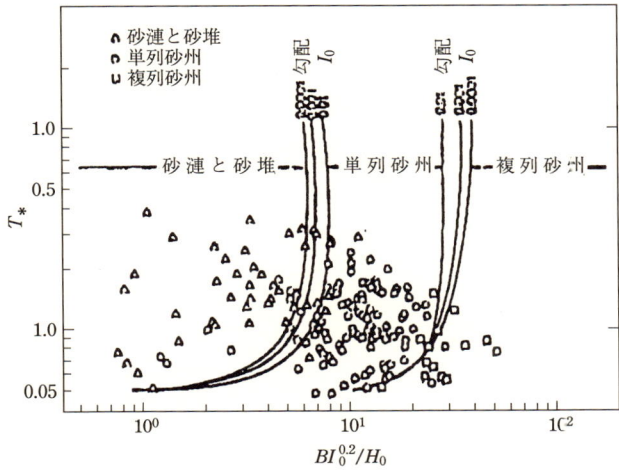

図 1.2.4 単列砂州と複列砂州の発生領域区分（黒木・岸, 1984 を一部改変）

砂・水の密度, g：重力加速度, d：砂の粒径）と水路幅 B, 勾配 I_0, 水深 H_0 で区分される．中規模河床形態（砂州）の平均波長は水路幅の 10 倍程度である．また，フルード数が約 0.8 以上では河床形態と水面の位相が同じになり，フルード数が約 0.8 以下では水面と河床形態の位相が逆になる．前者の条件では水深の 6 倍程度の波長をもつ antidunes が形成され，上流に進行する場合が多い．一方，後者では，河床材料が小さい場合（砂粒レイノルズ数がほぼ 10 以下）は砂漣が形成され，その平均波長は砂粒径の 500-1000 程度であるのに対し，河床材料が大きい場合は砂堆と呼ばれ，水深の 6 倍程度の平均波長をもつ河床波が形成され，いずれも下流に進行する．

1.3 地形・土地と川の関わり

1.3.1 地形の尺度と現象の規模

　川が河川区分域（上流，中流，下流）ごとに異なる趣をもつことはよく経験することである．これは河床の形態，河畔の植生，周辺の風景，棲んでいる生物などと洪水による攪乱との関係が区分域ごとに特徴をもち，土地景観

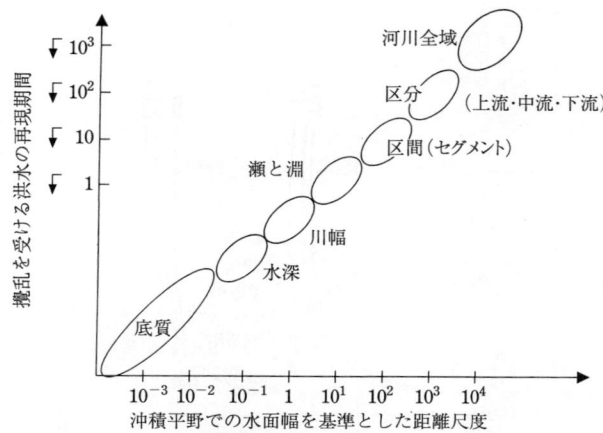

図 1.3.1 水面幅を基準とした距離尺度

（ランドスケープ，景域，景相ともいう）の差異をわれわれが感じるからである．川を見るときにわれわれがもっている規模の感覚を，川幅との比率で表したものが図 1.3.1 である．この新しい分類図の特徴は次のようなところにある．河床形態の多様性は生息域の多様性を支えるものであり，河川中流部の沖積平野でこの形態が発達する．また，一組の瀬と淵の長さは大略水面幅の 10 倍である．一方，われわれが川を訪れた際に最初に目に入るのは水面である．このような背景を踏まえて，沖積平野部の水面幅を長さの基本とした．たとえば水面幅の中央値を 50 m とすると，図 1.3.1 での河川全域は 300 km から 700 km 程度となり，日本の河川に対しては定量的にも一致していると考える．

　図 1.3.1 の時間軸には，洪水の再現年数を用いた．これは自然特性のひとつである洪水による攪乱を意識したものである．砂州の形成に支配的な流量は年最大洪水といわれている．したがって，一対の瀬と淵より小さな尺度のものは年最大洪水によりその形態を変えてゆく可能性が高い．これより大きな洪水に対しては，瀬と淵などが攪乱を受けて変形することは当然である．したがって，図 1.3.1 の縦軸はある空間的な規模を有する区域が，全域にわたって攪乱される洪水の規模はどの程度であるかを概念的に示している．たとえば，河川全域にわたる大きな攪乱は，100 年洪水規模では生じることはなく，1000 年洪水規模の外乱により生じるということを示している．

1.3 地形・土地と川の関わり

表 1.3.1 河川の景観的特徴（中村・北村, 1988 に基づき一部修正）

周辺地域の特徴	自然的特性および景観的特性（カッコ内）		
	沖積扇状地	沖積平野	三角州
山地, 森林	渓流 （清閑）	山紫水明 （閑雅）	山紫水明型河口 （悠然）
田園, 村落, 小都市	湧水, 源流 （浄寂, 清浄）	野川, 用水, 霞堤 （長閑）	大河, 水郷, 掘割 （茫洋）
市街地, 都市	山村 （孤愁）	河岸のウォーターフロント （上品）	水都, 運河 （活動的, 魅力的）

　表 1.3.1 においては，沖積地における河川の景観的特徴を，周辺の土地利用も併せて示している．景観は自然景観が基調となるが，社会的・文化的な活動によっても強く規定される．河川は流域の社会生活，文化，および歴史に強い影響を与える．しかし，その逆もまた真であり，流域の社会的，文化的な特徴が河川景観を規定する．たとえば，扇状地の河川景観の代表は礫河原であるが，人間活動の影響で土砂供給が変われば河原の土砂の性質が変わり，それに応じて植生が変化し，河川景観が変化してゆく．また，河畔林が植林されている場合には，地域の選択により林相が異なり，自然地理特性が同一な区分においても景観が大きく異なることがありうる．

1.3.2 集水域のとらえ方

　この節においては河川の自然特性を中心に考察を進めてきた．しかし，多くの河川の集水域は原始的な自然状態に保たれてきたわけではなく，長い年月をかけて多くの人間の生活圏がそこに広がっているのが現実である．人為的な影響を含めて生息域の調査や評価をどのように行うかについては第 3 章以下の主題である．ここでは以後の章への橋渡しとして，自然と人間の営為とが織りなされている現実の集水域をどのように考えるかについて，代表的なとらえ方を紹介する．

　生態学の分野では，ある地域の生息環境に適応した生態系が発達することにより，その地域の Landscape（ランドスケープ）ができあがっているとされ，日本語では「景観」が用いられている．しかし，工学分野で「景観」という言葉が使われるときには，意匠が人間に与える視覚的・心理的な影響

を論ずる意味合いが強い．生態学分野での用法は，生息域の地形的・自然的特性を表すものとして用いられているので，「自然景観」と呼んでもよいであろう．

生態学の分野でも沼田（1994）はランドスケープを「景相」と呼んでいる．彼は，「ランドスケープは地表の相観だけではなく，地球圏，生物圏の構造，機能，動態の全部，人間活動やその歴史的影響の全てを含む」としている．また，景には視覚に訴えるものだけでなく，五感に対応し，さらに「心の中の景観（inscape）」をも含めている．相は人相，手相などの相であり，歴史的影響を表している．これは，安藝（1951）が河相論で，「河相とはあるがままの河の姿である」「時間と共に変化する」とか「過去の歴史を背負いつつ現在の姿がある」と論じているのと同じである．

そのほか，緑地学ではLandscapeを「一定の単位として認識される地表の一部であって，生態学的に一定のまとまりを有する空間であると同時に固有の文化創造の基盤ともなり，また人々が共属感情を持ち得る歴史的地域でもある」として，「景域」という用語を用いている（井手・武内，1985）．

辻本（1998）は河川の様相はさまざまな要素の相互作用のもとに成り立っていることに着目した．水流，流砂，地形の相互作用系をもとにし，さらに植生や人工構造物の間の相互作用までを考察の対象とした．地形や構造物・植生によって水流（水深や流速などさまざまな水理特性量の空間分布）が決まり，とくに洪水時にはそれが土砂の移動を規定し，地形の変化を生み出す．ときには，植生や構造物が破壊される場合もある．洪水時にもたらされた堆積地形は低水時に陸地となり，そこには新たな植生の繁茂が促される．こうした相互作用系を安藝と同様に「河相」と呼び，そのなかで発揮される治水・利水・親水・河川環境の4機能に関わる人間の側からの活動の結果も含めて，現実の「河川景観」ができあがっているとした．しかし，河川景観という用語は，河道のなかに限定されるきらいがあり，集水域の全体を対象とした概念のほうが望ましい．

「Landscape」はつまるところ，土地に規定されてその地域の生態系，および人間のさまざまな活動が生じ，人為的な影響の歴史経過のうえに成り立っている現在の空間に共存するすべてのもの，を表している．玉井（1999）は土地の自然特性，またそこで生起してきた人間活動との相互干渉

を含めて，「土地」に規定される要因を重視し，「土地景観」と呼ぶことを提案した．

1.4 生息域適性評価とは

1.4.1 生息域適性度の定量的評価

潜在自然型河川計画を確立し，これに基づく河川改修を進展させるためには，さらに定量的な評価体系が必要である．たとえば，「どのような自然さが自然であるか」などの質問に答えられるような体系が必要である．いくつかの代替案のなかから，生息域適性度の定量的な評価を行うための一般的な技術を開発する必要がある．このような技術は，河川改修工事の計画段階において住民が参加する際の考察や議論に，論理的で適正な基本情報を与えるためにとくに重要である．環境を定量的に表現する手法は以下のように区分される．

$$\begin{cases} 1. & 生態的手法 \\ 2. & 物理的手法 \\ 3. & 融合的手法 \end{cases}$$

ここでは，それぞれの手法のなかで代表的なものを挙げ，手法の特徴を紹介することとする．

（1）生物的健全度指標 (Index of Biotic Integrity; IBI，生態的手法)

1970 年代後期から 1980 年代初頭にかけて James R. Karr によって開発された方法で，人間活動が生物層に及ぼす影響を定量化する目的に用いられる．

基本的な考え方は，自然な良好な河川の生物群集と比較することによる評価である．この方法は川の生態系の適性度を診断する方法である．したがって，スコアをつける項目はそれぞれ独立ではなく，それぞれの間には相関関係がある．これは人間の健康診断との相似性を考えれば容易に理解できることである．人間が健康であるときの状態を 8 項目挙げることができるとしよう．このとき 8 項目すべてを満足していれば，われわれは自信をもって「この人は健康である」ということができる．各項目は同一人の示す健康状態で

表 1.4.1 生物的健全度診断で用いられる健全度指標と評価値 (Lyons, 1992)

項目・補正項目	評価値				
	10	7	5	2	0
種の豊富さと構成					
強耐性 (tolerant species) 種の個体数 %	0-19	20	21-49	50	51-100
栄養と再生産機能					
雑食種 (omnivores) の %	0-19	20	21-39	40	41-100
食虫性種 (insectivores) の %	100-61	60	59-31	30	29-0
上位魚食種 (top carnivores) の %	100-15	14	13-8	7	6-0
単純礫床産卵種 (simple lithophilous) の %	100-51	50	49-21	20	19-0
補正項目（生息量とその状態）					
300 m² 当たりの個体数	50 尾以下の場合，総得点から 10 差し引く				
奇形・ヒレ損傷魚・傷害魚・腫瘍魚の %	4% 以上の場合，総得点から 10 差し引く				

あるから当然相関がある．相関のあるこの量も，あの量もよい数値を示しているときに，われわれは対象者が健康であると判断できるのである．検査項目が独立であれば，いくら項目を増やしても安心して診断ができないのである．

表 1.4.1 に生物的健全度診断で用いられる項目とその点数を示す．

（2）生息域環境質評価指標法 (Habitat Quality Index Method; HQI 法，物理的手法)

生息域環境質評価指標法は 1979 年に Binns and Eiserman によって開発された，マス類の生息する河川の現存量を予測する方法である．これは物理量を測定し，その量が生物の生息にどの程度適しているかを 5 段階に分けて評価するものである．具体的な指標と評価値を表 1.4.2 に示す．

（3）物理環境情報による生息域生態評価 (Physical Habitat Simulation; PHAB-SIM，融合的手法)

この方法では魚類を捕獲した地点で水深，流速，底質といった物理量を計測するのが第一段階である．次いで，第二段階ではこうした物理量と捕獲数（生息数）との関係を示す適性曲線を作成する．第三段階では河川改修後の物理量を計算によって予測する．そして適性曲線を活用すれば，改修後の物

表 1.4.2 生息域環境質評価指標法において使用される指標と評価値の基準（中村，1996）

指標	評価値（適合度）				
	0	1	2	3	4
夏の終わりの流量	不十分	きわめて限定的	限定的	中位	十分
年間流量変動	断続的	激しい変動	中位変動	小変動	安定
夏期最高水温 (°C)	6°C 以下 26°C 以上	6-8°C 24-26°C	8-10°C 21-24°C	10-12°C 19-21°C	12-19°C
硝酸性窒素 (mg/l)	<0.01 0.91-2.0	0.01-0.04 0.91-2.0	0.05-0.09 0.51-0.90	0.10-0.14 0.26-0.50	0.15-0.25
餌料生物量 (No./0.1 m²)	<25	25-99	100-249	250-500	>500
餌性昆虫の多様性指数	<0.80	0.80-1.19	1.20-1.89	1.90-3.99	>4.0
カバー (%)	<10	10-25	26-40	41-55	>55
侵食河岸 (%)	75-100	50-74	25-49	10-24	0-9
底質（水中植生）	不足	微少	部分的群落	群落多数	群落十分豊富
流速 (cm/s)	<8 >122	8-15 107-122	16-30 91-107	30-46 76-91	46-76
川幅 (m)	<0.6 >46	0.6-2.0 23-46	2.1-3.5 15-23	3.6-5.3 7-15	5.4-7

理量に対する魚類の生息数を予測できるのである．物理的な情報と生態的な情報とを組み合わせた，融合的手法である．

この手法は次項の流量増分式生息域評価法の中心をなす方法であり，その詳細については後に該当する箇所で記述する．

1.4.2 流量増分式生息域評価法

この手法は Instream Flow Incremental Methodology，略して IFIM と呼ばれるものである．当初はサケ，マスを対象として，これらの魚の生育，産卵などにとって望ましい河川流量を知りたいという研究者たちの活動から出発した．流量を段階的に増してゆき，それぞれの流量に対して PHAB-SIM を適用して，水域の生息域適性度を算出する．そして，流量に対して

適性度が極大値を示すときの流量を基準（正常流量と呼んでもよい）として河川管理を行うという方式である．流量の増分に対して適性度がどう変化するかを追跡するので，流量増分式と命名されている．

河川における入力の大きさを表すものが流量である．また，流量が与えられたときに，河川の各地点における水深，流速を計算するのは河川技術者の日常的な仕事である．一方，水深や流速は河道の線形や断面形状を変えると変化するので，河川管理者にとっては代替案として採択されたすべての案に対して，あらかじめ予測できる量である．したがって，流域全体の生息域適性評価法はすべての代替案に対して生息域としての適性を判断することができる，きわめて普遍的，弾力的な方法である．

流量増分式生息域評価法は Bovee (1982) などによって発達してきた．当初は一組の瀬と淵を含むリーチ規模の生息域評価に用いられてきたが，だんだんと応用範囲が広いことが着目され，流域全体の河川管理計画に活用できることが判明してきた．流量増分式生息域評価法は，表1.4.3 に示すように健全な生態系を保護するための制度的側面をはじめとして，流域の健全な管理に関するほとんどすべての側面を含む．表1.4.3 には，生息域適性度評価の体系全体において必要とされる二次的な評価法を掲げてある．IFIM に関する英語の論文では，この二次的な段階では"model"という術語が当てられている．しかし，こうした二次的な段階の手法もひとつの学問体系を用いて実行する生息域の評価法であるので，全体系のなかの用法と重複するが，"評価法"という術語を当てることにした．

表1.4.3 生息域適性度評価に必要な二次的評価法と重要な因子
（玉井，1998）

必要な二次的評価法	重要な因子
河川管理制度	流域の物理的・社会的・歴史的実態の把握，水基本法
水倫理	潜在自然概念，自然復元の水準設定
水文評価法	環境流量，流域における雨量予測，水文循環の時系列
水理評価法	自然河川での三次元解析を含む数理シミュレーション
微視的生息域評価法	底質構造，複数の種における生態的圧力
巨視的生息域評価法	水質，温度
生活過程評価法	生物の生長と死
経済的評価法	河川復元や環境流量などの経済的分析
不確定性，信頼性	植生・洗掘・堆積・流心の位置などに関する不確定性
合意形成	法の構造，住民参加，表現技術

これらの二次的な評価法の内容については，次章以降の該当する部分でその詳細を述べる．

1.5 潜在自然型河川計画とは

　第1章では河川工学に関わる環境概念や規範の変遷，さらには河川環境の評価法の体系について考察してきた．そして，この節では川づくりにおいて自然度を高めるための原則を論ずる．こうした問題においては見解が異なることは十分に予想されるので，議論の基礎となる判断基準について基本的な考え方を示した後，潜在自然型河川計画の基礎について述べる．

1.5.1 環境倫理について考える

　目標を選択する根拠を与えるのが倫理学の仕事であるので，環境に関する議論をするときには環境倫理について論ずる必要が出てくる．こうした認識のもとに，ここでは環境倫理学の要点と河川工学との関係をごく簡単に振り返っておきたい（玉井，1996）．

　環境倫理学の主張は次の3点に要約される（加藤，1994）．

　その1は，自然の生存権の問題で，人間だけでなく，生物の種，生態系，景観などにも生存の権利があるので，勝手にそれを否定してはならないという主張である．環境倫理学は，生存の権利とは何かを深く問い直す必要を促しており，人間優先主義の考え方に再考を迫っている．

　その2は，世代間倫理の問題であり，現代世代は未来世代の生存可能性に対して責任があるという主張である．環境を破壊し，資源を枯渇させる行為は，現代世代が加害者で，未来世代が被害者となることを意味している．そして，加害者と被害者の間には時間差があり，一方の当事者が現在はいないという特殊な問題である．この世代間倫理には，自己決定・自由主義の原理の否定が含まれており，自己の確立を前提としてきた近代社会の根底に疑問を呈する大問題を提出している．

　その3は，地球全体主義であり，地球の生態系は開いた宇宙ではなく，閉じた世界であることを自覚すべきであるという主張である．この閉じた世界では，利用可能な物質とエネルギーの総量は有限である．そのなかで生存可

能性の保証に優先権がある．しかも，次の世代にも選択可能性を保証しなくてはならない．配分の問題が正義にとって根本の問題となり，最後の一滴の石油を誰のために使うのが正義に適うのか，という難題が現れてくる．

このような環境倫理学の要求に河川工学は応えられるであろうか．この問いへの答えは，潜在自然型河川計画を論じた後，1.5.5項で述べることにする．

1.5.2 生物多様性について

多様性については総論を述べることは比較的容易であるが，具体的にどのように考えるかについては多くの意見があり，かつまた定量的な判断基準を示すのはたいへん難しい問題である（玉井，1996）．しかし，生物の多様性については遺伝子の多様性，種の多様性，群集の多様性，生態系（生息域の多様性）のすべてを考慮する必要があることだけは指摘しておきたい．河川整備を考えるときは生息域の多様性がまず念頭に浮かぶであろうが，これは一番大きなスケールの話であり，さらに細かな世界をも考える必要がある．たとえば，川に関しても遺伝子レベルの議論が出ている例として，サケの人工孵化がある．日本ではすべて人工孵化でサケの再生産が行われているが，人工孵化だけを続けていると自然界に適応する能力の低い遺伝子をもつサケが増え，大局的には種としての能力が低下することが心配されている．

筆者は人間の生存が基底にあると考え，「人類の持続を可能とするような多様性を保つ」ことを基準としたい．自然物に生存権を与えよという環境倫理学の主張は，1粒の小麦も，1匹の牛も食うなという主張ではない．人間が生存に必要である以上に自然破壊をする権利は正当化できないということである（加藤，1994）．さらに，種の多様性に関して種は多ければ多いほど善であるかという課題がある．これについても生態的な側面を考えるべきであり，歴史的にその場所にいなかったような種が増えることは避けるべきである．人間活動の高度化や余暇活動の多様化に伴って外来種が生態系を乱す確率は増えているといってよい．水域でのブラックバスやブルーギル，高水敷でのハリエンジュの樹林化，セイタカアワダチソウやオオブタクサの繁茂，切り土斜面緑化工でのヌズミムギ，ケンタッキーグラスなどの牧草が最近の話題となっている．

1.5.3 自然復元の水準

最近は自然度の高い川を目指して多くの事業が行われている.しかし,局部的な事業に目が集中しており,河川域全体の動向と関連づけた発想が乏しいのが実情のように感じられる.そこで,自然復元について,修復,復元,(完全な)復元(再自然化)の3つの水準があることを,あらためて認識することに意味があると考えられる.以下に,この用語の意味を掲げる.

建設省(現国土交通省)の「多自然型川づくり」は,当初は護岸に着目したものが多かった.現在も局所的な事業にとどまっているものが多く,表1.5.1に照らして考えれば一番下位の水準である"修復"に属するものが多いということが理解できる.

1.5.4 潜在自然型河川計画の原則

(1) 潜在自然型河川計画の原則——多自然型川づくりとの関係

本書で目標としている「潜在自然型河川計画」は,潜在自然の概念を基礎とし,河川の自然動態(表1.2.1参照)の原則を把握したうえで,その原則に適応し,それを復元させる事業を指すものである.目標は表1.5.1での「(完全な)復元」である.対比して考えるとわかりやすいので,あえて多自然型川づくりの性格を述べてみよう.多自然型川づくりは事業として始まり,「自然」とは何かに関する定義が与えられていない,目標を定める理念が不明確である,手法が体系化されていない,という欠点がある.論理体系として首尾一貫したものを構築しようとすると,別の体系が必要である.本書の成果も事業に反映されてゆくことを期待しているが,実務の河川事業では多自然型川づくりが進められている.したがって,「潜在自然型河川計画」と

表1.5.1 自然復元の3つの水準(自然復元河川工学研究会,1998を一部改変)

修復 rehabilitation	局所的な活動で,改変された生態系の機能を改善する活動をいう.
復元 restoration	局所的ではあるが,河川を自然状態に戻す活動をいう.流路の物理的状態を従来の状態に戻したり,植生を再生させたり,絶滅した種を取り寄せるなどはこの水準の活動である.
(完全な)復元 (full) restoration	河川の動的な作用および機能を自然状態へ復元させる活動をいい,流域全体に及ぶ大規模で長期的な活動をいう.

28　第1章　潜在自然概念の河川計画への展開

いう論理体系の成果が,「多自然型川づくり」の事業に取り入れられてゆく,という構図を理解する必要がある.

(2) 潜在自然型河川計画の行動原理

　たとえば,1996年春に実施された,グレンキャニヨンダムからの人工洪水は,自然現象の攪乱を人為的に与え,生息域の更新を目指したものであった.この実験の主要目的のひとつは,産卵域となっている中州の質を改善することであった.中州に人工的な改変を与えるのではなく,中州を形成してきた自然の攪乱を再生して生息域の復元を図った点で意義が高い.自然が有する能力を活用して自然復元を行おうとするものである.こうした事業が,潜在自然型河川計画と呼ばれるにふさわしいものである.

　また,日本においても矢作川支川の乙川や九州の北川では改修計画の全区間にわたって自然の営力を生かす試みが取り入れられるようになってきた.これらの計画の基本的な考えは,表1.5.2のように要約される.

　河川区域の規模に達するような自然復元の例は,蛇行帯の復活である.先進工業国においては,人間の活動域を確保するために河川を直線化した堤防の間に閉じ込め,川が自由に蛇行する領域を奪ってきたきらいがある.欧米においては河川区域を広げ,蛇行を復活させる試みが行われている(図1.5.1).日本においても標津川において取り組みが始められようとしている.工事の前後における生息域調査が行われ,物理的な環境の改変が生態系に与え

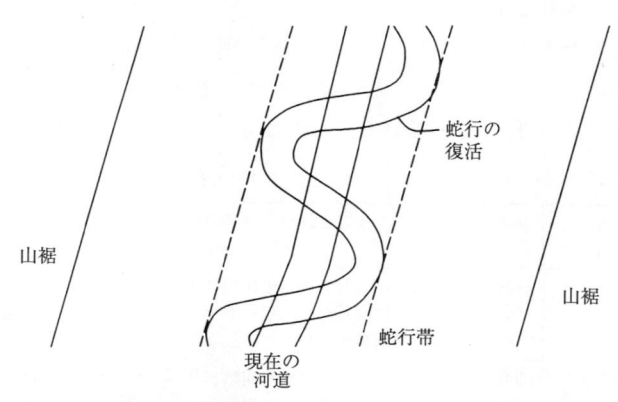

図1.5.1　蛇行帯復活の概念図

1.5　潜在自然型河川計画とは　29

表1.5.2　潜在自然型河川計画の行動原理

1	河川域生態系の基本情報を集積する
2	低水路には人間の手を入れない（水生生物のため）
3	高水敷の切り下げ高さの決定は洪水の規模と植生の性質を考慮して定める
4	河畔林の伐採・存置に当たっては潜在自然植生を考慮する
5	河道の湾曲は存置に努める
6	適応的な流域管理（adaptive management）を目指す

る影響が明らかになることが期待される．

1.5.5　環境倫理学に応える潜在自然型河川計画

　1.5.1項において環境倫理学の視点をとりまとめた．21世紀の河川事業はこうした課題を克服する必要があり，河川工学はそれに対する学術的な体系を打ち立てる必要に迫られている．

　さて，このような環境倫理学の要求に沿うことのできる河川の状態はどのようなものであろうか．筆者は50年前の河川の自然度は，十分に高かったものと考えている．すなわち，50年前の今日的潜在自然河川が，環境倫理学の要求を満足しているものと考えている．50年前の今日的潜在自然河川とは，50年前の時点で，人間活動の負荷を止め，できあがってくる河川生息域を考えることである．この時点での河川は，1.2節で見た河川の動特性を十分に備えていたと考えられるのである．河川は自然状態では自然の攪乱のもとで動的な平衡にあり，流域において連続性が成り立ち，土砂の洗掘と堆積が織りなす複雑な河川形態が多様な生息域をつくりだしている．多様な生息域は環境倫理学が要求している自然の生存権を満足しやすいし，平衡状態は環境倫理学が要求する次世代にも同様な条件が与えられることを意味しており，流域として循環的であるのは閉じた世界が成立していることを意味するので，これも環境倫理学に合致している．

　表1.5.3に河川の自然特性の3大要素（表1.2.1参照）と環境倫理学の3つの基本的な目標との対比を示した．これを見ると，河川の本来的な自然特性が保全されていれば，環境倫理の基本目標を満足しやすいことがわかる．このように，河川整備計画の目標を「河川が本来有している，自然の攪乱である洪水の下での動的な生態系を保全する（河川の動的な平衡を保全する）」

表 1.5.3　潜在自然型河川計画と環境倫理学

河川の自然特性	環境倫理学の基本との対比
多様な生息域	自然の生存権を満足しやすい
動的な平衡状態	次世代にも同様な条件が与えられる
流域として循環的	閉じた世界が成立していることを意味する

——これを「潜在自然型河川計画」と呼ぶ（1.5.4 項参照）——ところに置けば，環境倫理学の要求に応えることができる．

さらに補足すれば，「河川の動的な平衡を保全する」理念は，現在の河川事業における多くの課題に対して基本的な理念と方向性を統一的に提供できることに注目する必要がある．自然復元・保全事業は多様な生息域の概念からその行動原理を得ることができる．ダムの予備放流を活用した流量の変動や治水・利水の原則は，自然の攪乱特性を理解することでその指針を得ることができる．また，水循環，流域土砂管理などは流域の連続性からその基礎概念を導くことができる．このように，潜在自然型河川計画の原理を理解することが，治水・利水・環境保全を統合的に進めるために必要である．

1.6　河川計画のあり方と本書の構成

1997 年に改正された河川法においては，河川計画においても新しい制度が採用されることになった．新しい制度では次の 2 つにより，河川計画を策定することとしている．

1. 河川整備基本方針（長期的な方針）：計画高水流量等の基本的な事項について，河川管理者が河川審議会の意見を聞いて定める．
2. 河川整備計画（具体的な整備の計画）：ダム，堤防等の具体的な整備の計画について，河川管理者が地方公共団体の長，地域住民等の意見を反映させて定める．

本書はこのような新制度のもとでの河川計画の策定に際して，技術者が理解しておくべき基礎概念とそれに基づいた技術体系を構築することを目的としている．すなわち，河川計画支援体系の構築が目的といってよい．さらに，河川整備計画の策定に当たっては，地方公共団体，地域住民，学識者などすべての関係者が参画する．このような際には河川の現状，自然特性，人間の

営為に対する河川の反応，人間の営為の歴史，河川の反応の時間的な推移などを理解する理念や基礎概念は，関係者のすべてが共有する共通の知識となる必要がある．したがって，本書で構築を目指している河川計画支援体系は伝統的な技術者のみを対象とするのではなく，河川計画の策定に参画するすべての関係者に対する知的財産となることを目指している．

　1997年の河川法改正により，河川法の目的に河川環境の整備と保全が加えられ，河川事業が治水・利水・環境の3つの増進を目的として実施されることになった．1896（明治29）年の河川法（いわゆる旧河川法）制定以来の経緯を簡単に眺めてみると，以下のようになる．旧河川法は治水のために制定されたものである．この旧河川法は1964（昭和39）年に大規模に改正され，水系一貫思想を中心に据え，利水に関する規定を盛り込んだいわゆる新河川法となった．しかし，1960年代までの「治水・利水の概念」はたんに「水量のみ」を対象としていたといってよい．1960年代，1970年代は水環境が社会的な課題となったが，この時代の環境問題はいわゆる"公害問題"であり，表1.1.1に示すように水汚染の問題であった．この時代の「水環境」という用語からは，「量と質」が連想されるようになった．1980年代，1990年代前半において中心的に論じられた概念は水循環であろう．「水循環」には「量のつながり」という新しい観点が見られる．1990年代の後半以降に論じられてきた新しい概念は生態環境である．「生態環境」においては「量と質を含んだすべてのつながり」が中心的な課題である．そして，このつながりの健全さが「生態系によって体現されている」のである．したがって，21世紀は治水・利水・河川環境の保全のために生態系の動向を知ることが必要な時代である．

　本書においては治水，利水，河川環境の整備と保全の3つの面にわたって計画論を展開するが，多くの紙数を費やすのは河川環境や自然復元に関する部分となっている．その理由はこの部分が従来ほとんど体系化されていなかったためである．本書は大きな枠組みとして，5つの部，あるいは編から成り立っている．また，その下の区分である章は全体として通し番号をつけている．第I部の総論編で潜在自然概念とそれを基礎とした河川計画体系の全体像を示す．第II部治水編，第III部水資源編は治水と利水に関する編である．そのなかにおいても河川の自然度を増すと不確定性が増えるので，こう

した自然因子を安全性評価のうえでどのように扱うかについて，新しい成果を定式化した．また，水収支においては流域の視点から現象を把握することに力点を置いた．

　第IV部生態/流域環境編と第V部総合管理編においては，従来の河川工学書にはほとんど触れられていないが，河川計画論として備えるべき内容をとりまとめた．第IV部では生態系の基礎知識，生息域の生態環境評価，流域の物質収支や河川や植生による環境緩和などを論じた．第V部では環境の経済的評価を中心に住民との合意形成を含む河川整備計画の実例を紹介する．

　本書の構成を念頭に置いて，潜在自然型河川計画の体系における必要な要素技術とその統合に向けての連携を図1.6.1に模式的に示す．ここで本書における「総合」と「統合」の取り扱いの違いについて一言触れておく．「総合」はひとつの分野のなかでさまざまな角度から，あるいはさまざまな因子を含んで取り扱うときに用いる．「統合」は複数の分野が関係する「学際的な課題」において，「学際的な総合化」をするときに用いることとする．

　潜在自然型河川計画技術の基礎として，歴史・人文系学問分野の理解が重要である．環境倫理や土地景観（地形，地質，生態などを含む）に関する基

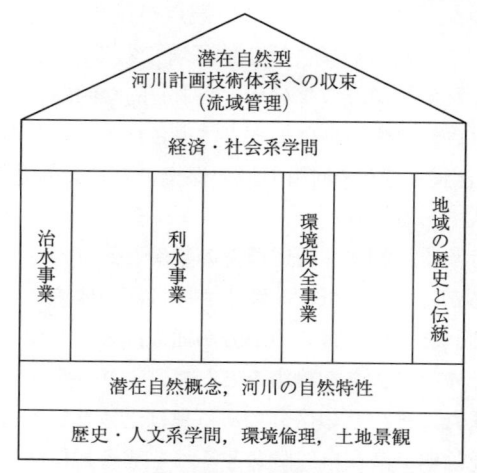

図1.6.1　潜在自然型河川計画体系の要素技術とその統合形（この技術体系は流域管理のために展開される）

礎知識やこうした分野での考察が必要である．河川分野の基礎としては，潜在自然概念と河川の自然特性の理解と把握が重要である．これら2層の基盤的な成果を理解したうえで，4つの重要な柱，すなわち，治水事業，利水事業，環境保全事業，地域の歴史と伝統の観点から計画を立案し，技術的な検討を加えることが河川技術者の活動となる．このような4つの分野を統合する段階では経済的な評価やその他の社会科学に基づく考察が必要となる．

本書の構成は図1.6.1に示された流域管理のための潜在自然型河川計画体系の構想に沿って展開されている．また，本書の内容は図1.6.1に示された各項目のなかから，重要な因子を取り上げて取り扱ったものである．

参考文献

安藝皎一（1951）：河相論，岩波書店，197 pp.
池田駿介（1974）：移動床河川の湾曲部における二次流と動的平衡河末について，土木学会論文報告集，**229**, 55-65.
井手久登・武内和彦（1985）：自然立地的土地利用計画，東京大学出版会，5-8.
宇多高明・藤田光一・佐々木克也・服部 敦・平舘 治（1994）：河道特性による植物群落の分類――利根川と鬼怒川を実例として，土木技術資料，**36：9**, 56-61.
加藤尚武（1994）：環境倫理学のすすめ，丸善ライブラリー，226 pp.
黒木幹男・岸 力（1984）：中規模河床形態の領域区分に関する理論的研究，土木学会論文報告集，**342**, 87-96.
自然復元河川工学研究会/翻訳・編集（1998）：自然の復元と再生のための河川工学，P. Klingeman原著，玉井信行監修，リバーフロント整備センター，24.
隅谷三喜男（1985）：大日本帝国の試煉，日本の歴史22，中公文庫，61-89.
玉井信行（1996）：河川技術は環境倫理学にどう答えるか，電力土木，電力土木技術協会，3-10.
玉井信行（1998）：環境概念を軸とした河川工学について，水工学シリーズ98, A-6，水工学夏期研修会，土木学会，1-17.
玉井信行（1999）：環境を軸とした河川工学へ，応用生態工学，**2：1**, 29-36.
玉井信行・奥田重俊・中村俊六（2000）：河川生態環境評価法，東京大学出版会，270 pp.
辻本哲郎（1998）：河川景観の変質とその潜在自然への回復，第4回河道の水理と河川環境に関するシンポジウム論文集，土木学会水理委員会，**4**, 147-152.
中川博次・辻本哲郎（1986）：移動床流れの水理，新体系土木工学第23巻，技報堂出版，350 pp.
中村俊六（1996）：魚類生息場の評価法（3.3節），河川整備基金事業河川生態環境評価基準の体系化に関する研究報告書，河川環境管理財団，3.3.1項および3.3.2項，89-110.

中村良夫・北村眞一 (1988)：河川景観の研究および設計，土木学会論文集，**399**/II-10, 13-26.
沼田　眞 (1994)：自然保護という思想，岩波新書，212 pp.
水野信彦・御勢久右衛門 (1993)：河川の生態学，増補・新装版，築地書館，5-13.
山本晃一 (1994)：沖積河川学，山海堂，6-16.
Bovee, K. D. (1982)：A guide to stream habitat analysis using the instream flow incremental methodology, Instream Flow Info. Paper, 12, U. S. Fish & Wildlife Serv., FWS/OBS-82/26.
Calow, P. and Petts, G. E. (eds.) (1992)：*The Rivers Handbook, Vol. 1*, Blackwell Scientific Publications, 526 pp.
Calow P. and Petts, G. E. (eds.) (1994)：*The Rivers Handbook, Vol. 2*, Blackwell Scientific Publications, 523 pp.
Klingeman, P. C. (1996)：Environmental Trends in River Engineering in the U. S. Pacific Northwest, Symposium Text Book, Riverfront Technology Center, 147-157.
Lyons, J. (1992)：Using the Index of Biotic Integrity (IBI) to Measure Environmental Quality in Warmwater Streams of Wisconsin, North Central Forest Experiment Station, Forest Service-U. S. Department of Agriculture.

II
治水編

II

灭火器

2 計画洪水流量

　治水計画は合理的に進めなければ実効は上がらない．上流と下流，左岸と右岸，本川と支川との間で整合性のとれた対策を行わなければ，深刻な地域対立を引き起こしたり，治水対策の効果を発揮できない恐れがある．このためには水系一貫した治水計画である必要がある．治水計画は洪水防御だけでなく，高潮対策，塩害防止，土砂害対策などを含めて幅広い内容であるが，ここでは治水計画を洪水被害軽減計画としてとらえる．

2.1 安全性の水準について

　洪水を引き起こすもととなる降雨現象は，その強度が時間的に変化し，地域的にも偏りをもっている．しかし，治水計画においては，計画対象とする降雨継続時間（表 2.2.1 参照）内の総降雨量で雨を代表させる．そして，その大きさを生起確率によって評価する．その生起確率が洪水防御計画の目標としている安全度，すなわち治水の安全度となる．しかし，降雨の時空間相関は学問的にも未知の部分が多く，経験的に処理しようとしてもハイドログラフ自体を統計処理するには資料が不足している．したがって，具体的には洪水のピーク流量に関与する期間内の降雨に着目して，所定の治水安全度に対応する超過確率をもつ計画降雨を定め，この計画降雨から一定の手法でハイドログラフを設定する手法を標準としている．

　計画の規模は，一般には計画降雨の降雨量の年超過確率で評価するものとし，その決定に当たっては，河川の重要度を重視するとともに，既往洪水による被害の実態，経済効果等を総合的に考慮して定める（表 2.1.1）．

表 2.1.1 河川の重要度と計画の規模
(日本河川協会，1997a)

河川の重要度	計画の規模 (計画降雨の年超過確率)
A 級	1/200 以下
B 級	1/200–1/100
C 級	1/100–1/50
D 級	1/50–1/10
E 級	1/10 以上

2.2 基準となる洪水流量の算定

2.2.1 計画降雨の継続時間

計画降雨の継続時間は，流域の大きさ，洪水の継続時間，降雨の原因（台風性，前線性）等を検討するとともに，対象施設の種類を考慮して定める．しかしながら，必ずしも継続時間についての資料が得られるとは限らないので，1日から3日の間で採用する場合が多い．主要河川における計画降雨の継続時間を表2.2.1に示す．

2.2.2 計画降雨の決定

計画の規模に基づいて降雨量を決定した後，時間的な分布および地域分布を定めて計画降雨を決定する．これには大別して2つの考え方がある．ひとつは，降雨量，時間分布および地域分布相互間の統計的もしくは気象学的な関係を明らかにして，たとえば，100分の1の超過確率をもつ降雨量が与え

表 2.2.1 主要河川の計画降雨の継続時間（日本河川協会，1997a）

河川名	基準地点	基準地点での流域面積 (km²)	洪水調節施設の有無	主要降雨の原因	計画降雨継続時間
北上川	孤禅寺	6,990	有り	台風	2日
信濃川	小千谷	9,720	有り	台風，前線	2日
庄内川	枇杷島	705	有り	前線，台風	1日
紀の川	船戸	1,560	有り	台風	2日
江の川	江津	3,800	有り	前線，台風	2日
肘川	大洲	1,010	有り	台風	2日
筑後川	夜明	1,440	有り	前線	2日

られた場合の時間分布および地域分布をその関係に基づいて定める方法である．他のひとつは，降雨量を定めた後，過去に生起した豪雨の際の結果をそのまま伸縮して，時間分布と地域分布を作成するものである．そして，要素間の統計的な性質から見てとくに生起しがたいものでない限り採用する方法である．

実務においては現状では，後者の方法が一般的に用いられている．既往の豪雨の選定に当たっては，大洪水をもたらしたものや，その流域において生起頻度の高い降雨形式に属するものを見落とさないことが重要である．選定すべき降雨の数は資料の存在期間の長さによるが，通常10降雨以上とし，その引き伸ばし率が2倍程度に収まるような豪雨を対象とする．

実績降雨と計画降雨の継続時間が異なる場合には，その調整法が日本河川協会（1997a）に記述されている．

2.2.3 基本高水流量の決定

計画降雨から洪水流出計算を行って得られた洪水ハイドログラフのうち，洪水防御計画の基本となるものを基本高水と呼ぶ．基本高水は洪水調節等の人工的な操作の加わらない洪水ハイドログラフである．河道および洪水調節ダムを計画する場合に，どのように基本高水を決めるかを図2.2.1に示す．

ハイドログラフの計算は以下のような手順で行う．前提は次の3つである．
(1) 河道の断面は適当と思われる改修を仮定し，改修後のものとする．現況河道のものも参考のため計算するとよい．(2) 発電ダム等の利水ダムについては，操作規定に従って洪水時の操作が行われるものとする．(3) 洪水調節ダム，遊水地等の洪水調節施設は存在しないものとする．まず，

① ハイドログラフをピーク流量の大きさの順に並べる．
② このハイドログラフ群のなかから既往の主要洪水を中心に，降雨の地域分布等を考慮して1個または数個のハイドログラフを計画として採用する．この場合，一般には既往最大洪水のピーク流量より小さなピーク流量を有するハイドログラフを採用することは好ましくない．
③ これらの検討結果を総合的に考慮して基本高水を決定する．この場合に①で取り上げたハイドログラフ群をどの程度充足するかを検討する必要がある．この充足度を一般にカバー率と呼んでいる．カバー率は50%

40　第2章　計画洪水流量

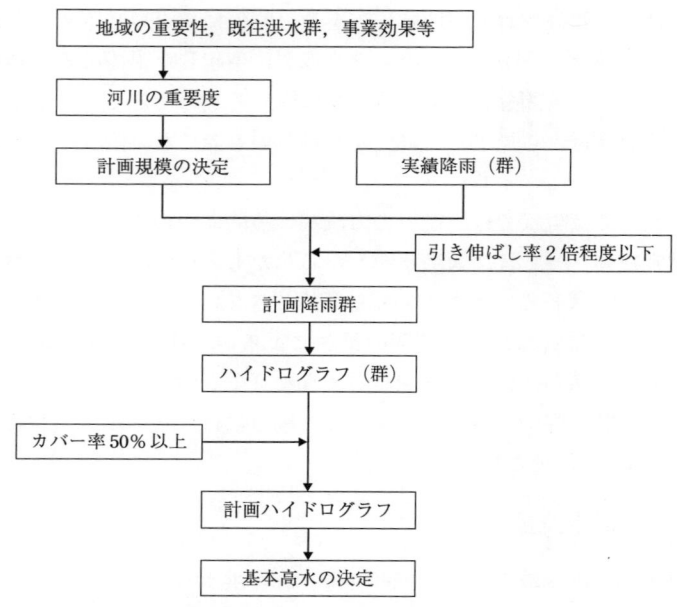

```
┌──────────────────────────┐
│ 地域の重要性，既往洪水群，事業効果等 │
└──────────────┬───────────┘
               ↓
        ┌──────────────┐
        │ 河川の重要度 │
        └──────┬───────┘
               ↓
        ┌──────────────┐      ┌──────────────┐
        │ 計画規模の決定 │      │ 実績降雨（群） │
        └──────┬───────┘      └──────┬───────┘
               │                     ↓
               │              ┌──────────────────┐
               │              │ 引き伸ばし率2倍程度以下 │
               │              └──────┬───────────┘
               ↓                     ↓
        ┌──────────────┐
        │ 計画降雨群   │
        └──────┬───────┘
               ↓
        ┌──────────────────┐
        │ ハイドログラフ（群） │
        └──────┬───────────┘
               ↓
   ┌──────────────┐
   │ カバー率50%以上 │──→
   └──────────────┘
               ↓
        ┌──────────────────┐
        │ 計画ハイドログラフ │
        └──────┬───────────┘
               ↓
        ┌──────────────┐
        │ 基本高水の決定 │
        └──────────────┘
```

図 2.2.1　基本高水の決定

　以上とするが，一級水系の計画では 60~80% 程度となった例が多い（日本河川協会，1997a）．

　基本高水を決定するその他の方法としては，降雨の地域分布および時間分布を多くの資料から確率評価することにより，ピーク流量の出現確率から計画の規模に該当する基本高水を選ぶ方法などがある．

　計画降雨の流量への変換は，単位図法，貯留関数法および特性曲線法のいずれかによるものとし，洪水の貯留を考慮する必要がない河川（中小河川はこうした特性をもつ）においては合理式法によることができる（日本河川協会，1997a）．

2.2.4　計画高水流量の決定

　洪水防御計画においては，基本高水を河道，洪水調節ダム，遊水地等に配分して，各地点の河道，洪水調節ダム等の計画の基本となる高水流量を決定している．これを計画高水流量と呼んでいる．基本高水を河道，洪水調節ダ

ム，遊水地等に配分するに際しては，ピーク流量のみを考えるのではなく，水系として基本高水のハイドログラフを包括したものに対処できる計画でなくてはならないことに留意する必要がある．

計画高水流量を決定することは河川の各施設計画の基本であるので，次のような事項について十分検討する必要がある．

① 洪水調節ダム，調節池，遊水地といった洪水調節施設の設置の技術的，経済的，社会的および環境保全の見地からの検討．
② 河道については，現河道の改修，捷水路，放水路，派川への分流等についての技術的，経済的，社会的および環境保全の見地からの検討．
③ 河川沿岸における現在および将来における地域開発および河川に関連する他事業との計画の調整に関する諸問題についての検討．
④ 著しく市街化の予想される区域については，将来における計画高水流量の増大に対する見通しとその対処方針の検討．
⑤ 超過洪水に対する対応の技術的，経済的，社会的検討．
⑥ 事業実施の各段階における施設の効果に関する検討．

ここで取り上げられた施設の特徴や，具体的な検討内容については，次章で述べることとする．

2.2.5 計画流量の変遷

洪水被害が時代とともにどのように変化したかをまず眺めてみよう．図2.2.2は1878（明治11）年から1990年に至る約120年において，洪水被害額がその年の国内総生産額の何％を占めていたかを示したものである．洪水の被害額が国内総生産額の4％を超えるような年は，大水害年であるといっ

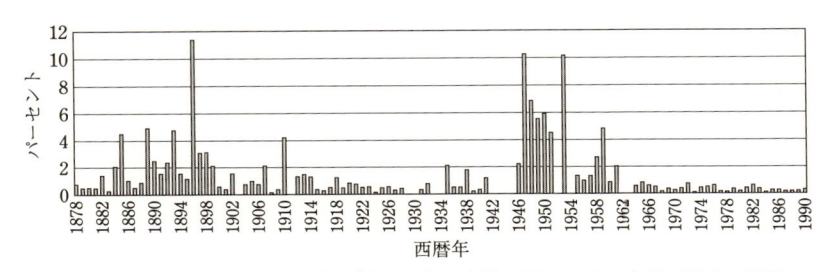

図2.2.2 洪水被害額と国内総生産額の比率の変遷（利根川百年史編集委員会，1987の資料から作成）

てもよい．たとえば1993年にミシシッピ川の中流部では大洪水が発生し，被害額は2兆円を超えた．しかし，当時のアメリカの国内総生産額は600兆円程度であったから，あの大洪水でも洪水被害は国内総生産の0.3%程度である．上記の4%という数字がいかに大きなものであるかがわかるであろう．

　災害はいつも満遍なく発生していたわけではなく，ある年代に多発している．旧河川法が制定された1896年を含めると，その前の十数年間に大水害年が4回ある．これらの洪水に苦しんだ住民，議員の声が河川法制定をもたらしたのであろう．また1910年は利根川の大洪水の年である．カスリーン台風が襲来した1947年から数年間は，これまた大水害年である．伊勢湾台風が名古屋地方に襲来した1959年も大水害年である．

　こうした動向のなかで，利根川の治水計画はどのような変遷をたどったのであろうか．改修計画の規模や考え方を象徴的に示す計画高水流量を対象に考えてみよう．表2.2.2に利根川の洪水計画流量の変遷を一覧で示す．旧河川法が制定された後，洪水に対する改修がただちに始められたのは淀川であった．利根川の改修は1900（明治33）年になり，開始された．全体は3期に分けられ，第一期は河口から佐原に至る区間が対象であった．第二期は1907年に始まり，佐原と取手の間が対象であった．第三期改修工事は1909年に始まり，取手と群馬県芝根村の間が対象であった．この工事の完成前に1910年の大洪水に遭遇し，計画は大規模な修正を迫られることとなった．栗橋における計画高水流量は当初の13万5000立方尺から，20万立方尺へと変更された．当初の計画水準は経験されていた流量を下回るものであったと類推されている（利根川百年史編集委員会，1987）．これは既往の洪水に

表2.2.2　利根川の洪水計画流量の変遷（利根川百年史編集委員会，1987の資料より作成）

決定年次	基本高水流量 (m^3/s)	計画高水流量 (m^3/s)	基準地点	原理
1900	—	3,750	栗橋	計画実施可能流量
1910	—	5,570	栗橋	既往最大流量
1939	—	10,000	八斗島	既往最大流量
1949	17,000	14,000	八斗島	既往最大流量
1980	22,000	17,000	八斗島	流量の超過確率年200年

おいても越水しないような堤防を連続的に建設する予算は国家財政の半分程度にも達し，実施不可能と判断されたのが理由であろう．1911年の洪水被害を参考にして策定された改訂改修計画では，1911年洪水の最大流量を安全に流下させることができる規模の改修が進められることとなった．この拡張された計画は，開始以来30年を経て1930（昭和5）年に完成した．

しかし，改修計画が完成して8年後に利根川は再び治水の水準を上回る洪水に見舞われた．このときの洪水流量は1万 m^3/s と見積もられ，この流量に対しても安全な増補計画が1938（昭和13）年に策定された．

日中戦争，第二次世界大戦の間は十分な改修も進まないまま，1947（昭和22）年にはカスリーン台風が襲来し，利根川は埼玉県東村で右岸堤が決壊し，その濁流は東京まで達した．利根川の洪水が東京（江戸）にまで達したのは近世においては，1742（寛保2）年，1910（明治43）年に続いて3回目であった．このときの流量は八斗島地点で1万7000 m^3/s と推定された．この改修計画では，利根川の改修計画では初めてダムによる3000 m^3/s の洪水ピーク流量の低減が導入された．したがって，河道への配分である計画高水流量は大臣管理区間の起点である八斗島において1万4000 m^3/s とされた．この段階までは既往の洪水の最大流量を算定して，次の改修計画の目標とする手法がとられていた．

1980（昭和55）年には利根川の治水安全度が200分の1に引き上げられる河川改修計画が公表された．この段階では降雨などの自然現象に関する確率的取り扱いも進展しており，降雨強度，流域の降雨分布，支川の合流流量の確率的評価を合わせて，基本高水流量が2万2000 m^3/s と算定された．上流地域のダムによるピーク流量の低減量は5000 m^3/s と計画され，八斗島での計画高水流量は1万7000 m^3/s となった．こうした洪水計画流量の変遷を，表2.2.2に一覧で示す．

80年の間に基本高水流量や計画高水流量が大きく増大したのはなぜであろうか．第一には，治水安全度の引き上げがある．明治期の改修では治水の水準をやむをえず低く抑えなければならない時代もあった．1964年の新河川法の制定を経て，第一級の水系では治水安全度を超過確率年200年とすることができるようになった．しかしながら，日本の一級水系では治水目標が超過確率年200年であるのは利根川，淀川の2つだけである．また，計画の

表 2.2.3 世界各地の治水安全度（建設省, 1997）

国	施設	治水水準
オランダ	ゾイデル海の高潮堤	1/1万（完成 1994年）
イギリス	テムズ川高潮堤	1/1000（完成 1983年）
ドイツ	ライン川下流	1/500（完成 1993年）
アメリカ	ミシシッピ川下流	1/500（整備率79%, 1993年）
フランス	セーヌ川	1/100（完成, 1988年）

整備率は約70%であり，表2.2.3に示される世界各国の水準から見ていまだ低いところにある．

その次の因子は，流域の開発や土地利用の変化である．とくに昭和期に入ってからの土地利用変化の速度はたいへん大きなものとなっている．明治期に水田や畑であった場所が，いまや宅地であり，工場地帯となっている．市街化は洪水のピーク流量を増大させ，洪水到達時間を短縮させる．2.2.4項において市街化に注意を払うことが謳われているのは，まさに時宜を得たものとなっている．

表2.2.3に世界の先進各国における治水安全度を示す．主要な河川や沿岸域においてはわが国の治水水準より高い目標を設定している例が多く，また，その整備が完成していることに注目すべきであろう．

2.3 雨量の出現確率

ここでは確率的に生起する水理・水文現象を統計的に取り扱う場合の基本的な概念を示す．

2.3.1 再現期間と確率水文量

確率変数が x である水文量の確率密度関数を $f(x)$ とするとき，この事象の確率分布関数 $F(x)$ は次式で与えられる．

$$F(x)=\int_{-\infty}^{x} f(x)dx \tag{2.3.1}$$

x がある特定の値 x_p 以下となる確率が $F(x_p)$ であり，この $p \equiv F(x_p)$ を非超過確率，$W(x_p)=1-F(x_p)=1-p$ を超過確率という．この $W(x_p)$ が治水計画の安全度の指標であり，とくに，変数（たとえば，雨量や流量や水

深) の大きいところが問題となる．一方，渇水のように変数の小さなところが問題となる場合は，$F(x_p)$ がその指標となる．

x がある特定の値 x_T 以上となる確率，すなわち，水文量が生起する時間間隔の平均値が $1/T$ であるとき，この T をリターンピリオド（再現期間）と呼ぶ．再現期間と非超過確率との間には次式が成り立つ．

$$T = \frac{1}{mW(x_T)} = \frac{1}{m[1-F(x_T)]} \tag{2.3.2}$$

m は対象とする水文量の年平均生起回数であり，年最大水文量を取り扱う場合には $m=1$ となる．このとき再現期間は超過確率の逆数でもあるので，T を確率年ともいい，x_T を T 年確率水文量と呼ぶ．

異常水文量の発生頻度は $x \geq x_T$ となる確率を知ればよい．N 年間に水文変数 x が x_T を超える確率 P_N は，次式で求めることができる．

$$P(x \geq x_T)_N = W_N(T) = 1 - \left(1 - \frac{1}{T}\right)^N \tag{2.3.3}$$

たとえば，100 年確率雨量以上の雨が 10 年間に少なくも 1 回起こる確率は，$T=100$，$N=10$ を式 (2.3.3) に代入すればよい．この確率は約 10% であり，けっして小さな確率ではない．すなわちこの試算は，異常降雨が発生するのはそれほど珍しい事柄ではないことを示している．

2.3.2 プロッティング・ポジション公式

水文量の資料から再現期間や確率密度関数を簡易に推定するときに，もととなる水文資料の確率の大きさをどのように決めるかが必要である．経験的分布関数としてのプロッティング・ポジション公式は Cunnane により次のようにまとめられている（水理委員会，1999）．

$$F[x_{(i)}] = \frac{i-\alpha}{N+1-2\alpha} \tag{2.3.4}$$

ここに N は標本数，i は標本値を大きさの順に並べたときの小さいほうからの順位，$x_{(i)}$ は i 番目の順位標本値，$F[x_{(i)}]$ は $x_{(i)}$ のプロッティング・ポジション，$\alpha = 0$-1 の定数で，諸公式により次の値をとる．

　① Weibull（ワイブル）公式　　　　$\alpha = 0$
　② Hazen（ハーゼン）公式　　　　　$\alpha = 1/2$

③ Gringorten（グリンゴルテン）公式　　$a=0.44$
④ Blom（ブロム）公式　　$a=3/8$
⑤ Cunnane（カナン）公式　　$a=2/5$

上記の公式の特徴は以下のように要約される（水理委員会，1999）．①は順位標本値の超過確率を与え，$F(x)$ が一様分布の場合に対応している，分布上端（超過確率が小さい領域）での推定値の偏倚が大きいので，使用に当たっては注意を要する．②は分布形を特定できず，理論的根拠が見当たらないが，通常考えているよりも適合度はよい．③はグンベル分布および指数分布に対して適合度がよい．④は正規分布に対して近似度が高い．⑤はすべての確率分布形に適用可能な折衷案として提案されたものである．

2.3.3　確率分布モデル

（1）対数正規分布（LN3分布）

平均値 μ_y，統計的分散 σ_y^2 をもつ正規分布 $N(\mu_y, \sigma_y^2)$ に従う確率変数 y を

$$x = a + \exp(y) \tag{2.3.5}$$

で変換した確率密度関数を対数正規分布と呼び，次式で示される（水理委員会，1999）．

$$f(x) = \frac{1}{(x-a)\sqrt{2\pi}\sigma_y} \exp\left\{-\frac{1}{2}\left(\frac{\ln(x-a)-\mu_y}{\sigma_y}\right)^2\right\} \quad (x>a) \tag{2.3.6}$$

対数正規分布の平均値，標準偏差，およびひずみ係数は次式で与えられる．

$$\begin{cases} \mu_x = a + \varepsilon\phi^{1/2} \\ \sigma_x = \varepsilon[\phi(\phi-1)]^{1/2} \\ \gamma_x = (\phi+2)(\phi-1)^{1/2} \\ \varepsilon = \exp(\mu_y), \quad \phi = \exp(\sigma_y^2) \end{cases} \tag{2.3.7}$$

積率法では，μ_x, σ_x, γ_x にそれぞれ標本積率値を代入して，上式を a, μ_y, σ_y について解けばよい．そのとき，ひずみ係数は小標本数による偏倚補正が必要である．

岩井法で代表されるクオンタイル（確率水文量）法による母数の推定値は次式で与えられる．

$$\begin{cases} a = \dfrac{x_{(1)} x_{(N)} - x_m^2}{x_{(1)} + x_{(N)} - 2x_m} & (x_{(1)} + x_{(N)} - 2x_m > 0) \\ \mu_y = \dfrac{1}{N}\sum_{j=1}^{N} \ln(x_j - a) \\ \sigma_y^2 = \dfrac{1}{N}\sum_{j=1}^{N}[\ln(x_j - a) - \mu_y]^2 \end{cases} \quad (2.3.8)$$

ここに,$x_{(1)}$,$x_{(N)}$,x_m はそれぞれ標本最小値,最大値,メディアンである.x_j は水文観測値,N は標本数である.この推定方法は,とくに分布両端部での適合度を高めることを主眼に置いた有用な方法である.いずれの母数推定法を採用するにせよ,母数推定値 $\hat{a}$,$\hat{\mu}_y$,$\hat{\sigma}_y$ を用いて,対数変換標本値 $z_i = [\ln(x_i - \hat{a}) - \hat{\mu}_y]/\hat{\sigma}_y$ のひずみ係数 $\hat{\gamma}_z$ が十分な精度でゼロに近いかどうかの検討を行うことが必要である.もし $|\hat{\gamma}_z| \le 0.3$ の条件が満足されないときには,異常値の検定,推定法ないしは確率モデルの選択を再考することも必要である.

ここでは一般化された3母数を対象とする例を示したが,母数の数を簡単にした取り扱いも多く用いられている.たとえば流量は常に正の量であるから,流量を扱うときには,$a=0$ を与えて2母数の対数正規分布理論を当てはめることが多い.

(2) ピアソンIII型分布 (P3分布)

ピアソンIII型分布はガンマ分布の系列を一般的に示すもので,一般化された3母数の確率密度関数は次式で与えられる(水理委員会,1999).

$$f(y) = \dfrac{1}{|a|\Gamma(b)}\left(\dfrac{y-c}{a}\right)^{b-1}\exp\left(-\dfrac{y-c}{a}\right) \quad (2.3.9)$$

ここに,a は尺度母数,b は形状母数($b>0$),c は位置母数である.$\Gamma(b)$ はガンマ関数である.

非超過確率 p は次式で計算される.

$$p \equiv F(y) = \begin{cases} \dfrac{1}{\Gamma(b)}\displaystyle\int_0^w t^{b-1}\exp(-t)dt & (a>0) \\ 1 - \dfrac{1}{\Gamma(b)}\displaystyle\int_0^w t^{b-1}\exp(-t)dt & (a<0) \end{cases} \quad (2.3.10)$$

$$w = \dfrac{y-c}{a} \quad (2.3.11)$$

P3分布の形状は，$a>0$ として，$0<b<1$ のとき逆J型分布，$b=1$ のとき指数分布，$b\gg1$ のとき正規分布に漸近するため，分布形状を統一的に表現することができる．非超過確率 p に対する式 (2.3.10) の w が算定されれば，P3分布のクオンタイル（確率水文量）および平均値，標準偏差，ひずみ係数は

$$y_p = c + aw_p \tag{2.3.12}$$

$$\mu_y = c + ab, \quad \sigma_y^2 = a^2 b, \quad \gamma_y = \frac{2a}{|a|\sqrt{b}} \tag{2.3.13}$$

により計算される．

$a=1$ とした分布は2母数ピアソンIII型分布と呼ばれ，$a=1$, $c=0$ とした分布は1母数ガンマ分布と呼ばれる．

（3）一般化極値分布

Jenkinson はグンベル分布，対数極値分布をひとつの式形に統一して，一般化極値分布 (Generalized Extreme Value Distribution, GEV) の導入を図った．分布関数 $F(x)$ は次式で与えられる（水理委員会，1999）．

$$F(x) = \begin{cases} \exp\left\{-\left[1 - \frac{k(x-c)}{a}\right]^{1/k}\right\} & (k \neq 0) \\ \exp\left\{-\exp\left[-\frac{(x-c)}{a}\right]\right\} & (k = 0) \end{cases} \tag{2.3.14}$$

$k>0$ のとき，$-\infty < x \leq c+(a/k)$ であり，$k<0$ のとき $c+(a/k) \leq x < \infty$ となる．c と a はそれぞれ位置母数と尺度母数である．また，k は極値分布がどの形式に属するかを決める形状母数である．$k=0$ がグンベル分布である．

GEV分布の非超過確率 $p \equiv F(x)$ に対応する確率水文量 x_p は，式 (2.3.15) により求められる．

$$x_p = \begin{cases} c + \left(\frac{a}{k}\right)\{1 - [-\ln(p)]^k\} & (k \neq 0) \\ c - a\ln[-\ln(p)] & (k = 0) \end{cases} \tag{2.3.15}$$

イギリスの自然環境局 (Natural Environment Research Council) は年最大日流量の確率モデルにつき検討を行い，基準法として GEV 分布を推奨している．

2.3.4 降雨継続時間と降雨強度――拡張フェア式

　ここまでは水文量が生ずる頻度分布に関して，主として理論的な背景を説明してきた．こうした解析では時間降雨量，日降雨量，2日降雨量，1秒間の洪水流量，日流量などの年間最大値を対象として，個別の分析をするわけである．しかし，河川計画ではさまざまな規模の流域が総合されて水系ができあがっているので，異なる継続時間あるいは到達時間内の降雨強度を，公式の形で知りたいという実務上の要求がある．とくに，下水道計画においては対象地域が小さく合理式が用いられているので，このような形式の数式が用いられてきた．

　ここでは河川計画を念頭に置いて，展開された成果を示す．

$$I = \frac{b}{(t+a)^n} T^m \qquad (2.3.16)$$

ここに，I は降雨強度（mm/hr），T は再現年，t は降雨継続時間，a, b, m, n は係数である．この式のもとは下水道計画における尖頭（ピーク）流量の推定を目的に開発されたものであり，フェア式と呼ばれている．t の単位を分にとり，5-6時間程度までの適用を前提としたものである．鈴木・寺川（1996）は河川計画を念頭に置き，t を時間単位とし，72時間までの資料を用いて曲線式の当てはめを行った．この本では式 (2.3.16) を拡張フェア式と呼ぶ．検定はアメダス資料を用いて行われている．アメダスの観測期間はいまだ20年と比較的短いが，毎正時観測値が得られ，全国に約1300点がほぼ等しい密度で分布している等質性の高い資料である．したがって，アメダス資料を用いて検定してあれば，全国を通して河川計画に用いることができる．式 (2.3.16) による推定値とアメダスデータとの相関係数は平均で0.998と非常に高く，推定法として拡張フェア式の信頼度は高いといえよう．全国の主要都市における拡張フェア式の係数の一覧を表2.3.1に示す．これらの係数値は土木研究所でとりまとめられたものであり，土木研究所から資料提供を受けたことに謝意を表す．

　2000年9月11日の東海豪雨においては，時間降雨量93 mm，日降雨量428 mm，総降雨量562 mm（82時間内）というかつてない降雨により，大都市名古屋が大きな被害を受け，都市の水防災に多くの教訓を残した．名古

表 2.3.1 主要都市における拡張フェア式の係数一覧（土木研究所）

	a	b	m	n
札幌	3.20	38.8	0.24	0.75
仙台	1.85	44.6	0.29	0.75
新潟	0.65	32.3	0.22	0.75
東京	2.00	55.5	0.25	0.75
名古屋	0.95	51.9	0.23	0.75
大阪	0.30	40.4	0.22	0.75
神戸	1.30	44.6	0.20	0.75
高松	1.30	45.1	0.25	0.75
広島	0.60	48.0	0.18	0.75
福岡	1.80	66.6	0.18	0.75
熊本	2.65	92.2	0.22	0.75
鹿児島	2.15	84.3	0.21	0.75

屋気象台の 108 年間にわたる過去の最大値は，時間降雨量では 92 mm と東海豪雨に近い値であったが，日降雨量は 240 mm であり，東海豪雨が圧倒的に大きな値を示している．拡張フェア式による推定では，東海豪雨日降水量の再現年は 350 年，82 時間の総降雨量の再現年は 270 年となった．

2.4 流出解析

2.4.1 合理式

合理式は雨量から流量を算出する流出解析法の一種であり，都市の下水道計画，小河川の洪水解析などにおいて広く用いられている．上流にダム等の洪水調節施設計画のない河川で，集水面積が比較的小さく，かつ，流域の貯留効果を考慮する必要がない河川においては，洪水の尖頭流量と降雨強度とは線形関係で結ばれる．こうした河川においては，次に示す合理式により計画高水流量を計算する（日本河川協会，1997a）．

$$Q_p = \frac{1}{3.6} fRA \qquad (2.4.1)$$

ここに，Q_p は計画高水流量（m³/s），f は無次元の流出係数，R は洪水到達時間内の雨量強度（mm/h），A は集水域面積（km²）である．

合理式法の適用は通常流域面積が 200 km² 未満または，流域の最遠点からの到達時間がおおむね2時間程度までの河川とされている．

合理式法において用いる流出係数の値は，流域の地質，将来における流域の土地利用状況等を考慮して決定する必要がある．一般的には表2.4.1の値を標準としている．流出係数は流域の開発により大きく変化することが多いので，計画値として採用する値は流域の開発計画等を十分織り込んでおくことが必要である．

洪水到達時間は，原則として降雨が水路に入るまでの流入時間と河道内の洪水伝播時間（流下時間）の和となる．流入時間は流路に達するまでの排水区の形状や面積の大小，地表面勾配，地被状態，流下距離，降雨強度など多くの要素に支配される．現在下水道の設計には表2.4.2の値が用いられている．自然山地における河道への流入時間は，市街地におけるものよりも定量化が困難であるので，複数の経験式等を用いて比較検討するのがよい．

流下時間はクラーヘンの値もしくは適当な河道流速を仮定して計算を行い，河道の設計を行う．河道計画策定後に河道平均流速の計算値との比較を行い，仮定した値との差異が大きな場合には再度計算をやり直す．

クラーヘンの方法では，流路の長さを洪水流出速度で除せば，洪水到達時間を知ることができる．

表2.4.1　合理式における標準的な流出係数

密集市街地	0.9	水田	0.7
一般市街地	0.8	山地	0.7
畑，原野	0.6	平地小河川	0.45-0.75

表2.4.2　日本とアメリカの流入時間

日本で用いられている値	アメリカ土木学会
人口密度が大きな地区　5分	全舗装下水道完備の密集地区　5分
人口密度が疎な地区　10分	比較的勾配が小さい発展地区　10-15分
幹線　5分	平地の住宅地区　20-30分
枝線　10分	

表2.4.3　クラーヘン式（日本河川協会，1997b）

流路勾配	1/100 以上	1/100-1/200	1/200 以下
洪水流出速度	3.5 m/s	3.0 m/s	2.1 m/s

2.4.2 貯留関数法

貯留関数法は流出現象の非線形特性を表すために，降雨から流出への変換過程を導入し，貯留量と流出量との間に一義的な関数関係を仮定し，流域における連続式から流出量を求めるものである（日本河川協会，1997b）．

流域を対象とした降雨量（流入量），貯留量，流出量の三者の間に成り立つ連続式は次式となる．

$$\frac{dS_l}{dt} = \frac{1}{3.6} f_e \cdot r_m A - Q_l \tag{2.4.2}$$

ここに，S_l は見かけの流域貯留量（(m³/s)×h），f_e は流入係数，r_m は流域平均雨量（mm/h），$Q_l(t) = Q(t+T_l)$ は遅滞時間を考慮した流域からの直接流出量（m³/s），T_l は遅滞時間（h）である．

流域または河道の貯留量 S_l と流出量 Q との間には式 (2.4.3) を用いる．

$$S_l = KQ_l^p \quad (K, \ p \text{は定数}) \tag{2.4.3}$$

式 (2.4.3) は流出量が貯留量のべき乗に比例することを表しており，貯水槽の切り欠けより上部に溜まっている水の量と切り欠けから流出する水量の関係に類似している．

河道区間についての連続方程式は

$$\frac{dS_l}{dt} = \sum_{j=1}^{n} f_j I_j - Q_l \tag{2.4.4}$$

ここで，S_l は見かけの河道貯留量（(m³/s)×h），I_j は流域，支川または河道上流端から対象河道に流入する流入量群（m³/s），f_j は流入係数，$Q_l(t) = Q(t+T_l)$ は遅滞時間を考慮した河道下流端流量（m³/s），T_l は遅滞時間（h）である．

貯留関数法では f_e は降雨量 r_m にかかる係数ではなく，流域面積 A にかかる係数であると考える．すなわち，降雨初期には $f = f_1$（一次流出率という）として $f_1 A$ の面積（流出域という）だけで流出が発生する．累加雨量が飽和雨量 R_{sa} を超えると $f = 1$（飽和流出率）となって，残りの $(1-f_1)A$ の部分（浸透域）からも R_{sa} 以降の降雨によって流出が発生すると考える．流出域と浸透域とは別個に流出計算を行うものとし，両域からの流出量の和に基底流出量を加えた値をもって流域流出量とする．

流域の貯留関数の定数 K, p および遅滞時間 T_l は，原則として当該流域の実測洪水資料に基づき，貯留量と流量との関係が一価関数となるように決定する．洪水ごとに定数 K, p, T_l を求め，その平均値をもって当該流域の定数とする．

2.4.3 タンクモデル

直列貯留型モデルは図2.4.1に示すように，側面と底面に流出孔をもつ容器を多段階に重ねて流域を表現する計算法である．これは一般にタンクモデルと称される．雨はタンクモデルの最上段の容器に注入される．2段目以下の容器は，1段上のタンク底面の孔から水を受ける．各容器内では，水面が側面の孔より高くなると，一部は側面の孔から流出し，一部は底面から1段下のタンクに移行する．各段のタンク側面の孔からの流出量の総和が，河川の流量となる（菅原，1972）．

雨は順次地下に浸透し，各帯水層からそれぞれ流出して河川の流量となる．図2.4.1のモデルでは，最上段が洪水の表面流出，第2段が表層浸透流出，第3-4段が地下水流出に対応している．モデルでは，下のタンクになるほど流出孔を細くしておく．これは下の帯水層ほど流出の速度が遅いことに対応

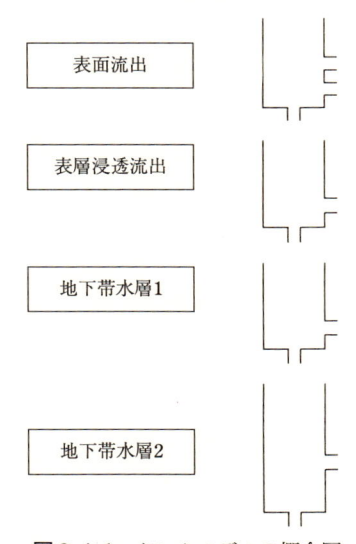

図 2.4.1　タンクモデルの概念図

している．タンクモデルを構成する流出孔の高さおよび浸透孔の大きさは試行錯誤によって決定するが，自動的に探索させる方法もある（たとえば，菅原，1979；角屋・永井，1980）．

タンクモデルの特徴を要約すると次の通りである．
① 初期損失とその損失雨量が降雨履歴によって変化する現象を，自動的にモデル中に含んでいる．
② 大洪水と小洪水とで流出の仕方が非線形的に変化する構造をモデル中に含んでいる．
③ 大洪水と小洪水とで，流出率が自動的に切り替わる構造である．
④ 各段のタンクからの流出は，それぞれ固有の逓減曲線を示すので，流出量が固有の逓減をもついくつかの流出成分の和で示される．
⑤ 水がタンクを通過して下方に移行する間に，自動的に時間遅れが与えられる．

2.5　年最大日流量を用いた年最大流量の推定

　基本高水流量の算定は，計画降雨をもとに適当な洪水流出モデルを用いて流出計算を行い，算出される．この節では，一般的に容易に入手できる水文資料である流量年表に記載されている各観測所の日平均流量の確率分布を考え，それをハイドログラフの尖頭流量に変換して，直接的に計画高水流量を算定する方法を考える．

2.5.1　鬼怒川平方観測所における試み

（1）年最大日流量の統計的性質の分析

　鬼怒川の平地部には平方流量観測所（利根川合流点から 35 km 地点），石井観測所（同 75 km 地点）がある．予備的な検討の結果，平方流量観測所における 1963 年から 1995 年にかけての 33 年間の年最大流量を対象に分析を行った．

　最初に，鬼怒川上流にある五十里ダム，川俣ダム，川治ダムの影響を考える．これらのダムで基本高水流量 8800 m³/s のうち 2600 m³/s を調節する計画である．川治ダムは 1983 年に建設され，3 つのなかでは最下流にある一

2.5 年最大日流量を用いた年最大流量の推定

番新しいダムである．そこで，川治ダムが建設された 1983 年以前と以降で，1 年間の日流量を 100 位まで取り出し，各順位に相当する日流量を平均し建設前後で比較した．それによると，同一順位の日流量平均値は建設後のほうが大きな傾向にあり，川治ダムの操作が平方での順位の高い日流量グループに大きな影響を及ぼしているとは思えない．川治ダムの集水面積は 144.2 km² であり，平方流量観測所の集水面積 1626.4 km² の流域面積の 1 割弱である．川治ダムの流入，流出量の年最大値および平均値は，洪水時の流量に比べて 100 分の 1 程度であり，川治ダムによる流量調節が下流の対象区間に対して与える影響は無視できると考えられる．

次に年最大日流量の頻度分布はどのような関数で近似できるであろうか．2.3 節に倣い対数正規分布，ピアソン III 型分布（ガンマ分布），グンベル分布の 3 通りの確率密度曲線を考え，頻度分布に当てはめ評価した．

対数正規分布

$$f(x) = \frac{1}{x\sqrt{2\pi\sigma_y}} \exp\left\{-\frac{(\log x - \mu_y)^2}{2\sigma_y^2}\right\} \quad (2.5.1)$$

ピアソン III 型分布（ガンマ分布）

$$f(x) = \frac{1}{\Gamma(\lambda)}(x-c)^{\lambda-1} \exp(-(x-c)) \quad (2.5.2)$$

グンベル分布

$$f(x) = a \exp\left[-a(x-b) - \exp\{-a(x-b)\}\right] \quad (2.5.3)$$

なお各確率密度関数の母数はすべて 2 母数であり，その推定には積率法を使用した．表 2.5.1 に標本特性値および母数推定値を示す．

図 2.5.1 は対数正規確率紙へ年最大日流量の資料を記入した図である．縦軸は非超過確率の平均値からの偏差を標準偏差で除した数値である．全体的

表 2.5.1　標本特性値，各確率分布の母数推定値（年最大日流量）（森，2001）

標本の大きさ	$n=33$		
標本特性値 $\begin{cases} x_i \\ \log x_i \end{cases}$	x(Ave.)$=827.16$　　$s_x=469.17$ $\log x$(Ave.)$=6.50$　　$s_{\log x}=0.755$		
確率分布	2 母数　対数正規分布	2 母数　ピアソン III 型分布	グンベル分布
母数推定値積率解	$\mu_y=6.857$ $\sigma_y^2=0.279$	$\lambda=265.47$ $c=3.123$	$a=0.00273$ $b=618.01$

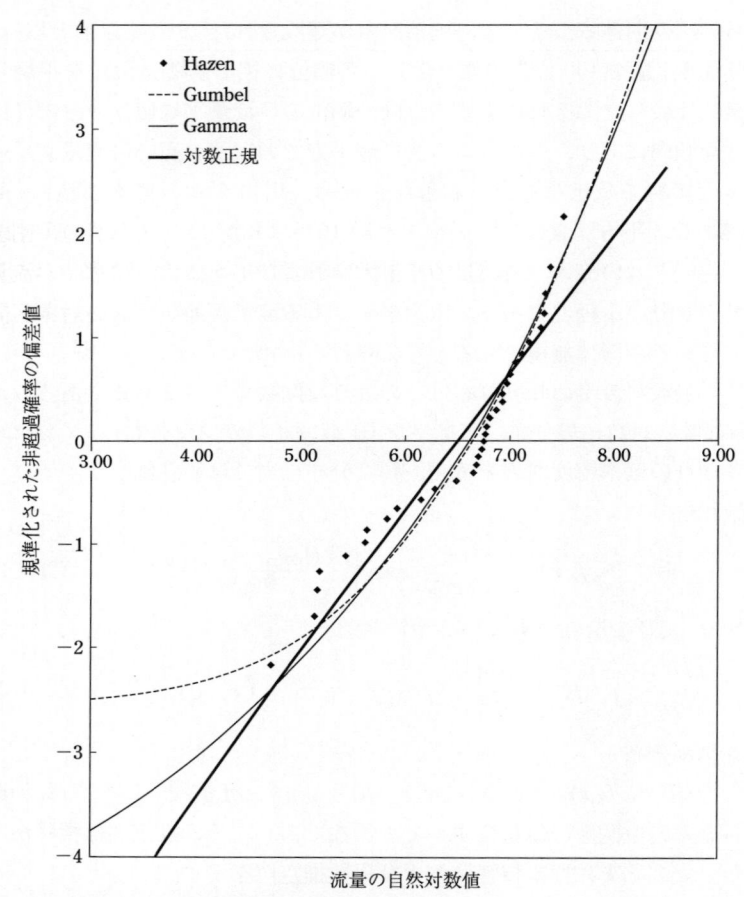

図 2.5.1 対数正規確率紙への表示（プロッティング・ポジションはハーゼン公式による）

には対数正規分布の適合性がよさそうに見えるが，流量が大きくなってくるとあまり適合しなくなる．異常値を考えるためには流量の大きな領域での適合度が高いことが望ましい．ここではピアソン III 型（ガンマ）分布を用いて以後の計算を進める．

得られたガンマ分布によって，年最大日流量と再現年を計算したものを表 2.5.2 に示す．

2.5 年最大日流量を用いた年最大流量の推定

表 2.5.2 年最大日流量の主な確率年流量（鬼怒川，平方）（森，2001）

確率年	1年	2年	5年	10年	25年	50年	75年	100年	150年	200年
年最大日流量 (m³/s)	56.5	740	1,175	1,456	1,800	2,047	2,170	2,286	2,406	2,518

（2）尖頭流量の推定法

表 2.5.2 で 100 年確率流量が 2286 m³/s となった．これは現計画高水流量の 6000 m³/s を大きく下回るものである．計画高水流量がハイドログラフの尖頭流量であるのに対し，表 2.5.2 で求めたものが日流量（ハイドログラフの 1 日平均値）の 100 年確率流量であるためである．そこで，実存する流量が大きい日のハイドログラフをもとに尖頭流量を推定する方法を考える．

ここで 24 時間内の平均流量とその時間内の尖頭流量の比を考えていくときに，24 時間という時間のとり方には 2 通り考えられる（図 2.5.2 参照）．ここでは 24 時間の平均流量が最大となるような時間のとり方を最大法，流量年表に基づいた日流量のとり方（1 時から 24 時までの平均をとる方法）を定時法，と呼ぶことにする．ハイドログラフの平均値と最大値の関連性をとらえる観点からは，最大法が理に適っている．しかし，最大法で得られたハイドログラフの尖頭流量と 24 時間流量との比 r_p は，定時法で得られる最大値と日流量の比よりも小さくなる．実際の日流量は定時法で計算されているので，これを r_p 倍して尖頭流量を求めると過小評価になる．そこで時間のとり方は定時法を用いることとした．

また，入手できるハイドログラフは基本的には計画高水流量の超過確率である 100 年確率流量よりも小さいものであるため，これを引き伸ばして 100 年確率流量時のハイドログラフを作成する．その方法は 1 日間（午前 1 時から 24 時まで）の総流出量の平均値が，100 年確率の日流量に等しくなるように実測の流量ハイドログラフの値を引き伸ばすのである．しかし，引き伸ばし率を定めるときに単純に最大値と平均値の比をとっただけでは，流量の大小にあまり左右されない基底流量までも，引き伸ばしてしまうことになる．

第二次世界大戦後の大きな 6 出水に対してそれぞれの洪水ハイドログラフの形をもとに 100 年確率流量時の尖頭流量を算出する．洪水ごとに基底流量が変動すると仮定した場合と変動しないと仮定した場合の結果を比較したも

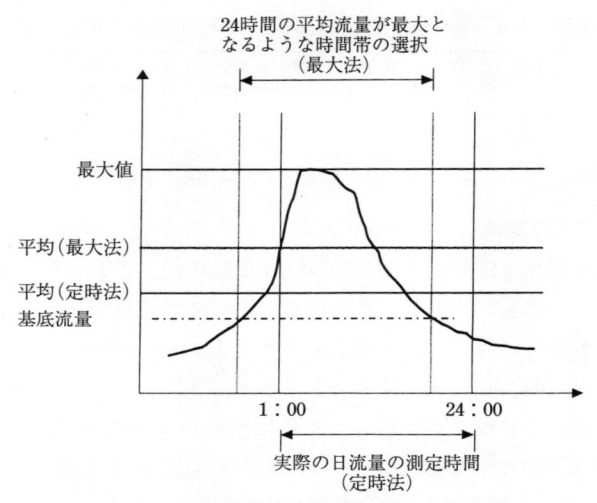

図 2.5.2 平均 24 時間流量を算定する時間帯の定義

のが表 2.5.3 である．また基底流量としては，本研究では最大法で 24 時間をとった場合の 24 時間目の流量程度としている．この節で扱われている基底流量は，水文流出でいう基底流出量とは意味が異なり，基底流出量よりも大きな値となっている．鬼怒川平方観測所では 600 m³/s（2-5 年確率流量に相当する）とした．

以上のように基底流量を変動させた場合と変動させない場合では流量に約 260m³/s の差が出た．計画高水流量が 6000 m³/s であることから，基底流量

表 2.5.3 基底流量を考慮した尖頭流量と日流量との関係（森，2001）

		1948 年	1949 年	1958 年	1986 年	1988 年	1990 年	平　均
基底流量変動時	100 年確率日流量 (m³/s)	2,286	2,286	2,286	2,286	2,286	2,286	2,286
	尖頭流量 (m³/s)	6,294	5,628	5,607	4,234	5,071	6,534	5,561
	尖頭流量と日流量との比	2.75	2.46	2.45	1.85	2.22	2.86	2.43
基底流量不変時	100 年確率日流量 (m³/s)	2,286	2,286	2,286	2,286	2,286	2,286	2,286
	尖頭流量 (m³/s)	6,532	5,628	5,669	4,262	5,991	6,823	5,818
	尖頭流量と日流量との比	2.86	2.46	2.48	1.86	2.62	2.99	2.55

不変時のほうがより近いため，流量を引き伸ばす際には基底流量不変の仮定を用いた．1986年の流量比の値が大きく平均値より外れるが，これは1986年の尖頭流量が他に用いた流量よりも小さな値であるために，うまく引き伸ばしができていないためと思われる．しかし，そのために1986年のデータを除いてしまうとデータが5つと少なくなってしまうので，そのままデータを残すことにした．鬼怒川平方観測所の資料によれば，それぞれの確率年洪水の尖頭流量は，同じ確率年に対する日流量の2.5倍で求められると判断した．

2.5.2　多摩川石原観測所での解析

前節では鬼怒川平方観測所の資料を用いて，ある確率年洪水の尖頭流量を，同じ確率年の日流量から定める方法を提案した．ここでは同様な手法を多摩川石原地点に適用して，分析を行う．

（1）200年確率日流量の算定

流量年表における日流量の年最大値（1959年から1998年までの39年間［1960年欠損］，多摩川水系石原流量観測所）が，この項で分析の対象となる統計標本である．また石原地点の基本高水流量は8700 m³/s であり，200年確率流量である．標本特性値および対数正規分布・ピアソンIII型分布・グンベル分布に対しての母数推定値，それらの値から求められる200年確率日流量を表2.5.4に示す．3種類の推定法による平均値は約3430 m³/s であ

表2.5.4　年最大日流量標本特性値，各確率分布の母数推定値（多摩川石原観測所）（森，2001）

標本の大きさ	$n=39$		
標本特性値 $\begin{cases} x_i \\ \log x_i \end{cases}$	x(Ave.)$=707.35$　　$s_x=629.123$ $\log x$(Ave.)$=6.18$　　$s_{\log x}=0.9288$		
確率分布	2母数　対数正規分布	2母数　ピアソンIII型（ガンマ）分布	グンベル分布
母数推定値積率解	$\mu_y=6.853$ $\sigma_y^2=0.583$	$\lambda=559.55$ $c=1.264$	$a=0.00204$ $b=424.213$
200年確率日流量（m³/s）	3,636	3,316	3,327

る.

対数正規確率紙へ当てはめたグラフを図 2.5.3 に示した．鬼怒川における例（図 2.5.1）と同じように，対数正規分布は全体の傾向を表してはいるが，流量が大きな領域では適合度が悪くなってくる．こうした大きな流量の領域

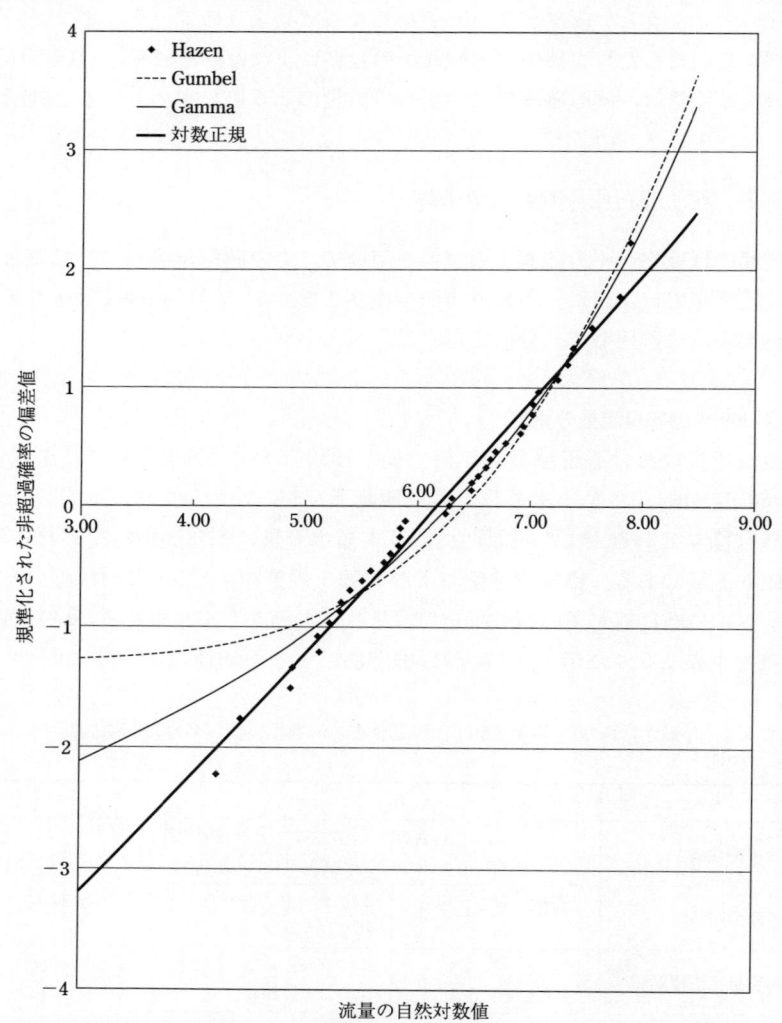

図 2.5.3 対数正規確率紙への表示（プロッティング・ポジションはハーゼン公式による）

では，実測値はガンマ分布やグンベル分布との適合度が高い．また，ガンマ分布とグンベル分布とはほとんど一致していることが図 2.5.3 から見てとることができる．2.3.3 (3) 一般化極値分布の項で，イギリスの自然環境局は年最大日流量の確率モデルとしてグンベル分布を内包している一般化極値分布を推奨していることに触れた．平方観測所や石原観測所において，年最大日流量がグンベル分布に適合していることを考えると，イギリス自然環境局の見解はかなり一般性をもっていると考えられる．

(2) 尖頭流量の推定法

200 年確率の日流量から，200 年確率洪水の尖頭流量（多摩川における基本高水流量）を求めてみよう．まず第一段階として，ハイドログラフが既知である 1974（昭和 49）年 9 月洪水と 1982（昭和 57）年 8 月洪水の場合に尖頭流量と日流量との比率がどのようであったかを分析する．

表 2.5.5 は 24 時間平均流量を定める際の時間のとり方（定時法と最大法，2.5.1 (2) 項参照）により，尖頭流量と平均流量の比にどれだけ差が出るかを示した表である．

定時法と最大法での係数値の差は 0.08 である．尖頭流量を求めるときには 200 年確率日流量に倍率を乗じて求める．200 年確率日流量を前述のように 3430 m³/s とすれば，倍率の差 0.08 により尖頭流量に約 270 m³/s の差が現れることになる．

また，基底流量を考慮して 200 年確率洪水に対して観測されたハイドログラフを引き伸ばして（2.5.1 (2) 項参照）得られた結果を表 2.5.6 に示す．上の表 2.5.5 と比較すると定時法同士で比べると係数値で 0.24 の差があり，尖頭流量では 830 m³/s ほどの差が出ることになる．

定時法の基底流量不変時における場合の尖頭流量と日流量との比率の平均値 2.23 を用いて，200 年確率尖頭流量（基本高水流量）を求めると 7640 m³/s となる．また最大法による平均の比率 2.15 を用いると，200 年確率尖頭流量（基本高水流量）は 7370 m³/s となる．

従来の手法による石原地点の 200 年確率流量は（国交通省，2004），対数ピアソン III 型で 7200 m³/s，対数正規分数分布（岩井法）で 7800 m³/s，対数正規分布（クォンタイル法）で 7800 m³/s，2 母数対数正規分布（積率法）

表 2.5.5 時間のとり方を考慮した尖頭流量と日流量との関係（観測ハイドログラフに対する結果）（森, 2001）

	日流量 (m³/s)		尖頭流量 (m³/s)	尖頭流量と日流量との比率（観測値）	
	定時法 (1:00〜24:00)	最大法		定時法 (1:00〜24:00)	最大法
昭和49年9月1日	2,290	2392 (9/1 06:00〜)	4,100	1.79	1.71
昭和57年8月2日	1,857	1924 (8/1 21:00〜)	4,047	2.18	2.10
平均				1.99	1.91

表 2.5.6 基底流量を考慮した尖頭流量と日流量との関係（200年確率洪水への引き伸ばしの結果）（森, 2001）

	基底流量 (m³/s)	平均流量 (m³/s)	尖頭流量 (m³/s)		尖頭流量と日流量の比率	
			定時法	最大法	定時法	最大法
昭和49年9月1日	1,000	3,430	6,826	6,414	1.99	1.87
昭和57年8月2日	700	3,430	8,472	8,335	2.47	2.43
平均					2.23	2.15

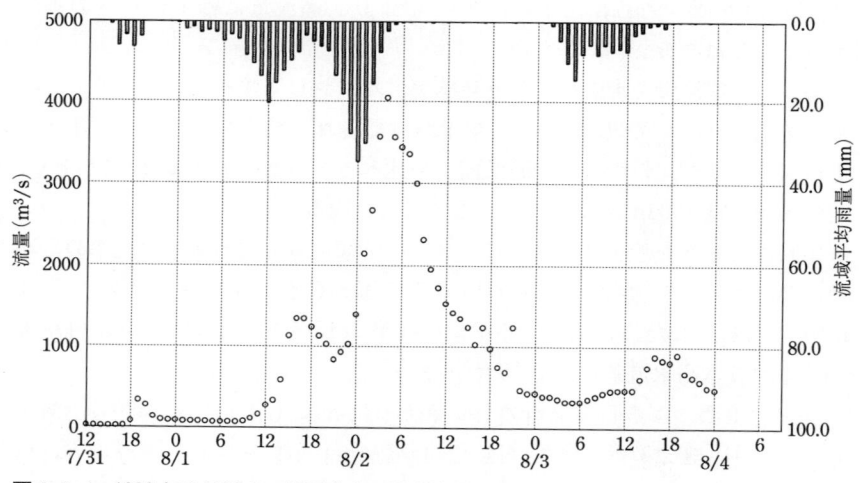

図 2.5.4 1982年8月洪水の降雨分布，洪水流量ハイドログラフ

で 9200 m³/s の値が挙げられており，今回の手法の精度は従来の手法に比べて遜色はないといえよう．

　ちなみに，多摩川水系河川整備基本方針では，流量確率による検証，および，既往洪水による検証結果（明治 40 年 8 月洪水，8900 m³/s 程度の規模）を総合して，石原地点における基本高水のピーク流量を既定計画同様 8700 m³/s としている．

2.5.3　年最大日流量を用いた計画尖頭流量の推定法のまとめ

　ここで日流量記録から計画規模の尖頭流量を推定する方法のまとめをしておこう．日流量記録は流量年表としてまとめられており，かなり長い年月の統計資料が蓄積されている．日流量資料を用いる解析法の長所は，洪水時の流量観測の機会やそれが実施されている地点に比べるとはるかに多くの場所で分析が可能なことである．本書では鬼怒川と多摩川でこの方法を試みた．いまだ，この手法が完成したというには程遠い段階であるが，この手法は高い可能性を秘めていると考えられる．

　計算の各段階の特徴をとりまとめる．最初は年最大日流量の確率密度分布を定めることである．グンベル（一般化極致）分布やガンマ分布の適合性が高い．確率密度分布を積分して超過確率と日流量の関係を定める．計画の超過確率に基づき，100 年確率とか 200 年確率の日流量を算定する．

　次は，既知のハイドログラフで規模の大きなものを数例選ぶ．ハイドログラフの 1 日平均流量が対象とする確率年の日流量と一致するまでこれを引き伸ばす．このとき，基底流量は既知のハイドログラフと計画規模のハイドログラフで同一とする．基底流量はハイドログラフの尖頭流量を挟んでほぼ対称に 24 時間をとり，尖頭流量が出現した 24 時間の終了時点での流量を基底流量として選定する．鬼怒川と多摩川での経験では，この流量は 2–5 年確率流量程度であり，低水路満杯流量程度となっている．

　ハイドログラフが得られない地点では，確率日流量を 2.2 倍から 2.5 倍して，計画洪水の尖頭流量とする．この倍率は本書での経験によるものである．観測されたハイドログラフにおける尖頭流量と日流量との比率は 1.9 程度であったが，計画規模の大洪水ではこの比率が少し上昇する結果となっている．

　鬼怒川と多摩川という異なる河川で本書の方法が共通して成功したのは，

基底流量の導入にあると考えられる．すでに述べたようにこの流量は尖頭流量が現れてからほぼ半日後の流量であり，低水路満杯流量程度である．すなわち，本書の方法は，低水路満杯水位を超えるような水位はほぼ1日で終了し，この部分の流量時間曲線はいろいろな規模の洪水に対して相似形をしている，という前提条件を設けているといってよい．したがって，基底流量を超える部分の洪水に対して引き伸ばしを行い，1日間の総流出量が計画規模と等しくなるように調整することにより，尖頭流量をほぼ正しく知ることができるのである．今回，鬼怒川と多摩川で日流量にほぼ同じ倍率を乗ずれば尖頭流量が予測できることがわかった．したがって，確認は今後に残されているが，前述した条件は日本の多くの河川に共通した洪水の特徴であると予測される．

参考文献

角屋 睦・永井明博（1980）：流出解析法（その12），農業土木学会誌，**48：12**, 51-59.
建設省（1997）：国土建設の現況，平成9年版，大蔵省印刷局，356 pp.
国土交通省（2004）：河川整備基本方針・河川整備計画，多摩川水系，基本高水等に関する資料，4．基本高水の検討，
　http://www.mlit.go.jp/river/gaiyo/seibi/pdf/tama2-4.pdf
水理委員会（1999）：水理公式集，土木学会，3-13.
菅原正巳（1972）：流出解析法，水文学講座7, 257 pp., 共立出版.
菅原正巳（1979）：続・流出解析法，水文学講座別巻，269 pp., 共立出版.
鈴木俊朗・寺川 陽（1996）：アメダスデータを用いた確率降雨量分布図の作成，土木技術資料，**38：12**, 20-25.
利根川百年史編集委員会・（財）国土開発技術研究センター（1987）：利根川百年史，建設省関東地方建設局，2303 pp.
日本河川協会編（1997a）：改訂新版建設省河川砂防技術基準（案）同解説，計画編，建設省河川局監修，山海堂，7-29.
日本河川協会編（1997b）：改訂新版建設省河川砂防技術基準（案）同解説，調査編，建設省河川局監修，山海堂，88-91.
森 千春（2001）：河道管理のための植生の長期変動予測に関する研究，東京大学大学院工学系研究科修士論文，97 pp.

3 安全な河道の設計と洪水被害軽減策の動向

3.1 計画流量に対する水理解析の実務

3.1.1 基本的な考え方

　実河川における水理解析においては，粗度係数など計算に必要なパラメータを測定して求めることが必ずしも容易ではなく，河道形状や粗度の状況が複雑であることが多いので，適切な計算手法を採用することに加えて，その時点で入手できる情報を最大限いかして，妥当なパラメータの設定を行うことが重要である．また，計算の有効性を洪水データと比較しながら検証していくことが大事である．

　水理解析手法の設定に当たっては，単純にレベルの高い手法を用いればよいということではない．レベルの高い計算手法を用いた水理解析は，そのレベルに見合う精度と密度の高い洪水データおよび河道情報を必要とするので，水理解析の目的，必要精度，手に入る情報等を総合的に勘案して，適切な計算手法を選定する必要がある．

　また，今後の河川整備においては，治水上，環境上，維持管理上等の観点から，河道内の樹木群も考慮した河道計画を策定する必要がある．その場合，将来の維持管理水準も考慮したうえで，樹木群の形態を想定し，計算の前提条件とする必要がある．

3.1.2 種々の水理解析手法の特徴

　水理解析手法の選定に当たっては，下記のような観点に留意する必要がある．

① 求めるべき水理量が計算可能な手法であること．
② 必要な精度が得られる手法であること．
③ 適用可能な手法のうち，もっとも簡便な手法であること．

河道の水位計算等に用いる代表的な水理解析手法の概要と特徴を以下に紹介する．解析手法の詳細については，土木学会水理委員会 (1999)，リバーフロント整備センター (1999)，日本河川協会 (1997)，国土技術研究センター (2002) 等を参照されたい．

（1）一次元解析

一次元解析手法は，流れを縦断方向に一次元的にとらえ，水路横断面内の水理量の分布は当該横断面を代表する少数の水理量から推定できると仮定して，水理量の縦断方向の変化を計算するものである．

表 3.1.1 平均流速公式のレベル分類（日本河川協会，1997）

平均流速公式のレベル	粗度係数の物理性が概ね保たれる条件	考慮できる現象			計算に必要なパラメータ
		複断面形状の効果	粗度状況の潤辺内の変化	干渉効果	
レベル 1	●単断面 ●潤辺内の粗度状況が一様	×	×	×	1断面に1つの粗度係数 n
レベル 1a	●単断面 ●潤辺内の粗度状況が変化	×	○		1断面の潤辺内の粗度係数 n の分布
レベル 2	●複断面 ●潤辺内で粗度状況が変化 ●干渉効果効かず	○	○	×	各分割断面の粗度係数 n
レベル 2a	●複断面 ●潤辺内で粗度状況が一様 ●干渉効果効かず	○	×	×	1断面に1つの合成粗度係数 N
レベル 3	●複断面 ●潤辺内で粗度状況が変化 ●干渉効果効く	○	○	○	●各分割断面の粗度係数 n ●境界混合係数 f

注) いずれのレベルの平均流速公式も，一次元的な流況を前提にしており，複雑な河道形状などに起因して，流れが一次元的とはいえない状況になる場合は，適用性が落ちる．

一次元解析手法は，平均流速公式のレベルにより，表3.1.1のように分類される（日本河川協会，1997）．

表中の「粗度係数の物理性が保たれる」とは，当該平均流速公式で定義される粗度係数が，もともとのマニングの平均流速公式で定義される粗度係数と同じ意味をもち，その値の物理的意味が明確で，粗度係数の値と対応する河床の粗度の状況が一対一の関係をもつことを指している．

平均流速公式の選定に当たっては，そこで用いられる粗度係数の物理性が保たれるようにすることが望ましい．このような選定により，粗度係数に実際の粗度状況に見合う値を与えることができれば，種々の水位，河道断面形，潤辺内粗度状況に対しても，良好な精度の計算結果を期待できる．もし，マニングの粗度係数の物理的意味が保たれないようなレベルの平均流速公式を使わざるをえない場合には，水位計算を実施することは可能であるが，粗度係数に明確な物理的意味が伴わなくなる．このため，良好な精度の計算結果を得ようとすると，原理的には，河道断面形，潤辺内粗度状況，水位が変わるごとに適切な粗度係数の値を与えざるをえない．また，与える粗度係数の値は，実際の粗度状況とは必ずしも一対一に対応しない．

河川の洪水流を対象とする水理解析においては，複断面形状の効果や粗度状況の潤辺内の変化など，複雑な条件を考慮する必要があり，レベル1aからレベル3の平均流速公式では，①径深の計算法に井田法を用いる，②断面分割法を用いる，③潤辺内の水深や粗度状況の変化を適切に考慮する，④境界混合係数 f を導入して干渉効果を考慮する，などの工夫がなされている．

これら一次元解析（広義）のうち，レベル2，レベル2a，レベル3の平均流速公式を用いた計算手法は断面内の横断方向の流速分布を考慮しているという点において，準二次元解析と呼ばれる．

一般に，実河川における準二次元解析では，樹木群を死水域として取り扱い，樹木群境界での干渉作用によるエネルギー損失を考慮する．対象とする樹木群が死水域と見なせるほどの密生度をもたない場合には，実務上よく行われる工夫として，密生度に応じて死水域の幅を調整するといった方法がある．また，樹木群の幅が全川幅に比して大きくなると，死水域と見なすこと自体の誤差が大きくなるので，そのような場合には，後述の二次元解析と同じように樹木の密生度に応じた透過係数や粗度係数を与えるのがよい．なお，

樹木群の範囲が縦断方向に大きく変化する場合や激しい蛇行部などでは，準二次元解析では精度のよい解析ができないことがある．

（2）平面二次元解析

河道形状や粗度分布が複雑な場合には，一次元解析では水位の縦断形や流速を精度よく求められない場合がある．また，河道計画の策定に当たり，水位や流速の平面分布を詳細に推定することが必要となる場合がある．これらのような場合において，河道幅が水深に比して十分に大きいときには，平面二次元解析が用いられることが多い．したがって，複断面蛇行河川であっても，幅水深比が大きな河川の解析には，平面二次元解析が用いられることが多い．

実河川の解析では，流下方向と横断方向に格子分割を行う直交曲線座標系が用いられることが多い．この方法によれば，比較的容易に計算格子ごとの流下方向，横断方向の流速および水位が求められる．ただし，格子分割の直交性が満たされないと流速に無視できない誤差が生じることがある．この問題を避けるためには，一般座標系を用いればよいが，現在のところ実河川での適用例は少ない．

平面二次元解析では，樹木群を透過係数により表現する，あるいは，水深により変化する粗度係数として扱うのが一般的である．この方法によれば，樹種や密生状況による粗度の差を表現できる．

なお，樹木群が冠水する場合には，樹木群内と樹冠上部において，流速の異なる流れが生じるが，平面二次元解析ではこれを水深平均流速として扱うことになり，樹冠上の流量が大きいと精度低下の原因となることがある．

（3）三次元解析

静水圧分布を仮定した三次元解析である準三次元解析も含め，ここでは三次元解析として扱う．三次元解析では，断面内の二次流が表現でき，平面流況に与えるその作用の影響を考慮できる．

三次元解析は，もっとも忠実に流れを再現できる解析手法であるが，計算労力が大きく，洪水流に関する実際問題への適用の実績は現時点では少ない．

3.1.3 一次元解析手法による流下能力検討の基本的な考え方

河道計画を検討するに当たっては，現況河道の流下能力を把握したうえで，計画流量を計画高水位以下で安全に流下させるための河積を確保する必要があり，そのためには，洪水時の水位を決める要因を的確にとらえた水位の予測を行う必要がある．一次元解析手法を用いた流下能力の検討に当たって考慮すべき要素の見込み方を以下に示す（国土技術研究センター，2002）．

①河床材料，河床波，高水敷の地被状況

河床材料および河床に形成されている小規模河床形態の河床波については，低水路粗度係数として評価する．なお，小規模河床形態は流量規模によって変化することが多いため，流量規模の変化による河床形態の変化を考慮して設定する．高水敷の地被状況については，洪水時の植生の倒伏状況を考慮して，高水敷上の水深と植生の高さ等から，高水敷の粗度係数として評価する．

②急縮・急拡および樹木群による水位上昇量

急縮・急拡による水位上昇量は，断面形状に加え，それらに伴って形成される死水域を設定することによって評価する．また，河道内に繁茂した樹木については，その密生度を考慮したうえで死水域として評価する．ただし，樹木の密生度が粗の場合や，河積に対して樹木群の面積割合が多く死水域として扱うことが適切でない場合には，高水敷粗度係数として評価する場合もある．

③低水路と高水敷等での流れの干渉

低水路と高水敷の境界や樹木境界などのように，横断的な流速差が大きい箇所においては，断面分割を行うことにより流速差を求め，その流速差によって生じる摩擦抵抗を準二次元解析手法のなかで評価する．

④合流による影響

支川合流による影響は，合流地点の本川および支川の川幅や合流角度等の諸元を与え，合流によるエネルギー損失として評価する．

⑤構造物による堰上げ

堰・橋梁等の構造物による堰上げは，構造物設置または計画地点の断面を挿入し，構造物の諸元等を与えることにより，水理計算法のなかで評価する．橋脚については，ドビッソン公式などを用い，支配断面となる堰については，

段落ち部の損失水頭を考慮して水位上昇量を推定する．

⑥湾曲および砂州による水位上昇

　湾曲による水位上昇量は，湾曲部の平面形状から求められた曲率半径と川幅，流速から求めた水位上昇量を，砂州による水位上昇量は，直線部における既往洪水の左右岸痕跡水位差などから求めた水位上昇量を，一次元解析によって求めた水位に別途上乗せすることによって評価する．

⑦洪水時の河床変動または長期的な河床変動

　洪水時の河床変動または長期的な河床変動が著しい地点においては，一次元河床変動計算によって，その変化を推定することによって評価する．

　以上のうち，①-③は，たとえば3.1.4で説明するように，一次元解析による水位計算に本来的に組み込まれているものであるが，④以降は，対象河川の状況に応じて別途組み込むべきものである．一次元解析手法も含め，水理解析手法から得られる情報と河道計画に必要とされる情報には大なり小なりギャップがあるので，採用した計算手法から出てくる結果をそのまま用いるのではなく，考慮の足りない要素については目的に応じて検討を付加していくことが肝要である．

3.1.4　準二次元解析手法

　河道計画を検討する際には，治水上，環境上，維持管理上等の観点から，樹木群を考慮した水理解析を行う必要がある．密生した樹木群が広範囲に存在すると，樹木群内が死水域となって有効な河積を減ずるとともに，周辺の流れとの間に混合現象を生じ，抵抗が増大する．樹木群の水理的な影響を評価するためには，このような特徴を考慮できる手法を用いる必要がある．

　通常の一次元解析手法で用いる合成粗度係数は，樹木の繁茂形態や水位の変化に応じて変化するため，適正な合成粗度係数をただちに推定することは困難である．また，二次元解析は労力がかかり，現状においては，広範囲な区間について検討するのは容易ではない．これらに比べて，準二次元解析手法では，上記の特徴を比較的簡単に考慮することができ，再現精度も良好であることが確かめられている．

　ただし，通常の不等流計算と比べて低水路や高水敷などの流れの場それぞ

3.1 計画流量に対する水理解析の実務　71

れに粗度係数を与え，流れと樹木群の境界に流体の混合の程度を反映した境界混合係数を与えるなど，設定すべきパラメータは多くなる．各パラメータのもつ物理的な意味を損なうことがないようにすることが重要である．したがって，水位や流速分布の再現に際しては，たんに各パラメータを変化させて適合性をよくするのではなく，痕跡水位の精度，流量の精度などの分析も含めて合理的かつ効率的にパラメータの同定を行うことが重要である．

　準二次元解析では，適切に同定されたパラメータの組み合わせにより，規模の異なる複数の洪水を一組のパラメータで再現することができる．

（1）手法の概要

　密生した樹木群の存在する範囲および樹木群の下流側 5°の角度で縮流してゆく死水域を設け（図 3.1.1，図 3.1.2），さらに死水域とその周辺部の流れの境界部や低水路と高水敷上の流れの境界部に発生する大規模な平面渦によるせん断力を考慮して横断面内の流速分布を求め，その流速分布を用いて運動量の法則により水位を計算する．この手法によれば実用上十分な精度で樹木群を含む河道の流れを推定することができる．

（2）死水域の設定と計算断面の設定

　河道の線形による死水域を設定するとともに，以下に述べる方法により樹木群およびその下流側に死水域を設定する（日本河川協会，1997 参照）．

　樹木群が密生している場合には，樹木群内部の抵抗が大きくなるため，樹木群内部の流速は周囲に比べて非常に小さくなる．したがって，流れの計算の際には，樹木群の内部を死水域とする．また，これらの樹木群の直下流に

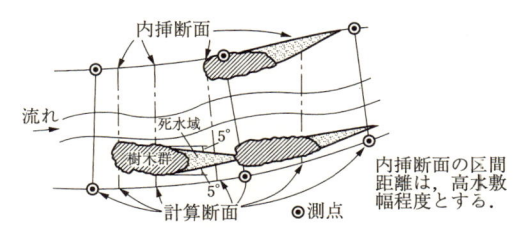

図 3.1.1　計算断面の補間（国土技術研究センター，2002）

(流量規模：低水路満杯流量以下)

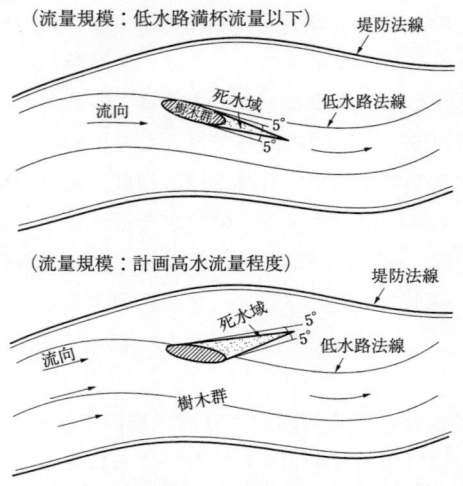

図 3.1.2 流量規模と流下方向の死水域設定
(国土技術研究センター, 2002)

は，5°の範囲で縮流してゆく死水域が形成されるので，この範囲も流下断面から除く．ただし，樹木の密生状況や高さ，全幅に占める割合によっては，樹木群内を死水域として扱うことの誤差が大きくなる場合があり，このような場合には，死水域の大きさを小さくすること，あるいは，樹木群自体の透過性を考慮することなどが必要となる．設定した死水域の妥当性は，痕跡水位の再現計算などによって検証を行う．

計算に用いる断面は，横断測量などが行われている箇所を基本とするが，上下流の断面変化が大きい箇所や樹木群の存在による流水断面の縦断変化が大きい箇所では，内挿断面を設定する．

(3) 横断面分割と粗度係数の設定

設定された計算断面において，河道横断形状や樹木群の繁茂状況，粗度の状況等から，顕著な流速差が生じると考えられる位置で，横断面をいくつかの断面に分割する．これは，高水敷上の断面と低水路上の断面の境界や樹木群と主流部との境界などでは，大きな流速差があり流れの運動量交換に伴い抵抗が増大するので，これを適切に計算に取り込むためである．

樹木群の高さが低い場合には，樹木群上に流れが生じることになるのでそ

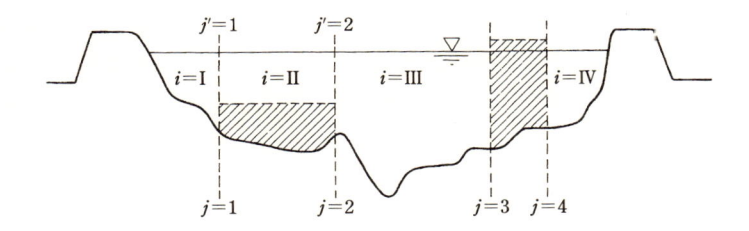

図 **3.1.3** 断面分割の例（リバーフロント整備センター，1999）

の場合には，図 3.1.3 に示すような断面分割を行う．

また，マニングの粗度係数を分割断面ごとに設定する．

（4）横断面内の流速分布および縦断水位の計算

分割断面の平均流速と横断分布形を等流の場合と同じであるとして求め，この分布形に基づき運動方程式と流量の連続条件から水位と各分割断面の平均流速を計算する．

分割断面 i についての運動方程式は次のように表される．

$$\frac{n_i^2 \cdot u_i^2}{R_i^{1/3}} P_{bi} + \frac{\sum_{ji}(\tau'_{ji} \cdot P'_{wji})}{\rho g} + \frac{\sum_{ji}(\tau_{ji} \cdot P_{wji})}{\rho g} = A_i \cdot S \quad (3.1.1)$$

ここに，P_b：壁面せん断力が働く潤辺長，P_w：樹木群境界の潤辺長，P'_w：樹木群境界以外の分割断面境界の潤辺長，τ：樹木群境界に作用するせん断力，τ'：樹木群境界以外の分割断面に作用するせん断力，u：分割断面での平均流速，n：分割断面でのマニングの粗度係数，R：分割断面の径深，A：死水域を除いた分割断面の面積，S：エネルギー勾配，である．添字 i は i 番目の分割断面についての量であることを示し，添字 ji は j 番目の分割断面あるいは樹木群境界についての量であることを表す（ただし，i 番目の分割断面に関わる境界のみが対象）．

せん断力 τ，τ' は，隣り合う分割断面間の流速差の 2 乗に比例する形で表される．

$$\tau_{ji} = \rho \cdot f \cdot u_i^2 \quad (3.1.2)$$

$$\tau'_{ji} = \rho \cdot f \cdot (\Delta u_{ji})^2 \cdot \text{sign}(\Delta u_{ji}) \quad (3.1.3)$$

ここに，$\Delta u : \tau'$ が作用する境界に接する隣の断面との流速差，f：境界混合係数（境界部での流体混合の大きさを表すパラメータ）である．sign (Δu_{ji}) は，当該断面の平均流速が比較的対象断面の平均流速より大きい場合には1，小さい場合には -1 をとる．

計算においては，式 (3.1.1)-(3.1.3) を連立させて，ニュートン法などを用いて解くことにより $u_i/\sqrt{S}$ を求め，次の連続式が成り立つようにエネルギー勾配 S を定めて，最終的に u_i を得る．

$$Q = \sum_i (u_i \cdot A_i) \tag{3.1.4}$$

ここに，Q は全断面の流量である．

求められた横断流速分布 u_i を用いて河床・河岸および個々の樹木群が洪水流に与える抵抗 T_r を直接算出し，流れの運動方程式（式 3.1.5）を適用して縦断水位を求める．

$$\frac{1}{gA} \cdot \frac{\partial}{\partial x}\left(\int u^2 dA\right) + \frac{\partial H}{\partial x} + \frac{T_r}{\rho gA} = 0 \tag{3.1.5}$$

$$\frac{T_r}{\rho gA} = \frac{1}{\rho gA} \sum_i \left\{ \frac{\rho g n_i^2 \cdot u_i^2 \cdot P_{bi}}{R_i^{1/3}} + \sum_{ji}(\rho \cdot f \cdot u_i^2 \cdot P_{wji}) \right\} \tag{3.1.6}$$

$$\int u^2 dA = \beta \sum_i (u_i^2 \cdot A_i) \tag{3.1.7}$$

ここに，β は運動量補正係数であり，$\beta \fallingdotseq 1.1$ あるいは 1.0 とすることが多い．

前項で得られる u_i を用いて，式 (3.1.6)，式 (3.1.7) を計算し，式 (3.1.5) をもとに次の標準逐次計算を行うことにより，H_2 を求める．

$$\left[H + \frac{1}{gA}\int u^2 dA\right]_2 - \left[H + \frac{1}{gA}\int u^2 dA\right]_1 = \frac{\Delta x}{2}\left\{\left[\frac{T_r}{\rho gA}\right]_1 + \left[\frac{T_r}{\rho gA}\right]_2\right\} \tag{3.1.8}$$

ここに，添字1は下流断面の既知水理量，添字2は，上流断面の水理量で，H_2（および H_2 から決まる径深などの断面諸量）が未知であり，式 (3.1.8) より得ることができる．ただし，式 (3.1.6)，式 (3.1.7) の計算においては，u_i を求めるうえで仮定した水位による断面諸量を用いているので，上流側断面について仮定したこの水位が式 (3.1.8) により得られた H_2 と異なる場合，式 (3.1.8) から得られた H_2 を条件として式 (3.1.1)-(3.1.8) による一連の手順を H_2 が収束するまで繰り返す必要がある．

(5) 粗度係数の設定

粗度係数の設定には，大きく分けて以下の2つの考え方がある（日本河川協会，1997）．

○粗度状況からの物理的な粗度係数推定に基づき設定する．
○既往洪水データからの逆算粗度係数に基づき設定する．

粗度係数の設定においては，両者の特徴を十分に踏まえて，設定の目的，使用できる当該河川のデータの質・量等を考慮し，総合的な観点から妥当な設定方法を採用する必要があり，一般には，両者の設定法を併用することが多い．たとえば，河道の粗度状況から物理的に粗度係数を設定するようにし，一方でその設定により既往の代表洪水の逆算粗度係数あるいは洪水位を再現できるかどうかを確認し，必要に応じて逆算粗度係数値を踏まえて粗度係数を修正する．あるいは，逆算粗度係数に基づき粗度係数を設定することを試み，一方で，逆算対象の洪水規模・河道状況と粗度係数設定対象のそれらとの違いを踏まえ，物理的な粗度係数の推定法を加味して，最終的に粗度係数を設定するというものである．

(1) 粗度状況からの物理的な粗度係数推定に基づく設定

物理的な推定に基づく設定は，一般性，応用性が高く，原理的には任意の断面形状や洪水規模，粗度状況に適用できる．一方，粗度係数の物理性が保たれるようなレベルの平均流速公式の使用が前提となる．以下に，低水路粗度係数および高水敷の粗度係数を推定する方法を紹介する．

①河床材料を用いた低水路粗度係数の推定

沖積河川の低水路は，一般に移動床の条件にある．移動床に洪水が作用すると，小規模河床波の消長により粗度係数が大きく変化することが珍しくない．この傾向は砂床河川でとくに顕著であるが，礫床河川でも無視できない場合が少なくない．小規模河床形態を考慮した低水路の粗度係数の予測については，次元解析や土砂水理学の知見を用いつつ，実験や河川の観測データから法則性を導き出すというアプローチが主流である．主として実験結果に基づき小規模河床形態の領域区分ごとに抵抗則を示した岸・黒木の方法，実験結果に河川の観測データを加え，河川に生じうる幅広い水理条件，河床材料の粒径範囲について流速係数，無次元掃流力，水深粒径比の関係を図化した山本の方法等がある（日本河川協会，1997）．

②植生地被を用いた高水敷粗度係数の推定

一般に高水敷は固定床的にとらえることが可能である．高水敷における粗度係数に支配的に影響するのは高水敷の地被状態（植生の高さ，たわみ状況・倒伏状況等）である．実河川の洪水時の水位とそのときの高水敷の地被状況をもとに，水深と植生の高さの比と，水位から逆算した粗度係数との関係を図化したものが，図3.1.4である（国土技術研究センター，2002）．

(2) 既往洪水データからの逆算粗度係数に基づく設定

逆算粗度係数には，その洪水発生時の種々の情報が集約されており，実績という意味で重みがある．設定対象とする粗度状況，河道形状，洪水規模が粗度係数の逆算対象のそれらとあまり変わらない場合には，妥当な設定を行うことができる．質がよく十分な数の粗度係数の逆算が行われていることが前提となる．また，設定結果の成否は洪水データの精度に依存する．

粗度係数逆算の主たる目的は，流れの計算に用いるべき粗度係数の吟味であるから，流れの計算に用いるものと同じ平均流速公式を粗度係数の逆算に

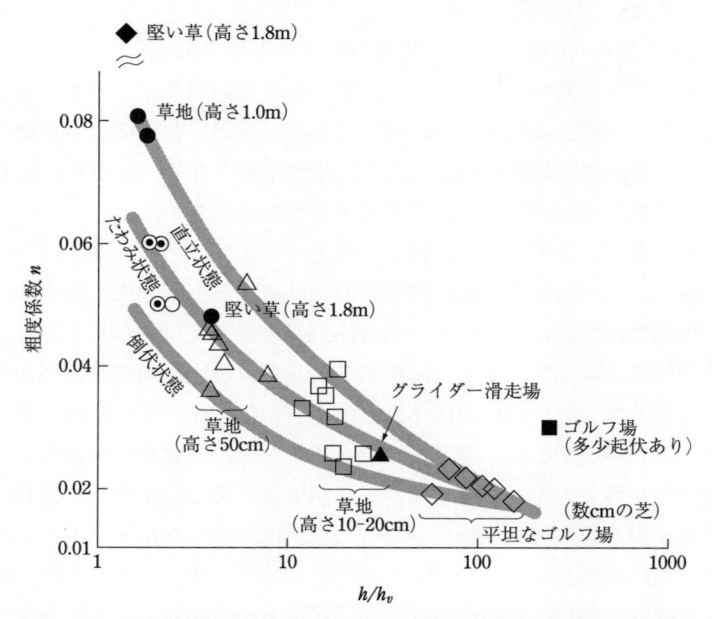

図 3.1.4 高水敷の植生の状態と水深と粗度係数の関係（建設省技術研究会，1989；国土技術研究センター，2002）

用いることが基本となる．また，異なる平均流速公式を用いて逆算された粗度係数同士の比較は避けなければならない．

1断面内に複数の粗度係数を設定する場合には，次のような方法がある（日本河川協会，1997）．
① 種々の規模の洪水について逆算を行い，実測値に合う粗度係数の組み合わせを見いだす（たとえば，低水路満杯時の洪水で低水路粗度係数を逆算し，それより高い水位の洪水から高水敷の粗度係数を求めるなど）．この方法は，洪水規模による粗度係数の変化，対象各洪水発生時の粗度状況の違いが無視できることが適用条件となる．
② 水位に対する影響が支配的でなく，粗度状況からの物理的推定の信頼性が比較的高い粗度係数の値を逆算時に既知として与え，この条件に該当せず逆算する必要性が高いひとつの粗度係数だけを対象に逆算を行う（たとえば，高水敷の粗度係数の値を植生地被からの推定により与え，低水路粗度係数だけを逆算対象にするなど）．

3.2 水制の周りの流れ――数学モデルによる解析

複雑な形状をした河道において，複雑な流れが生じる箇所は河川には数多くある．複断面河道の流れ，湾曲部の流れ，橋脚の周りの流れ，合流部の流れなどが古くから河川技術者の関心を集めてきた．こうした流れにおける二次流や乱れの組織構造が研究されてきた（たとえば，池内・玉井，1983; 玉井，1985; 河原・玉井，1989; 玉井ら，1990; Weerakoon and Tamai, 1989; 福岡・藤田，1990; 福岡ら，1997; 福岡・渡辺，1998）．

以下のいくつかの節では河川における複雑な場での流れのなかで，河川の自然復元に関して最近とくに関心が高まっている課題を取り上げて論ずることとする．これらは水制，わんど，複断面水路に関係する話題である．これらの話題を通して，数値シミュレーション，水理実験，現地観測など，異なる分析手法がとりまとめられている．

水制は流れの方向を変えたり，抵抗を与えて流れの速度を落としたりして堤防その他の重要な施設を守るものである．流れに抵抗を与える反作用として，水制自身も流れから力を受け，周辺部が洗掘される．最近では，洪水防

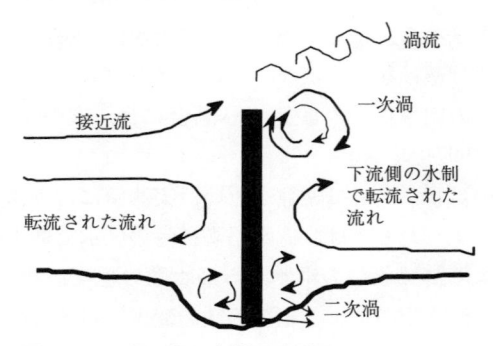

図 3.2.1 突き出し水制の平面図

御の機能だけでなく，複雑な流れの場や深みが多様な生息域をつくりだす作用も環境面から評価されてきている．

本節では水制の周りの流れと河床の洗掘を取り扱う数値シミュレーション手法を中心に述べる．水制の平面形状は，数理的に取り扱いが簡単な長方形である（図 3.2.1 参照）．

3.2.1 非線形 k-ε モデルの基礎方程式

連続の式および運動量の式，乱れの運動エネルギーと乱れの運動エネルギー逸散率の輸送方程式は以下のように与えられる（Peng *et al.*, 1999 または Peng, 1998）．

$$\frac{\partial U_i}{\partial x_i}=0 \tag{3.2.1}$$

$$U_j\frac{\partial U_i}{\partial x_j}=g_i-\frac{1}{\rho}\cdot\frac{\partial P}{\partial x_i}+\frac{\partial}{\partial x_j}\left(\nu\frac{\partial U_i}{\partial x_j}-\overline{u_iu_j}\right) \tag{3.2.2}$$

$$U_j\frac{\partial k}{\partial x_j}=\frac{\partial}{\partial x_j}\left[\left(\nu+\frac{\nu_t}{\sigma_k}\right)\frac{\partial k}{\partial x_j}\right]+\mathrm{Pr}_{od}-\varepsilon \tag{3.2.3}$$

$$U_j\frac{\partial \varepsilon}{\partial x_j}=\frac{\partial}{\partial x_j}\left[\left(\nu+\frac{\nu_t}{\sigma_\varepsilon}\right)\frac{\partial \varepsilon}{\partial x_j}\right]+\frac{\varepsilon}{k}(C_{\varepsilon 1}\mathrm{Pr}_{od}-C_{\varepsilon 2}\varepsilon) \tag{3.2.4}$$

$$\mathrm{Pr}_{od}=-\overline{u_iu_j}\frac{\partial U_i}{\partial x_j}, \quad \nu_t=C_\mu\frac{k^2}{\varepsilon} \tag{3.2.5}$$

ここに，U_i は平均速度の成分であり，x_i は直角座標軸の i 成分である．繰り返されている添字は，総和をとる慣用記法である．u_i は乱れ速度の i 成分，P は圧力，g_i は重力加速度の i 成分，ρ は流体の密度，ν は動粘性係数

である．乱流特性は k-ε モデル（Launder and Spalding, 1974）を用いて表現されている．渦動粘性係数は Kolmogorov-Prandtl の方式に倣い，式（3.2.5）で表す．ここに，Pr_{od} は乱れの生成項，ν_t は渦動粘性係数，C_μ は無次元の定数，k は乱れの運動エネルギー，ε は乱れの運動エネルギー逸散率である．乱れの運動エネルギーの輸送が式（3.2.3）により表され，乱れエネルギーの逸散率の輸送が式（3.2.4）で表される．式（3.2.3）から式（3.2.5）には5つの定数が含まれている．これらの値については，次の通り代表的な値を用いた．$C_\mu=0.09$, $\sigma_k=1.00$, $\sigma_\varepsilon=1.30$, $C_{\varepsilon 1}=1.44$, $C_{\varepsilon 2}=1.92$ である．

Zhu and Shih (1994) は段落ち部の流れを解析するに当たり，標準の k-ε モデルを改良して，よい結果を得た．しかし，レイノルズ応力とひずみ速度は線形関係にとどまっていた．レイノルズ応力の一般的な構成方程式が導かれ（Shih and Lumley, 1993），その実用的な形が非線形代数的レイノルズ応力公式として Shih et al. (1995) によりまとめられた．ここではそれを用いる．レイノルズ応力を次のように記述する．

$$\overline{u_i u_j} = \frac{2}{3} k \delta_{ij} - C_\mu \frac{k^2}{\varepsilon} 2 S_{ij}^* + \underbrace{\left[2 C_2 \frac{k^3}{\varepsilon^2} \left(-S_{ij}^* \Omega_{kj}^* \right) + \Omega_{ik}^* S_{kj}^* \right]}_{\text{非線形修正項}} \quad (3.2.6)$$

$$C_\mu = \frac{1}{6.5 + A_s^* U_s^* (k/\varepsilon)}, \qquad C_2 = \frac{\sqrt{1 - 9 C_\mu^2 (S^*)^2 (k^2/\varepsilon^2)}}{1 + 6 S^* \Omega^* (k^2/\varepsilon^2)} \quad (3.2.7)$$

ここに，

$$S^* = \sqrt{S_{ij}^* S_{ij}^*}, \qquad \Omega^* = \sqrt{\Omega_{ij}^* \Omega_{ij}^*}, \qquad U^* = \sqrt{S_{ij}^* S_{ij}^* + \Omega_{ij}^* \Omega_{ij}^*} \quad (3.2.8\mathrm{a})$$

$$S_{ij}^* = S_{ij} - \frac{1}{3} S_{kk} \delta_{ij}, \qquad \Omega_{ij}^* = \Omega_{ij} \quad (3.2.8\mathrm{b})$$

$$S_{ij} = \frac{1}{2} \left(\frac{\partial U_i}{\partial x_j} + \frac{\partial U_j}{\partial x_i} \right), \qquad \Omega_{ij} = \frac{1}{2} \left(\frac{\partial U_i}{\partial x_j} - \frac{\partial U_j}{\partial x_i} \right) \quad (3.2.8\mathrm{c})$$

$$\left. \begin{array}{l} A_s^* = \sqrt{6} \cos \phi_1, \qquad \phi_1 = \dfrac{1}{3} \arccos (\sqrt{6}\, W^*), \\[6pt] W^* = \dfrac{S_{ij}^* S_{jk}^* S_{ki}^*}{(S^*)^3} \end{array} \right\} \quad (3.2.8\mathrm{d})$$

である.

3.2.2 砂移動の算定方法

(1) 掃流砂量公式

単位時間,単位面積当たりの掃流砂量の算定には Meyer-Peter-Müller (1948) の式 (3.2.9) が広く用いられてきた.

$$q_b = 8[(s-1)g]^{0.5} d_m^{1.5} (\mu\theta - 0.047)^{1.5} \quad (3.2.9)$$

ここに,q_b は単位時間内の掃流砂量,$s=(\rho_s-\rho)/\rho$ は粒子の水中比重,ρ_s は粒子の密度,ρ は水の密度,g は重力加速度,d_m は河床材料の平均粒径,$\theta=\tau_b/[(\rho_s-\rho)gd_m]$ は無次元掃流力,τ_b は底面せん断応力,$\mu=(C/C')^{1.5}$ は河床の形状係数,C は総括的シェジー係数,C' は粒子の表面抵抗から定まるシェジー係数である.

Meyer-Peter-Müller 式の適用範囲は,平均粒径 0.4 mm $< d_m <$ 29 mm,勾配 0.0004 $< S <$ 0.02,水深 0.1 m $< h <$ 1.2 m とされる(吉川,1985).

もうひとつは,van Rijn (1984) の式で,次式で与えられる.

$$q_b = 0.053[(s-1)g]^{0.5} D_{50}^{1.5} \frac{T^{2.1}}{D_*^{0.3}} \quad (3.2.10)$$

ここに,D_{50} は粒度加積曲線の50%粒径で,式 (3.2.10) の適用範囲は 0.2–10 mm 程度といわれている.D_* は粒子パラメータで,次式で示される.

$$D_* = D_{50}\left[\frac{(s-1)g}{\nu^2}\right]^{1/3} \quad (3.2.11)$$

ここに,ν は動粘性係数である.T は掃流力パラメータであり,次式で計算する.

$$T = \frac{\tau_b' - \tau_{b,\mathrm{cr}}}{\tau_{b,\mathrm{cr}}} \quad (3.2.12)$$

τ_b' は底面に作用する有効せん断応力,$\tau_{b,\mathrm{cr}}$ は粒子の移動開始を決める,底面せん断応力の臨界値である.底面有効せん断応力は河床の有効粗度高さにより影響され,次式で計算する.

$$\tau_b' = \left(\frac{C}{C'}\right)^2 \tau_b \quad (3.2.13)$$

C は総括的なシェジー係数,C' は粒子シェジー係数で,それぞれ次式で計

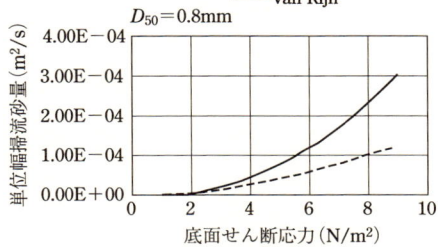

3.2 水制の周りの流れ——数学モデルによる解析

図3.2.2 単位幅・単位時間内の流砂量の比較

算される.

$$C=18\log_{10}\left(\frac{12h}{K_s}\right), \qquad C'=18\log_{10}\left(\frac{12h}{3D_{90}}\right) \qquad (3.2.14)$$

ここに，h は水深，K_s は底面の粗度高さ，D_{90} は底質材料の粒度加積曲線で90%に相当する粒子径である．

50%粒径が0.8mmの底質に対して底面せん断応力を変化させて単位幅・単位時間当たりの掃流砂量を上述の2つの公式に従って計算し，比較した結果を図3.2.2に示す．これを見ると考察した底面せん断応力の範囲においては，van Rijn 式が Meyer-Peter-Müller 式による結果の約2倍の掃流砂量を与えることがわかった．

3.2.3項における予測と実験結果の比較においては Meyer-Peter-Müller 式を用いている．

(2) 斜面の影響の考慮

洗掘孔が形成されると砂面は傾き，斜面方向の重力成分が作用するので，平坦な面での砂移動とは異なることになる．ここでは van Rijn (1993) の考察に倣い，斜面勾配の影響を考える．

まず，粒子が移動を開始する底面せん断応力の臨界値への影響である．斜面上での臨界せん断応力 $\tau_{b,\mathrm{cr,sya}}$ は次式で与えられる．

$$\tau_{b,\mathrm{cr,sya}} = k_\beta k_\gamma \tau_{b,\mathrm{cr}} \qquad (3.2.15)$$

k_β は縦断方向の斜面係数であり，縦断方向の傾斜角 β と安息角 ϕ により次のように表される．

$$k_\beta = \begin{cases} \dfrac{\sin(\phi-\beta)}{\sin\phi} & \text{下り勾配の流れ} \quad k_\beta<1 \\ \dfrac{\sin(\phi+\beta)}{\sin\phi} & \text{上り勾配の流れ} \quad k_\beta>1 \end{cases} \quad (3.2.16)$$

k_γ は横断方向の斜面係数であり，横断方向の傾斜角を γ とすれば，次式で表される．

$$k_\gamma = \cos\gamma\left(1-\dfrac{\tan^2\gamma}{\tan^2\phi}\right) \quad (3.2.17)$$

掃流砂の輸送量も斜面の影響を受ける．掃流砂量の縦断方向成分 $q_{b,s}$ は次の式で与えられる．

$$q_{b,s} = \alpha_{\text{sya}} q_b \quad (3.2.18)$$

α_{sya} は掃流砂の斜面係数である．

$$\alpha_{\text{sya}} = \dfrac{\tan\phi}{\cos\beta(\tan\phi\pm\tan\beta)} \quad (3.2.19)$$

分母のカッコ内の符号は，上り勾配のとき＋符号を，下り勾配のとき－符号をとる．流れと直角方向への成分 $q_{b,n}$ は次のように与えられる．

$$q_{b,n} = \left[\dfrac{u_{b,n}}{u_{b,s}} + 1.5\left(\dfrac{\tau_{b,\text{cr}}}{\tau_{b,s}}\right)^{0.5}\tan\gamma\right]q_{b,s} \quad (3.2.20)$$

$u_{b,n}$ と $u_{b,s}$ は底面付近の流速のそれぞれ n と s 成分であり，$\tau_{b,s}$ は底面せん断応力の s 成分である．

（3）河床高さの変化の予測

河床高さ Z_b の変化は流砂量に関する非定常，二次元の連続式により，次の式で表される．

$$\dfrac{\partial Z_b}{\partial t} + \dfrac{1}{1-\lambda}\left(\dfrac{\partial q_{b,x}}{\partial x} + \dfrac{\partial q_{b,y}}{\partial y}\right) = 0 \quad (3.2.21)$$

ここに，$q_{b,x}$ は x 方向の掃流砂の輸送量，$q_{b,y}$ は y 方向の掃流砂の輸送量，λ は流砂の空隙率である．

3.2.3 流れと河床変化に関する予測結果の検証

ここでは主として Peng (1998) の数学モデルの結果を述べる．現地の河川への適用には Botev *et al.* (1992) がある．

（1）速度場

速度の計測は幅 0.60 m, 長さ 10 m, 底勾配 1/750 の水路で行われた．水制は長さ 0.10 m, 幅 0.03 m, 高さ 0.05 m で，水制中心間隔 0.40 m で片側の側壁に連続的に配置された場合である．流量は 0.0213 m³/s, 水路での水深は 0.080 m であり，固定床である．

図 3.2.3 (a), (b) に底面付近での水平面内の縦断方向速度，横断方向速度のベクトルを示す．水制の先端部で流れの向きが大きく変更され，水流が対岸に向かう，いわゆる水刎ね効果は，計算では十分再現されていない．また，水制の背後域の中央部付近での流れの向きが逆になっている．実験においては水制背後域ではほとんどの点で流れが水路中央に向かい，かなり大

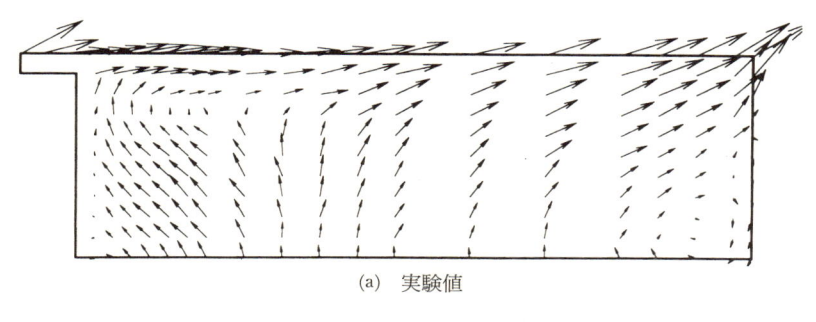

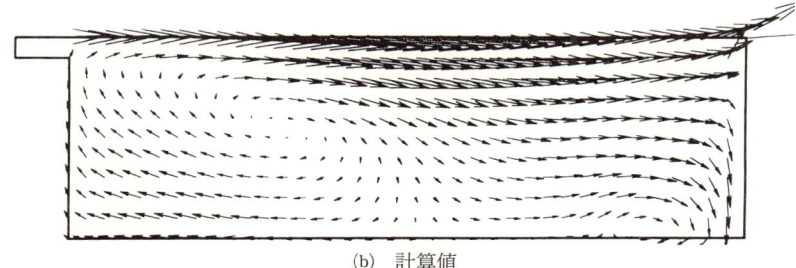

(a) 実験値

(b) 計算値

図 3.2.3 底面より 1 cm 離れた水平面内の速度ベクトルの比較

(a) 実験値

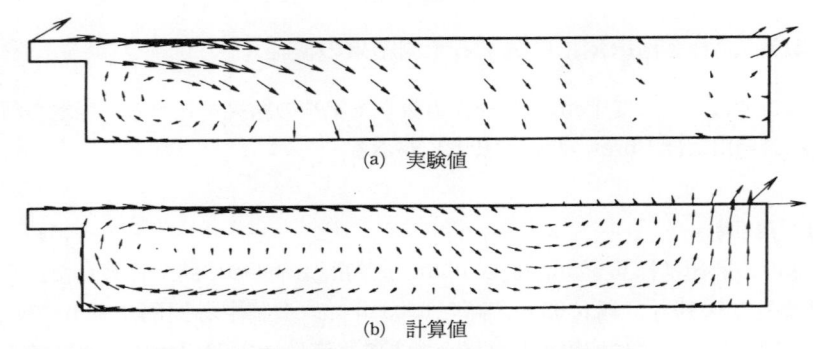

(b) 計算値

図 3.2.4 側壁から 1 cm 離れた鉛直面内の速度ベクトルの比較

きな速度で流出していることがわかる．この断面は底面から 1 cm 離れた底面付近にあり，上部からの下降流がこの流出量を提供していることを示唆している．鉛直面内の流れを示す図 3.2.4 を見ると，下降流の存在がわかる．

図 3.2.4 (a)，(b) に側壁近くの鉛直面内での縦断方向速度，鉛直方向速度のベクトルを示す．水制背後の循環流はほぼ再現されており，k-ε モデルで非線形項を考慮し，自由水面を考えた効果が現れていると考えられる．

さらに，図 3.2.5 に底面付近の流れを油膜法により観察した結果を示す．これを見ると，上流側水制の先端付近と，下流側水制の根元に剥離渦が見られる．また，水制先端部の水刎ね効果も認められ，流速計による測定で得られた流況が見られる．さらに，水制背後域で水路に向かう流れが存在してい

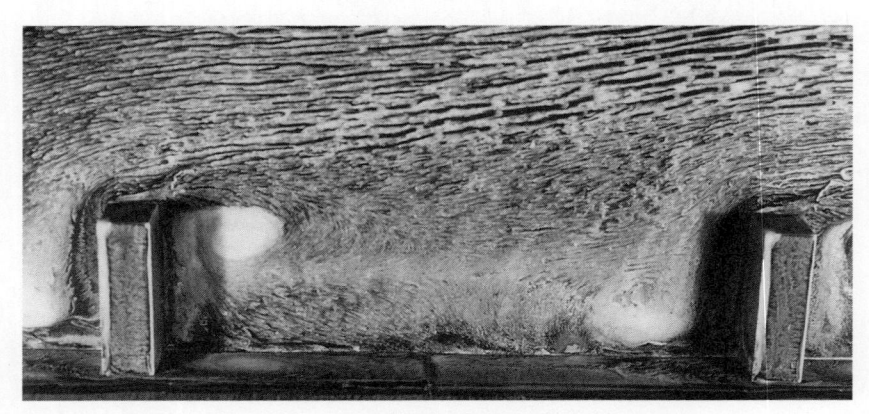

図 3.2.5 油膜法により得られた，水制背後域の流れの痕跡 (Peng, 1998)

る痕跡が見られるので，流速測定の結果は信頼できるものと考えられる．計算値は，強い鉛直下降流を十分には再現できなかったものと考えられる．

（2）水位

　まず，全体的な様子を見るために，計算された水位の三次元的な分布を図3.2.6に示す．水制基部で，水制上流側の水位が一番上昇することがわかる．また，水制の上流側で水位が上昇し，下流側では急激に下降する．水面の変化は水制近傍に限られていることがわかる．計算で得られた水深と観測結果を，壁から2cm離れた縦断方向の測線（$y=2$ cm，図3.2.7参照）に沿って比較したところ，よく一致していることが確認された（Peng, 1998）．この結果を図3.2.7に示す．

　砂堆の上の流れで上り勾配である上流側斜面において3断面，下り勾配である下流側斜面で1断面をとり，速度の鉛直分布を実験値と比較した．両者はよく一致していることが確認された（Peng, 1998）．

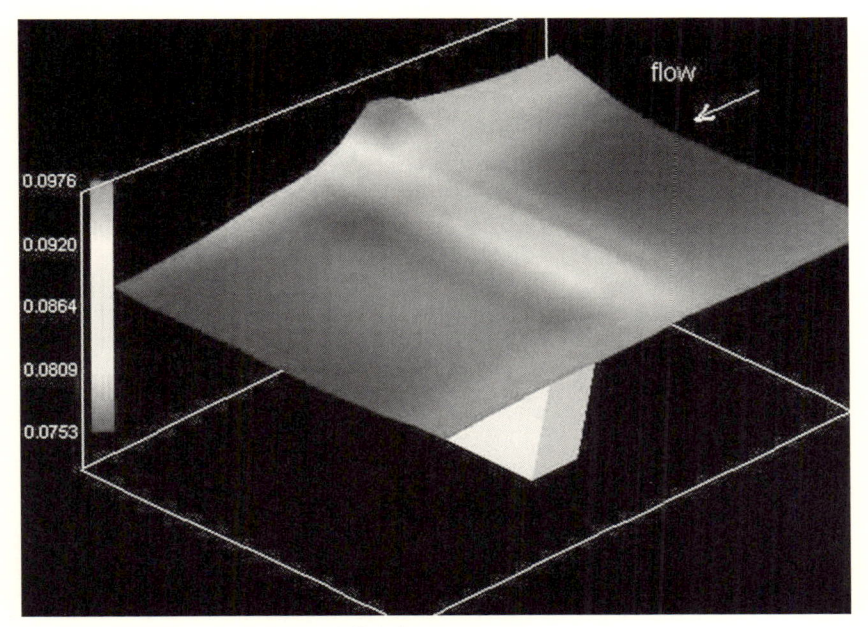

図3.2.6　計算された水制近傍の水位分布（Peng, 1998）

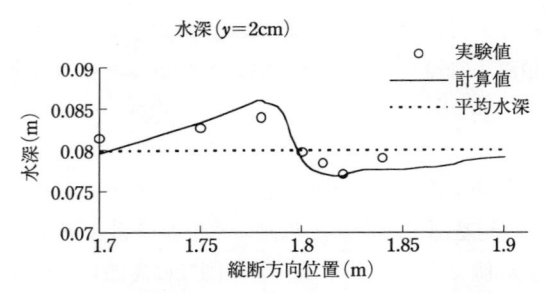

図 3.2.7 側壁から 2 cm 離れた点での縦断方向の水深変化 (Peng, 1998)

（3）河床面変位の計算

　河床面の変位は 2 つの位相に分けて検討された．最初，大本ら (1998) の実験と比較することにより数学モデルの検証を行った．その次に，数学モデルを応用して予測計算を行った．

　大本ら (1998) は連続した水制の周辺に生ずる洗掘孔の詳細な計測を行っている．水路は長さ 10 m，幅 4 m，底質は $D_{50}=0.94$ mm の砂であり，初期の砂層厚さは 60 mm である．水制は長さ 0.075 m，幅 0.018 m，高さ 0.030 m で，水路片側の側壁に沿って 0.15 m の間隔で設置された．流量は 0.00583 m³/s で，平均水深は 0.050 m である．

　図 3.2.8 に水制先端を通る縦断方向の線に沿う底面変位の分布を示す．数値計算結果は最大洗掘深が少し大きく，堆積位置が少し上流に現れているが，

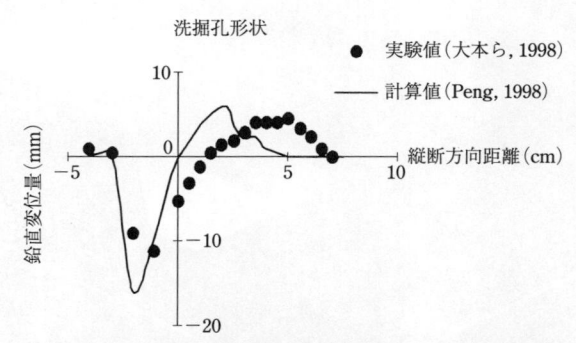

図 3.2.8 水制先端を通る縦断方向の線に沿う元河床からの変位（縦断方面の原点は水制幅の中心位置である）（大本ら，1998）

洗掘孔の縦断形状をほぼ正確に予測している．水制の上流側先端を通る横断測線に沿う洗掘深の予測値も，計算値とほぼ一致している．したがって，本書で述べられた方法によれば，局所洗掘孔の三次元的な形状をほぼ正確に予測できることがわかった（Peng, 1998）．

（4）洗掘深の時間履歴

数値シミュレーションモデルが水制周辺の河床面の変位を再現できることがわかったので，このモデルを用いて洗掘孔が時間的にどのように進展するかを予測してみる．

計算に用いた条件は表 3.2.1 に示されている．全体の概況を見るために元河床からの変化の分布を図 3.2.9 に示す．凡例はメートル単位で，水制先端上流側に深い洗掘孔が生ずることがわかる．水制上流側（図の左側）で等高線が混み合っている部分が洗掘孔を表し，洗掘孔斜面は急勾配であることがわかる．単色では色の濃淡がわかりにくいが，水制幅の中心線より上流側で洗掘，下流側で堆積する．今回の例では最大洗掘深は 0.074 m である．水制のすぐ下流には侵食された砂が堆積し，その最大高さは 0.013 m に達している．

洗掘深が時間的にどのように進展するかを図 3.2.10 に示している．初期には洗掘は非常に速く進展することがわかる．そして，洗掘速度はしだいに緩やかになる．計算例では最大洗掘深 0.0743 m に 20 分後に到達すると，平衡状態となる．最初の 5 分間で，洗掘深は 0.0580 m に達している．最大洗掘深に達する 25% の時間内に，洗掘は 78% 進展している．

表 3.2.1 河床の変位計算に用いられた水制の形状と流れの条件

流れ		流砂
流量	0.036 m³/s	$D_{50}=0.5$ mm
平均水深	0.09 m	$D_{90}=0.9$ mm
水路幅	0.30 m	$\rho_s=2560$ kg/m³
水制長さ	0.15 m	清水状態での洗掘
水制幅	0.03 m	
水制高さ	0.05 m	

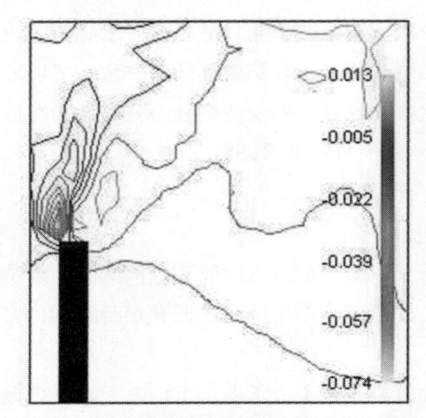

図 3.2.9 計算された河床面高さ（平均河床面からの変位，凡例の単位はメートルである）(Peng, 1998)

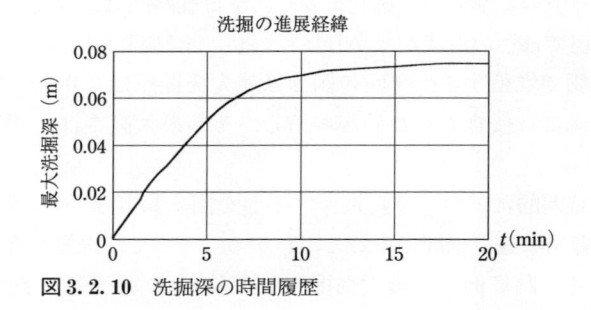

図 3.2.10 洗掘深の時間履歴

3.2.4 現地観測結果の例

　観測対象は佐賀県六角川支川牛津川湾曲部外岸に，1994年冬に設置された7基の水制である．河床にコンクリートの根固め工を設け，その上部に一部練り石，一部捨て石の構造で，堤防法線に対して直角に設けられている．長さは4m，高さは先端から徐々に増大し，堤防と接合する基部で2mとなる不透過型水制である．水制工の間隔は22mである．

　1995年に，規模の異なる3つの洪水の際に観測が行われている．小規模洪水（水制工上部を0.1m程度越流）では，水制を越える流れは下流で3方向に分かれることがわかった．水刎ね効果により流心方向に向かう流れ，

下流水制に向かう流れ，水制の基部で反転し渦を形成する流れである．中規模洪水（水制工上部を1.1m程度越流）では，水刎ね効果で流心に向かう流れと，護岸に衝突した後，反射して下流に向かう流れが現れた．大規模洪水（水制工上部を3.3m程度越流）となると，表層の流れは水制工の影響を直接受けることなく，縦断方向には河道法線に沿って流れている（青木ら，2000）．

青木ら（2000）に示されている河床形状の測量結果を用いて，河床変動の特徴をとりまとめる．上流側のAからEに及ぶ5基の水制先端部での河床標高の変化を，水制建設直前の1994年10月と1996年1月の時点で比較して図3.2.11に示す．これを見ると建設前の河床は上流で低く，下流側で高くなっていた．これが建設後1年を経ると，上流側は堆積傾向が現れ，下流側は河床が低下したことがわかる．したがって，湾曲部全体としては洗掘深が減少しており，主流を外岸から遠ざけ，滞流域を形成する水制の水刎ね効果が現れているといえる．

次に，水制周辺の局部的な河床変化を考察する．図3.2.12では，水制の下流側の河床高さから，上流側の河床高さを引いた値を示している．土砂の堆積が見られる水制ではこの値が正になり，浸食が見られる水制ではこの値は負になる．したがって，この値の正負により，水制周りの河床の変化を眺めてみることにする．

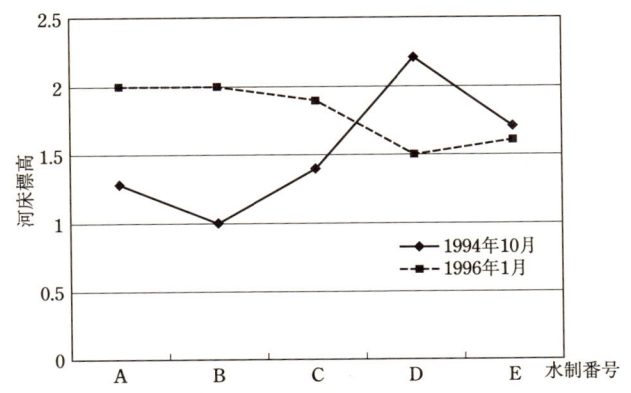

図3.2.11 水制先端河床高さの建設前後における変化
（単位：m）

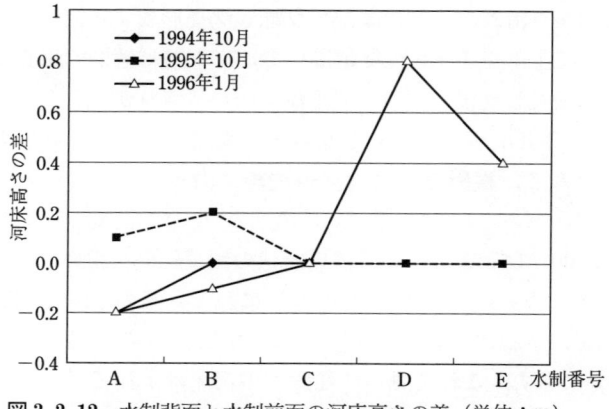

図 3.2.12　水制背面と水制前面の河床高さの差（単位：m）

1994年10月では，設置前の水制Aの位置で背面が少し低い標高になっているのを除き，局部的な変化はない河床の状態であった．設置の約10ヵ月後の1995年10月では，頭部に当たる水制A，Bの箇所で堆積傾向が見られた．冬を過ぎた1996年1月には，頭部では洗掘傾向が見られ，下流部の水制D，Eで堆積傾向が見られる．この傾向は水制が群として作用するので，頭部に局所的な洗掘作用が強く現れるという一般的な特徴とも一致している．また，この河床は感潮部であり，堆積は有明海からの浮遊土砂の供給であるといわれている．冬期には河川流量が減少し，河川水による河床変動は弱くなる．こうした時期には海側からの作用が強くなり，これが下流側の水制の局所的な堆積作用を加速していると考えられる．

3.3　高水時のわんど周辺の流れ

近年"わんど"と呼ばれる，高水敷に見られる自然および人工的な湾入部が注目されている．水面が本流と連結しているものが"わんど"と呼ばれ，本流から遠く離れたり，高水敷の高い位置にあって水面が本流と不連続なものは"たまり"と呼ばれる．このような"たまり"も出水があれば本流と連結される．"わんど"や"たまり"は本流とは条件が異なる生息域であり，こうした水域があると生息域の多様性が増大する利点がある．自然的な成因としては，砂州の下流側が洪水の引き水で洗掘されたり，二次流路の上流側に土

3.3 高水時のわんど周辺の流れ 91

砂が溜まり生成されるものが多い．人工的な成因としては，航路の維持のため突き出し水制を伸ばしたときに先端部で堆積が起きて閉鎖性が高まる場合や，突き出し水制をつなぐように縦断方向の小堤を建設したり，高水敷を掘り込んで建設する場合がある．

前節では数値シミュレーションにより複雑な流れを解く手法を示した．"わんど"周辺の流れを数値計算によって解くことも行われている（たとえば，渡辺・宇多，1995; 河原・彭，1996）が，それほど多くはない．この節ではもうひとつの有力手法である水理実験により，流れの特性を分析した例を示す（佐藤，1998）．非定常流れに関する実験や現地観測の例も見られる（たとえば，Tu *et al.*, 1994; 中川ら，1995; 松崎ら，1997）．

3.3.1 実験条件

実験に用いられた水路は，全長10 m，幅0.6 m，側壁の高さ0.3 mの循環式直線開水路で，勾配は1/750である．水路の下流端には可動式の全幅堰が設置されており，下流端の水深を調節して，水路全体をほぼ等流状態に保った．高水敷は高さ5 cm，幅30 cmで長さは約9 mである．最上流部は急激に流れを乱すことを防ぐため，勾配がつけられている．代表的な流量は19.6 *l*/s である．

本研究ではわんど形状を幅・長さ比が1：3の長方形とした．高水敷に切れ込んでいる横断方向の長さが15 cm，縦断方向の長さが45 cmである．

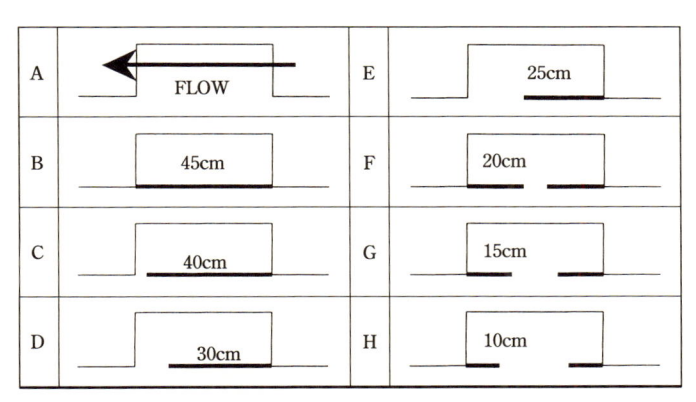

A	FLOW ←	E	25cm
B	45cm	F	20cm
C	40cm	G	15cm
D	30cm	H	10cm

図 3.3.1　実験に用いた"わんど"形状（佐藤，1998）

実験における開口部形状は，図3.3.1に示されているA-Hの8種類である．これは淀川工事事務所発行の「わんど設計指針」に掲載されている「わんど長はわんど幅の1.4-3.6倍」という値に従って定めたものである．

3.3.2 わんどの水深

高水敷での水位が高いときには，わんどの上流側は段落ち部に似た流れとなり，下流側では段上がりの流れとなる．こうした取り扱いにより，わんど部での水面上昇を大まかに計算することを試みる．

段上がり部の流れを考える．上流側断面Ｉと下流側断面ＩＩとの間における運動量保存の関係は以下のようである（図3.3.2参照）．

$$\rho q_d (U_2 - U_1) = \frac{w h_1^2}{2} - \frac{w h_2^2}{2} - \frac{w(2h_2 + d)d}{2} - C_D \frac{\rho U_2^2}{2} d \quad (3.3.1)$$

ここで，右辺第4項は段上がり部が上流側に与える動水圧の効果，C_D は抗力係数であり，q_d は単位幅流量，w は水の単位重量である．式 (3.3.1) が成り立つためには，通常の一次元流れでは，

$$q_d = h_1 U_1 = h_2 U_2 \quad (3.3.2)$$

である必要がある．

しかし，わんどの流れでは本流とわんどの間で流れの交換が生じ，運動量損失が生ずる．この流れの交換量を実験から求めた結果を表3.3.1に示す．わんど内からの流出量を q' とすると，この量は連続式 (3.3.3) により求めることができる．h_1 としてはわんどでの最大水深をとり，h_2 はわんどの影響圏外の高水敷での水深をとる．

$$q_d = h_1 U_1 = h_2 U_2 + q' \quad (3.3.3)$$

わんどの流れの場合には，わんどから流出する流れがあるので，運動量保

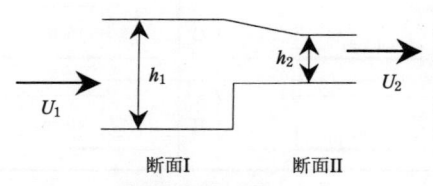

図3.3.2 段上がり部の流れ

3.3 高水時のわんど周辺の流れ　93

存則は式 (3.3.1) に補正を加える必要がある．その結果を式 (3.3.4) に示す．q' が横断方向に運動量を損失させるため，式 (3.3.4) 左辺の第 2 項が加わることになる．

$$\rho q_2 U_2 - \varepsilon \rho q' U_1 - \rho q_1 U_1 = \frac{wh_1^2}{2} - \frac{wh_2^2}{2} - \frac{w(2h_2+d)d}{2} - C_D \frac{\rho U_2^2}{2} d \quad (3.3.4)$$

ε は補正係数であり，C_D は抗力係数である．わんどからの流出量 q' は流下方向の単位幅当たりの量である．わんどの奥行きは 15 cm であるので，交換量の全量は表 3.3.1 の 3 つの場合に対して 0.64-0.79 l/s である．これは全流量 19.6 l/s の 3.2-4.0% に相当している．

次は，表 3.3.1 に示される h_1 を除く測定値を用いて，運動量保存則を用いて h_1 を解いてみよう．$\varepsilon=1$，$C_D=0$ として式 (3.3.4) から h_1 を解いた結果を表 3.3.2 に示す．

計算結果は，実験値に近い値となった．実験値のほうが 0.15 (cm) 程度増加しているのは，わんど内にできる渦等の影響による損失と推測される．このように，わんど外部への水の流出比率をわんど開口部形状により調節することによって，ほぼ正確にわんど内の水位上昇を見積もることができると思われる．

図 3.3.3 に記された観測点で水深を計測し，次のような結果を得た．

● わんど形状 C，D，E や，わんど形状 F，G，H のような似た開口部形

表 3.3.1　わんど内と高水敷の水理量 (図 3.3.2 参照; 佐藤，1998)

	形状　A	形状　D	形状　G
わんど内最大水深　h_1 (cm)	10.98	10.85	10.87
わんど内流速　U_1 (cm/s)	22.4	23.6	22.0
高水敷水深　h_2 (cm)	5.56	5.39	5.46
高水敷流速　U_2 (cm/s)	36.6	37.7	35.7
高水敷の水位からのわんど内の水位上昇量 (cm)	0.42	0.46	0.41
わんどからの流出量　q' (cm²/s)	42.5	52.9	44.2

表 3.3.2　わんどの水深 h_1 の計算結果 (佐藤，1998)

	形状　A	形状　D	形状　G
h_1 (cm)	10.83	10.66	10.71

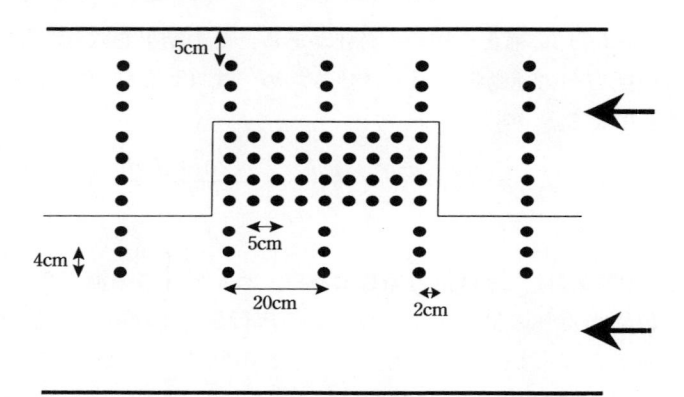

図 3.3.3 水深計測点の分布（佐藤，1998）

状をもつ場合では，開口部が大きくなるほど同一の流量に対して，水深が大きくなる傾向がある．開口部が大きく，低水路からの流入等の水交換が多くなされるために付加抵抗が強くなると推測される．

- わんど形状 F, G, H では他のケースと比べて，大きな水深上昇を生じた．わんど下流端に設けられた仕切りの影響により，流れが大きく変化し，大きな抵抗が起きたと推測される．
- 地点ごとの水深上昇を調べると，流下方向中央から下流部，横断方向中央部で大きな上昇が見られる．
- 高水敷と低水路の平均水深は，複断面の場合とほとんど変わらない．しかし，高水敷のわんど真横の地点では 1 mm 程度の水深上昇がある．これもわんど形状 F, G, H の場合がやや大きい．

3.3.3 底面付近の流れと洗掘

電磁流速計では底面近傍の速度を計測できない．そこで底面付近の流況を油膜法で定性的に把握し，また，平均粒径 0.8 mm の均一な珪砂を敷き詰め洗掘の状況を把握した（佐藤，1998）．

形状 A のわんどでの油膜法の結果を図 3.3.4 (a) に，洗掘実験の結果を図 3.3.4 (b) に示す．(a) では，わんど上流側の大きな渦が形成され，下流側の高水敷寄りに小さな渦が見られる．わんど上流側では高水敷からわんどに流入し，下流側では高水敷へ流出する流れがある．また，下流部ではわ

3.3 高水時のわんど周辺の流れ　95

(a) 油膜の痕跡

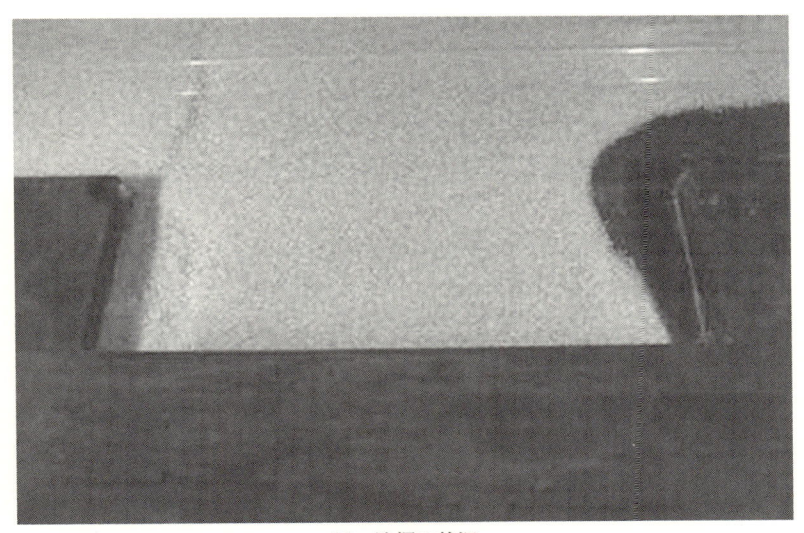

(b) 洗掘の状況

図 3.3.4　形状 A のわんど底面付近の流れ（佐藤，1998）

んどから本流への流出も見られる．こうした流れはウォーターブルーを流した可視化でも確認されている．(b) では洗掘され水路の底面が現れている部分が，黒く写っている．わんどの中央部の本川では堆積が生じ，本川に向かう流れが強く生じるわんど下流端で大きな洗掘が見られることと，わんど

内中央部の逆流域でも洗掘が起こる．

　形状 D のわんどにおける観測結果を図 3.3.5 に示す．図 3.3.5 (a) では，上流側に 2 箇所の大きな渦，下流側に 1 箇所の渦が形成されていることがわかる．わんど中央部では痕跡が見えにくく，流れが遅いことがうかがえる．下流側の開口部では本流への流出はかなり強いことが観測された．(b) においては，わんどの中央付近の本川では堆積が見られる．わんど下流端では

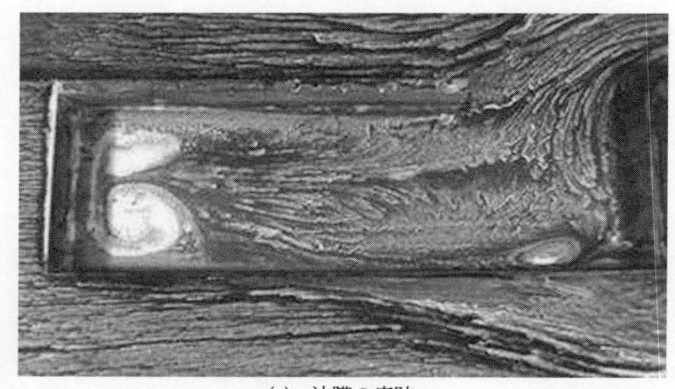

(a) 油膜の痕跡

(b) 洗掘の状況

図 3.3.5　形状 D のわんど底面付近の流れ（佐藤, 1998）

大きな洗掘が生じていることがわかる．低水路内に張り出した洗掘域は，形状Aに比べてかなり広くなっている．しかし，わんど内には目立つ洗掘現象が見られないことは形状Aの場合と異なっている．

形状Gのわんどにおける油膜法と洗掘実験の結果を図3.3.6 (a), (b)に示す．図3.3.6 (a) の油膜法の結果では，この場合には上流側，下流側ともに2ヵ所の渦ができることがわかる．中央部での流れは見にくく，開口部での本流への影響が少なく，流れの抵抗の強さが推測できる．(b) にお

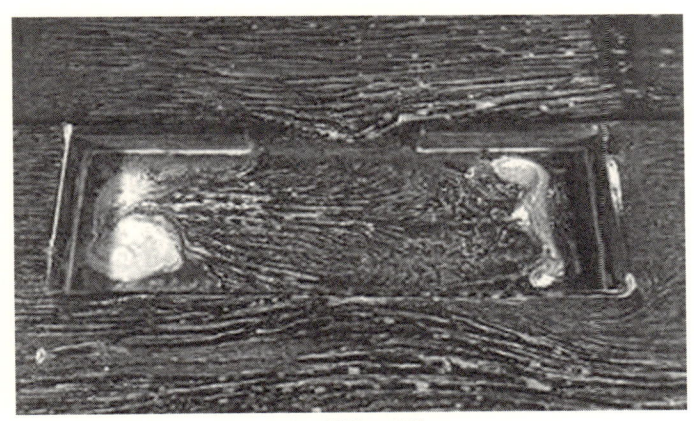

(a) 油膜の痕跡

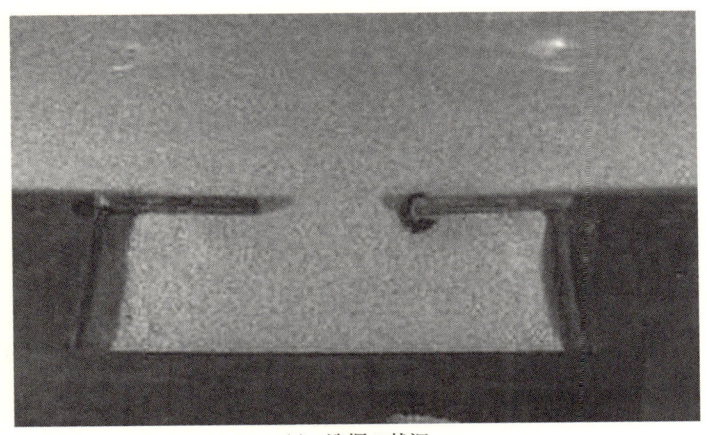

(b) 洗掘の状況

図3.3.6　形状Gのわんど底面付近の流れ（佐藤, 1998）

ける河床の変動では，わんど中央付近の本川で堆積が見られることは，前の2つの場合と同様である．わんど中央部から上流部での洗掘はほとんど目立たない．また，わんど下流部においても仕切り壁先端付近の狭い範囲に洗掘が見られるほかは，目立つ洗掘は見られなかった．わんど内の流れが弱いことがこうした結果をもたらしている．

洗掘防止のためには，針状の棒などを用いて洗掘部の流速を減少させる策が有効である．また，浮遊砂は油膜法で渦が見られた領域に堆積する．これらの対策や浮遊砂の挙動は，実験室では確認されている．

3.4 複断面二重蛇行流路の流れ

3.4.1 概説

わが国の大河川の中流部や下流部では，河道形状は多くの場合に複断面二重蛇行流路となっている．複断面二重蛇行流路とは，河道の横断面形状が低水路と高水敷からなっており，低水路法線と主堤防法線がそれぞれ異なる位相で蛇行している河道を指す．複断面二重蛇行流路としたために生じる利点は，複断面と二重蛇行の2つの観点から見ることができる．

日本の河川では低水時と高水時の流量が大きく異なるので，低水のときに必要な河積は小さくて十分である．このとき幅が広い大きな断面であると，水深や流速が極端に小さな流れとなり，正常な姿とはならない．また，高水時には十分な大きさの河道断面が必要となる．これらをともに満足させるために，河道断面を複断面にする．こうすると，普段水の流れていない高水敷の空間を有効に利用することも可能である．また，洪水が起こったときには大きなエネルギーをもった速い流れが低水路に生じ，主堤防の安全性を高めることができる．

もうひとつの観点は蛇行である．自然状態の河川では河道が蛇行しており，瀬や淵などが存在し，魚類や植物などの生態系にさまざまな多様性を与えている．しかし，実際の河川では，長い年月の間にさまざまな人間の営為が加えられてきている．主堤防法線と低水路法線は位相をずらした状態で築堤されているが，その位相差はいつも理想的な状態にあるわけではない．これは

3.4 複断面二重蛇行流路の流れ

歴史的な経緯により，生活区域との折り合いを考えたうえで河道位置が決定されてきたことによるのである．その結果，ときには高水敷に乗り上げる流れが強くなり，河岸の決壊につながる．また，位相がずれて蛇行しているために，高水敷幅が狭まる箇所で河床が徐々に洗掘されていくと，主堤防の決壊につながる危険性がある．

このように複断面二重蛇行流れを十分に理解することは，治水対策のみならず多自然型川づくりにも重要な課題である．木下（1988）は移動床実験を行い，低水路蛇行と主堤防蛇行の位相差が流れや河床の洗掘に及ぼす影響を論じた．水路中心線形状は Sine Generated Curve であり，最大偏角は低水路に関しては 10°, 14°, 20°の 3 種類であり，主堤防では 20°である．この情報をもとに計算すると低水路の蛇行度はそれぞれ，1.008, 1.015, 1.031 である．設定された位相は 3 種類であり，同位相の場合と主堤防先行（主堤防の位相が低水路のそれより進んでいる，後行はその逆）および後行とを比較した．位相差は 50°である．その結果，主堤防後行型で低水路中心偏角が 10°のときは低水路の河岸に深掘れ部がなく，最深部は河岸から離れて河心に寄っていることを見いだした．速い流れが低水路の蛇行曲線に沿って流下し，高水敷に乗り上げることなく，また，高水敷から低水路に戻る流れが弱まることがこうした結果を生んでいると結論している．

福岡ら（1998）は位相差が 90°の固定床二重蛇行流路で同様な実験を 2 例行っている．この場合の蛇行度は 1.17 で，低水路の外岸の境界が主堤防に接する箇所が現れるように，実河川で見られる蛇行よりかなり強い蛇行度を有している．流れの観測結果では，主堤防先行型のほうが高水敷の流れが低水路に小さな角度で流入するとしている（しかし，論文中の図 2 や図 5 を見ると用語は木下の例とは逆である．したがって，表現は異なるが，低水路と高水敷の流れの相互干渉についての傾向は一致している）．また，彼らは主堤防蛇行 2 波長のなかに低水路蛇行が 3 波長あり，蛇行度が 1.02 の水路でも実験をしている．この水路では主堤防蛇行と低水路蛇行との位相差が，縦断的に変化している．高水敷の流れが低水路に流入する角度については，前の 2 例の結果と同様であった．

さらに福岡ら（2001）は，三次元の数値計算を用いて，複断面蛇行流路の複雑な流れにおける棒浮子による流量測定の精度を論じている．主堤防形状

は直線的であり，低水路が蛇行度1.17で蛇行している．棒浮子による流量測定は河川管理者である国土交通省の標準的な観測方法であるが，棒浮子は概して速い流れの部分に集まってきて，観測流量がやや過大になる傾向がある．オイラー的な観測では蛇行頂点の断面における観測がもっとも誤差が小さくなることがわかった．ラグランジュ的な追跡の場合には，浮子の始点により低水路流量は大きく変化することがわかる．しかし，浮子が通過する区間の中央断面において算出した断面全体の流量は，縦断方向にほとんど差がなく，蛇行複断面流路においても棒浮子による流量観測の精度は原理的には高い，と結論されている．

木下の実験は移動床で行われているので，高水敷と低水路流れの相互干渉や二次流により河床の洗掘と堆積が生じ，これがまた流れを変化させており，現実の河川の場合に近いといえる．主堤防蛇行の位相が低水路蛇行に比べて50°遅れる場合が，縦断方向への流れが低水路法線形状に近く円滑であり，河床にも局所洗掘が生じないことが示唆されている．しかし，主堤防の蛇行度と低水路の蛇行度の組み合わせなどは特定の場合の観測しか行われておらず，断面形状が任意に与えられたときに定量的な予測が十分にできる段階にはいまだ達していない．

3.4.2 実験の概要

ここでは東京大学水工実験室で行われた実験結果について紹介する（小林ら，2000; Tarekul Islam *et al.*, 2000; 本田，2001）．

（1）実験装置

実験には，東京大学工学部1号館の地下実験室に設置された可変勾配式回流型実験水路を用いた．この水路諸元は全長30m，全幅1.2mで，幅0.60mの主蛇行水路の内側に幅0.30mの蛇行する低水路が設けられ，複断面二重蛇行流路となっている．二重蛇行流路の材質は塩化ビニルである．

蛇行流路形状は，主水路・低水路ともに向きが反対となる中心角30°の円形水路の中間に0.07mの直線部を挿入し，ひとつの単位としている．この1単位が半波長であり，1蛇行波長は2.72mである．全体では蛇行部を9波長設置し，上流から6番目の蛇行を実験区間に選んだ．これは上流からの

流れが十分発達していて，なおかつ下流端の影響を受けにくく，平衡状態に達していると考えたためである．この実験水路においては，低水路，主堤防ともに蛇行しており，位相差を ±32° として，主堤防が先行する場合，後行する場合の 2 つで実験を行った．低水路の断面形状は長方形で，横幅 0.30 m，深さ 0.05 m であり，その両側に高水敷を配置している．主堤防法線も蛇行しているため，高水敷幅は縦断方向に変化する．また，実際の河川でよく見られる蛇行度は 1.02 である．本実験の蛇行度は 1.05 であり，蛇行曲線は最大偏角 $\theta_0 = 25°$ の Sine Generated Curve でよく近似できる．

（2）実験の水理条件

実験に用いられた水理条件を表 3.4.1 に示す．実験においては参考のために，1/350 という急な勾配に設定した場合も行われた（本田，2001）．この場合には高水敷において跳水が発生する区間が見られた．実際の場合には二重蛇行複断面流路は大きな河川の下流部に見られ，こうした場合には普通では勾配はかなり緩やかである．したがって，本書では急な勾配の結果を省くことにした．

表 3.4.1 実験の水理条件

位相差	実験ケース	平均水深 (cm)	相対水深	流量 (cm³/s)	平均流速 (cm/s)	レイノルズ数 (R_e)	フルード数 (F_r)
主堤防先行	1	6.0	0.17	7,500	32.6	2,038	0.434
	2	7.0	0.29	8,500	27.4	2,261	0.232
	3	8.0	0.38	14,300	36.7	3,724	0.337
	4	9.0	0.44	19,200	40.9	4,898	0.355
	5	10.0	0.50	26,300	47.8	6,575	0.424
主堤防後行	6	6.0	0.17	7,300	31.7	1,984	0.411
	7	7.0	0.29	9,800	31.6	2,606	0.309
	8	8.0	0.38	14,100	36.2	3,672	0.328
	9	9.0	0.44	19,000	40.4	4,847	0.347
	10	10.0	0.50	25,800	46.9	6,450	0.408

注：勾配 1/1000，相対水深＝高水敷水深/平均水深，$R_e = UR/\nu$，$F_r = U/\sqrt{gR}$，R は径深，ν は水の動粘性係数，g は重力加速度である．

3.4.3 位相差による流れの差異

ここでは高水敷と低水路の相互干渉を対象にして，実験で観察された結果を紹介する．本書で紹介する実験結果は，主堤防先行型ではケース5，主堤防後行型ではケース10のものであり，平均水深が10 cmの場合である．

（1）低水路内の流量の変化

低水路内の流量の増減は，低水路と高水敷の流れの交換量を端的に表現するものとなる．ある断面で低水路流量が増えることは，その前の区間で高水敷からの流入があったことを示すことになる．しかし，注意すべき点は高水敷との交換は，低水路の左岸と右岸における交換の合計である点である．片側の高水敷に大量の水が乗り上げても，もう一方の高水敷からの流入が相当量に達すれば，合計としてはあまり変化しないことになる．図3.4.1に水深の計測点格子を示す．流速測定は時間がかかるのでこれらのすべての点では行えなかった．流速は流下方向に1つおきの断面で測定された．図3.4.1で番号をつけた断面である．断面の番号づけは低水路を基準として行われている．低水路の蛇行頂点が断面1であり，半波長進んだ位置が断面5で，1波長進んだ位置が断面9である．分割は流下方向に等間隔である．

低水路内の流量の流下方向への変化を示すのが図3.4.2である．蛇行水路の特性を考えると，蛇行の頂点を少し過ぎた外岸側に水衝部が現れる．低水路の蛇行形状からすれば，断面2や断面6付近の外岸側で高水敷に向かう流れが強くなる．頂点付近のこれらの断面では内岸側の高水敷から流入する流れは強くない．したがって，断面1から断面3に向かって低水路内の流量は減少し，断面3から断面5に向かって低水路内の流量が回復するのが，一般的に予想される流況である．蛇行の後半でも同じ現象が繰り返される．こうした基本的な流況に対して，位相差がどう影響するであろうか．

図3.4.2を見ると主堤防先行位相の場合にも，主堤防後行位相の場合にも，全体的な変化の動向は低水路蛇行形態の基本流況に一致している．しかし，主堤防先行位相の場合には，断面1から断面2にかけて低水路流量が少し増大する様子が見られ，基本的な蛇行形状から予想される結果とは異なっている．また，断面5から断面6にかけては減少傾向にある．流れが平衡状態に

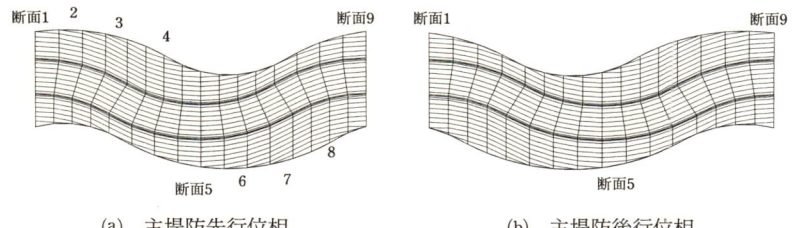

3.4 複断面二重蛇行流路の流れ 103

(a) 主堤防先行位相 (b) 主堤防後行位相

図 3.4.1 水深測定点の位置および断面の名称

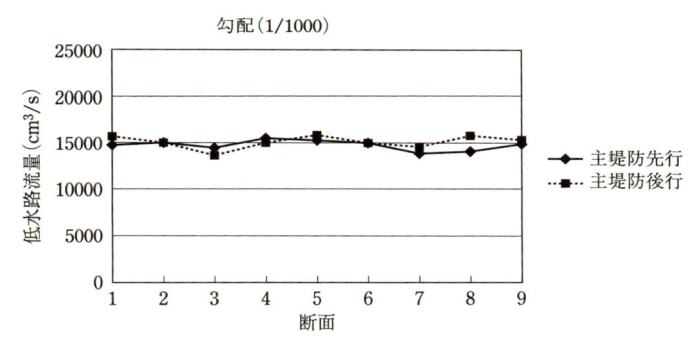

図 3.4.2 低水路内の流量の流下方向への変化（本田，2001）

あれば，上流側半波長における実験結果と，下流側半波長における実験結果は同一結果の繰り返しになるはずであるので，断面 1 の流量測定に誤差が含まれていた可能性がある．主堤防後行位相の場合には，繰り返しの形態は現れているが，上流側半波長と下流側半波長の区間で，流量の絶対値は一致していない．また，断面 8 から断面 9 にかけて低水路流量が少し減少しているのは一般的な予想とは違っている．低水路流量の縦断方向への変化からは，測定誤差の影響もあって，位相差の影響を確定的に述べることはできない．

（2）平面流況

河床から 3 cm と 7 cm の位置での水平面内の速度ベクトルを図 3.4.3 に示す．高水敷の高さが河床から 5 cm であるので，高水敷の標高から上下に 2 cm ずつ離れた平面となる．図 3.4.3 (a), (b) においてそれぞれ，第 1 断面，第 2 断面および第 5 断面，第 6 断面において，低水路と高水敷の境界付近のベクトルに注目する．主堤防が先行する (a) においては，底面から

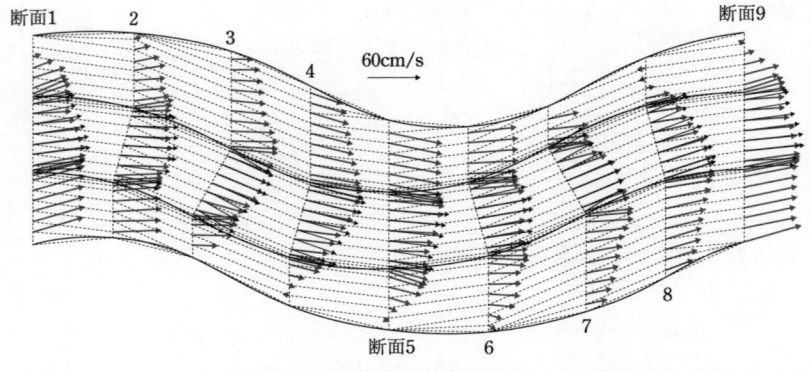

104　第3章　安全な河道の設計と洪水被害軽減策の動向

(a) 主堤防先行位相の場合

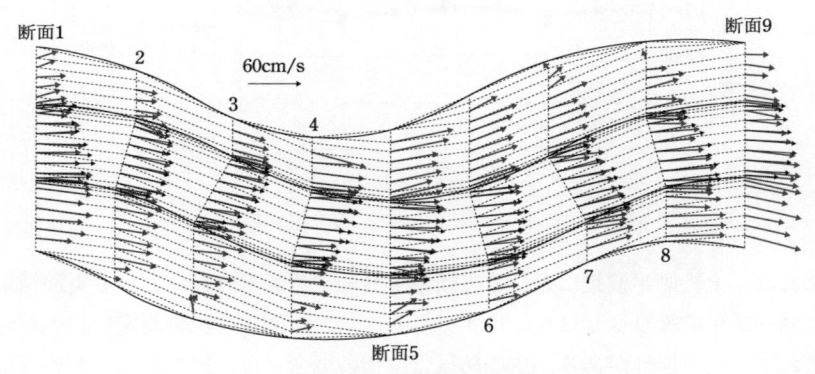

(b) 主堤防後行位相の場合

図 3.4.3 平面流況を示すベクトル（水路勾配 1/1000）（本田，2001 より作成）
太線の矢線は底面から 7 cm での水平速度ベクトルを示し，細線の矢線は底面から 3 cm での水平速度ベクトルを示す．

7 cm の高さの矢線は低水路の法線方向から大きく外れ，高水敷に向かって侵入していることがわかる．一方，主堤防の位相が遅れている（b）の結果では，底面から 7 cm の高さの矢線は低水路の法線方向からほとんどずれることなく，低水路内の速度ベクトルとほぼ並んでいることがわかる．

　平面ベクトルを観察すると，主堤防後行型の複断面蛇行流路における流れでは，蛇行の頂部外岸において低水路の流れが大きく高水敷に乗り上げるように侵入することがない．これは主堤防の位相が遅れるために，低水路の外岸側で流れが高水敷に向かおうとする位置で，主堤防がその外側から低水路

に向かって迫ってくる形となり，高水敷の幅がだんだんと狭くなるような位置関係になるためである．このため，主堤防により高水敷の流れが低水路に押し戻される形となり，高水敷に向かう流れが抑制される．高水敷の幅が下流に向かって広がってゆく場所では，主堤防先行型であれ，主堤防後行型であれ低水路の流れは高水敷の方向へ向かう．たとえば，図 3.4.3 (a) においては断面 2，3 の左岸高水敷，断面 6，7 の右岸高水敷など，また，図 3.4.3 (b) においては断面 4，5 の左岸高水敷，断面 8，9 の右岸高水敷にこうした状況を見ることができる．

　図 3.4.3 (a)，(b) の断面 1，5，9 の位置で見られるように，低水路内では内岸側の速度が速いことがわかる．これは固定床蛇行水路の流れの特徴であり，外岸側に深掘れができる移動床での場合には外岸側の速度が速くなる（池内・玉井，1983）．木下の実験は移動床で行われているが，速度ベクトルは呈示されていない．主堤防蛇行と低水路蛇行の位相差の影響を，速度ベクトルによって直接比較することはできない状況にある．

（3）断面内の二次流

　断面内の二次流の分布について，低水路の蛇行流路頂点付近の 2 断面における観測結果を図 3.4.4 に示す．これは前項の (2) において，低水路から高水敷へ乗り上げる流れが，主堤防先行位相と主堤防後行位相の場合において大きく異なっていた断面に着目したものである．

　図 3.4.4 においては，断面内の s-n 方向の速度成分が表示されている．s は低水路中心軸に沿う座標軸であり，n は s と直交する座標軸を示す．低水路においては，測定断面が n 軸の方向と一致しているので，図に示されている二次流の成分は水路の縦断方向に直交している．しかし，高水敷では測定断面が低水路縦断方向と斜交していることに注意する必要がある．

　主堤防が先行する場合には，低水路と高水敷の境界で，鉛直上向き成分が大きいことがわかる．断面 1，2 の左岸側と断面 5，6 の右岸側である．また，断面 1，2 の右岸側と，断面 5，6 の左岸側で，下降する流れが強い．これらの結果より，低水路の蛇行頂点を過ぎた断面の外岸側では低水路の流れが激しく高水敷に乗り上げ，その対岸では高水敷からの流れが，流れ落ちるように低水路に流入している様子が見られる．こうした強い鉛直流は図 3.4.4

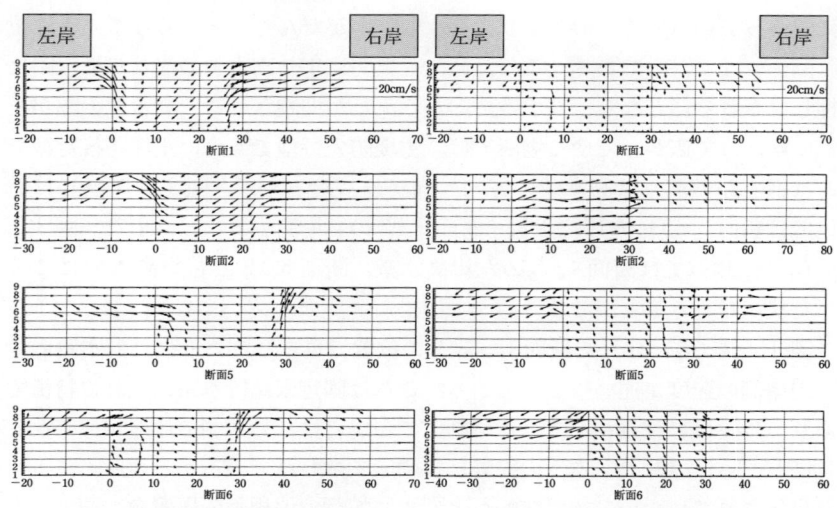

(a) 主堤防先行位相での結果　　　(b) 主堤防後行位相での結果

図 3.4.4 各断面における $s\text{-}n$ 断面内の二次流分布（勾配 1/1000）（本田，2001 より作成）横軸は低水路左岸からの距離 (cm) を示し，縦軸は河床からの距離 (cm) を示す．

(b) の主堤防後行位相では見られない．

図 3.4.3 と図 3.4.4 を見ると，主堤防後行位相のほうが河川管理上は好ましいと考えられる．しかしながら，河床の変動を伴う現実の河川において，望ましい位相差について定量的な見解を得るまでには達していないのが現状である．

3.5　水理実験の相似則

河川に関わる現象を知るためには，水理実験は有力な手段のひとつである．電子計算機の能力が上昇しても，数値計算は与えられた方程式に含まれていない現象については表現できない．現象の理解なり，新しい現象の発見には水理実験が有用である．

3.5.1　基礎的な相似則

川の流れに関わる現象では，原型の流れ（現実の事象を指す）と模型の流れ（水理実験での流れを指す）でフルード数が一致するように，模型実験を

行うのが普通である．フルード数 F_r は流れの慣性力と重力の比率を表す無次元の数で，次式で定義される．

$$F_r = \frac{U}{\sqrt{gh}} \quad (3.5.1)$$

ここに，U は断面平均流速，g は重力加速度，h は水深である．

地球上では原型と模型において重力加速度は同じである．模型における長さの縮尺を L_r とすると，模型における時間の縮尺 T_r は

$$T_r = L_r^{1/2} \quad (3.5.2)$$

となる．添字の r は模型の縮尺を示す．すなわち，1/100 の大きさの模型をつくった場合には，模型における時間尺度は 1/10 になると考えて，流量その他の量を変換すればよい．

3.5.2 洪水現象の再現について

洪水現象を実験的に究明しようとするときには，水位の上昇・下降に関する換算率を定めなければならない．しかし，これをフルード相似則で求めるのは適当でない．ここでは Hayashi (1952) の洪水流理論で用いられた無次元量を活用する方法について述べる．従来の分析ではハイドログラフの全体形状を分析しようとして，洪水時の水位上昇，下降の加速度を適切には表現できなかった．

洪水量の一般的な特性に関する研究をごく簡単にまとめておく．理論的な分析法の分類では，林の理論はいわゆる力学波の解析に属し，運動量の保存則において加速度項を残して解析を進めるものである．もうひとつの流儀は，速水 (1953) らによって展開された，拡散波理論である．この理論では運動量保存則における加速度項を完全に省略するが，エネルギー勾配を水面勾配で近似して，放物型の方程式に帰着するものである．水路の不整などに基づく拡散係数（分散係数）を用いると，洪水の尖頭流量の減衰を説明できる．

物理モデル（水理実験）としては，高橋 (1970, 1971) が縦断方向に水路幅が変化する場合の影響を論じた．Jayaratne *et al.* (1995) は高水敷に樹木がある場合の洪水への影響を実験的に調べた．これらの研究では，洪水波形は適宜与えて計測が行われている．実験結果を現地へ展開する段取りとしては次のように考えるのである．現地への展開としては相似則により計測さ

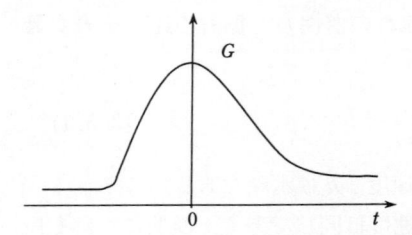

図 3.5.1 時間軸を移動したハイドログラフ

れた値を何倍かするのではなく，数学モデルを開発することを考えている．実験により観測された結果で，モデルの検証を行う．そして，検証済みのモデルに現地の条件を代入して数値シミュレーションを実行し，現実の流れに対する答えを見いだすのである．

　数学モデル（数値解析）としては，伝統的には一次元手法が用いられてきた（たとえば，秋元ら，1968; 玉井・河西，1978）．その後，二次元の数学モデルの応用も進んでいる．Tamai *et al.* (1992) は二次元モデルを実際の河川湾曲部に適用し，洪水時の洗掘・堆積問題を論じている．また，林ら (1988)，Tu *et al.* (1994) は洪水水位の上昇期と下降期における乱れの特性を論じ，下降期に乱れ強度が大きくなることが妥当であることを示した．

　洪水現象の分析に関する従来の研究のまとめをここで終わり，新しい相似則を具体的に論ずる．Hayashi (1952) は洪水の頂点付近に着目し，次式で示される σ を微小なパラメータに採用し，摂動法で解を得ている．

$$\sigma = \sqrt{-\frac{G_{00}}{g}}\bigg/S \tag{3.5.3}$$

ここに，g は重力加速度，S は河床勾配である．G_{00} はハイドログラフの頂点を時間軸の原点に移動させた水位-時間曲線 G の時間 t に関する原点での2階微分であり，次式で与えられる（図 3.5.1 参照）．

$$G_{00} = \left(\frac{d^2 G}{dt^2}\right)_{t=0} \tag{3.5.4}$$

　σ は時間的加速度項と重力項の比から導かれる無次元量で，洪水の非定常性を表している．理論では，二次の解までを求めると伝播に伴う洪水の水位変動の逓減を予測できることが示されている．

　新しい相似則では，この σ の値が原型と模型で一致していれば，洪水現象の相似性が保たれるという結論になる．

表 3.5.1 諸河川における非定常パラメータ σ の値

河川名	洪水年月日	観測所名	最大流量 (m³/s)	最高水位 (m)	河床勾配 ($\times 10^{-3}$)	σ ($\times 10^{-2}$)
米代川	1951.7.21	十二所	2650	4.60	1.89	1.62
雄物川	1947.7.24	大曲	3570	8.35	1.09	8.12
最上川	1967.8.29	梨郷	不明	8.82	0.828	4.15
阿武隈川	1941.7.28	阿久津	3590	8.64	1.07	3.70
北上川	1948.9.17	明治橋	2400	3.50	4.12	0.963
阿賀野川	1958.9.18	山科	3280	7.16	1.08	4.50
信濃川	1959.8.14	照岡	6010	8.58	0.675	7.20
利根川	1947.9.15	岩鼻 (烏川)	6750	5.60	2.04	1.95
富士川	1966.9.25	清水端	2850	6.33	2.16	2.93
天竜川	1953.7.20	宮ヶ瀬	不明	4.45	4.29	1.31
吉野川	1970.8.21	豊永	不明	13.6	2.90	3.49
筑後川	1953.6.26	池田	不明	8.60	2.32	2.58
Kansal Choe (India)	1985 no.5 flood	不明	不明	0.722	4.00	1.98

実際の洪水についていくつかの河川でこの値を調べ, 表 3.5.1 に示す. 表 3.5.1 の結果を得るには, 山田 (1979), Paul and Dhillon (1987) に示されている水位ハイドログラフを用いた.

表 3.5.1 を見ると, σ は多くの観測地点で数 % の数値を示している. この事実を活用すると, 模型実験を行う際に σ の値を数 % に設定しておけば, 日本における典型的な洪水事象を表現できることになる.

従来の非定常流の研究においてはフルードの相似則により分析が行われてきた. たとえば, 福岡ら (2000) の研究においては, フルードの相似則から実験における洪水の波形が決められている. 論文中の図面が小さいので細かな計算ができないが, 概算では実験における σ の値は, $\sigma_{exp} = 1.4 \times 10^{-1}$ であり, 太田川の矢口観測所における 1983 年の洪水では, $\sigma_{ohta} = 2.4 \times 10^{-2}$ である. 太田川の場合も表 3.5.1 に示される結果と一致している. 実験においては, 時間的加速度項の効果が大きすぎると考えられる.

3.5.3 砂礫州をめぐる相似則

砂礫州が形成される流れでは, これまたフルード相似では不十分である. フルードの相似則に従って模型を作成しても河床が小規模な凹凸に覆われ,

砂礫州が生成される流れにならないことが多い．

砂礫州の前縁は下流側に張り出した形状をもち，ある砂礫州の先端が左岸側に到達したとすれば，その次の砂礫州の先端は右岸側に到達する．また，先端の膨らみが到達した側の岸では，そのすぐ下流に深みが形成される．この構造は 1.2.3 項に示されている瀬・淵構造の基礎をなしている．

砂礫州の長さ L と水面幅 B との関係は次式で表せる（玉井・中村，1990）．

$$\begin{cases} \dfrac{L}{B}=5 & E_*\leq 1 \text{ の領域} \\ \dfrac{L}{B}=5E_*^{-1/3} & E_*>1 \text{ の領域} \end{cases} \quad (3.5.5)$$

ここに E_* は次のように定義される無次元量である．

$$E_*=\left(\dfrac{h}{B}\right)\left(\dfrac{h}{sd}\right)\left(\dfrac{u_*}{u_{*c}}\right) \quad (3.5.6)$$

$s=(\rho_s/\rho)-1$ は河床材料の水中比重，ρ_s は河床材料の密度，ρ は水の密度，d は河床材料の代表粒径，u_* は摩擦速度，u_{*c} は限界摩擦速度，h は水深である．

砂礫州の高さ H は次式で表すことができる．

$$\begin{cases} \dfrac{H}{h}=2 & E_*\leq 1 \text{ の領域} \\ \dfrac{H}{h}=2E_*^{-2/3} & E_*>1 \text{ の領域} \end{cases} \quad (3.5.7)$$

式 (3.5.5)，(3.5.7) の右辺の大きさは観測された値の平均値であり，ばらつきの幅は ±50% 程度ある．資料は玉井ら (1978) に示されている．

式 (3.5.5)，(3.5.7) により砂礫州が形成される流れの相似則は，E_* が原型と模型で一致することである．ここでは従来の成果と合わせて，より簡易な相似則の表現を求めてみよう．式 (3.5.6) の右辺を見ると，E_* は 3 つの部分から成り立っていることがわかる．流砂量の相似性は，右辺第 3 項 (u_*/u_{*c}) の比率を一定に保つことと同義である．限界摩擦速度 u_{*c} はシールズの実験によれば粒子レイノルズ数の関数であるが，その変化は緩やかであるので，近似的に一定値と考える．原型と模型における E_* の比 $(E_*)_r$ を

一定に保つという条件は，次の2つの式が成立することと等価となる（玉井，1982）．

$$\frac{(u_*)_r}{(u_{*c})_r}=1, \quad \frac{B_r S_r}{h_r}=1 \quad (3.5.8)$$

ここに，S は河床勾配である．元来この項にはエネルギー勾配を用いるべきであるが，砂礫州の上の流れは断面平均値で考えると等流に近いので，エネルギー勾配と河床勾配は等価となる．式（3.5.8）は木下（1980）によって提唱された砂礫堆相似則の追認である．

式（3.5.8）には時間尺度が含まれていないので，実験における流速や，流量を定めるときに問題が生ずる．これについては水位-流量曲線を利用すれば解決することができる．

式（3.5.8）は u_*/u_{*c} と BS/h という2つの無次元量で砂礫州の形状が近似的に表現できることを示しており，池田（1972）により提唱された形態区分図の論理的基礎を与えるものともなっている．

さらに，河床粒子の大きさ，模型の水平縮尺，模型の鉛直縮尺をすべて同一にした実験ができるならば，砂礫州の相似則はフルードの相似則に帰着する（玉井，1982）．

3.6　世界の大河川における洪水と被害軽減への新しい動向

ここではミシシッピ川と長江における洪水とその治水策の特徴をとりまとめるとともに，近年の新しい対策の動向を探ることにする．ミシシッピ川では 1993 年に，長江では 1998 年に近来にない大洪水が生じ，大きな被害が生じた．

世界的に見ても洪水の被害は巨大なもので，今後も水害の軽減策は大きな社会的な課題である．たとえば，洪水による世界での死者は 1993 年には 8912 人，1998 年には1万 3719 人に達している．洪水の被害額は 1993 年には 233 億 US ドル，1998 年には 331 億 US ドルという大きな額に達している（The Centre for Research on the Epidemiology of Disasters, 2000）．この特徴は地震被害と比較してみると明らかである．地震による死者は，1993 年で 9449 人，1998 年で 7374 人である．しかし被害額は，1993 年で 19 億

USドル，1998年で9300万USドルであり，洪水被害額の大きさが際立っている．

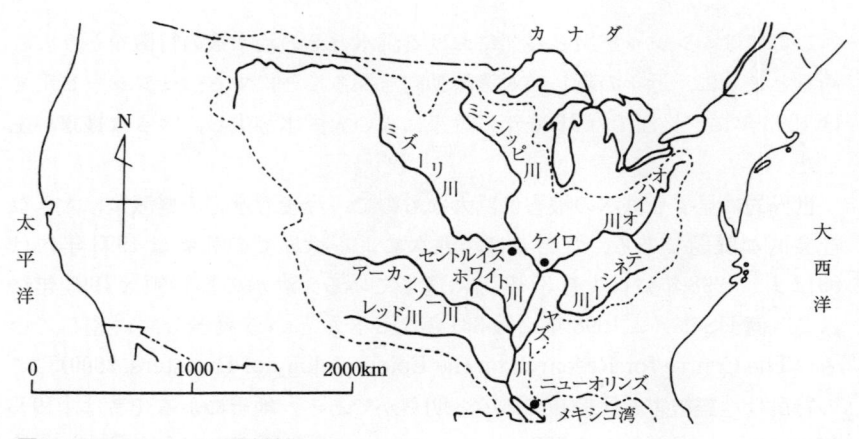

3.6.1 ミシシッピ川

（1）ミシシッピ川の概要と洪水

　ミシシッピ川の流域はアメリカ合衆国の中央部に位置し，東はアパラチア山脈，西はロッキー山脈まで広がっている．その流域面積は322万 km^2 で，アメリカ合衆国本土の41％を占めている．日本には国土面積に対する比率として，このように大きな川はない．利根川の流域面積は，国土面積の4.3％にすぎない．

　ミシシッピ川の流域形状を図3.6.1に示す．本流はメキシコ湾からほぼまっすぐ北に向かう流路であり，ミネソタ州のアイタスカ湖まで約3800kmである．セントルイスの北で合流する支流のミズーリ川は，この川自体で本流より長く，約4300kmに達する．ミズーリ川とセントルイスより下流のミシシッピ川本川を合わせると，全長6210kmとなる．こうしたことが起こったのは，アメリカ合衆国の開拓の経緯を反映している．開拓は東から西へ進んだので，現在の本流が源流部まで探検された段階では，ミズーリ川上流部の探検はそれほど進んでいなかったためである．

　ミシシッピ川における過去の主要洪水を表3.6.1に示す．なかでも有名な

図3.6.1 ミシシッピ川流域図

3.6 世界の大河川における洪水と被害軽減への新しい動向　113

表 3.6.1 過去の主要洪水（米国河川研究会，1994 より抜粋）

洪水年月	主な原因	洪水発生地域	洪水の概要
1844.6		上流ミシシッピ川	セントルイスにおける既往最大洪水
1903.6	雪解け洪水	オハイオ川，上流ミシシッピ川	
1913		オハイオ川	死者 415 人，被害 2 億ドル
1927.4	本川下流の多雨	下流ミシシッピ川	死者 246－500 人，浸水面積 673 万 ha，被害 2 億 3600 万ドル
1937.2	オハイオ川の多雨	下流ミシシッピ川，オハイオ川	浸水面積 324 万 ha，被害 700 万ドル
1945		下流ミシシッピ川	
1950		下流ミシシッピ川	
1952.春	ミネソタ川の融雪	本川上流，ミズーリ川	死者 2 人，被害 3700 万ドル以上
1965.4-5	融雪と春雨	上流ミシシッピ川	死者 16 人，被害 2 億 2500 万ドル
1973.4		下流ミシシッピ川，ミズーリ川	死者 28 人，浸水面積 675 万 ha，被害 10 億ドル
1993.6-9	本川上流の多雨	上流ミシシッピ川，ミズーリ川	死者 50 人，被害 116 億ドル

ものは 1927 年，1937 年，1965 年，1973 年，1993 年に生じている．

　セントルイスにおけるミシシッピ川の主要な洪水の記録は，1800 年代から存在しており，最大は 1844 年の洪水である．この洪水が 1993 年に発生したとすると，セントルイスにおける水位は 52 フィート（16 m），流量は 3 万 7000 m³/s に達すると推定されている．

　1903 年 6 月にはミズーリ川合流点直上流のミシシッピ川で 1 万 m³/s の洪水が発生した．

　ミシシッピ川下流部でもっとも被害が大きかった 1927 年洪水では，セントルイスの水位は 11m，流量は 2 万 5000 m³/s を記録した．この洪水は本川ケイロより下流では既往最大洪水であった．それまではミシシッピ川委員会 (Mississippi River Commission, MRC) の基準に従って建設された堤防は破堤することがなかったが，この洪水では破堤し，ケイロからメキシコ湾の区間が幅 50-100 マイルにわたって氾濫した．降雨は 1927 年の 3-4 月の 2 ヵ月に及んだ．その中心はケイロより下流の本川ミシシッピ川にあった．

　1936 年 12 月末から 1937 年 1 月末までオハイオ川に降雨があり，オハイオ川に既往最大の洪水が発生した．この洪水はケイロ下流のミシシッピ川に

そのまま流れ込み，下流に大きな被害を与えた．下流域のアーカンソー市において流量が4万8000 m³/sを超える比較的大規模な洪水は1879年以降約7年に一度生じている．

1965年洪水は上流域で春の到来が非常に遅く4月に突然の融雪が生じたことと4月初めに降雨が併発したことが主要原因であった．このときのハイドログラフを見ると，上流から下流まで比較的連続性を保っている．最高水位はセントルイスまでの900 kmを5日間程度で伝わっており，伝播速度は約2 m/sである．セントポール地点では本流にミネソタ川が合流すると流量は合流前のほぼ倍となり，1965年洪水の最大流量は4800 m³/sであった．セントポール地点の100年確率流量は4200 m³/s，500年確率流量は5700 m³/sである．

1973年洪水はアーカンソー川とホワイト川合流点下流の本川で発生した．氾濫面積は675万haに達し，そのうち1.4万haが市街地であった．連邦政府による治水施設がなかったとしたら，氾濫面積は1360万haにまで達し，浸水市街区域も17.3万haに達したであろうと試算されている．この洪水の被害額は過去最高の10億ドルであった．連邦政府の治水事業が行われていなかったならば，被害額は156億ドルに達したと試算された．したがって，治水事業の効果は140億ドルの被害軽減をもたらしたといえる．

（2）1993年洪水の特徴

1993年の春から夏にかけての2-3ヵ月にわたりアメリカ中西部に停滞した寒冷前線は異常な豪雨をもたらし，ミシシッピ上流域では記録的な大洪水となった．本川上流域とミズーリ川では1600 kmにわたって記録的な水位となり，氾濫面積は410万haにも達した．被害の範囲は9つの州に及び，死者が50人，資産被害は120億ドルを下回らないといわれている．輸送の大動脈である舟運は2ヵ月間停止した．

このまれに見る大洪水は，3つの要因が複合して生じたと見られている．すなわち，(a) 1992年秋の多雨により流域が湿潤であったこと，(b) このため1993年3月の融雪水が河川に直接流出し，基底流量が増加していたこと，(c) それに加えて1993年4-7月の記録的降雨が流出し，大洪水が引き起こされたのである．

3.6 世界の大河川における洪水と被害軽減への新しい動向　115

　1993年洪水の際のセントルイスにおける水位ハイドログラフを図3.6.2に示す．6月26日に洪水位（30.6フィート）を超えた水位に，8月1日に最高水位49.43フィートを記録した．図3.6.2では1973年洪水の水位変化が，立ち上がりの部分が一致する形で記入されている．1973年の最高水位を超える期間が約1ヵ月に及んでおり，1993年の洪水がいかに大規模なものであったかがわかる．セントルイス市街の中心部はコンクリートの洪水防御壁が建設されている．この天端高さは既往最高水位（1844年洪水，表3.6.1参照）に一致している．なお，上流ダム群による調節により，セントルイスでは水位が約3フィート下がった．ダムがなければ水位は洪水防御壁を超えていたといわれている（米国河川研究会，1994）．

　洪水流量の確率規模については，セントルイスでは100年確率規模以上，上流ミシシッピ川では500年確率規模を上回る地点も報告されている．しかし，ケイロより下流のミシシッピ本川では上流洪水の影響はほとんどなく，洪水防御に対して整備の進んだ下流では危険を感じさせるほどの洪水ではなかった．

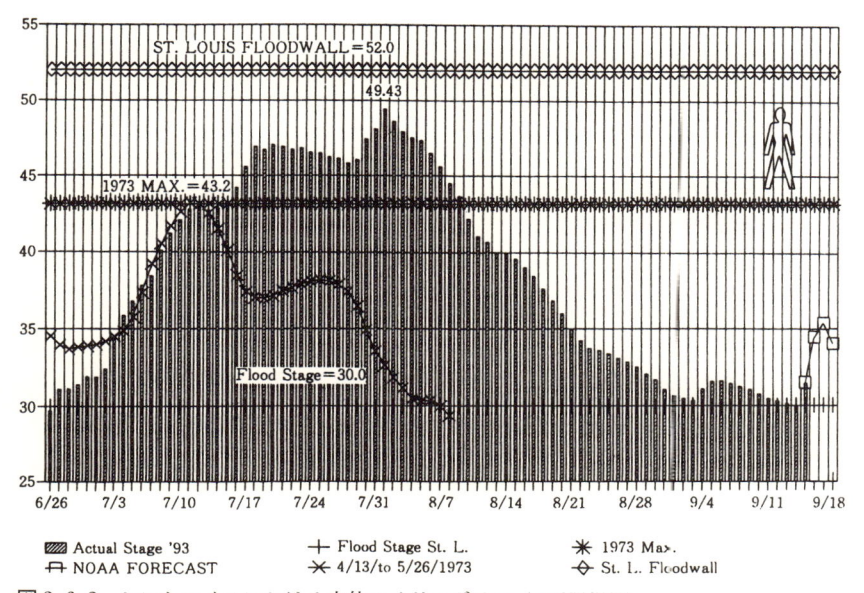

図3.6.2　セントルイスにおける水位ハイドログラフ（工兵隊提供）

(3) ミシシッピ川における治水策の概要

国家的に重要な水路や道路の調査や計画作成のために，1802年に陸軍工兵隊（U.S. Army Corps of Engineers, Corps）が設立された．しかし，工兵隊の仕事の目的は舟運であり，治水事業は堤防地区や自然保全地区等の地縁的団体や個々の土地所有者によって行われてきた．1879年，連邦議会はミシシッピ川委員会（MRC）を創設した．MRCは，連邦政府が直接に治水に関与するために設立した最初の機関であり，事務局は工兵隊に置かれた．MRCは，ミシシッピ川下流の洪水防御策として，堤防主義をとった．

(1) 下流域の計画

ミシシッピ川下流における治水施設計画は，1928年の洪水防御法によって認可されたMR＆Tプロジェクト（Mississippi River ＆ Tributaries Project）の一部として立てられたものである．この法律は1927年の水害を契機に立法化されたものであり，計画策定を行う連邦機関は工兵隊であり，MRCの調整のもとで事業が行われている．この段階では，MRCは堤防，調節池，水路改修，放水路，植林事業などを組み合わせた多様な治水策へと転換しているが，ミシシッピ川下流では構造物を中心とする治水が支配的となっている．

図3.6.3にミシシッピ川下流の計画洪水流量（調節流量を含まない）を示した．支川からの流量は，本川に最大の計画洪水流量をもたらす時点での合流流量であり，各支川の計画洪水流量ではない．たとえば，ミシシッピ川上流の流入量は6800 m³/sであるが，セントルイスの計画洪水流量は3万2000 m³/sである．下流にいくに従って流量が減少しているのは，本川に河道貯留機能や遊水地があるためである．

ケイロより下流のミシシッピ川の計画洪水流量に対して，オハイオ川の計画洪水流量が圧倒的に高い比率を占めていることがわかる．一方，大きな流域面積をもつミズーリ川や本川上流域からの流入は，ダム群とオハイオ川との洪水時期のずれによって，本川下流域の最大流量への影響は小さい．

表3.6.2にミシシッピ川各支川の連邦管理（工兵隊，テネシー渓谷開発局[TVA]，開拓局）の貯水池における洪水貯留量を示す．

(2) 上流域の計画

ミシシッピ川上流域ではMR＆Tプロジェクトのような統一的な治水計

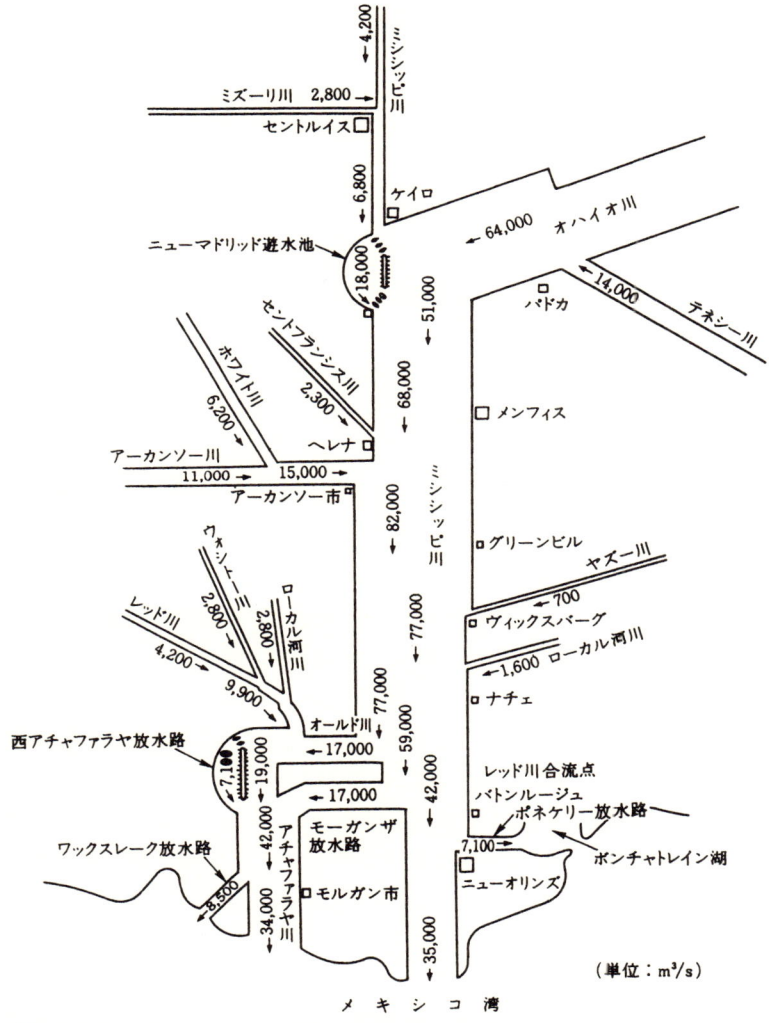

3.6 世界の大河川における洪水と被害軽減への新しい動向 117

図 3.6.3 ミシシッピ川の洪水流量配分（米国河川研究会，1994）

画は立てられることはなかった．その背景は上流域の氾濫原は下流域ほど広がっておらず，洪水の被害もそれほど大きくなかったためと推測される．現在では洪水を防御するという考えから，洪水を管理するという方向に転換している．近年になって開発が進行している氾濫原を水害から守るときには，

表 3.6.2 ミシシッピ川流域の貯水池における洪水貯留量（米国河川研究会, 1994 による）

流域	洪水貯留量	
	Acre-feet	億 m³
上流ミシシッピ川	4,800,000	59
ソルト川	400,000	5
ミズーリ川	33,400,000	412
カスカスキア川	1,200,000	15
マッディ川	100,000	1
オハイオ川	28,600,000	353
セントフランシス川	600,000	7
アーカンソー川	10,400,000	128
ホワイト川	5,500,000	68
ヤズー川	3,800,000	47
合計	88,800,000	1,095

いわゆる氾濫原管理策が実施される．ミシシッピ川上流域では，各地点の過去の水位や流量観測値をもとにして，1981年に制定された連邦緊急管理庁 (Federal Emergency Management Agency, FEMA) のガイドラインに従って流量（水位）とその生起確率との関係を算定することが一般的である．その際，費用便益分析が行われ，最大の便益を生み出す計画が連邦議会で承認される．

上流域の特徴は，舟運のための水深確保が29の閘門堰 (Lock & Dam) によって行われていることである．目標の水深は4.5フィートから始まり (1878年の河川港湾法)，現在は船舶の大型化に伴い9フィートの水深が確保されている．また，ミズーリ川流域では，1944年以降，統一的な治水計画に基づいて事業が実施されている．

(4) 洪水の封じ込めから氾濫原管理へ

1993年の大洪水はミシシッピ川上流域とミズーリ川下流域に発生した．また，ミシシッピ川の治水策は上流域と下流域で異なることは，ここまでに見てきた通りである．今後の方策をどうするかについては，2通りの戦略があった．ひとつは，1970年代から始まった洪水保険を中心とする，いわゆる"ソフト対策"を強化することである．もうひとつは，下流域のような統一計画を作成し，構造物を中心とする"ハード対策"を選択することである．

3.6 世界の大河川における洪水と被害軽減への新しい動向　119

アメリカがどのような対策を講ずるかは，世界的にも注目を集めたが，結論として採択されたのは"ソフト対策"であった．1993年洪水に際しての教訓は，人間活動のために川をあまりにも狭い範囲に押し込めすぎた，というところにあった．河道や，洪水防御施設によって洪水を封じ込めるのではなく，洪水が起こっても被害を最小にしよう，という姿勢が国民の間に広まった．洪水になれば川の水は氾濫原に広がるのが自然の姿であった．このように自然の摂理に従いながら，なおかつ人間も安全な生活を送ることができるような共生の方法を探ることになったのである．

(1) 洪水保険・氾濫原管理政策の概要

アメリカでは1968年に「全米洪水保険法」が制定され，洪水保険制度 (National Flood Insurance Program, NFIP) が誕生していた．しかし，個人が洪水保険を購入するに当たっての奨励策がなかったこと，加入の前提となる地方自治体の有資格審査が進まなかったこともあって，加入者は少数にとどまっていた．

1973年以降，NFIPの運用面での改正・修正がいくつかなされ，水害多発地域にある地方自治体のNFIPへの加入が促進されるようになった．たとえば，水害多発地域に建物を建てるときには，「全米洪水保険法」洪水保険に入らなければ金融機関から融資が受けられないといった仕組みになったのである．この制度は2つの目的をもち，洪水の被害に対して保険金が支払われると同時に，保険料率の設定を通して洪水の被害を軽減させるための土地利用規制が実施されることになる．

保険料の決定には，洪水保険料率地図 (Flood Insurance Rate Map) が使用される．この地図は洪水による浸水の危険度を示したものであり，100年洪水時に浸水する危険性の高い地域や，100年洪水による浸水する深さ，500年洪水時に浸水する地域などが示されている．地図のスケールは1000分の1あるいは2000分の1で，全米を網羅している．また，評価額の50%以上の被害を受けた建物に対しては，改築に際して嵩上げを促進するような料率体系となっている．

(2) 新しい動向：その1──バイアウト（移転）計画

大洪水のあった翌年の1994年には，連邦政府によるレポート「21世紀に向けたアメリカの河川環境管理 Sharing the Challenge: Floodplain Management into the 21st Century」が発表された．そのなかで注目される文章は，「堤防の整備は水害危険度の高い地域に人々を誘い，氾濫原への定住を促進することになった」である．すなわち，連邦政府自らの手によって堤防による治水の限界が示されたことである．この連邦政府による分析を踏まえて，氾濫原に本来の機能をもたせ，洪水による被害を軽減するための試みが各地で進められている．従来の洪水保険による氾濫原管理に加えて，新しく移転計画と湿地復元計画が登場している．

1993年の大洪水を教訓に制定された法律に「危険の緩和および移転の援助に関する法律 Hazard Mitigation and Relocation Assistance Act」がある．これによって，建物の土台を高くしたり，高床式に改築したりといった危険緩和措置をはじめ，連邦危機管理庁が洪水で被害を受けた不動産を取得し，不動産所有者を氾濫原の外に移転させるバイアウトプログラムに使うことのできる連邦政府の資金が増額された．

ミズーリ州では，この大洪水後に50もの地方自治体からバイアウトの計画がもちあがり，州当局も洪水対策はとくに個人の住宅のバイアウトに集中させるという方針を決定した．その結果，ミズーリ州全体で1993年の大洪水以降1995年の水害再来までに2042の家屋と事業所が氾濫原の外へ移転した．

セントチャールズ郡では，1993年の大洪水で大きな被害を受けた．その後，連邦政府から2000万ドルの補助金を受けるなどしながら，1500以上の家屋と事業所の移転を完了させ，1000以上の建物を今後の移転候補として登録することに成功した．その結果，1995年に再び大洪水に見舞われたときの被害額は大きいものにならなかった．このときに使われずにすんだ金額は，連邦政府やミズーリ州政府等が1993年以降バイアウトプログラムに投資してきた金額より多いと推定されている（関，2000）．

(3) 新しい動向：その2――湿地の復元

氾濫原の機能で重要なのは，洪水時にあふれた水を蓄えて洪水ピーク流量を逓減させる機能である．1920年代から始まった陸軍工兵隊による堤防の建設によって氾濫原は乾燥化し，農地利用を促進させることになった．最近ではこうした湿地の農地への転換が水害を引き起こすひとつの原因になっているというとらえ方がある．同時に，水質の浄化機能や野生生物の生息地，

3.6 世界の大河川における洪水と被害軽減への新しい動向

カラム-1　洪水ハザードマップ

　洪水ハザードマップとは，万が一の水害時に，地域の住民の方々が安全に避難できることを主な目的として作成するものである．避難をするために必要となる情報として，想定浸水深，避難所の位置および一覧，緊急連絡先，避難時の心得等が記載されている．平成13 (2001) 年7月に一部改正された水防法第十条の五項に基づき，市区町村長によって行われる情報提供の一環である．高規格堤防や地下河川は，洪水被害を軽減するための「構造物（いわゆるハード）対策」であり，洪水ハザードマップは情報提供を主体とする「非構造物（いわゆるソフト）対策」である．

　洪水ハザードマップには浸水実績を示すもの，100年や200年に一度の大洪水が起きた場合の，浸水想定区域を地図上で示し，併せて浸水深さごとの区域の広がりを示すものがある．ハザードマップを公表することにより，住民のみなさんが，①前もって洪水による被害を知ることができる，②普段から洪水による危機意識をもつことができる，③非常時に何をすべきか，避難場所がどこかが予めわかり，素早く避難することができる，という効果を期待できる．

　水防法の改正や洪水ハザードマップの整備は，平成12 (2000) 年9月に生じた東海豪雨による名古屋市での水害を契機として大きく進んだといってよい．このときの災害は，大都市での集中豪雨による被害の大きさ，地下街の水害，ポンプによる内水排除と河川下流の破堤の危険性，防災管理者と住民との情報の共有，など多くの教訓を残した．

　浸水に対する住民意識を高めるためには，洪水ハザードマップ上で一軒ごとの家が識別できることが重要である．これは従来は難しいとされてきたが，地理情報システムの発達により，インターネットの画面では指定した箇所を大縮尺まで数段階に渡って拡大することが可能となっている（例：国土交通省関東地方整備局京浜河川事務所）．

野鳥観察やハンティングなどのレクリエーションを提供するという氾濫原の機能も重要視されてきている．いろいろな分野での，最近の動向を示す．

　1985年に農業法の「湿地罰則」で湿地を新たにつぶして農地にすることが事実上禁止され，1990年に農業法でかつて湿地だった農地を再び湿地に復元することを目的とした湿地復元プログラム（Wetlands Reserve Program）が創設された（関，2000）．このプログラムは土地所有者の自主的な

参加が原則であり，このプログラムに登録されると農務省によって湿地復元のための技術的，金銭的な援助を受けることができる．登録された土地は農地としての利用はできないが，土地の所有権は持続される．つまり，連邦政府が土地の地役権を買うというものである．

1994年内務省魚類野生生物部がミズーリ川沿いの「ビッグ・マディ野生生物保護区」を整備するため，洪水によって再起不能になっていた農地の買い上げを開始した．ミズーリ州自然保全局もミズーリ川の氾濫原4500 haを買い上げて，湿地の復元を計画している．引堤によって洪水時の水勢を弱めるという方策も取り入れられている．一度決壊した堤防を同じ場所に建設することをやめ，約1 km引いて農地保護の堤防を建設するのである．こうしたところでは，堤防を引いた河川区域を自然のコリドーとして利用している．

ミズーリ州自然保全局は1989年に州中央部の土地の買収を開始して，イーグル・フライス保全地域（約1700 ha）とした．ここでは下水浄化の機能も同時に取り込んでいる．ミズーリ川からの水と下水処理場からの処理水を合わせて保全地域のなかに流し込み，湿地を復元するというものである．河岸に設置されているポンプ場では1日に1920 m³の河川水を汲み上げる．下水処理場からは1日に5万6000m³（約14万人分）の処理水が送られてくる．水は低い堤防で囲まれた13のプールに流し込まれている．この結果，1250 haの大豆畑は野生生物の生息地として非常に質の高い湿地へと変わった（関，2000）．

3.6.2 長江

（1）長江の概要

長江は中国最大の河川であり，世界でも有数の河川である．全長約6300 kmで，ナイル川，アマゾン川に次ぎ世界第3位の長さである．長江の全流域面積は約180万km²である．長江流域は，全国土地面積の19%を占める．長江は宜昌より上流を上流域としており，長さ約4500 km，流域面積約100万km²である．宜昌から湖口（ポーヤン湖の入江）までの間を中流域と呼び，長さ約960 km，流域面積約68万km²である．湖口より下流を下流域としており，長さは約840 km，流域面積は約12万km²である．また，大通の下流約600 kmは感潮区間である．

流域は自然条件が良好で，開発の歴史が古く，昔から農業生産の重要地区である．上流の四川は「天府の国」と呼ばれ，中流の湖南，湖北は「両湖熟せば，天下足る」といわれるほど名高い穀倉地帯である．下流の三角州は「魚米の郷」という美しい名称をもっている．流域内にはとくに中下流の工業も非常に発達しており，重慶，武漢，上海は，長江の上・中・下流それぞれの経済の3大中心で，全流域の農工業の総生産高は全国の40%近くを占めている．

長江流域の水資源は比較的豊富であり，年平均降水量は約1100 mmである．年平均流出量は約9755億 m^3 で全国総流出量の36%を占めている．水力エネルギー資源も非常に豊富であり，長江主支流の一般調査によれば，理論的埋蔵量は2.68億 kWで，全国の40%を占めている．

長江は国内で航路がもっとも発達した河川であり，航行条件がよく，とくに長江主流は「黄金水路」といわれる．主支流合わせて航路長は7万 kmで全国の航路の65%に当たっている．1500トン級の船舶に河口から2429 kmの重慶まで到達できるほか，3000トン級の船舶は1353 kmの臨湘まで到達できる．5000トン級の船舶は1143 kmの武漢まで到達でき，2万トン級の海洋船舶は437 kmの南京まで到達できる．

長江流域で洪水災害の脅威を受ける一番の地区は中下流地区である．歴史記録によると，BC 185年の漢朝から1911年の清朝末までの2096年の間に発生した大小の水害は214回で，平均10年に1回発生している．19世紀中ごろには，1860年と1870年に2回連続して既往最大の洪水が発生し，荊江南岸の堤防を突き破り，藕池と松滋の両川を形成した．枝城の流量は2回とも約11万 m^3/s であり，浸水した土地は3万 km^2 余りで両湖平原は大海のごとく，被害は甚大かつ悲惨だった（表3.6.3）．

20世紀に入って1930年代には，1931年の大洪水で339万 haが浸水している．死者は14.5万人に上り，漢口市は3ヵ月間浸水が続いた．1935年の洪水では，151万 haが浸水し，死者は14.2万人，非常に悲惨な災害であった．解放の初期，1949年にも比較的大きな洪水が発生し，中下流の多くの地区の堤防が決壊，大災害となっている．中華人民共和国が成立してから，党と政府は水利建設を重点的に進め，堤防の修復と強化を図り，1952年には荊江分洪区（分洪区は遊水地である）の工事が実施された．

表 3.6.3　20 世紀を中心とした宜昌における大洪水（洪，1998 より作成）

年次	最大流量 (m³/s)	7-8 月の流出量 (10^9m³)
1870	105,000（歴史最大）	—
1931	64,900	186.9
1935	56,900	136.7
1949	58,100	202.7
1954	66,800	249.7
		(30 日間最大値 138)
1981	70,800	174.9
1983	53,500	174.4
1998	63,600	(30 日間最大値 133)

　1954 年には 20 世紀最大の洪水が発生したが，荊江分洪区へ洪水を分流する措置をとった結果（洪水分流と決壊による水量は 1023 億 m³ にも達した），重点堤防と重点都市の安全が確保された．ただし洪水による被害は非常に大きく，田は 50 万 ha が浸水し，被害を受けた人口は 1888 万人で，死者は 3 万人を超えた．また京広線は 100 日間にわたり正常運転ができず，莫大な経済損失と，国民経済への大きな影響を及ぼした（洪，1998）．

（2）長江中流域の地勢と洪水の特徴

　長江中・下流の平原地区は，長江本支流からの泥砂が長期にわたって堆積して形成された地域であり，地味は肥えているが，地盤高が洪水位より約 5-6 m から 10 m 低く，もっぱら堤防によって守られている地域である．図 3.6.4 に長江中流域の地図を示す．

　「長江万里にして険しさ荊江にあり」といわれ，荊江は長江の洪水防御のうえで，もっとも危険な河道であり，ここを守る荊江大堤は長江大堤のなかでもっとも重要な堤防である．荊江は長江中下流部の最上流の河段で，湖北省枝城から湖南省城陵磯まで，長さ約 400 km の河段を指す名称である．荊江は長江が三峡から平野に流れ出した部分に当たるので，河床の勾配が緩やかになり，ここで泥砂の堆積が起きる．その結果，至るところで曲がりくねった河道を形成し，藕池口を過ぎると蛇行はとくに著しくなる．藕池口から洞庭湖の出口に当たる城陵磯間での荊江下流は，長さ 240 km に達するが，この間の直線距離はわずか 80 km にすぎない．この区間には大きな湾曲が

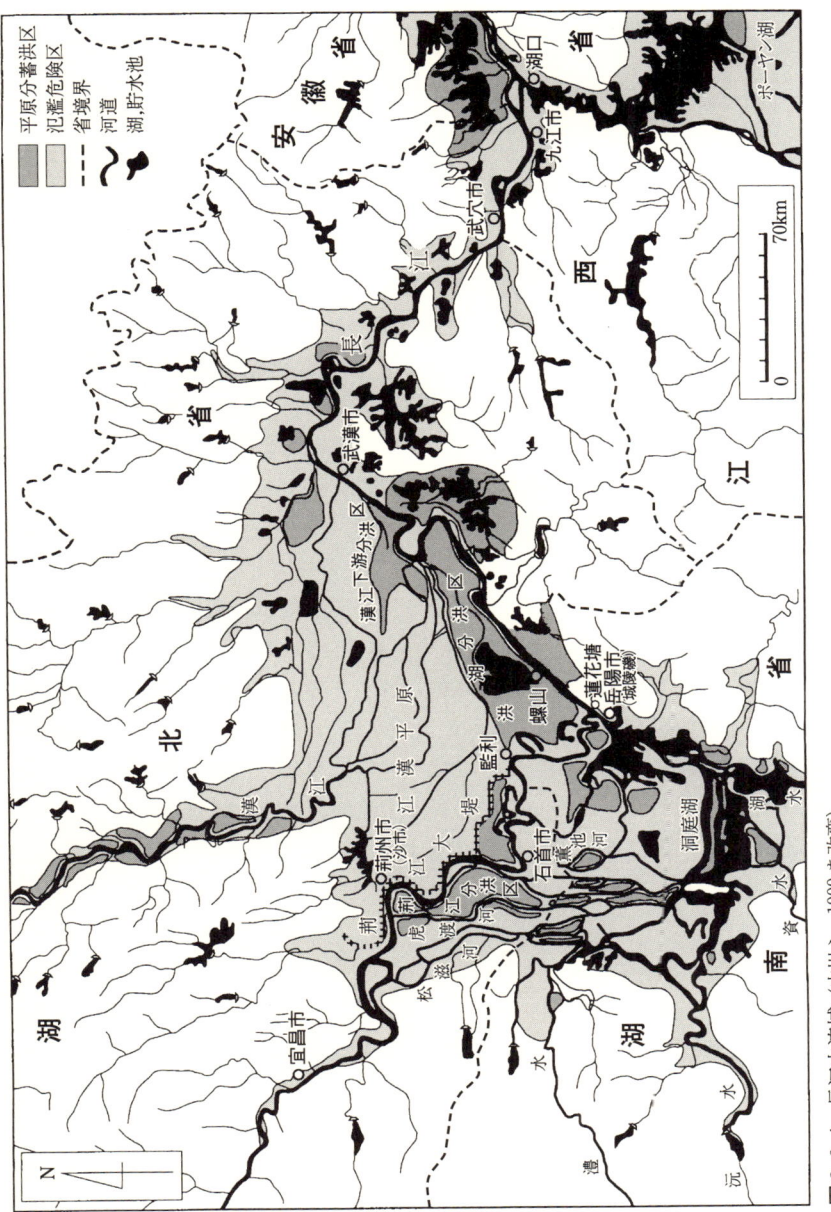

3.6 世界の大河川における洪水と被害軽減への新しい動向　125

凡例:
- 平原分蓄洪区
- 氾濫危険区
- 省境界
- 河道
- 湖貯水池

図3.6.4　長江中流域（中川ら，1999を改変）

表 3.6.4 現在の治水水準（洪, 1998）

長江本流	堤防のみにより処理可能な水準	遊水地を併用したときに処理可能な水準
荊江河段	ほぼ 10 年洪水	約 40 年洪水
城陵磯河段	約 10 年洪水	約 100 年洪水
武漢河段	約 20-30 年洪水	約 200 年洪水
湖口河段	約 10 年洪水	約 100 年洪水

16 箇所もあって，「九曲回腸」と呼ばれ，著しい蛇行の変遷を繰り返してきた．このため水路が長くなるばかりでなく，洪水の氾濫が起こりやすい．

北岸の洪水吐き口をすべて塞いで連続堤が形成されたのは，1572-1620 年といわれており，それ以後，今日に至るまで荊江大堤は強化と修復を繰り返してきている．洪水は南岸にのみ排出されたので，洞庭湖には泥砂が堆積し，また南岸にも氾濫水があふれて南岸の土地標高はしだいに高まり，北岸は低いままで地勢が形成されてきた．他方，荊江の河床は年とともに泥砂で埋まり，堤防の嵩上げをしなければならなかった．こういう状況で，荊江大堤の堤頂は堤内の地盤より 10 m から 16 m 高く，天井川となっている．

長江の流域では，表 3.6.3 に示すように多くの洪水に悩まされてきた．全域の被害が大きかったのは 1954 年洪水である．この洪水は革命後でもあり，全域で統一した資料がもっとも多く得られているので，水利部によれば現在の長江治水計画の指標となっている．しかし，この洪水も宜昌での再現期間が 80 年，城陵磯（洞庭湖出口）では 180 年，漢口（武漢市の一部）と湖口では 200 年といわれている．現在の長江中流域の治水水準は表 3.6.4 にまとめられている．荊江地区では三峡ダムが完成し，遊水地も使えば，100 年に一度の洪水に対しても安全になるとのことである（玉井，1999a）．

(3) 1998 年洪水の特徴

(1) 洪水と被害

1998 年の洪水の特徴は，以下のようにまとめられる．(a) 8 回のピークがあり，多くの観測所で 2 ヵ月以上も警戒水位を超える高水位が続いた．(b) 流量規模は 20 年に一度程度の洪水であるといわれるが，中流域では史上最高の水位を記録したところが多い（表 3.6.5）．(c) 堤防基部でのパイピングが数千箇所に見られた．(d) 本堤の破堤は 1 箇所（九江）のみであ

3.6 世界の大河川における洪水と被害軽減への新しい動向

表 3.6.5 1954 年洪水と 1998 年洪水との主な観測点での比較（植田による．玉井，1999b 参照）

観測所名		宜昌	沙市	監利	城陵磯	螺山	漢口	九江	湖口	大通
水位 (m)	1954年	55.73	44.67	36.57	34.55	33.17	29.73	21.87	21.68	16.64
	1998年	54.50	45.22	38.24	35.57	34.62	29.39	23.03	22.58	16.31
	既往最高	55.92	44.67	37.06	35.31	34.17	29.73	22.20	21.80	16.64
流量 (万 m³/s)	1954年	6.68	—	—	4.34	7.88	7.61	—	2.24	9.26
	1998年	6.36	5.37	4.47	3.68	6.86	7.12	6.93	3.19	8.21
	既往最大	7.11	—	4.62	5.79	7.99	7.61	7.50	2.88	9.26

った．(e) 大規模な輪中堤の決壊は中州と干拓地の両者で生じ，本流の中州では，簰湾と江新洲の 2 箇所，洞庭湖地域では孟家渓大垸，安造垸の 2 箇所である．

1954 年洪水の死者は 3 万 3000 人といわれ，1998 年洪水でのその数は 3000 人（長江流域で約 1400 人）と推定されている．長江水利委員会によれば堤防は 3 類に区分され，長江の本堤は 1 類であり，余裕高 2 m，天端幅 8-12 m である．施工基準等は日本のものと同等であり，締め固めも機械を用いて行っているという回答が一般的である．しかし，本堤にもパイピングが多数発見され，支川・干拓地などでは多くの破堤が生じた．水利部の前総工程師の朱氏によれば「経済力を考えると，すべての堤防の質を最高のものとすることはできない．また，古い堤防は相対的に水準が低いのは認めざるをえない．今後は水利部のものであった基準を，国家技術監督局の審査を受ける水準とし，全国的に統一する」ということである．

(2) 荊江不分流

1998 年洪水は 1954 年以来の大洪水といわれ，沙市（荊州市の一部）の最高水位は 45.22 m に達した．沙市での水位が 45.00 m を超えると，荊江大堤および武漢を守るために荊江分洪区に遊水させる規則となっている．しかしながら，1998 年には分流は行われなかった．

長江水利委員会および水利部での会見で，次のような事情が明らかとなった．沙市での最高水位は第 6 ピークである．洪水予測によれば，その後 45 m の危険水位を超える期間は長くなく，超過分の流出量は 3 億 m³ と予測された．また，分流を行っても下流の水位低下は数 cm にすぎないという計算

結果で，効果が小さいことがわかった．荊江分洪区の容量は 50 億 m³ であり，能力に対して使用する割合は小さいにもかかわらず，いったん分水すると被害は相当なものと予測される．また，分洪区の人口は 1954 年の 3 倍の 51 万人となっており，経済活動もさかんになっているので資産も増大しており，被害額も大きなものと予想され，総合的に判断して分流を行わなかった，との説明であった．しかしながら，表 3.6.4 に見るように分洪区は治水計画の根幹であり，下流水位を低下させる必要があるときは使用する，ということが強調されていた．

分洪区内の避難場所として，輪中堤に守られた安全区があり，そこの住民は避難する必要がない．安全区は長期にわたり浸水しない地区であるが，分洪区にはその他に「安全楼」と呼ばれる鉄筋コンクリートづくりのアパートと，安全台と呼ばれる高台が諸所に配置されている．これらは一時的な避難施設であり，ここから船で安全な場所に救出する計画である（玉井，1999 b）．

(3) 水防活動・緊急復旧

1998 年洪水に当たっては，防洪法が施行されていたことが大きな意義をもっていた．防洪法は，1998 年 1 月に施行された．しかし，実施細則は未了であるが，特徴的な事項は以下のようである．(a) 水位がある高さに達すると緊急事態を宣言できる．(b) 緊急事態においては，水防活動を全人民の義務とした．(c) 各級の行政長の責任体制を明確化した．(d) 国家防洪総指揮部（部長は副首相，副部長は水利部長）は，解放軍，民間を統一的に指揮する．(e) 高水位になると舟運を停止させることができる．(f) 阻害物の撤去条項がある．

水利部での総括では，防洪法は非常に有効であり，このときの洪水により実施細則を作成するためのよい教訓が得られた，とのことである．

(4) **1998 年洪水の原因に関する考察**

1998 年洪水の原因は，長江水利委員会によれば次の 3 つが挙げられた．(a) 洪水の形成原因は豪雨による．(b) 副高圧帯の移動により，下流の洪水と上流の洪水が重なったことによる．(c) 洪水調節能力をもつ，淡水湖の面積と容積が大幅に減少したことによる．

1998年洪水の特徴として，流量がそれほど大きくなかったにもかかわらず，中流域では史上最高の水位を記録した地点が多かったことが挙げられる．この原因のひとつは，河道への土砂の堆積，中州の輪中堤による阻害などであると推定されているが，測量資料などが公開されていないので，河床の変化については推測するしかない．

他の原因としては，氾濫量の減少（たとえば，1954年洪水の氾濫・分洪量1023億 m^3 に比し，1998年洪水はその10分の1といわれている）が挙げられている．洞庭湖やポーヤン湖への流入量の減少が挙げられている．長江中流には，洞庭湖とポーヤン湖が南岸にあり，天然の遊水地としての機能を果たしている．洞庭湖には湘江，資江，Yuanshui, Lishui の4本の河川と，長江の4つの口（松滋，太平，藕池，調弦の4つ，そのうち調弦にはすでに水門が設けられている）から水と土砂が流入し，岳陽（城陵磯）を経由して長江に流れ込んでいる．長年の土砂堆積により湖水面積は日増しに減少し，結果として湖水地区の洪水位は高くなり，洪水の危険性が増加している．ただし，現段階では，長江の主流，荊江周辺の湖と河川一帯から，洞庭湖に流入する水量は全体の4分の1から3分の1に達し，1万 m^3/s の減水効果がある．その調節作用は，長江の中流において非常に重要な役割をもっている．

表3.6.6と表3.6.7に洞庭湖とポーヤン湖の近年における湖水面積の減少を示す．これらの湖水の面積は近世においても緩やかに減少してきたが，解放後の干拓による湖水面積の減少が激しいことがうかがえる．1998年の洪水においても，本流の中州の開墾地，湖の干拓地においてに輪中堤が決壊したり，洪水の阻害となって大きな被害を引き起こしたとの反省がある．最重要な耕作地を除いては，輪中堤を取り壊したり，洪水の貯水を優先させる方

表3.6.6　洞庭湖面積の推移　　　　　　　　　　　　　　　　（単位：km²）

年次	1825	1949	1954	1958	1971	1978
水面標高 34.8 m（岳陽）	6,000	4,350	3,915	3,141	2,320	2,691

表3.6.7　ポーヤン湖面積の推移（呉淞基準標高）　　　　　　（単位：km²）

年次	1949	1954	1957	1961	1965	1967	1983
水面標高 21 m 面積	5,200	5,050	4,900	4,590	4,330	3,960	3,840
水面標高 22 m 面積	5,340	5,190	5,010	4,690	4,440	4,060	3,914

策がすでに実行されている．このため輪中堤を撤去することが決まった干拓地・中州においては，合計数十万人に及ぶ農民を移住させている（この数は岳陽市で6万人，江西省ではポーヤン湖地域を中心に約40万人といわれる）．こうした「田を湖に還す」という政策が進めば，湖水地域における水害が減少するとともに，淡水湖沼による天然の洪水調節作用が機能を回復することにつながるであろう．

さらに，三峡ダムが建設されると，長江から洞庭湖に流入する土砂が少なくなり，洞庭湖の湖水面積減少の速度が緩和され，湖水地区に対する洪水は軽減し，洪水の発生が抑えられ，潰滅的な破壊を防ぐことができる．同時に，4口の水門建設にとっても有効であり，洞庭湖の治水と開発が推進されると考えられる．

(5) 1998年洪水後の政策

対策については，洪水中の1998年の8月末に朱鎔基首相により発表された，32文字の方針が内容を簡潔に表している．政策としては以下の (a) から (d) に示すように4つにまとめられる（玉井，1999b）．

- （a） 封山植樹（伐採のための入山を禁じ，植樹する），退耕還林（急傾斜地の耕地を，森林に戻す）．
- （b） 退田還湖（干拓田を湖に戻す），平垸行洪（輪中堤を撤去し，洪水を円滑に流す）．
- （c） 以工代賑（納税する代わりに，河川工事に従事する），建設新鎮（新しい，洪水に安全な町を建設する）．
- （d） 加固幹堤（幹川の堤防を強固にする），疏浚河道（河底を浚渫して，通水能を確保する）．

これに加えて，1998年10月に水利部から次の3つの提言がなされ，併せて7つが中央政府の政策といわれている．

- （e） 分洪区内の安全区，安全楼の充実．
- （f） 貯水池の建設．
- （g） 非構造物対策の充実−補償制度，保険など．

これらの政策は，政治的スローガンではなく，たいへん具体的な，現実の事業である．すなわち，垸は干拓地および中州の輪中堤として現実に存在し

カラム-2　高規格堤防

土でつくられる，緩やかな勾配をもつ幅の広い堤防をいう．現在の堤防を超える大洪水が発生して，堤防から水があふれだしても壊れることなく安全である．また，高規格堤防上は特別区域に指定することができ，そこでは市街地と一体となった水と緑の豊かな良好な市街地整備を進めることができる．典型的な勾配は3%であり，堤防の高さ（H）が5-10 mであれば，高規格堤防の幅（$30H$）は150-300 mとなる．

首都圏，近畿圏の利根川，荒川，多摩川，淀川など大都市を流れる川で整備が進められている．

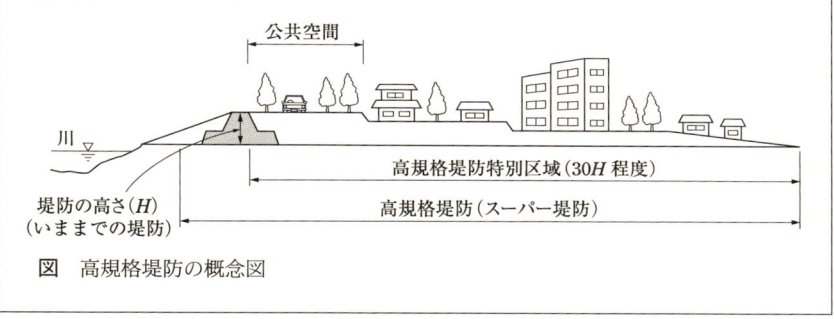

図　高規格堤防の概念図

カラム-3　地下河川

東京など人口密集地域での河川整備は難しい局面を迎えている．都市域の開発により尖頭流量が増大し，洪水到達時間が短縮してきている．東京都ではこれまで，時間雨量50 mmまでの降雨に対しては安全が確保できるように治水計画を進めてきた．しかし，こうした雨はおおむね3年に1回は起こるとされており，必ずしも高い安全度ではない．近年においては治水の安全度を，時間雨量75 mm（それは15年に1回起こる降雨強度）まで上昇させる計画が進められている．

普通，治水対策といえば川幅を広げ，川底を深くする改修事業をよく見かけるが，東京では河川の拡幅は用地確保の面から限界に達している．浚渫をしても河川の勾配が小さいので，大きな流量を流すことは不可能である．そこで環状七号線の地下に，地下河川を建設する構想が浮上してきた．将来的には，約30 kmにわたり東京山の手を南北に走り，東京湾へと到達する地

下トンネル，すなわち，"地下河川"ができあがる構想である．東京湾岸では 10 河川からオーバーフローした水が海へと放出される．

東京湾までの全体が完成するまでは調節池として建設されており，豪雨で川の水位が高くなったら，川に設置された取水施設から地下トンネルに水を取り込み一時貯水する，雨が止み水位が下がったら，貯水した水をポンプで川に戻す，という機能を発揮することとなる．最初の事業は，神田川と善福寺川の中流を横切るように地下調節池を設置し，その洪水に備えるものである．この地下調節池の口径は 12.5 m，長さは 4.5 km である．第一期事業は神田川の治水を対象として昭和 62（1987）年度から平成 8（1996）年度末まで工事が実施され，2.0 km のトンネル部が完成した．工費は約 540 億円であった．このトンネルは 24 万 m^3 の貯水容量をもっており，2000 年，2001 年の洪水などで氾濫防止に効果を発揮している．第二期事業は善福寺川の治水を対象としており，残る 2.5 km の工事が平成 2（1990）年度に着手され，2004 年 11 月の完成を目指して工事中である．第二期事業が終われば，「環七地下河川」構想全体の約 7 分の 1 が完成することになる．豪雨に際して貯めることが可能な水量（貯留容量）は，合せて 54 万 m^3 である．

最近工事が実施されている大規模な地下河川に，首都圏外郭放水路がある．首都圏外郭放水路は浸水の多発する中川流域において，これまで進めてきた河川の改修に加えて，浸水被害解消のための抜本的な治水施設として建設するもので，中川，倉松川，大落古利根川等の洪水を地下水路方式で江戸川の

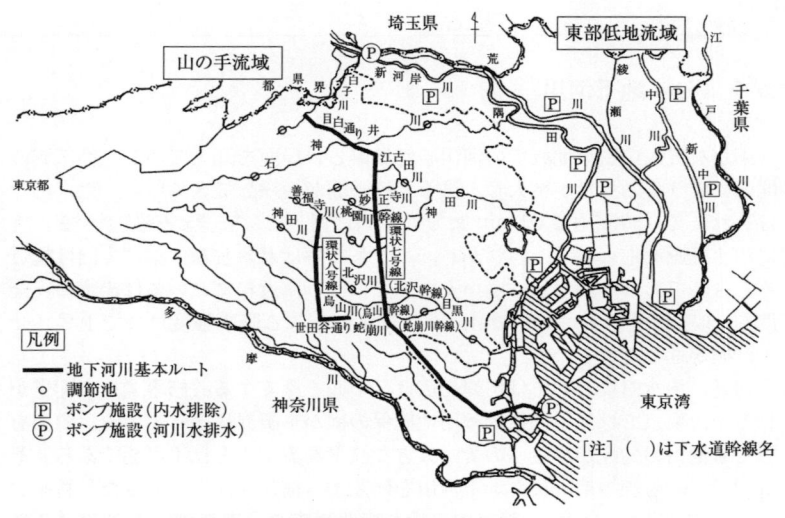

図　東京都の地下河川計画（東京都建設局河川部資料による）

右岸 46.5 km 付近に排出するものである．放水路は，国道 16 号の地下約 50 m に設置され，直径 10 m，延長 6.3 km の地下水路である．この放水路により江戸川と中川，大落古利根川に挟まれた低平地が安心して住める，優良な宅地に変わると期待されている．工事は平成 5 (1993) 年 3 月に起工され，平成 19 (2007) 年 3 月までに第一期計画を完成させる予定である．第一期計画の総事業費は約 2440 億円と見積もられている．第一期計画では各河川の水位が上昇したときに，中川から 15 m³/s，倉松川から 55 m³/s，大落古利根川から 35 m³/s の流量を放水路に流入させ，流域の浸水被害を防ぐものである．第一期計画では江戸川への排水量は 100 m³/s であるが，最終計画ではこれを 200 m³/s まで増大させる計画である．

ているものを指し，洪水後はそれらを重要度により 3 つに分類し，重要な生産地を除いてはこれを撤去している（政策 (b) による）．

　洞庭湖，ポーヤン湖地域では輪中堤の撤去対象となった干拓地・中州の合計数十万人に及ぶ農民を移住させている．標高が十分に高く安全なところに新しい都市を建設し，移住者を収容している（政策 (c) による）．

　堤防の強化作業は多くの地点で開始されており，漏水対策に対する援助の要請が出されている（政策 (d)，(e) による）．

3.6.3　今後の治水策の基本的考え方

　この節ではミシシッピ川と長江で生じた最近の大洪水を対象として，洪水の実態とその後の対策の動向をとりまとめてきた．この 2 つの大河における今後の洪水との付き合い方は，基本的な考え方ではたいへんよく似ていることに気がつく．まず，洪水防御施設によって洪水を封じ込めるのではなく，集水域全体の努力によって，洪水の被害を最小限に抑えようという方針を打ち出している．これは，河道の管理から集水域の管理へと重点が移っているといいかえることもできる．さらに，川を人間の都合で狭い範囲に閉じ込めるのではなく，川が本来もっていた自然の摂理に従いながら，なおかつ人間生活が安全で，われわれが川の恵みを楽しみながら共存してゆける河川管理政策を目指している．

　具体的に打ち出されたミシシッピ川と長江における方針を並べてみると次のようになる．

　　［洪水保険］と［補償，保険］

［氾濫原管理］と［封山植樹，退耕還林］
　［バイアウト］と［建設新鎮］
　［湿地復元］と［退田還湖］
などが非常によく対応していることがわかる．これらの課題は細部に至ればそれぞれの社会や地域性を反映して異なってくるであろうが，治水安全度の向上と自然復元との共生を目指す問題意識は共通であるといってよい．日本においては，人口密度の高い長江流域でこうした政策がどのように実行され，成果を上げてゆくかに注目する必要がある．

参考文献

青木政一・吉村　亮・玉井信行・河原能久・石川　浩・安田　実（2000）：越流型水制の周りにおける流速分布——現地観測と数値シミュレーション，河川技術に関する論文集，土木学会，**6**, 291-296.

秋元　保・丸岡　計・浅和三越（1968）：ダム放流操作による貯水池内における不定流の解析，電力中央研究所技術研究所所報，No.68001.

池内幸司・玉井信行（1983）：蛇行水路における水深平均流れ場の遷移特性，土木学会論文報告集，**334**, 89-101.

池田　宏（1972）：沖積河道の河床形態に関する地形学的研究，東京教育大学学位論文，227 pp.

大本照憲・平川隆一・井手賢正（1998）：越流型水制群に対する二次流と流砂の応答，水工学論文集，**42**, 1003-1008.

河原能久・玉井信行（1989）：新しい代数的応力モデル提案とその複断面流路の流れへの適用，水理講演会論文集，第33回，289-294.

河原能久・彭　静（1996）：洪水時の人工わんど周辺の流れの3次元解析，第28回乱流シンポジウム講演論文集，35-36.

吉川秀夫編著（1985）：流砂の水理学，丸善，119-121.

木下良作（1980）：大井川牛尾狭窄部開削の影響に関する「砂レキ堆相似」による模型実験，建設省中部地方建設局静岡河川工事事務所，117 pp.

木下良作（1988）：洪水時の沖積作用調査と適正複断面河道に関する実験的研究，文部省科学研究費自然災害特別研究成果報告，沖積河川における洪水流の制御と治水安全度の向上に関する研究（代表：岸　力），55-68.

建設省技術研究会（1989）：第42回建設省技術研究会報告（昭和63年度），財団法人土木研究センター，773.

洪慶余主編（1998）：中国江河防洪全集長江巻，中国水利水電出版社，610 pp.

国土技術研究センター編（2002）：河道計画検討の手引き，山海堂，189 pp.

小林健一郎・玉井信行・Tarekul Islam, G. M.（2000）：低水路および外郭堤防法線がともに蛇行し位相差を有する複断面蛇行流路内の流れ，水工学論文集，**44**, 873-878.

佐藤研一郎（1998）：高水時の人工わんど周辺の流れの解析，東京大学卒業論文，81 pp.

関　健志（2000）:「アメリカ合衆国環境に配慮した河川管理政策調査団」報告，RIVER FRONT, **37**, 6-12.
髙橋　保（1970）:不規則断面水路の洪水流（1），京都大学防災研究所年報，**13**, 299-310.
髙橋　保（1971）:不規則断面水路の洪水流（2），京都大学防災研究所年報，**14**, 219-230.
玉井信行（1982）:砂礫堆上の流れの相似則に関する研究，第26回水理講演会論文集，土木学会，39-44.
玉井信行（1985）:開水路流れの3次元構造について，第21回水工学シリーズ 85-A-1，水工学夏期研修会，土木学会，23 pp.
玉井信行（1999a）:長江の概要と洪水の特徴，1998年長江・松花江の洪水に関する国際シンポジウム講演集第1章，土木学会水理委員会・河川環境管理財団・北陸建設弘済会，3-16.
玉井信行（1999b）:1998年長江洪水調査団速報──土木学会水理委員会・北京水利学会共同調査，土木学会誌，**84**, 48-51.
玉井信行・河西　基（1978）:河道狭窄部が洪水波形に及ぼす影響について，水理講演会論文集，**22**, 239-244.
玉井信行・長尾　哲・三国史雄（1978）:直線水路における複列砂礫堆と網状流路の形状について，水理講演会論文集，**22**, 265-273.
玉井信行・中村俊六（1990）:河川工事と河川平坦化について，第45回年次学術講演会第2部門，土木学会，186-187.
玉井信行・祢津家久・小松利光・大成博文・大橋正和・浅枝　隆（1990）:乱流における組織構造の役割，土木学会論文集，**423**/II-14, 25-41.
土木学会水理委員会編（1999）:水理公式集（平成11年版），土木学会，713 pp.
中川研造・河原能久・玉井信行（1995）:ワンド内の流れの水理特性に関する実験的研究，水工学論文集，**39**, 595-600.
中川　一・玉井信行・沖　大幹・吉村　佐・中山　修（1999）:1998年中国長江の洪水災害について，京都大学防災研究所年報，第42号，B-2, 273-290.
日本河川協会編・建設省河川局監修（1997）:改訂新版建設省河川砂防技術基準（案）同解説調査編，591 pp.
林　泰造・大橋正和・大島正憲（1988）:Kinematic Wave ついての洪水波の非定常性と水流の乱れ構造，第20回乱流シンポジウム講演会論文集，日本流体力学会，154-159.
速水頌一郎（1953）:洪水流の理論について，水工学の最近の進歩，土木学会水工学論文集，25-48.
福岡捷二・藤田光一（1990）:洪水流に及ぼす河道内樹木群の水理的影響，土木研究所報告，**180**, 129-192.
福岡捷二・渡辺明英・大橋正嗣・姫野至彦（1997）:樹木群の水制的利用可能性の研究，水工学論文集，**41**, 1129-1132.
福岡捷二・大串弘哉・岡部博一（1998）:複断面蛇行流れに及ぼす堤防と低水路の蛇行度と位相差の影響，水工学論文集，**42**, 961-966.

福岡捷二・渡辺明英 (1998)：複断面蛇行水路における流れ場の3次元解析，土木学会論文集，586/II-42, 39-50.

福岡捷二・關浩太郎・栗栖大輔 (2000)：河道における洪水流の貯留とピーク流量低減機能の評価，河川技術に関する論文集，6, 31-36.

福岡捷二・渡辺明英・高次 渉 (2001)：三次元解析における複断面蛇行流路の流量観測精度の研究，水工学論文集，45, 577-582.

米国河川研究会編著・国土開発技術研究センター監修 (1994)：洪水とアメリカ，山海堂，300 pp.

本田隆英 (2001)：複断面二重蛇行流れに及ぼす低水路法線および主堤防法線の位相差の影響，東京大学卒業論文，51 pp.

松崎浩憲・玉井信行・河原能久・牧野一正・佐藤康晴・清川 仁 (1997)：多摩川人工わんどの特性と維持管理への提言，第1回新しい河川整備・管理の理念とそれを支援する河川技術に関するシンポジウム，土木学会，231-236.

山田啓一 (1979)：日本における洪水の地域的特性に関する実証的研究，東京大学博士論文，本編 81 pp, 付録 53 pp, 図表集 110 pp.

リバーフロント整備センター編 (1999)：河川における樹木管理の手引き，山海堂，86-125.

渡辺明英・宇多高明 (1995)：高水敷きに浅い切り欠けがある河道における局所的な水位上昇，水工学論文集，39, 423-428.

Botev, I., Tamai, N. and Kawahara, Y. (1992)：2-D sediment transport simulation in natural streams, 水工学論文集，36, 87-92.

The Centre for Research on the Epidemiology of Disasters (2000)：International Disaster Database. http://www.cred.be/. UNIVERSITE CATHOLIQUE DE LOUVAIN-BRUSSELS-BELGIUM.

Hayashi, T. (1952)：Mathematical theory of flood wave, Proc. 1st Nat. Congress for Applied Mechanics, 1951, 431-436.

Interagency Floodplain Management Review Committee (1994)：*Sharing the Challenge*: *Floodplain Management into the 21st Century*, 189 pp.

Jayaratne, B. L, Tamai, N. and Kan, K. (1995)：Unsteady flow characteristics in compound channels with vegetated flood plains, Proc. 26th IAHR Congress, 1, 385-390.

Launder, B. E. and Spalding, D. B. (1974)：The numerical computation of turbulent flows, *Computer Methods Appl. Mech. Eng.*, Elsevier, 3, 269-289.

Meyer-Peter, E. and Müller, R. (1948)：Formulas for bed load transport, Proc. 2nd Meeting, IAHR, Stockholm, 39-64.

Paul, T. C. and Dhillon, G. S. (1987)：Effects of unsteady flow on sediment transport, Proc. 22th IAHR Congress, Lausanne, Switzerland, 1, 148-153.

Peng, J. (1998)：Three-dimensional flow structure and local scour around spur dikes, 東京大学博士論文，工学系研究科，113 pp.

Peng, J., Tamai, N., Kawahara, Y. and Huang, G. W. (1999)：Numerical modeling of local scour around spur dikes, Proc. of 28th Congress of Int. Assoc. for

Hydraulic Research, E062, CD-ROM.

Shih, T. H. and Lumley, J. L. (1993) : Remarks on turbulent constitutive relations, Math. Comput. Modeling, **18**, 9-16.

Shih, T. H., Zhu, J. and Lumley, J. L. (1995) : A new Reynolds stress algebraic equation model, *Computer Methods Appl. Mech. Eng.*, **125**, 287-302.

Tamai, N., Botev, I. and Kawahara, Y. (1992) : A numerical model for river bed evolution during a flood, Proc. 8th APD-LAHR Congress, B59-B69.

Tarekul Islam, G. M., Tamai, N. and Kobayashi, K. (2000) : Hydraulic characteristics of a doubly meandering compound channel, ASCE Conference, Minneapolis, CD-ROM.

Tu, H., Tamai, N. and Kan, K. (1994) : Unsteady-flow velocity variations in and near an embayment, 水工学論文集, **38**, 703-708.

van Rijn, L. C. (1984) : Sediment transport, Part I, Bed load transport, *J. of Hydraulic Eng.*, ASCE, **110** : **10**, 1431-1456.

van Rijn, L. C. (1993) : *Principles of Sediment Transport in Rivers, Estuaries and Coastal Seas*, AQUA Publications, Delft, The Netherlands, 4. 1-4. 14.

Weerakoon, S. B. and Tamai, N. (1989) : Three-dimensional calculation of flow in river confluences using boundary-fitted coordinates, *J. Hydroscience and Hydraulic Eng.*, **7** : **1**, 51-62.

Zhu, J. and Shih, T. H. (1994) : Calculation of turbulent separated flows with two-equation turbulence models, *J. Computational Fluid Dynamics*, **3** : **3**, 343-354.

4 自然の不確定性と河川計画

　自然豊かな河川環境の保全や自然復元を目指す河川計画においては，自然度を向上させる，自然が形成する河川空間を尊重してゆく，川の動的な特性を尊重する，ことなどが求められている．今後の河川計画が備えるべきこのような性質は，第Ⅰ部で述べた自然の資源的価値を保全する原理から導かれる帰結である．

　このような自然度の高い河川においては，標準設計により一様に工事が実施される河川とは違う問題が生じてくる．たとえば，コンクリート製の水路では断面形状はほとんど変化することがない．しかし，上に述べたような自然豊かな河川においては，植生や，砂州の形状が変化してゆくことを前提とする必要がある．河川空間はどのような姿をとり，またそれがどのように変遷してゆくであろうか．

　第Ⅱ部におけるここまでの章では，多様な河川形態を念頭に置いた治水策の動向と水理学的な分析法や流れの物理的な特徴を取り扱ってきた．この章では，河道内の自然の因子が変形・変遷してゆく過程を自然の不確定性としてとらえ，計画洪水の治水安全度評価のうえにこれをどう反映させるかを考える．すなわち，自然の因子を導入することにより治水の安全度はどのような影響を受けるのか，を問題意識として議論を進めることとする．

4.1　河川における植生と水面からの比高

　河川においてはさまざまな大きさの洪水が生ずる．この自然的な攪乱の大きさは，洪水の水位がどこまで上昇するかによって表される．したがって，河川植生を考える際には，植生が生育している場所がどのような規模の洪水

4.1 河川における植生と水面からの比高　139

表 4.1.1 冠水頻度に応じた代表的な植生（リバーフロント整備センター，1999）

冠水頻度	代表的な植生
年に数回	1年生草本：ヤナギタデ，アキノエノコログサ 多年生草本：ツルヨシ
年に1回程度	多年生草本：ヨシ，オギ
数年に1回	低木林：低木ヤナギ
10年に1回	高木林：高木ヤナギ
30年に1回	高木樹林：カシ，カバノキ，エノキ

で冠水するのかが，最初に注目される点となる．水面との比高により洪水に冠水する頻度が異なり，また河床材料の大きさも異なるので，水際から離れるに従い，あるいは河原の高さに従い植生が変化してゆく．表 4.1.1 には冠水頻度を指標にして，それぞれの地域に見られる代表的な植生を示す（リバーフロント整備センター，1999）．それぞれの川においては，河原のなかでこのような冠水頻度を示す領域に適応した植生が成長している．

　基本的には自然状態に対する観察により表 4.1.1 が得られている．しかしながら，最近においては人為的な圧力も大きく，人間活動の影響により流況が変化したり，河床の高さが変化することがある．このような場合，河原の特定の場所においては冠水頻度が変化することになり，植生の変化を誘起することになる．したがって，特定の場所で植生が時間的に変化してゆく状況を観察していれば，それにより河川の流況や物理的条件の変化を把握することができるともいえるのである．

　表 4.1.1 では冠水頻度で整理をしたが，実際の場所では冠水頻度以外に，土壌，地下水位，河床が攪乱される度合い等が関係するので，表 4.1.1 の区分ほど明確な分類にならない場合が多い．

　河川の場合には，1.2 節に述べられているように，自然現象の攪乱をしばしば受けるので，従来は潜在自然植生を考えることはほとんどなかった．しかしながら，最近は河川においても，高水敷や河畔の樹木管理に対して潜在自然植生の概念の導入が考えられている．すなわち，潜在自然植生は保全し，代償植生は必要とあれば伐採し，潜在自然植生が卓越する方向へ誘導しよう，という考えである（奥田，2000 や 11.3 節を参照）．樹木は比高の高いとこ

ろに成長し，表 4.1.1 においては低木林，高木林，高木樹林の範囲に入る樹種が樹木管理の対象となる．

4.2 洪水の大小による粗度係数の変化

　河川における流れは，水路壁面の粗さや，流れ自身の乱れによって抵抗を受け，エネルギーを消費している．この抵抗を表現するためにマニングの粗度係数が用いられる．粗度係数の値は観測された洪水痕跡を用いて逆算されたり，経験に基づいて選択される．一般的な傾向としては，大きな出水に対する粗度係数の逆算値は，通常の流れに対する係数よりは小さめの値となることが多い．河川計画としては，計画高水のような大きな出水を対象とするので，水位が粗度係数の値にどのような影響を与えるかを知ることが重要である．

4.2.1 理論的な背景と過去の動向

　混合距離理論を応用して開水路乱流の速度分布を求めると，対数速度分布則を得る（玉井，1991 など）．

$$U = \left\{ 6.25 + 5.75 \log_{10}\left(\frac{R}{k_s}\right) \right\} \sqrt{gRi} \qquad (4.2.1)$$

ここに，U は断面平均流速，k_s は相当粗度，g は重力加速度，R は径深，i は底面勾配である．マニング式は

$$U = \left(\frac{1}{n}\right) R^{2/3} i^{1/2} \qquad (4.2.2)$$

である．式 (4.2.1) と式 (4.2.2) を等置すると

$$n = \varPhi\left(\frac{R}{k_s}\right) k_s^{1/6} \qquad (4.2.3)$$

を得る．$\varPhi$ の値は R/k_s の関数となる．

　Chow (1959) はミシシッピ川における観測資料をもとにして，R/k_s が増大すると，$\varPhi(R/k_s)$ が緩やかに減少することを示している（図 4.2.1）．

　安藝 (1941) は河相論において，中国黄河における観測資料を引用し，水位が増加すると粗度係数は減少する傾向にあることを紹介している．安藝は

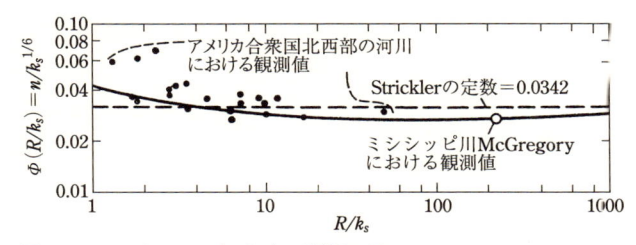

図 4.2.1　R/k_s と $\Phi(R/k_s)$ の関係（Chow, 1959 による）

実験結果を参照して，河床面の砂漣の形成が関与していることを示唆している．実験水路では，流速の増大に伴って河床に砂漣が形成されると抵抗が増し，さらに流速が増すと河床面は平坦になるので抵抗は減少することが観測されている．

4.2.2　実測値に基づく解析事例

この項では実測値に基づいて，A川において水位の上昇に伴う粗度係数の変化を逆算した分析結果を示す（Tamai and Siow, 1990）．

洪水の最大水位付近では水位の時間的変化は緩やかで，準定常流であると考えることができる．分析には洪水の最大水位が出現した時刻において，5 km 離れた水位観測所の水位記録から水面勾配を算出し，式 (4.2.2) から粗度係数を逆算した．その結果を図 4.2.2 に示す．

Y.P. は水位の基準高さである．洪水の規模が大きくなり，水位が 16.5 m から 19.5 m に上昇するに従い，粗度係数 n は緩やかに減少する傾向がある．

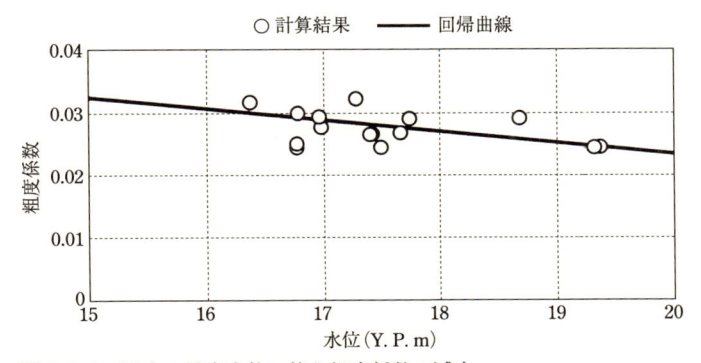

図 4.2.2　洪水の最高水位に伴う粗度係数の減少

図 4.2.2 の例では水位が 3 m 上昇するに伴って，n の値は約 20% 減少していることがわかる．

この例では，流量は最低水位 16.37 m のときで 2860 m³/s，最高水位 19.37 m のとき 1 万 1100 m³/s であった．

4.3 河床形状の不確定性が水位に及ぼす影響

4.3.1 河床形状の変動と河道計画

ここでは現実の河床形状がもっているどのような特性から不確定性が発生するかについて，問題意識を述べる．設計の段階では，幾何学的な断面形状を対象として断面の通水能を計算し，また，かなり長い区間にわたって一様な河床勾配を仮定してさまざまな水理計算を行うのが通例である．しかし，実際の河川では断面形状は，たとえば「台形断面」とか「長方形断面」というような整然とした幾何学図形にはなっていない．堆積や浸食により断面の形状は変化し，植生があればそれが加速してゆく．断面内で形状が変化してゆけば，河床最深部が縦断方向につながってゆく状態（河床勾配）も隣り合う区間では異なり，長い区間にわたって一様であることはなくなる．したがって，河床勾配は設計の段階で想定された平均的な値の周りに，正負の変動を繰り返すことになる．

自然因子を豊富に有する河川では，一様な河川形状からの変動は必然的に生じ，こうした河道においては，単純化された幾何形状の河道に対する計算結果と違う水位や流速が生ずることになる．この問題で考えるべき偏差は 2 つある．ひとつは，幾何形状の偏差であり，もうひとつは結果として生じる水理量の偏差である．この水理量の偏差を治水上の安全性の面から評価することがこの節の目的である．

このような幾何形状の偏差と水理量の偏差との関係を知ることは，将来の河道管理を取り扱ううえでも重要である．ここまでに述べた部分では，空間的な意味での変動を取り上げたが，時間的な変動についてもこの成果を適用することができる．河道を観察していれば，時がたつに従い変化が自然に生じる．その変化がある範囲に収まっていれば，水位の変動範囲を数値計算に

4.3 河床形状の不確定性が水位に及ぼす影響　143

より予測しておくことができる．この節の成果を応用すれば，河道の変化を自然に任せつつ，治水安全度への影響を分析しておき，河道の変化をある一定範囲内に収めるように管理することが可能となる．

4.3.2　河床勾配の変動事例と数学モデル

ここでは鬼怒川において検討した結果を述べる（Tamai et al., 1996）．分析の対象とした部分は，鬼怒川の 45.0 km から 58.0 km に至る区間であり，この区間には合流，分流はない．対象区間の上流側では勾配が 0.002 から 0.005 の急勾配の区間となっており，下流側では勾配が 0.0004 から 0.0006 の平坦な区間となっている．すなわち，対象区間は河床勾配から見て，地形が扇状地から沖積平野に遷移する領域に属している．

分析に使用した縦断・横断測量資料は，1977 年，1981 年，1983 年，1989 年の 4 ヵ年のものである（建設省下館工事事務所提供）．縦断方向には 500 m おきに観測されており，横断面測量資料からは，各断面で平均して 110 個の観測点をとっている．1989 年の資料による断面 45 の形状を図 4.3.1 に示す．実線は観測値であり，点線は計画河床および計画断面として資料に挙げられているものを，同時に示したものである．計画河道として管理図などに示されているものと，現実の河道との乖離がどの程度のものであるかを示す一例である．

観測された縦断方向の河床形状と計画河床高さを比較したものが，図 4.3.

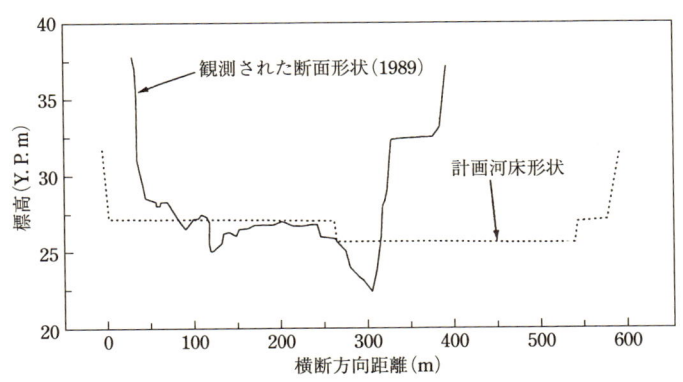

図 4.3.1　断面 45 における観測された断面形状と計画河床形状との比較

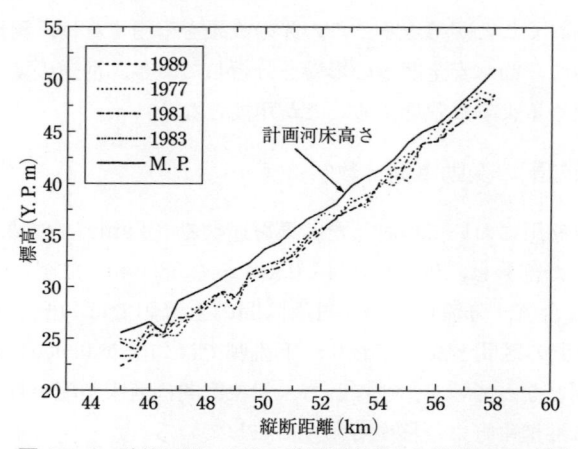

図 4.3.2 計算区間における計画河床高さと観測された河床高さの比較
(観測資料：1977, 1981, 1983, 1989 年．M.P. は計画河床を示す)

2である．計画値に比べて，現実の河床高さは凹凸があることがわかる．

各年の河床形状に関する水面形状は，定常流・一次元解析法により計算された．エネルギー方程式は次式で表される．

$$y_2 + z_2 + \frac{Q^2}{2gA_2^2} - \frac{1}{2}S_{f2}(x_2 - x_1) - H_1 - \frac{1}{2}S_{f1}(x_2 - x_1) = 0 \tag{4.3.1}$$

上流側水深の初期値は次式を用いて計算された．

$$\frac{dy}{dx} = \frac{S_0 - S_f}{1 - Q^2 B/gA^3} \tag{4.3.2}$$

ここに，添字 1 は計算における現在の断面（下流側）を示し，2 は次の断面（上流側）を示す．S_f はエネルギー勾配，S_0 は河床勾配，H は断面の全水頭，y は水深，z は基準線から河床までの高さ，x は流れの方向の座標軸（下流側へ正とする），A は流水断面積である．

エネルギー補正係数は 1.0 と仮定し，反復にはニュートン-ラプソン法を用いた．マニングの粗度係数は，鬼怒川の高水計画で用いられている $n=0.035$ と同一とした．数値計算に必要な断面の幾何学的な量，すなわち，流水断面積，潤辺長（径深），水面幅などは観測図面を数値化した資料から計算した．

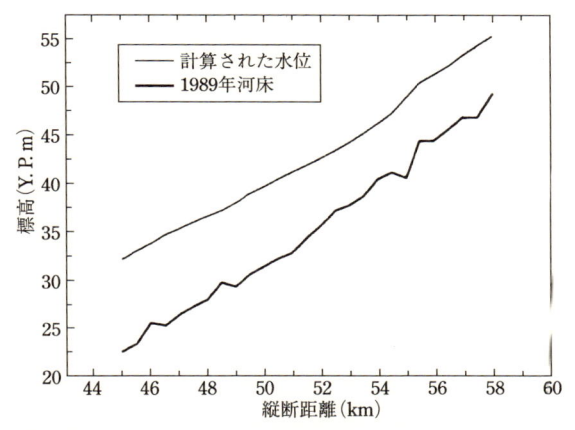

4.3 河床形状の不確定性が水位に及ぼす影響　145

図 4.3.3 計算された水位の縦断方向の変化（細い実線）太実線は 1989 年に観測された河床位置を示す.

　考察区間では計画高水流量は 5300 m³/s である．この流量に対して，実測された 4 ヵ年の断面形状に対する水深の計算を行った．最下流断面 45 では，等流条件を適用して出発水位を定めた．図 4.3.3 には 1989 年の河床条件に対する計算結果を示す．太線が観測された河床形状を示し，細い実線が計算された水面形状を示す．

4.3.3　河床の縦断変化の不確定性が水位に与える影響

　河床の縦断変化は図 4.3.2 に示す通りである．これが水位の不確定性をどのように決めているかについては，次のように分析した．観測されている 4 例の断面形状，縦断形状に対して，数値計算により水位の縦断分布を算出した．この水位縦断において，隣り合う 3 点の移動平均で平滑化した結果を平均値とし，平均値からの偏差で変動成分を抽出した．水位の変動成分は，河床の変動により引き起こされたと考えるのである．

　水位の変動成分の累積頻度分布を対数正規分布グラフの上に記入したものが，図 4.3.4 である．水位変動の結果は，この図の上で直線によく一致しており，水位の変動は対数正規分布で記述できることがわかる．

　図 4.3.4 における実線は

$$\log p = 0.0688 + 0.0813 \ln (\ln H) \quad (4.3.3)$$

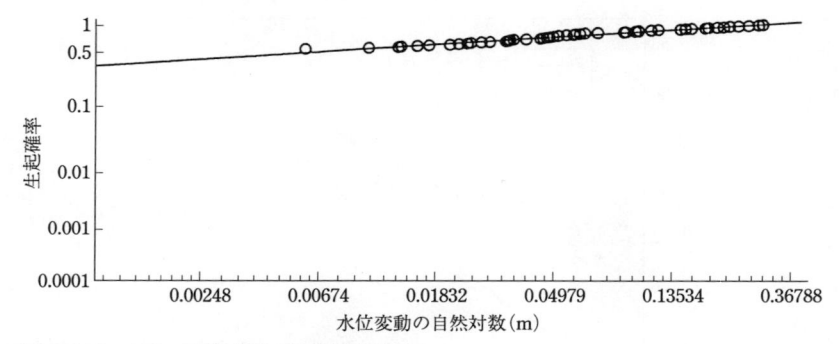

図 4.3.4 水位の変動成分の累積頻度分布
対数正規分布グラフ紙への記入．○印は計算結果を示し，実線は回帰曲線を示す．

を示している．p は生起確率，H は水位（m）を示し，$\log p$ は図の縦軸の位置を示し，$\ln(\ln H)$ は図の横軸の位置を示している．

超過確率 100 分の 1 に対応する水位上昇量を式 (4.3.3) で求めると，$p=0.99$ に対して，$H=1.50$ m を得る．したがって，河床の変動を許容し，それに伴う水位の上昇を考慮する河道計画においては，100 分の 1 の安全度を確保するためには，平滑な河道の場合に比べて 1.50 m 程度の水位上昇が生ずることを考慮しなければならないことになる．

4.4 高水敷の植生と流れの相互相関

4.4.1 河原の樹林化の趨勢

河川の植生は洪水による攪乱と植生自身の成長の早さや定着力の強さとの相対関係で生息域が定まってゆく．水面からの比高は，洪水による攪乱の規模を示すひとつの指標であり，4.1 節では自然状態において植物生態学分野で得られた知見を紹介した．

一方，河川は人間生活とも密接な関係をもっているので，河川には洪水調節や農業・工業・発電・家庭用水などのために設けられている施設がある．こうした人為的な施設やそれらを用いた人間の活動は，川の流況や土砂供給量に何らかの影響を与える．最近ではこれらの施設が大規模化し，またその数が多くなることにより，流量変動や土砂供給量の規模や生起する間隔など

4.4 高水敷の植生と流れの相互相関

が自然状態から大きく偏ることが問題となってきている．

　流量と土砂供給とが自然状態から変形を受けているもとで，植生が関係して現実の課題となっているのは河原の樹林化である．樹林化が生じる最初のきっかけは，過去の洪水とか砂利採取など，何らかの原因によって河道の一部が深掘れを起こし，そこに流れが集中することである．土砂供給量が減少していると，流れが集中することにより深掘れはだんだんと進行してゆく．洪水の最大流量も人為的に低下させられていると，洪水に伴う土砂移動も小規模である．深掘れが進行してくると，従来は砂州が冠水するような流量が発生しても深く掘れた低水路の流下能力が大きくなっているので，砂州の冠水が生ずることがない状態となる．したがって，砂州の更新を引き起こすに足るような洪水規模が自然状態より大きくなり，そうした洪水が起こる頻度は小さくなる．そのため，より長期にわたって洪水が起こりがたくなったと同じ効果があり，砂州の固定化が進行する．砂州が長期間安定していると，植生が砂州へ侵入しやすくなる．植生は流下してくる土砂を捕捉するので，砂州は高水敷と化し，多年生の草本から木本類までが成長できる空間となってゆく．

　このようにして，かつては砂利河原であった区間が高水敷をもつ複断面区間となり，その高水敷には樹木が繁茂する河川景観がいろいろな河川で見られている．とくに，窒素固定をするハリエンジュが砂層に出会うと横方向に根を広げてそこから新しい株が成長し，他の植生を駆逐して樹林化が進んでいる例が多い．多摩川羽村堰下流の永田地区ではこうした現象が顕著で，河川生態学術研究会による分析が進んでいる（李ら，1999）．渡良瀬川の扇状地地帯で，洪水による攪乱を受けて中州のハリエンジュがどのような被害を受け，再生するかが観察されている（清水・長田，2002）．それによると中州での水深が2m程度の洪水では，倒壊するハリエンジュはかなりの数に達する．しかし，根が完全に洗われて流出してしまうものは少なく，倒れたままに残されている樹木が多い．この倒木の幹から数個の株が成長し，けっきょく洪水後の株数のほうが多くなっている例が報告されている．外来種であるハリエンジュを河原から取り除きたいという希望が出ている河川もあるが，多摩川や渡良瀬川の例を見ると，いったん定着したハリエンジュを自然の攪乱だけで駆除することは難しいことがわかる．

4.4.2 植生の成長による植生領域の変化

4.4.1項では河原全体において，植生に覆われる面積が増大している傾向を紹介した．この項では，植生化がそれほど進んでいない鬼怒川を例にとり，領域を広げようとする植生の成長力と洪水の破壊力により植生領域が減少するという2つの相反する現象がどのような釣り合いを保っているかを考察する．

鬼怒川対象区間の航空写真をもとに，高水敷上の土地を，木本類，草本類，砂地，田，その他（グラウンドなど）の区域に分けた．河川水辺の国勢調査年鑑（植物調査編）により，対象区間内には主にヤナギ類，竹類，ハリエンジュ，コナラなどが生育していることがわかった．木本類を形状的に大きく異なる「一般的な高木」と「竹」に分類し，それぞれの代表としてハリエンジュとモウソウチクを選んだ．また草本類としては，主にヨシ，ツルヨシが存在しているが，洪水時の水位に与える影響は同じであると考え，まとめて草本類として扱うこととした．ただし，これらはともに1年草であり，夏と冬とで状態が大きく異なることから，夏の時期と冬の時期の，2種類の状態を考慮することとした．なお，ここでは5-11月を夏として，この間に草本類が繁茂していると考えることとした．以上のようにして，高水敷上の土地を最終的には，木本類，竹，草本類（夏），草本類（冬），砂地（高水敷上），砂地（低水路内），田，その他の8種類に分けた．

植生の繁殖については植物図鑑などに基づいて，根が伸びてそこから新たに萌芽して徐々に周囲に繁殖する"拡大型"と，果実などを鳥などが運びまったく新しい土地に実生が生えて繁殖する"突発的発生型"の2つに分類した．高木は「拡大型」と「突発的発生型」の2通りの方法で繁茂領域を増やすと考えられ，竹は「拡大型」の方法のみで繁茂領域を増やすと考えられる．また，高木や竹は荒地にはただちに繁殖できないと考え，高木や竹は草本類が繁茂している領域に対してのみ繁殖してゆくことができると考えた．そして，「拡大型」の拡大速度や，「突発的発生型」の発生頻度は従来の観測などを踏まえて，パラメータで表すこととした．

（1）拡大型のアルゴリズム

ここでは，既存の樹林帯が徐々に周囲に拡大していくアルゴリズムについて説明する．流下方向と横断方向に格子点をとり，データファイルから各点の植生種を読み込む．着目する点の植生種が高木もしくは竹であれば，その点の流下方向と横断方向の隣り合う格子点のうち，草本類が繁茂している点に対しては毎月ポイントを与えることにする．このポイントは既存の樹林帯から各点までの距離に反比例させ，既存の樹林帯に近い位置にある点ほど高くする．そして，そのポイントの累積値がある値を超えたら，その点の植生種をそれぞれ高木または竹に変更する．その格子点は，その時点で樹齢0歳の高木または竹となり，成長を始める．これとまったく同じ仕組みで，草本類も砂地へと領地を広げていく構造を考える．

次に，植生拡大の速度を決定する必要がある．森（2001）は鬼怒川中流の高水敷におけるハリエンジュ群落の樹齢分布を計測し，拡大速度として1.1 m/yrを得た．この値はハリエンジュの幾何学的特性や，成長から推定される値とほぼ一致している．すなわち，河道内の樹木の伐採・植樹のためのガイドライン（案）によると，河道内におけるハリエンジュの成木は樹冠幅が2-6 mである．そこで，平均的なハリエンジュの成木の樹冠幅を4 mとする．ハリエンジュは実生であるため，その種子が下に落ちると考えると，風の影響などを考えても幹からもっとも離れたところで約5 mの位置に種子が落ちることになる．そこで発芽したハリエンジュが5年後に実を結び，幹から約5 m離れた位置に種子を落とすと考えると，ハリエンジュの平均的な拡大速度は1 m/yrとなり，樹齢の分布から算定される値とほぼ等しい．

次に，竹の植生域拡大速度について考える．森林総合研究所によると，近年，西日本各地の里山で竹が自然に分布を拡大して周囲の森林に侵入する様子が観察されており，その多くはモウソウチクである（森林総合研究所ホームページ）．その結果より，竹の植生域拡大速度は1年当たり約20 mであることがわかる（新川, 2000）．しかしこの観察結果は，竹の他種領域への侵入が問題になっている場合のものであり，いわば植生域拡大速度の最大値を示すものであると考えられる．一方，鬼怒川対象区間においては前述の通り，田などによる土地区画があり植生域拡大速度はかなり低減される．また，一般にも堤外地に生育する植生は堤内地のものに比べて，成長具合が劣ると

されている．そこで今回の算定例においては，竹の植生域拡大速度を最大値 20 m と最小値 0 m の中間値である 10 m とすることにした．

草本類の砂地への植生域拡大速度に関しても，資料がまったくなかったため，今回の算定例では竹と同じ値を用いている．

（2）突発型のアルゴリズム

いままでまったく高木の生えていなかった土地に新たに高木が発生する経緯は，次のように表現する．全区間の格子点のうち，草本類・夏または草本類・冬の格子点に対して，一定の確率でこれらを高木に変える．その点は，その時点で樹齢 0 歳の高木となり成長を始めると考える．

同様の仕組みで，砂地に突発的に草本類が発生すると考えた．今回の算定例では，発生の確率を 100 分の 1 とした．

4.4.3 洪水流による植生域の変形

この項では洪水により植生が駆逐される過程を対象に，必要な項目を整理する．植生により流れは抵抗を受け減速する．また，流れは植生に力を及ぼし，その力が植生の抵抗力を上回れば，植生は流出し，植生域は減少することになる．

（1）粗度係数算出に必要な樹木の密度，樹径，樹高等の算出

植生の繁茂状況をもとに粗度係数を算出するには，その植生群の密度，樹径，樹高などが必要である．茂木ら（1999）は，鬼怒川河道を対象として，高木育成の経年変化，高木の育成状況の実態等を明らかにし，河道特性との関連に着目して調査・分析を行った．その結果，樹齢と単位面積当たりの樹数，樹高，胸高直径の関係を得ることができた．これらによると，単位面積当たりの樹数と樹齢の関係は指数関数で表すことができ，樹齢が低いところでは樹木の本数が多く，樹齢の高いところでは少ないことがわかった．これは，樹木が成長していくに従って淘汰されていくことが原因と思われる．また，樹高，胸高直径は樹齢に対してともに対数で表されることがわかった．ハリエンジュとヤナギを比べてみると，樹齢 7 年でハリエンジュは樹高約 7 m，直径約 0.13 m に達するのに対し，ヤナギは樹高約 5 m，直径約 0.13 m

4.4 高水敷の植生と流れの相互相関

であり，初期成長速度はハリエンジュのほうが速いことがわかる．

観測結果から，樹齢 x に対する単位面積当たりの樹数，樹高，胸高直径を算出する以下の式が得られた（茂木ら，1999）．

$$y_{n1}=11.8e^{-0.23x} \quad \text{（ハリエンジュ密度）} \quad (4.4.1)$$
$$y_{h1}=3.9\ln(x)-0.80 \quad \text{（ハリエンジュ樹高）} \quad (4.4.2)$$
$$y_{h2}=4.2\ln(x)-3.55 \quad \text{（ヤナギ樹高）} \quad (4.4.3)$$
$$y_{d1}=0.082\ln(x)-0.042 \quad \text{（ハリエンジュ胸高直径）} \quad (4.4.4)$$
$$y_{d2}=0.141\ln(x)-0.16 \quad \text{（ヤナギ胸高直径）} \quad (4.4.5)$$

ここに，y_{n1} はハリエンジュの密度（本/m²），y_{h1} はハリエンジュの樹高（m），y_{h2} はヤナギの樹高（m），y_{d1} はハリエンジュの胸高直径（m），y_{d2} はヤナギの胸高直径（m）である．茂木ら（1999）の結果は鬼怒川上流域の 92.0 km 地点での観測結果である．

この章における算定は東京大学河川/流域環境研究室の観測が行われた，鬼怒川の中流域の結果を用いている．鬼怒川 45 km から 52 km の区間でのハリエンジュ群落での調査では，式（4.4.4）の代わりに次式が求められている（森，2001）．

$$y_{d1}=0.063\ln(x)-0.0639 \quad \text{（ハリエンジュ胸高直径）} \quad (4.4.6)$$

観測結果は樹齢 30 年以下のものに限られているが，鬼怒川での河道計画を考えるときの対象期間は 100 年洪水となる．したがって，式（4.4.1）か

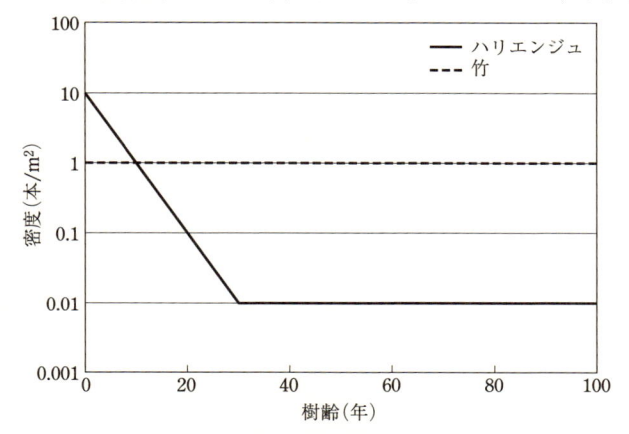

図 4.4.1 単位面積当たりの樹木数と樹齢の関係（鬼怒川）
（新川，2000）

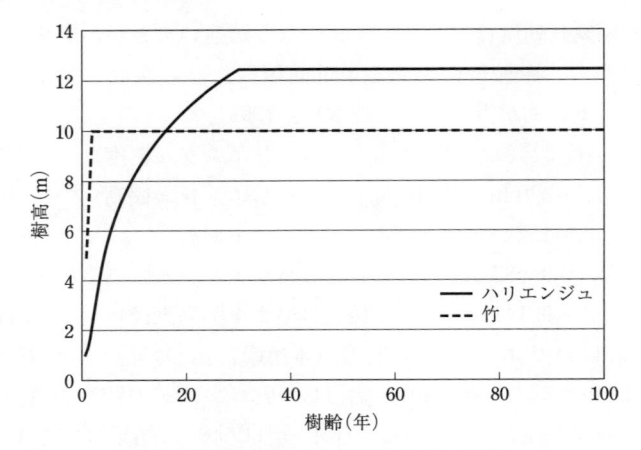

152　第4章　自然の不確定性と河川計画

図 4.4.2　樹高と樹齢の関係（鬼怒川）（新川, 2000）

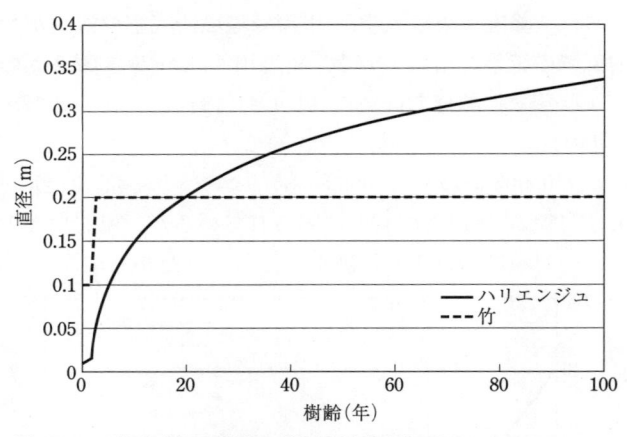

図 4.4.3　胸高直径と樹齢の関係（鬼怒川）（新川, 2000）

ら式 (4.4.6) を，100 年間の模擬計算に用いることはあまり適切ではない．一方，河道内の樹木の伐採・植樹のためのガイドライン（案）（建設省河川局治水課, 1994）によると，河道内のハリエンジュの樹高は 5–11 m であり，堤内地での 10–25 m に比べて約半分ほどになっている．これは，河道内の生育環境が堤内地よりも厳しく，また，樹木が数年に一度程度洪水の作用を受けるためである．式 (4.4.2) を用いて求めた樹齢 30 年での高さは約 12.5 m であり，河道内での樹高の最大値に達していると考えることができ

る．よって，30年目以降は樹高を一定にすることとした．同様にして，胸高直径と密度に関しても，30年目以降は一定値をとることにした．また，樹高，胸高直径の式では，樹齢が1年以内のときに負になるため，そのときにはそれぞれ1m，0.03mに置き換えることとした．

　一方，竹に関する観測結果はない．しかし実際の竹林などを見ると，十分成長したところでも1（本/m²）程度の密度で生えており，あまり淘汰されていないように思われる．よって，竹の密度は樹齢にかかわらずおおよそ一定とし，その値を1（本/m²）とすることとした．竹は1日に0.9-1.2mも伸び，40-50日で成長を終えるというように成長がきわめて早いため，胸高直径に関しては，芽が出てから初めの2ヵ月は10cm，3ヵ月目以降は20cmとすることにした．これらの関係を，図4.4.1から図4.4.3に示す．

（2）ハリエンジュの粗度係数算出

　福岡・藤田（1990）は樹木の抵抗特性実験を行い，河道内樹木群の水理特性を調べた．その結果，一般的な樹木群の抵抗特性として，葉があることによる抗力の増加分は，枝だけしかない場合の抗力の2-3割であるということと，次式のような抵抗予測式を得ている．

$$n = \left(n_b^2 + \frac{C_D}{2g} a_w h^{4/3} \right)^{1/2} \quad (4.4.7)$$

ここに，n は樹木のある場合の等価粗度係数，n_b は底面の粗度係数，C_D は抗力係数，a_w は単位体積の流体塊中にある枝の総投影面積，h は水深である．

　一般的な樹木を対象にする場合，C_D は一定でなく密生度と葉のつき方により変化すると考えられるが，現在のところ情報がないため，葉のある場合は $C_D=0.9$，ない場合は $C_D=0.7$ とした（福岡・藤田，1990）．

　a_w については，同じ密度でも樹木の位置によって枝の流下方向への投影面積は異なる．そのため，樹木の生え方と投影面積の関係を明らかにするために，モンテカルロシミュレーションを行った．樹齢に対して式（4.4.1）と式（4.4.4）を用いて求めた密度，樹径をもとにモンテカルロシミュレーションによって重なり具合を考慮した投影面積率と，たんなる密度と樹径の積との比較を図4.4.4に示す．

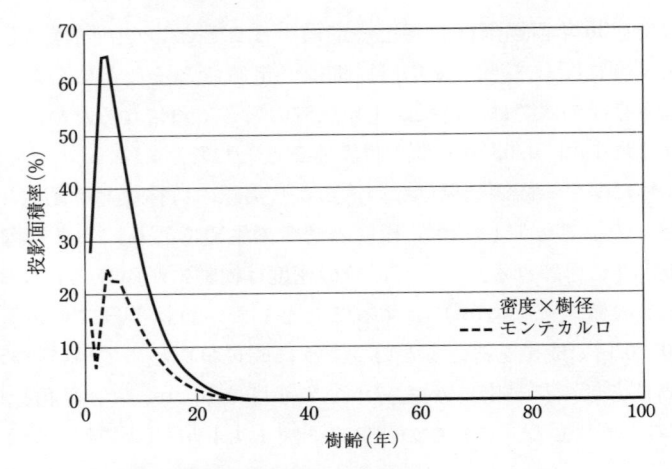

図 4.4.4 投影面積率の比較（新川, 2000）

　図 4.4.4 からわかるように，樹木位置の重なり具合を考えるか否かで，投影面積率が大きく異なり，樹木位置の重なり具合を無視できないことがわかる．

　また，a_w を考慮する際には，枝の影響も考えねばならない．ハリエンジュの枝ぶりを視認し，地上高 1 m までは幹のみ，それより上では 1 m 当り幹の 2 割の太さの枝が両側に 1 本ずつつくものと簡単化した．

　以上のことから a_w としては，密度と樹径をもとにモンテカルロシミュレーションによって求められた投影面積率に，樹高から定めた枝の影響を考慮した，次式で与えられる値を用いた．

$$水深が 1 m 以下の場合 \quad a_w = a_m \quad (4.4.8)$$
$$水深が 1 m 以上の場合 \quad a_w = a_m \times (1 + 1.8 \times (h-1)) \quad (4.4.9)$$

ここに，a_w は投影面積率，a_m はモンテカルロシミュレーションによって求められた投影面積率，h は水深である．

　得られた式を用いてハリエンジュの樹齢と粗度係数の関係を求めると，樹齢とともに粗度係数が減少してしまう結果となる．これは，樹齢とともに密度が指数関数的に急激に減少するという式 (4.4.1) の影響が大きいためと考えられる．しかし，この結果では植生が繁茂すればするほど治水安全度が増すということになってしまい，明らかに実際の現象に反するものである．

密度が指数関数的に減少する結果は倒壊等の影響後のものであり，本来の樹木の繁殖特性よりも減少の度合いが過大に評価されていると考えられる．また，樹齢が若いときは密度が高くても幹が細く，洪水に対する抵抗力を考えるうえでは上述した考え方では過大に評価していると思われる．密度を常に一定値 0.1 本/m² に定めて試算すると，粗度係数は樹齢に応じて緩やかに増加する結果となった．したがって，ハリエンジュ樹林が流れに与える抵抗を等価粗度で評価するときは，樹齢にかかわらず密度を一定と考えることにした．

（3）竹の粗度係数算出

竹林内においては，葉や枝の位置が高いため，竹の幹だけを考慮することによって冠水したときの抵抗特性の把握が可能であり，この場合，円柱により竹林を模擬することができる．福岡・藤田（1990）は，円柱群で模擬した竹林模型を水路に設置し通水することで，円柱に模擬できる樹木群の抵抗特性を実験的に調べた．その結果，竹林模型の C_D 値は密度の違いや水路勾配によらずほぼ一定の 1.2 程度となり，二次元円柱についての抗力係数にほぼ一致することや，粗度係数が次式で与えられることを得た．

$$n = \left(n_b{}^2 + \frac{C_D}{2g} D h^{4/3} a \right)^{1/2} \quad (4.4.10)$$

ここに，D は樹径であり，a は単位河床面積当たりの幹の本数である．

（4）洪水流によるハリエンジュの倒伏・流失

末次ら（2001）は，1999 年 8 月の千曲川での洪水による植生域の変形を観測し，洪水が植物群落に与える衝撃の実体とその発生機構を調査した．この洪水では，草本類だけでなくハリエンジュ群落の倒伏・流失が広範囲に発生した．この調査からは，ハリエンジュの倒伏・流失の特徴として，樹木の倒伏は流れによる抗力が原因であること，倒伏・流失は流速・水深などの水理量だけではなく，流木等の洪水による流下物が樹木に絡まることが本質的であること，樹木が倒伏するまでは礫移動がないこと，などが得られた．樹木周辺の局所洗掘で根が洗い出されて倒伏するというシナリオも考えられるが，この観測結果では，そのような局所洗掘による樹木の倒伏と断定できる

例は見られなかった．

　この調査結果によると，流下物の幹への絡まり方の状況は以下の3つのレベルに分類されている．

　　レベル1：草のみが幹に絡まる状況を指す．
　　　　　　幅：0.4-0.8 m程度
　　レベル2：流木が幹にひっかかり，それにさらに草が絡まって帆を張ったような状況を指す．
　　　　　　幅：2-5 m
　　レベル3：複数の幹に流木がひっかかり，ダムのようになった状況を指す．
　　　　　　幅：群落幅と同程度

　また，各レベルの形成箇所は，それぞれ以下の通りとなっている．
　　レベル1：群落周縁はもちろん，内部でも見られた．
　　レベル2：流れに沿った群落周縁部に多い．
　　レベル3：群落の最上流端など，群落内に流れが突入する場所に多い．

　このような流下物の影響で，流水の樹木への抗力が増大し，樹木の根本に作用するモーメントがその樹木の倒伏限界モーメントを超えるとき，その樹木が倒伏・流失すると考えられている．

　建設省土木研究所河川研究室では，実際の樹木（ハリエンジュ）を用いて倒伏限界モーメントを求める実験を行い，次の式を得た．

$$M_c = 0.0582 d^2 \tag{4.4.11}$$

ここに，M_c は倒伏限界モーメント（KN・m），d は胸高直径（cm）である．

　また，ハリエンジュ群の根本に作用するモーメント M は，その場所での流速・水深を用いて以下のように表される．

$$M = 0.25 \rho C_d d_g (uh)^2 \tag{4.4.12}$$

ここに，ρ は水の密度，C_d は抗力係数（=1），d_g は流下物の幅，u は平面流計算で求めた流速，h は平面流計算で求めた水深である．

　これらの式を用いた検証結果から，樹木に絡まった流下物の幅 d_g を以下のように設定することによって，実際の結果に比較的よく一致させることができたとされている．

　　流下物なし：$d_g = d$　（胸高直径）

レベル1：$d_g=0.6$ m
レベル2：$d_g=3.5$ m

　これらの式を用いて，洪水流によって樹木群が倒伏・流失するか否かを判別することとした．二次元不等流計算では，1回の洪水における時間変化を考えないため，樹木域が徐々に破壊されていくという様子は再現できない．その点，植生の破壊域に対しては過小評価となっている可能性がある．

4.5　植生域の不確定性が水位に与える影響

　高水敷や中州の上の植生域は斑点状に分布している．植生域が計画洪水（100年洪水とする）に与える影響を考察しようとするときに，現在の植生域の分布が100年間同じように続くとは考えられない．この節では計画洪水を考える際に，こうした植生域の拡大や縮小・消滅，植生の種類の変化，場所の変動などが水位に与える影響を算定する方法を考える．植生の変動を粗度係数の変動で模擬する別の方法もある（新川ら，1998）．考察を加えた対象区間は，鬼怒川の45 kmから57 kmに至る区間である．

4.5.1　樹木倒伏流量の決定

　流れと植生の相互干渉を考えるときに，3万6500日（100年間＝確率年）の流量すべてに対して二次元不等流計算を行うことは，非常に時間のかかる作業となる．そこで本書においては，一定値以上の流量に対してのみ二次元不等流計算を行うこととした．その境界となる流量として植生が破壊される流量，これを植生破壊流量と呼び，これ以上の流量に対してのみ計算を行うこととした．植生が破壊される条件とは，4.4節で述べたように洪水による樹木への倒伏モーメント式（4.4.12）が，樹木の限界倒伏モーメント式（4.4.11）を上回ることである．

　そこで，平均的な例として樹径20 cmの樹木を考える．この樹木が，もっとも大きな力を受ける樹林帯の最上流部にあると仮定すると，$d_g=3.5$ mである．これらの条件のもとで，上の2式において$M=M_c$と置くと，$uh=5.16$ m²/sという条件式が得られる．すなわち高水敷の樹林の最上流部に位置し，洪水によりひっかかった流下物の幅が3.5 mに及ぶ樹径20 cmの

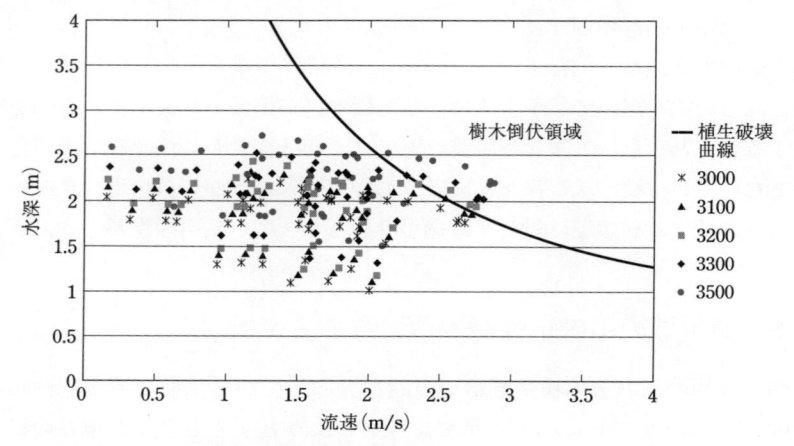

158　第4章　自然の不確定性と河川計画

図4.5.1 樹木倒伏判定図（新川，2000）

樹木は，その場での流速と水深の積が 5.16 m^2/s を超える洪水に対して倒伏することになる．

そこで，複数の流量に対して二次元不等流計算を行い，高水敷上の流速，水深を求め，樹木が倒伏するか否かを調べた．その結果を図4.5.1に示す．図4.5.1の曲線は，流速と水深の積が 5.16 m^2/s を満たす曲線であり，この曲線よりも上側に位置する点においては，上で述べた条件のように樹木が倒伏する．図より読み取れるように，3100 m^3/s 以下の流量に対しては，いずれの点も曲線の下側に位置し，樹木の倒伏や植生破壊（樹木が倒伏するときには，草本類は流失していると考える）が起きていない．一方，3200 m^3/s 以上の流量では，一部の場所において樹木の倒伏が起きている．

以上の結果より，樹木を倒伏しうる流量は 3200 m^3/s 以上とし，この範囲の流量に対して二次元不等流計算を行うこととした．

4.5.2　日流量の確率分布と100年分の流量データの作成

流量年表で公表されている33年間の資料を対象に分析した．33年間の全データ（100点を抽出），1月の全データ（100点を抽出），7月10日の全データ，9月20日の全データを対数正規確率紙にプロットすると，いずれの図からも資料は直線でよく近似できることがわかり，日流量の分布が対数正規分布に当てはまっているといえる．

4.5 植生域の不確定性が水位に与える影響

　この結果からどの特定日の流量分布も対数正規分布に従うと考えて，33年間の日流量データから各日の平均値と標準偏差を求めた．それらの値をもとに，各日の累積密度関数を定めた．累積密度関数の値は，0から1の間の値をとることから，0から1の間の乱数を発生させ，その乱数値に対する流量値を採用するという手順で流量値を作成し，100年分（3万6500日分）の流量データを作成した．このようにして作成された流量データの，各日の100年間の平均，標準偏差は，それぞれ33年間の実績データの値とほぼ一致し，作成データが既往データの性質を維持していることが確認できる．

　生成された100年間の流量時系列から，年最大流量を取り出し，ワイブル確率を用いて100年確率流量を求めると，3744 m³/s となった．これは現計画高水流量の5900 m³/s を大きく下回るものである．この原因としては，分布のもととなっている流量データが日平均流量であり，洪水ハイドログラフの最大流量が平準化されてしまっていることが原因である．

　この課題を克服するために，2.5節で述べた方法により日流量記録からハイドログラフの最大流量を推定することにした．これらをもとに求め直した100年確率流量は，ワイブル確率を用いることによって6235 m³/s となり，現計画値に近い値となった．したがって，このようにして算定された流量時系列データ（100年分）を計算に用いた．各年の最大流量の様子を図4.5.2

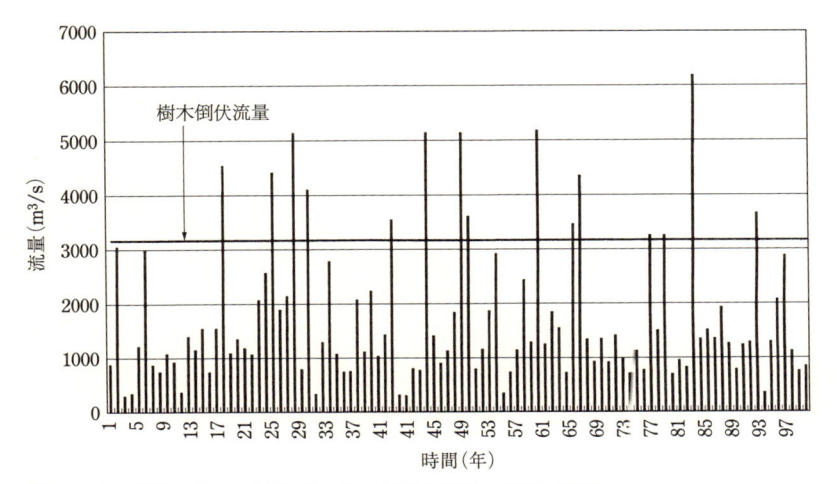

図4.5.2　計算に用いた流量データの年最大流量（新川，2000）

160　第4章　自然の不確定性と河川計画

に示す．このうち，樹木倒伏流量の 3200 m³/s（4.5.1 項参照）を超える 15 回の洪水に対して，複数の条件のもとで二次元不等流計算を行った．

4.5.3　植生の変化の推定

河道条件については新川（2000）に詳細が述べられている．ここでは河道の特徴を知るために，1983 年の観測に基づく鬼怒川 45 km から 57 km に至る区間の平面形状と格子分割を示す（図 4.5.3）．X の零点は上流端である．

洪水による植生破壊の様子をわかりやすくするために，対象区間内で高水敷の冠水頻度の高い 56-57 km 地点付近の左岸高水敷上での各植生の面積率変化を図 4.5.4 に示した．竹が急速に，ハリエンジュが徐々にそれぞれ繁茂領域を広げ，草本類が急速に減り，砂地がほぼ一定という様子がわかる．これは，次のように考えられる．竹は繁茂領域を広げる速度が非常に速いため（ハリエンジュの 10 倍），次々に草本類の領域に侵入し，急速にその繁茂領域を広げる．草本類が繁茂領域を拡大する速度は，竹のそれに等しいが，新たな繁茂領域となりうる砂地がもともと少ないために拡大できる場所が竹に比べて限られ，その結果，草本類が繁茂領域を広げるよりも早く竹が草本類に取って代わることとなった．

また，図 4.5.4 からわかるように，比較的頻繁に高水敷に流れが乗る地点

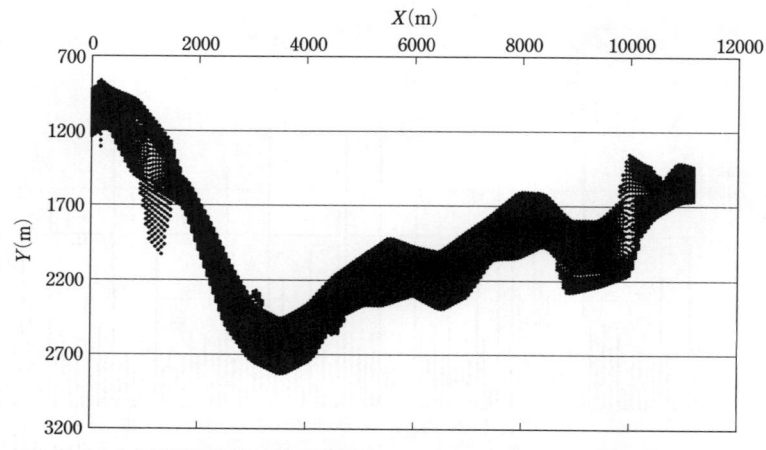

図 4.5.3　鬼怒川対象区間（45-57 km）のメッシュ図（新川，2000）
$Q=5900$ m³/s，X の零点は上流端である．

4.5 植生域の不確定性が水位に与える影響

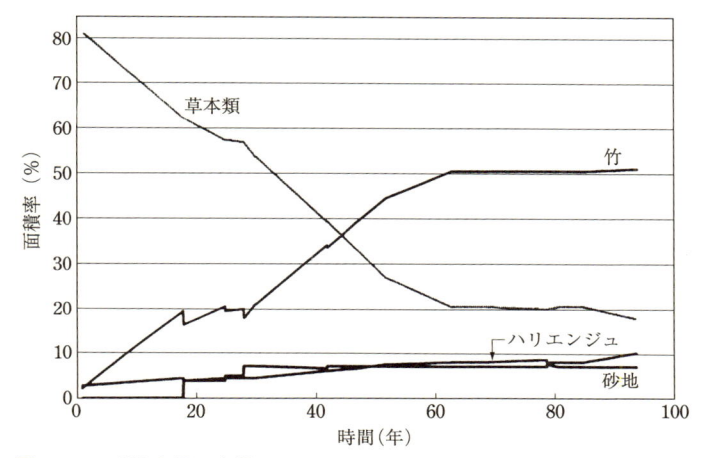

図 4.5.4 100 年間の各植生面積率の変化 (56-57km 左岸) (新川, 2000)

では，洪水による植生の破壊がはっきりと見られる．しかし 30 年目付近を過ぎると，流量の規模にかかわらず植生の破壊が見られなくなっている．これは，30 年目あたりではこの付近がすべて竹かハリエンジュに覆われてしまっており，水衝部が上流側に移動して，洪水による流下物の影響をあまり受けなくなっていることが原因だと思われる．4.4 節で述べたように，洪水による樹木への抗力は流木などの流下物によって増大され，その影響は群落の周縁部や最上流端部などで大きくなる．そのため一度大きな樹林帯が形成されてしまうと，その内部においては洪水による流下物の影響も少なく，また死水域が形成されてしまう場合は流れによる抗力自体も激減し，植生破壊が生じにくくなることが考えられる．ただし，風による樹木の倒壊等を考慮すると，繁茂面積は今回の予測より小さくなる．

一方，対象全区間の植生面積率の変化を見ると，洪水による植生破壊の様子がほとんど現れていない．これは，鬼怒川の低水路河床が年々低下しており，その影響で計画規模の流量が流れた場合でも多くの断面で高水敷に流れが乗らず，植生破壊が生じる箇所が少ないことが原因だと思われる．

次に，この植生変化の激しい区間を対象として，17 年目の洪水 (4549 m^3/s) の直前と直後における植生の状態を比較してみる．図 4.5.5 は洪水直前の状態であり，図 4.5.6 は洪水直後の状態である．これらの図により，

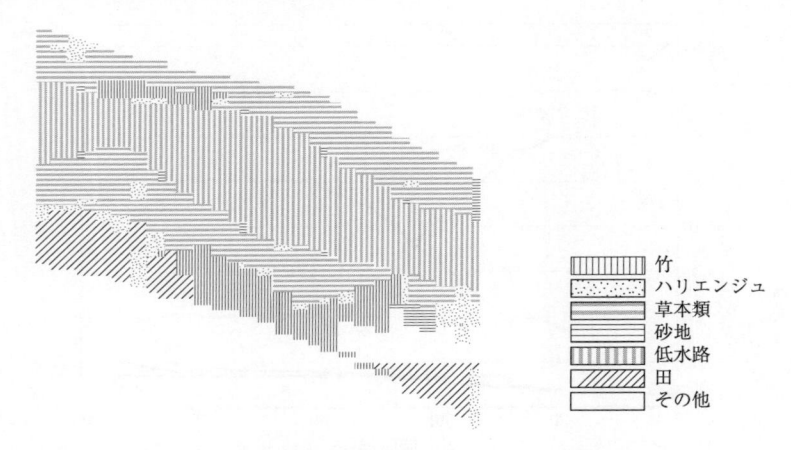

図 4.5.5 17 年目の洪水直前の植生の様子（56-57 km 区間）(新川, 2000)

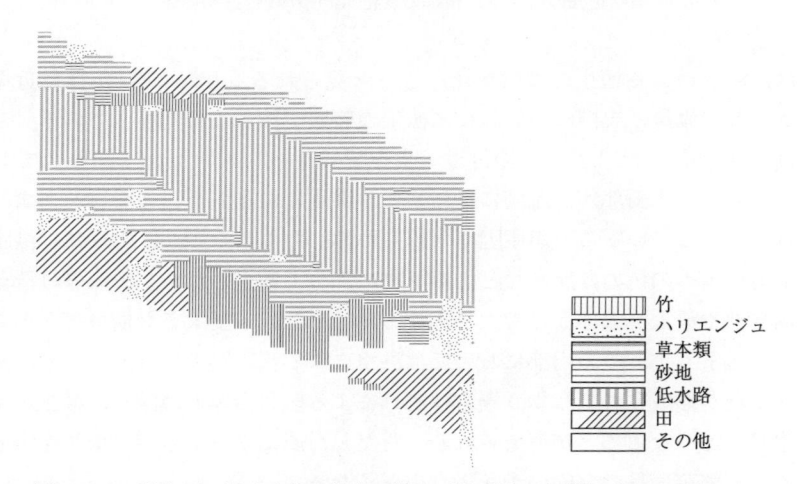

図 4.5.6 17 年目の洪水直後の植生の様子（56-57 km 区間）(新川, 2000)

洪水によって植生が破壊されて砂地に変わっている様子が見られる．

4.5.4 植生域の変化が水位縦断形へ与える影響

ここでは，植生を変化させた場合と初期状態のままとした場合の，同じ流量時系列に対する水位の比較を行う．植生の水位への影響を調べる際には，できるだけ多くの断面で高水敷が冠水するような状態が望ましい．そこで，

4.5 植生域の不確定性が水位に与える影響

今回の流量時系列データのうちでもっとも大きな流量である，84年9ヵ月目の洪水（6190 m³/s）での水位の縦断形を，植生を時間変化させた場合と初期状態のまま変化させない場合とで比較した．水位の縦断形としては各断面の低水路中央付近の水位を用いた．その結果として，2つの場合の水位差（植生を変化させた場合の水位から，植生を初期状態のままとした場合の水位を引いたもの）を図4.5.7に示す．

図4.5.7からわかるように，高水敷が冠水する断面で水位変化が生じている．しかし，その水位変化量はさまざまであり，高水敷上の植生の様子に影響を受けると考えられる．そこで，各区間（図4.5.7中の番号に対応）の植生面積率を表4.5.1に示す．

図4.5.7と表4.5.1を照らし合わせると，上流端からの流下方向の距離が0-2000 mの区間の水位上昇は，左岸①と右岸①，②で，竹とハリエンジュの面積率が大幅に増えたことと一致している．さらに3500-5000 mの区間での水位上昇には，右岸③の竹，ハリエンジュの面積率の増加が，また8500-1万1000 mの区間での水位上昇には，左岸③，④のハリエンジュ，右岸④の竹とハリエンジュの面積率増加が一致している．しかし，0-500 mの区間や2500-3500 mの区間では，植生変化が特別大きいわけではないにも

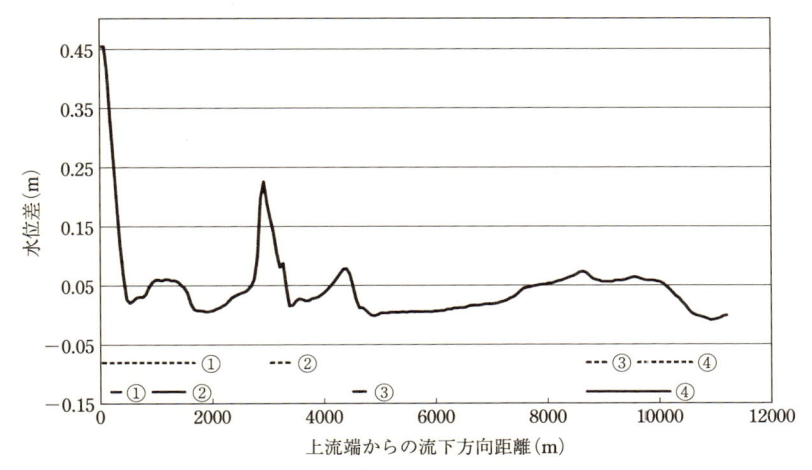

図4.5.7 植生域の変化を考慮することによる水位変化量の縦断分布（新川，2000）
（$Q=6190$ m³/sの場合）
点線と番号は左岸高水敷が冠水する区間，実線と番号は右岸高水敷が冠水する区間．

表 4.5.1 各区間の高水敷上の植生面積率（新川，2000） (単位：%)

		竹	ハリエンジュ	草本類	砂地	田	その他
左岸①	植生一定	1.3	1.7	78.0	10.0	9.0	0.0
	植生変化	46.7	8.0	22.3	14.0	9.0	0.0
左岸②	植生一定	0.0	12.9	51.4	0.0	35.7	0.0
	植生変化	0.0	30.0	32.9	1.4	35.7	0.0
左岸③	植生一定	0.0	0.0	100.0	0.0	0.0	0.0
	植生変化	0.0	32.9	67.1	0.0	0.0	0.0
左岸④	植生一定	0.0	0.0	85.6	11.1	0.0	3.3
	植生変化	0.0	13.9	70.6	12.2	0.0	3.3
右岸①	植生一定	0.0	15.0	47.5	0.0	37.5	0.0
	植生変化	40.0	22.5	0.0	0.0	37.5	0.0
右岸②	植生一定	17.3	4.5	40.9	4.5	32.7	0.0
	植生変化	51.8	8.2	0.9	6.4	32.7	0.0
右岸③	植生一定	0.0	48.0	52.0	0.0	0.0	0.0
	植生変化	26.0	62.0	12.0	0.0	0.0	0.0
右岸④	植生一定	0.0	35.6	56.7	0.0	7.8	0.0
	植生変化	28.9	58.5	3.7	1.1	7.8	0.0

かかわらず（左岸②に関しては他の区間では増大する竹の面積率増加が0である），大きな水位上昇が生じている．これには植生以外の原因も考えられる．対象区間の平面図によると，0-500 m の区間と 2500-3500 m の区間は，水面幅（川幅）が狭くなっていることがわかる．つまりこれらの区間では，川幅に対する植生の割合が他の区間よりも大きく，植生が水位上昇に大きく影響することが原因だと考えられる．

植生の消長が引き起こす水位増分は計算区間の上流端で大きく現れ，ここに述べた計算例では 0.45 m であった．

4.5.5 植生域の不確定性による水位増分量について

4.5.4項で述べたように，鬼怒川の1983年の河道では洪水時に高水敷が冠水する断面が少なく，植生の変化が水位に与える影響があまり大きくは見られなかった．その理由は前にも述べた通り，低水路の河床低下が年々進行していることである．

そこで本項では，河床形状を河床低下が生じる前の状態に近づけて，その

4.5 植生域の不確定性が水位に与える影響

水位への影響を検証した結果を簡単に紹介する．計画河床高さと1983年に観測された河床高さの差は既知である．計画河道で考えられている低水路と高水敷の標高差に近づけるためには，低水路が低下した高さだけ，高水敷を切り下げた仮想的な河道を考える．こうすれば高水敷は計画で考えられていた相対高さになる．河床低下の状態を定量的に示すために，図4.5.8に高水敷の切り下げ量を示す．

4.5.4項と同じ流量時系列に対して，植生の消長を考慮した二次元水理計算を行い水位を算定する．1983年の実河道を用いた場合（4.5.4項）の結果と比較し，図4.5.9に，高水敷を切り下げたことによる，植生変化による水位変動量の変化を示す．

これによると，植生変化による水位変動量は，高水敷を切り下げることによって±0.1m程度しか変化しないことがわかる．高水敷を切り下げることによって，流れが頻繁に高水敷上に乗るようになり，植生変化の水位への影響は大きくなるように考えがちだが，これに反した結果となったことは，多くの区間で水面幅（川幅）が広がり，断面内において植生が占める割合が相対的に小さくなることや，高水敷が頻繁に冠水することによって植生破壊が広範囲で生じ，長い期間で見たときの植生の変化が小さくなることが原因と考えられる．

植生変化による水位変動量がもっとも大きくなるのは，図4.5.7を見ても最上流端であるので，最上流端における植生変化による水位変動量を，植生

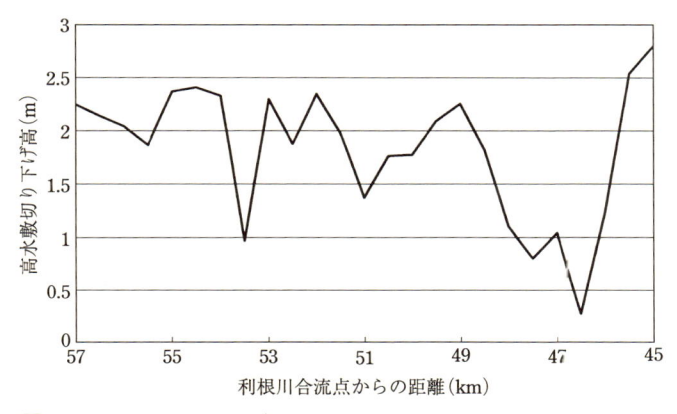

図 4.5.8 高水敷切り下げ量（新川，2000）

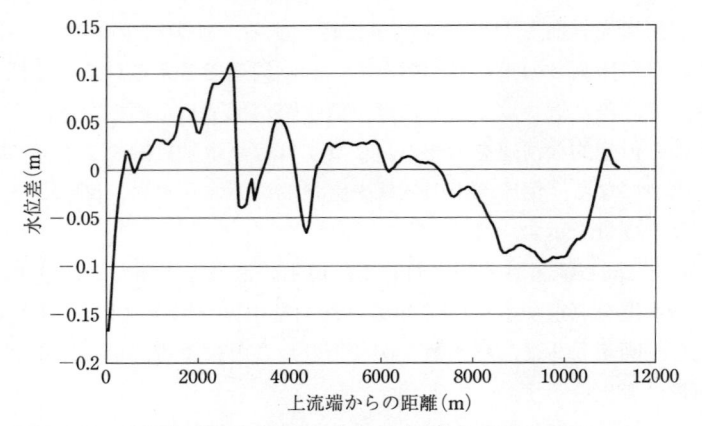

図 4.5.9 高水敷切り下げによる水位変動の変化（新川，2000）

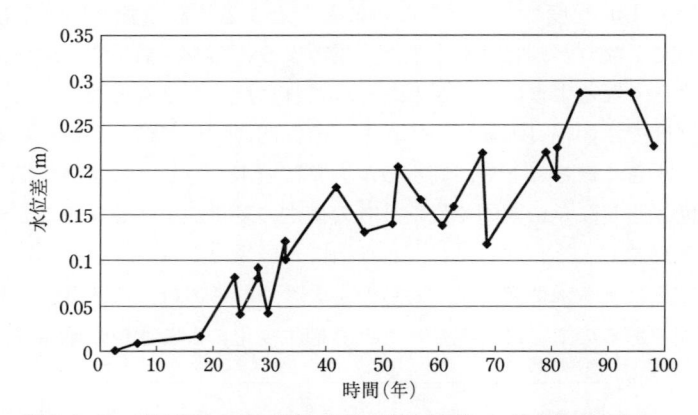

図 4.5.10 高水敷を切り下げた河道の最上流端における植生変化による水位変動（新川，2000）

破壊を伴うすべての洪水に対して求めた．その結果を図 4.5.10 に示す．

図 4.5.10 より，植生変化による水位変動量は時間とともに増加していく様子がわかる．これは，植生が洪水による破壊を受けながらも長期間にわたって見ると繁茂領域を広げていくということから，時間とともに植生による水位への影響が増大することが原因と考えられる．これにより，たとえば 62 年目の洪水（5178 m³/s）での水位変動量は 0.159 m であるが，67 年の洪水では流量が 3476 m³/s と少ないにもかかわらず，水位変動量は 0.219 m と

大きくなっている．

このように，対象区間内において100年間のシミュレーションを行った結果，植生の変化を考慮することによる水位変動量は最大で0.29 mとなった．この結果は低水路と高水敷の相対高さが計画河道に近いときであり，この差が大きいときには鬼怒川では0.45 m（図4.5.7参照）である．このことは，河道計画において計画高水位を決定する際に，自然の不確定性として考慮すべき水位の増分として，植生変化によるものが0.3-0.5 m程度とすべきということを意味している．

また，河道計画において一世代程度の期間に対して計画することは，当面の計画として考える際に有効である．そこで，今回の流量のうち2番目の規模である5178 m^3/sの流量を計画流量として考えることで，植生変化による当面の水位変動量を得ることができる．5178 m^3/sの洪水は62年目に発生しているため，図4.5.10において62年目までの最大値を考慮すればよい．その結果，植生変動による水位変動の当面の最大値は0.2-0.3 mとなる．

植生の消長が水位に与える影響は，植生の消長をどのように予測するかに依存している．李ら（1999）は，異なるモデルで植生の繁茂と流れの相互関係を論じているので，これらの結果を参照して植生破壊モデルの影響を考察してみる．彼らの植生モデルは，礫地の形成後から植物が生え始めるまでの時間を考慮し，表層細粒土層厚が2-3 cmとなった時点で安定植生域が形成されると考える．植生の破壊は礫が移動したときに流出すると考えるのである．そして，大規模洪水により表層細粒土層が流失し礫へ変化するが，中規模洪水により表層細粒土層が堆積すると考える．すなわち，大規模洪水は植生を破壊し，中規模洪水は植生に適した土壌条件を整えるというモデルとなっている．

李ら（1999）の結果では，低水路と高水敷の段差が大きいと，高水敷上に流れがめったに乗らず，ほぼすべての場所で高水敷上は安定植生域となっている．そのため高水敷上の植生の繁茂領域の増加率は大きくなる．これに対して，低水路と高水敷の段差を小さくして，区間内に高水敷上に流れの乗る断面を増やした場合では，安定植生域の場所が常に比較的少なく，その結果として植生の繁茂面積の増加率も小さくなる．今回の取り扱いでも植生の繁茂面積の変化率は同様な結果となっており，植生破壊モデルの影響はあまり

大きくないと考えられる．つまり，高水敷が冠水するか否かが植生の消長を主に支配していると考えられる．

さらに，森（2001）は鬼怒川の同じ区間に対して，高水敷のハリエンジュを伐採する計画を織り込んだ計算を行った．計算はいくつかの代替案に対して行われた．100年洪水に対する試算では，高水敷の植生の影響による水位上昇量は 0.2-0.5 m であった．今回さまざまな試みを紹介したが，高水敷の植生の消長・変動に伴う水位上昇量は，概略の値として 0.2-0.5 m であると結論してよいと考えられる．

参考文献

安藝皎一（1941）：河相論，岩波書店，190-194．
奥田重俊（2000）：今日的潜在自然植生，玉井信行・奥田重俊・中村俊六編『河川生態環境評価法』，東京大学出版会，18-27．
清水義彦・長田健吾（2002）：礫床河川における河道内樹林地の洪水破壊について，河川技術論文集，8, 301-306．
新川健二（2000）：自然の不確定性が水位の出現確率に与える影響を考慮した計画高水位の算定法，東京大学大学院工学系研究科修士論文，92 pp．
新川健二・松崎浩憲・玉井信行（1998）：植生と河床の変動を考慮した河川高水計画の信頼性解析，第 4 回河道の水理と河川環境に関するシンポジウム論文集，土木学会水理委員会河川部会，279-284．
森林総合研究所：http://www.affrc.go.jp/seika/data_ffpri/h06/ffpri94018.html
末次忠司・服部　敦・瀬崎智之（2001）：洪水攪乱に伴う植生の変化——千曲川を例にとって，水利科学，**261**, 33-47．
玉井信行（1991）：水理学 1，培風館，256 pp．
福岡捷二・藤田光一（1990）：洪水流に及ぼす河道内樹木群の水理的影響，土木研究所報告，**180**, 129-192．
茂木信祥・須賀堯三・池田裕一（1999）：鬼怒川河道における高木の育成特性について，土木学会第 54 回年次学術講演会，252-253．
森　千春（2001）：河道管理のための植生の長期変動予測に関する研究，東京大学大学院工学系研究科修士論文，97 pp．
リバーフロント整備センター（1999）：河川植生の成立要因に関する現地調査結果（植生，冠水頻度，土壌，地形，人為作用）及び潜在自然植生の推定，リバーフロント研究所技術情報，265 pp．
李参照・藤田光一・山本晃一（1999）：礫床河道における安定植生域拡大のシナリオ——多摩川上流部を対象とした事例分析より，水工学論文集，**43**, 977-982．
Chow, V. T. (1959): *Open Channel Hydraulics*, McGraw-Hill, 202-206.
Tamai, N. and Siow, A. F. (1990): Effect of Manning's coefficient on risk analysis of flood levee design, Proc. 7th Asian and Pacific Regional Congress. *IAHR*, **I**, 37

-42.

Tamai, N., Rahman, M. M. and Matsuzaki, H. (1996)：River bed level variation in Kinu river and its effect on safety margin, *Annual Journal of Hydraulic Engineering*, **40**, 219-223.

III
水資源編

5 流域水循環の保全

5.1 都市域の水循環に関する課題

5.1.1 水利用の現況

　近年の日本における水利用の状況を図5.1.1に示す．この図は取水量を表しており，取水量の総計は年間約890億 m^3（1998年）で最近20年間はほとんど変化していないことがわかる．このうち，地下水の使用量は約110億m^3（1998年）である．したがって，水源としては表流水が約88％，地下水が12％で，表流水の割合がかなり高い．

　使用目的別に見ると，農業用水が約65％を占めており，最大の水利用者である．最近の20年間程度においては，農業用水量はほとんど変化していない．工業用水は1998年で15.4％を占めている．長期的には緩やかに減少しており，最近では生活用水量を少し下回る水準となっている．生活用水は1975年時点では工業用水量を下回っていたが，わずかずつではあるが毎年増大し，1998年では18.5％を占めるに至り，工業用水量を上回るまでになっている．生活用水は，一般家庭用の飲料水，炊事用水，洗面・うがい・入浴水，洗濯用水，便所の水洗用水，自動車洗浄水，庭の散水などがある．また，事務用オフィス，ホテル，レストラン，飲食店，公衆浴場，公園における噴水などの用水も含んでいる．このなかには，冷暖房用の水も入る．生活用水の使用量は，文化水準，生活水準の向上とともに増大する傾向にある（図5.1.2）．

　こうした水利用を支えるために，多くの水資源開発プロジェクトが実行されてきた．水資源の需要予測，水資源賦存量の地域的特徴などについては本

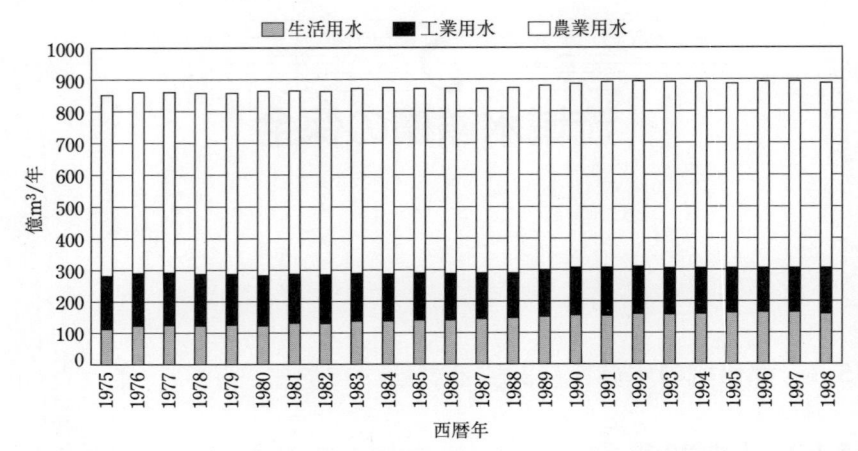

図 5.1.1 使用目的別に見た日本の水利用状況（取水量ベース）（国土交通省土地・水資源局水資源部，2001 より作成）

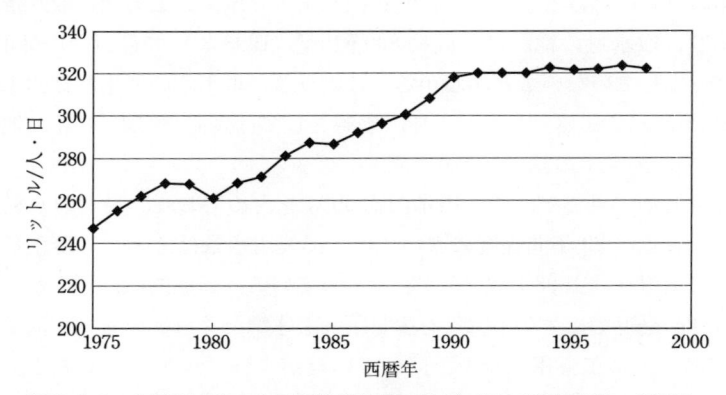

図 5.1.2 生活用水 1 人 1 日平均使用量の伸び（国土交通省土地・水資源局水資源部，2001 より作成）

書では扱わない．これらについては高橋（1993）などがある．

5.1.2 都市化が水収支，熱収支へ与える影響

都市域では，土地利用の変化や人工熱の大量消費などにより，水・熱収支は大きく変化してきている．都市化に伴う不浸透域（コンクリートやアスファルト舗装，建物等）の拡大や下水道の整備により，雨水は下水道から河川へと素早く排出され，地中への浸透が減少している．水面や緑地の減少によ

表 5.1.1 都市化が水収支，熱収支に及ぼす影響の内容

	都　　　市　　　化				
社会的需要と都市形態の変化	市街地の拡大	土地利用の高度化	人口の高密度化		生活様式の高度化
水収支・熱収支システムへの外力の変化	不浸透域の拡大	緑地・水面の減少	下水道の整備	排水量の増加	水・エネルギー需要の増大
水収支・熱収支システムの要素の変化	表面流出の増加	地下水涵養の減少	蒸発散の減少	汚濁負荷量・種類の増大	排気・排ガスの増大
流域や河川に現れる現象	洪水流量の増大	基底流量の減少	河川の水路化	水域・地下水の水質悪化	都市気候の変化
	生　　態　　系　　の　　変　　化				

り地表面での貯留量が減少するとともに，浸透の減少により土壌中の水分量が減少するので，蒸発潜熱量が減少してきている．都市河川では，平常時の水量が減少したり水質が悪化する一方で，洪水時には流域から一気に雨水が集中し，最大流量が増加するとともに流出時間も短くなっている．また，住宅地，事務用地，工業，道路に大量の人工熱が排出されている．したがって，都市域の気温は周りより高くなり，ヒートアイランド現象が生じている．

これらの現象は相互に関連して発生しており，因子間の関係は複雑で，簡単に図示すると正確ではなくなる．ここでは，都市化を引き起こした原因である社会の動向と都市生活の特徴から始まり，流域システムの外力となる因子の変化，流域システムの各要素に生ずる変化，われわれが感知できる現象論的な結果という段階に分けて，表 5.1.1 に示す．

本書においては，表 5.1.1「流域や河川に現れる現象」の項に挙げられた因子を他の章でも取り扱っており，この第 5 章では水収支，熱収支システムへの外力の変化，それに対してシステム各要素がどのように反応して変化するのかを取り扱うこととする．

5.1.3　下水道の役割

（1）東京都における現況

現代における下水道の役割をまとめると，次の通りである．

①汚水の排除，処理による生活環境の改善
②雨水の排除による浸水の防除
③公共水域の水質保全

　下水道事業は，原則として市町村の事務とされている．しかし，東京は都制をとっているため，他の自治体と異なり，区部全域を東京都が"市"の立場で事業を行っている．区部以外の多摩地域では市町村が事業を行っているが，流域下水道事業の実施区域内においては，都が"県"の立場で処理場と幹線の建設・維持管理を行っている．

　23区の下水道は5万7839 haを対象としている．昭和30年代からの本格的な整備によって，普及率は平成6年度末に99.5％（人口比）以上に達し，約820万人に対する下水道が概成した．下水道管の総延長1万5298 km，1日当たり約630万 m³ の処理能力は日本最大の下水道システムとなっている（東京都下水道局，2001）．

　流域下水道は，隣接する2つ以上の市町村の公共下水道からの下水を広域的に収集・処理するものである．多摩地域の流域下水道は多摩川流域下水道と荒川右岸東京流域下水道の2つからなり，29市町村4万9000 haを対象としている（東京都下水道局，2001）．

カラム-4　下水道新世紀

　東京都の下水道整備は，1871年の神田下水に始まった．図に示すように，下水道整備率は1964年の東京オリンピック以降急激に進展し，1997年に100％の整備率を概成した．下水道関係者は，それ以降を下水道新世紀と呼んでいる．

　下水道新世紀における課題は，①合流式下水道雨天時放流水質の改善，②高度処理，③安全度の向上，である．東京都の下水道の大部分は"合流式下水道"であり，汚水管と雨の排水管は合流して下水処理場へとつながっている．合流式下水道では，雨天時には晴天時処理量の2倍までを処理場が引き受ける設計となっていた．すなわち，雨天時には晴天時の下水（汚水）処理量の2倍を超える流量の部分は，無処理で公共水域に放流されてきた．これが公共水域の水質に悪影響を与えるので，下水道新世紀においては晴天時流量の3倍までを処理場が引き受けることができるように，施設を改良している．これが第一の雨天時放流水質の改善である．

5.1 都市域の水循環に関する課題　177

　第二の高度処理とは，通常の高級処理による処理水の水質をさらに向上させるために行う処理をいい，通常の高級処理の除去物質であるBOD，SS等の除去効率向上のほか，高級処理では十分除去できない物質（窒素，りん）の除去効率の向上を目的としている．東京湾で慢性的に発生している赤潮を防ぐためにも，窒素，りんの除去が望まれている．2001年度末で10処理場で高度処理が行われており，今後，都民の接する機会の多い東京都内湾（お台場など）や隅田川水系の処理場から重点的に高度処理を導入していく計画がある．

　第三の安全度の向上は，次のような内容である．現在，浸水対策として，1時間50 mm（3年に1回程度）の降雨に対処できる施設の整備を行っている．しかし，下水道がすでに整備された地域においても，都市化に伴う雨水流出量の増大により，浸水被害が発生している．浸水対策事業（雨水再整備事業）では，ポンプ場の能力改善，処理場での貯留施設の建設，道路地下での貯留トンネルの建設などである．1時間に50 mmの大雨に対応するために下水道施設を整備した割合は，2001年度末で55％である．

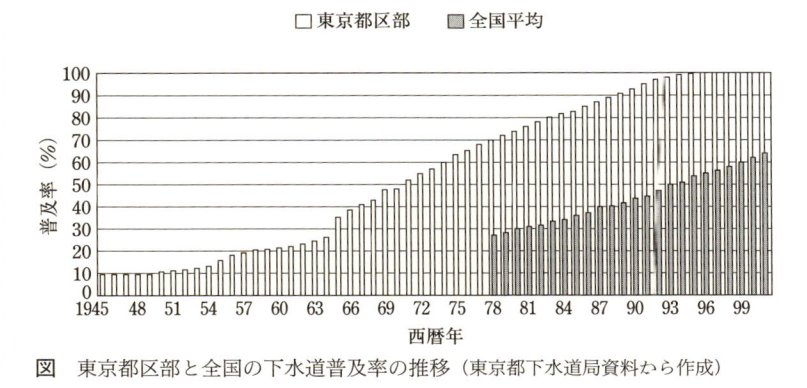

図　東京都区部と全国の下水道普及率の推移（東京都下水道局資料から作成）

（2）下水道事業の課題と展開

　明治当初より110年以上もの年月をかけて整備されてきた東京都の下水道は，区部においては普及率100％概成を迎えるところまできた．「下水道構想2001」（東京都下水道局，2001）に基づき，今後の展開について簡単にまとめておく．

　A．合流式下水道の改善

　下水道には汚水と雨水を同じ管に取り入れて処理場まで運ぶ"合流式"，

汚水と雨水を別々の管で流す"分流式"がある．東京都区部においては，約85％が合流式で整備されている．河川等の水質に影響を与える合流式下水道の雨水吐口，ポンプ所からの雨水時越流水は，降雨初期において管路網に堆積していた汚濁物を一気に輸送してくるので，降雨初期水をより多く処理場に導き処理する必要がある．遮集量を晴天時時間最大汚水量の2倍から3倍に引き上げる遮集管渠の増強，および降雨初期の雨天時下水の貯留施設をポンプ所や処理場に建設している．

また，合流式下水道からの越流水を少なくする雨水流出抑制施設の設置が計画されている．

B. 浸水対策

下水道の施設における雨水対策としては，1時間50 mmの降雨（3年に1回程度）に対処できる施設の整備が行われている．しかし，東京では大規模な地下街や地下鉄などの地下利用が進んでおり，また情報通信網の多くも地下を利用しているので，ひとたび浸水に見舞われると都市機能が広範に，さらに波及的に麻痺するといった事態が発生する．この計画水準を超える集中豪雨が頻発しており，近年では1999年に多発した．

これらを踏まえて，雨水排水施設の整備計画を推進する必要があり，その核となる施策は次の2つである．

その1は，整備水準を流域対策の能力と合わせて，1時間75 mmの降雨規模（おおむね15年に1回程度の降雨）に対処する雨水排水施設の整備である．

その2は，雨水の貯留・浸透などの機能を有する雨水流出抑制施設を公共施設などに導入するとともに，地形や地質などの条件が適合する地域においては雨水流出抑制型下水道の整備を推進する．

カラム-5　案内板付高落差立坑

東京都23特別区においては，1997年に下水道整備は100％を概成した．このころから下水道関係者の眼は，施設の更新や高機能化，さらには，下水道の付加価値を高め，社会的な認知度を高める方面に向きだした．東京都下水道局はこれを下水道再構築と呼んでいる．

人孔（マンホール）の更新や維持保全作業に際しての衛生環境の改善などもその一環である．また，近年の下水道施設の大規模化，大深度化に伴い，高い落差の人孔が計画されてきた．このような際に，高機能な立坑が求められてきた．

水理構造物として求められる高機能としては，少ない掘削量（小型）で，効率のよいエネルギー減勢が可能となる立坑である．小型になっても，流れが不安定で騒音や振動を発生しては不適格である．また，流下する下水が人孔内に飛散しない閉鎖型形式の立坑が望ましい．

こうした要求に応えるのが案内板付高落差立坑である．案内板付高落差立坑の基本構造は，二重管になっている．立坑の内壁と内管外壁との間に，管壁と直行する案内板が設置されている．案内板は立坑の下部に向かって螺旋形を描いて下ってゆくのである．内管を通しては空気の流通が保たれており，これが流れの安定に寄与している．

落差は 50 m 程度のものまでが建設されており，低落差のものは標準的な設計が可能となっている．

図　実験中の案内板付高落差立坑
実験装置の大きさ：立坑内径 0.3 m,
立坑高さ 2.5 m，下水道本管（水平部）内径 0.5 m，上部案内板は 3 枚，
下部案内板は 6 枚の場合．

C. 再生水利用

高度処理の導入により生み出される再生水は，量が豊富で水質も安定している．最近の水資源不足から身近にある新たな水源として下水処理水が注目されている．東京における処理水再利用は，1955（昭和 30）年に三河島処理場から近隣の製紙工場に処理水の供給が行われたのが最初である．その後，下水処理場やポンプ所内の洗浄用水や冷却用水に利用されているほか，新宿

副都心ビル群のトイレ用水や，都市化のために平常時に水量が減少してしまった都市河川への環境用水へ給水されている．

環境用水の補給は，清流復活事業として野火止用水へ多摩川上流処理場からの処理水供給が1984年8月に始められたのが最初である．この事業に当たっては，二次処理水の臭気・色素・リン等をさらに除去するため，凝集剤を添加し，砂濾過施設およびオゾン注入施設で処理した水が送水されている．その後，1986年8月には玉川上水へ，1989年3月には千川上水への送水が始められている．さらに，23区内の利用として，落合処理場から城南3河川（渋谷川・古川，目黒川，呑川）への給水が1995年3月に始められた．

近年の事業として，有明処理場の処理水が1996年12月より臨海副都心（レインボータウン）のトイレ用水に送水され，芝浦処理場の処理水が1997年10月から品川駅東口地区のトイレ用水に送水され，1998年10月からは大崎地区のトイレ用水としても利用されている．2000年度における再利用の実績を表5.1.2にとりまとめた．

再生水利用量は1990年度実績で処理水の6%であった．2000年度では区部で処理水量の8%，流域下水道で処理水量の10%まで増大したが，その伸びはわずかである．

下水処理水の再利用を水資源マネジメントのなかに位置づけているのはカリフォルニア州である（浅野ら，1999）．カリフォルニア州水資源局は，

表5.1.2 東京都における2000年度の再生水利用実績（東京都下水道局，2001により作成）

水源となる処理場	提供先	使用目的	供給量（千m³）
芝浦	東京電力	道路洗浄	4
	品川駅東口地区・大崎地区	トイレ用水	466
有明	臨海副都心（レインボータウン）	トイレ用水，ゆりかもめ洗車用	814
落合	西新宿・中野坂上地区	水洗トイレ用	1,123
	環境局（城南3河川）	清流復活用水	18,592
森が崎	清掃工場・東京埠頭公社	冷却・散水・防塵用	627
多摩川上流	野火止用水，玉川上水，千川上水	清流復活用水	9,210
流域下水道処理場計	処理場内利用		22,302
合計			53,138

州の水需給計画であるウォータープラン・アップデイトを1998年に更新した．それによると将来2020年には平水年で約37億 m^3，渇水年には86億 m^3 の水不足が起こると予測している．カリフォルニア州では都市のなかにある「水がめ」である下水処理水を，水資源としてもっと活用しようという発想を打ち出している．平均の降水年でも不足分の約3分の1，年間12億 m^3 の下水処理水を再利用する予定である．ちなみに，現在カリフォルニア州では日本全国の約4倍，4.32億 m^3 の下水処理水を再利用している．下水処理水の再利用の用途としては，農業用水，工業用水，地下水の人工涵養，環境・レクリエーション用水，水洗トイレ用水，消防用水などがあるが，再利用に当たっては，病原菌の不活性化，除去が一番重要である（浅野ら，1999）．

5.2　首都圏における水収支と熱収支

都市化が水収支と熱収支に大きな影響を与え，都市域ではさまざまな課題が発生していることは5.1節に見た通りである．ここでは水と熱の流れを同時に考察し，流域の水循環の動態を分析する基礎的な道具の内容を説明するとともに，得られた知見をとりまとめる．

5.2.1　水・熱収支の統合解析

(1) 分析の目標とモデルの特徴

流域における水循環の実態を知るためには，複雑な土地利用を有する流域での水と熱の輸送過程を同時に分析する必要がある．したがって，地表面の被覆状態を正確に反映した水・熱循環の動態を検討する必要がある．分布物理型モデルは，従来の集中概念型モデルに比較して流域内の水循環の物理的機構を直接的に表現するために，水循環改善対策の効果をより正確に検討できる利点を有している．しかし，計算負荷の軽減や地表面過程のモデルの改良が必要である．たとえば，土壌‐植物‐大気間での相互作用を表現するモデル（SVATS）の改良や計算格子内の多様性問題，すなわち地表面の特徴の多様性と外部パラメータ多様性の取り扱い方法の確立，都市域特有の導水や下水道などの取り扱い方法妥当性の検討など，水・熱循環の解析システムの

構築と検証とが求められている.

この節では,まず水・熱収支の統合解析モデル WEP (Water and Energy Transfer Process) モデル（賈・玉井,1998）を説明する.解析結果の妥当性は,下水処理場への流入水量と東京タワーでの風速,気温から算出される顕熱量および多摩川石原流量観測所の流量に対する検証により確認された.その結果,都市化と気象変化（1992-1994年）が東京都の水・熱収支に大きな影響を与えることを示し,最後に,首都圏に対する適用結果について述べる.

(2) 水・熱収支の統合解析モデル

WEP モデルは格子モデルであり,計算に当たり流域を水平にいくつかの格子に分割し,鉛直方向には表層土壌と地下水帯水層に分ける.WEP モデルが対象としている水・熱輸送過程を図 5.2.1 (a) に示す.すべての過程は 1 格子内で取り扱われるものである.流域の土地利用は水域,裸地-植生域,不浸透域に大分類する.裸地-植生域はさらに裸地,丈の低い草地および農耕地,丈の高い樹木の 3 種類に,不浸透域は都市地表面と都市キャノピーに分類する.ひとつの計算格子内にはさまざまな土地利用が含まれており,1 計算格子からの水・熱輸送量は,土地利用ごとに算出される輸送量にその面積占有率を乗じることによって算出する.

なお,植生の根系による土壌水分の吸水を表現するために表層の土壌を 3 層に細分割している.土壌層の厚さについては,第 1 層：地表面-20 cm,第 2 層：20-60 cm,第 3 層：60-200 cm とした.これは土壌水分の変化の大きい土壌厚や根系分布,温度変化の及ぶ深さを考慮して定めた.蒸発は第 1 層から,拡散は第 1-2 層（低い植生の場合）あるいは第 1-3 層（高い植生の場合）で発生すると仮定して Penman-Monteith 法で計算した.各層の間の水分移動は,不飽和型 Darcy 則で計算した.河道を有する格子では,不飽和透水層からの中間流出を地形の勾配と土壌の不飽和透水係数により推定した.各帯水層においては,上方からの涵養量,下方への浸透量,井戸の揚水量の影響を考慮して,Boussinesq 方程式で二次元多層地下水流を追跡した.

ひとつの格子における水収支式は次のように表される.

5.2 首都圏における水収支と熱収支

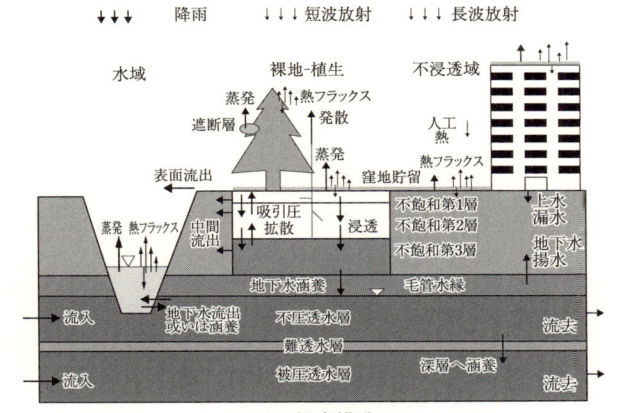

(a) 鉛直構造

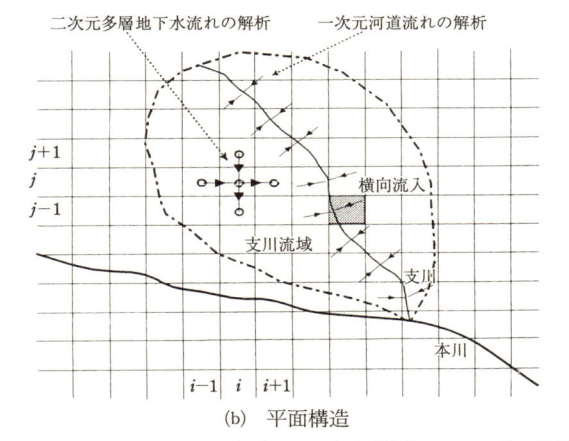

(b) 平面構造

図 5.2.1 WEP モデルの鉛直および平面構造（賈・玉井，1998）

$$P + WUL - GWP = E + R_1 + R_2 + RG + \Delta S \quad (5.2.1)$$

ここで，P は降雨，WUL は上水道漏水，GWP は地下水揚水，E は蒸発散，R_1 は表面流出，R_2 は中間流出，RG は地下水流出，ΔS は土壌層および地下水層の貯留量変化である．

モデルの平面構造を図 5.2.1 (b) に示す．河道内の流れは，河川に接する格子ごとに算出した流出量に基づき，kinematic wave 法により計算した．

地表面における熱収支式は次のように表される（図 5.2.2）．

$$RN + A_e = lE + H + G \quad (5.2.2)$$

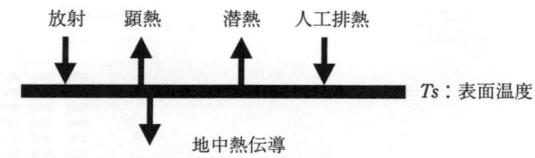

```
        放射   顕熱   潜熱   人工排熱
         ↓    ↑    ↑    ↓
   ━━━━━━━━━━━━━━━━━━━━━━━━━━━━  Ts：表面温度
              ↓
           地中熱伝導
```

図 5.2.2　地表面における熱収支

上式中において，RN は正味放射量，A_e は人工排熱，lE は潜熱量，H は顕熱量，G は地中伝導熱であり，それぞれの輸送過程に対してモデル化を行っている．人工排熱以外の熱量はいずれも地表面温度の関数となっており，しかも方程式は非線形である．このため，地表面温度は，Force-Restore 法を用いて効率よく計算するとともに，繰り返し計算を行った．詳細に関しては近藤（1994）を参照されたい．

5.2.2　東京都の水・熱収支解析

（1）モデルの同定

WEP モデルを，格子の大きさ 1 km と時間刻み 1 時間で東京都（国土地理院細密数値情報がある地域のみ）へ適用した．解析のための入力データに関しては，土地利用（1990 年）と地盤（国土地理院の 100 m 格子細密数値情報），AMeDAS 気象データ（降雨，風速，日照，気温，湿度），土壌，透水層と植生のパラメータおよび人工排熱等を入手した．図 5.2.3 に土地利用分布（1990 年）を，図 5.2.4 に表層土壌分布を示す．東京都の西部に位置する多摩川中流域（図 5.2.5）は，579 km² の面積をもっている．上流には

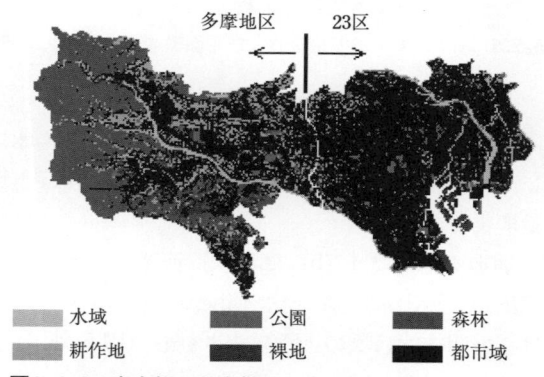

図 5.2.3　東京都の土地利用（1990 年）

5.2 首都圏における水収支と熱収支

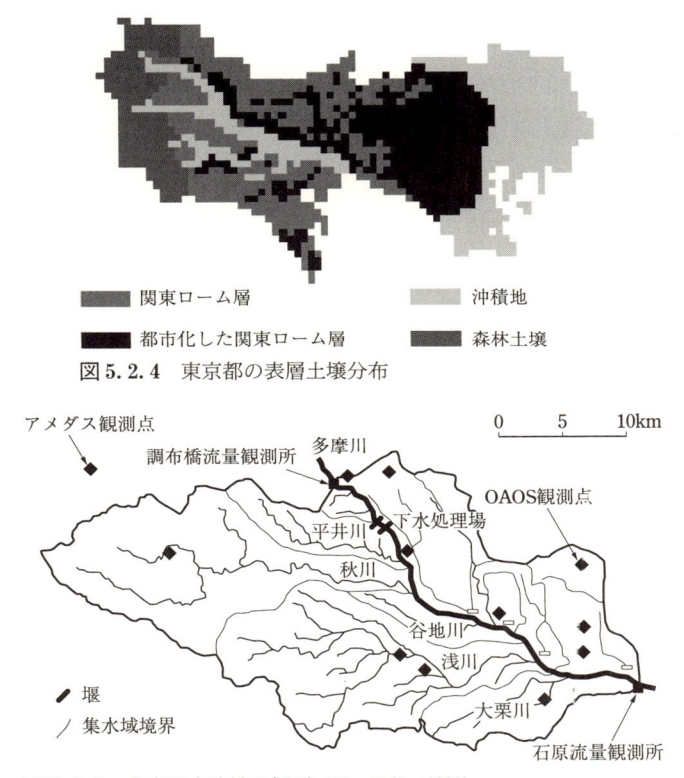

■ 関東ローム層　　　　　　　□ 沖積地
■ 都市化した関東ローム層　　■ 森林土壌

図 5.2.4　東京都の表層土壌分布

図 5.2.5　多摩川中流域の概要（賈・玉井, 1998）

調布橋流量観測所があり，下流端には石原流量観測所がある．河道追跡のため，多摩川中流域を 11 の支流域に分割した．石原流量観測所での 1992 年流量観測データを用い，土壌および透水層のパラメータの調節を通じてモデルの同定を行った．そして，1993 年と 1994 年の流量観測データを用いてモデルの検証を行った．図 5.2.6 により，モデルの流量解析結果が検証されたことがわかる（Jia and Tamai, 1999）．なお，東京都各下水処理場の流入量記録データにより，総流入量が 2048 万 m^3 である．これに対して，モデルの計算値は 2127 万 m^3 であり，誤差はわずかの 4% である．また，潜熱量計算の検証も行った．東京タワーでの風速，気温から推算された 1992 年平均顕熱量は 1143 MJ/m^2 に対して，東京タワー付近の格子における顕熱量の計

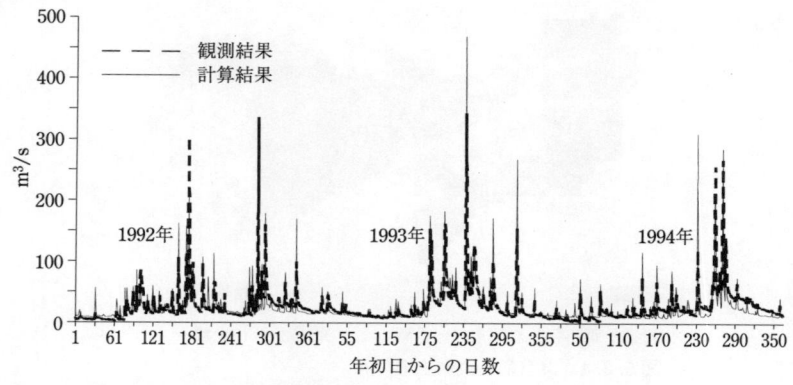

図 5.2.6　石原観測所での日流量（賈・玉井，1998）

算値は 1000–1600 MJ/m² であり，良好な一致を示した．

（2）東京都の水・熱収支について

東京都の水・熱収支の計算結果を表 5.2.1 から表 5.2.4 に示す．表中，P は降雨，WUL は上水道漏水，GWP は地下水揚水，E は蒸発散，R_1 は表面流出，R_2 は中間流出，RG は地下水流出，$\varDelta S$ は土壌層および地下水層の貯留量変化である．$I = P - (E + R_1 + R_2)$ は浸透を示す．RS は太陽からの短波放射量，RSN は正味短波放射量，RLN は正味長波放射量，A_e は人工排熱，lE は潜熱量，H は顕熱量，G は地中伝導熱，RN は正味放射量である．図 5.2.7 から図 5.2.9 には，都市化と気象変化が年間水・熱収支および

表 5.2.1　1992 年の水収支　(mm)

	P	WUL	GWP	E	R_1	R_2	RG	$\varDelta S$	I
23 区	1,588	255	23	415	941	2	444	19	231
多摩地区	1,579	63	270	557	476	21	348	−29	526
東京都	1,583	145	165	496	675	12	389	−9	400

表 5.2.2　1992 年の熱収支　(MJ/m²)

	RS	RSN	RLN	A_e	lE	H	G	RN
23 区	4,581	3,430	−1,740	470	1,021	1,135	5	2,161
多摩地区	4,503	3,529	−1,670	176	1,367	663	6	2,036
東京都	4,536	3,487	−1,700	302	1,219	864	6	2,089

表5.2.3 23区における3年間の水収支 (mm)

	P	WUL	GWP	E	R_1	R_2	RG	ΔS	I
1992年	1,588	255	23	415	941	2	444	19	231
1993年	1,783	243	23	435	1,092	2	450	24	254
1994年	1,117	231	23	421	634	1	325	−56	61

表5.2.4 23区における3年間の熱収支 (MJ/m^2)

	RS	RSN	RLN	Ae	lE	H	G	RN
1992年	4,581	3,430	−1,740	470	1,021	1,135	5	2,161
1993年	4,335	3,257	−1,691	469	1,070	960	5	2,035
1994年	4,918	3,684	−1,811	469	1,033	1,307	2	2,342

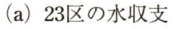

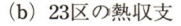

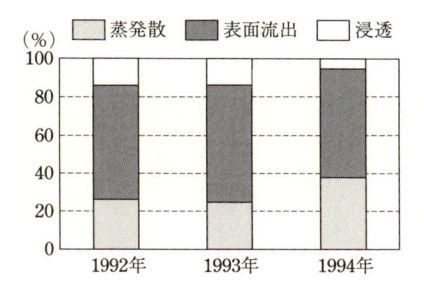

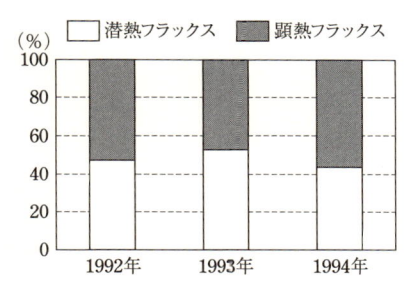

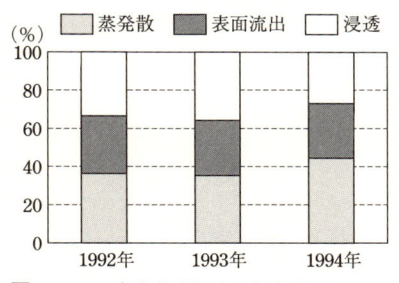

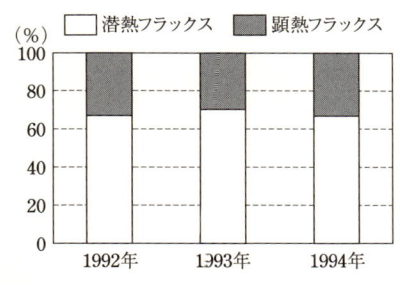

図5.2.7 東京都23区と多摩地区における1992-1994年の水・熱収支の比較

その空間分布に与える影響を示す.

高度に都市化の進展した東京都23区(面積619 km^2)と都市化の緩やかな多摩地区(面積829 km^2)の比較により,水と熱の輸送過程に及ぼす都市

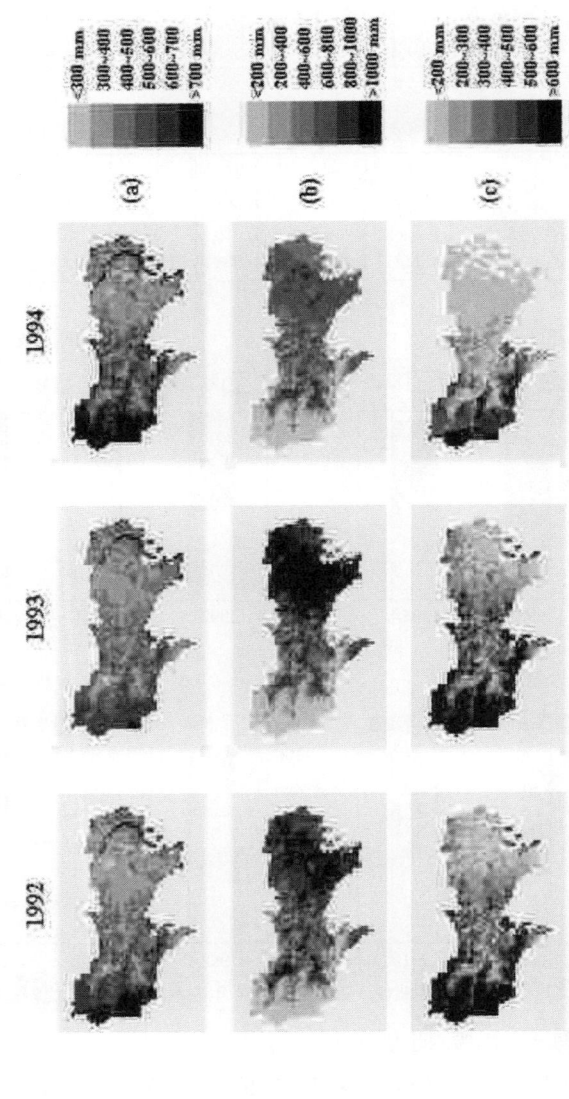

図 5.2.8 東京都における 1992-1994 年の水フラックスの分布（賈・玉井, 1998）
(a) 蒸発散, (b) 表面流出, (c) 浸透量.

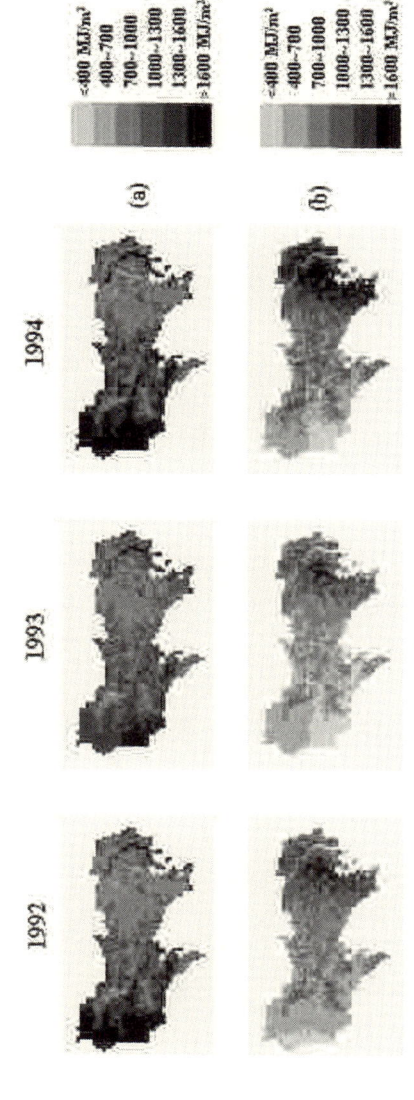

5.2 首都圏における水収支と熱収支　189

図 5.2.9 東京都における 1992–1994 年の熱量の分布 (賈・玉井, 1998)
(a) 潜熱量, (b) 顕熱量.

化の影響がわかる．平均降雨年の1992年，東京都23区の蒸発散，表面流出と浸透はそれぞれ降雨の26%，59%と15%を占めることに対して，多摩地区の蒸発散，表面流出と浸透はそれぞれ降雨の約3分の1を占め，東京都23区の浸透・蒸発散の抑制と表面流出の増大が現れている．また，東京都23区においては顕熱量の大きな領域が拡大し，潜熱量が減少している．

気象変化の影響は気象条件の異なる3ヵ年の比較によりわかる．表5.2.3を見るとわかるように，1992年は平均的な降雨年であり，1993年は多雨な年，1994年は少雨な年であった．表面流出の大小は降雨量の大小と正の相関が強く現れ，また，顕熱量は多雨の年には激減し，少雨の年には増大している．これにより，少雨の年には都市ヒートアイランド現象はより強く現れることがわかる．多雨の年には雨量が多いのみではなく，雨や曇りの日に太陽放射が地表に届かないという効果も強く影響している．気象変化は水と熱の輸送過程のうち，表面流出，浸透，顕熱輸送の項に，とくに大きな年変動をもたらしている．

5.2.3 首都圏の水・熱収支

WEPモデルを，さらに首都圏（国土地理院細密数値情報がある地域のみ，面積約7800 km²）へ適用した（Jia *et al.*, 1999）．解析結果は，表5.2.5および図5.2.10，図5.2.11に示されている．現状土地利用というのは，最新入手可能の1990年データを示す．自然土地利用というのは，現在の都市域の40%を森林に，40%を草地に，20%を裸地に戻した土地利用状態を指す．解析結果により，以下のことが明らかになった．都市化により潜熱量が抑えられ，顕熱量が大きくなり，ボーエン比（H/lE）は自然土地利用状態では0.12であるが，現状土地利用状態では0.36に増大した．なお，熱量の空間

表5.2.5 首都圏における年間水・熱収支の比較

		降雨	蒸発散	表面流出	中間流出	浸透量
水収支 (mm/年)	現状	1,629	568	461	12	589
	自然土地利用	1,629	706	71	14	838
		正味放射量	人工熱	潜熱量	顕熱量	地中伝導熱
熱収支 (MJ/m²/年)	現状	1,711	189	1,395	500	5
	自然土地利用	1,948	0	1,735	208	6

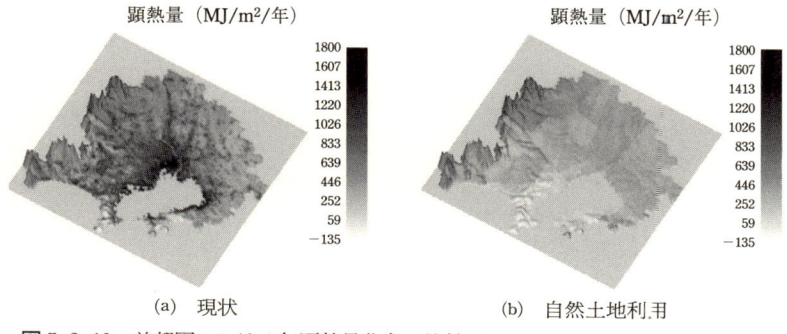

図 5.2.10　首都圏における年顕熱量分布の比較（賈・玉井，1998）

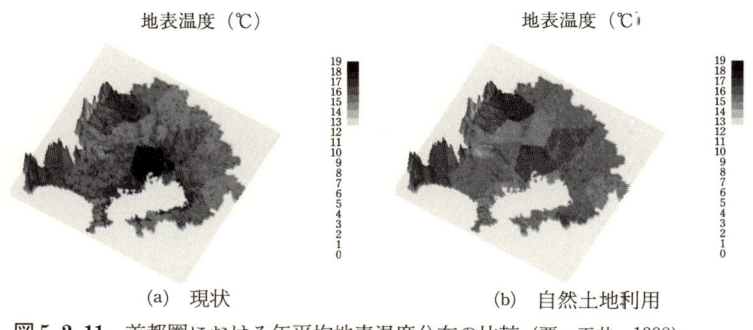

図 5.2.11　首都圏における年平均地表温度分布の比較（賈・玉井，1998）

分布について，都心部と森林地域は非常に違うことがわかった．たとえば，顕熱量は，森林地域ではマイナス 135–100 MJ/m²/年であるが，都心部は約 1200–1800 MJ/m²/年である．また，都心部の年平均地表温度は周囲より 3–5 度高い結果となっている．現状の土地利用状態に対して計算された地表温度や顕熱量の空間分布を見ると，ヒートアイランド現象が生じている状態が再現されている．したがって，都市の水・熱環境改善のため，雨水貯留浸透施設の設置や，省エネルギー型の生活や生産体系の推進，屋上緑化および水面の増加等の対策もとるべきである（第 10 章参照）．

5.3 関東地方の水収支

5.3.1 流域のモデル化の概要

　現在では山地斜面の表面流の解析は十分に精度よく実行できる．しかし，現在においても，大規模な流域の解析を精度よく行おうとして小さな計算格子を使うと，計算時間が膨大になり実務的には不可能になる．さらに，流域の大部分が平坦な土地であり，多くの合流点や分流点を含み，閉じた回路状の河川網や湖，貯水池を含む流域の流出解析は容易ではない．また，人為的な流路の変更や分流，人工構造物を含む場合には自動的な追跡はさらに難しくなる．上記のような平坦で人為的な改変が多く加わった大規模な流域をLarge-scale and Complex Watershed (LCWと略称) と呼ぶこととする．

　Singh (1995) によれば面積が 1000 km² を超える流域は大規模流域と呼ばれる．しかし，実際の LCW はずっと大きな面積を有している．このような大面積における諸量を表現するのに，二次元型の配列を用いるのは効率的ではなく，計算時間と記憶容量を節約するには一次元化した記憶形式が有利である (Luo, 2000)．平坦で人為的な変更が加えられた領域で，流域の境界と流路網を数値地図から地理情報システムを用いて自動的に作成するのは困難である．Luo *et al.* (1999a) は LCW を対象として，流域の境界と流路網を数値地図から作成する新しい手法を提示した．この手法では Horton (1945) の方式を用いずに，Shreve (1966) などが用いた方式にならうことにした．Luo *et al.* (1999a) では，Horton などによって用いられた川の"次数"概念ではなく，"自由連結ツリー (Freely Seriate Tree)"の概念が用いられた．

　氾濫原格子においては流れの方向は地表勾配によってあらかじめ決めることはできない．それは地表勾配が水平な場合があるからである．この問題は二次元のサン・ブナン方程式の拡散波近似により解決することができる．流れの方向は支配方程式を解いた結果により，知ることができる．SHE モデルはこの類の計算方式を採用している (Abbott *et al.*, 1986)．SHE モデルをはじめとする他のモデルは結合モデルと呼ばれている．これらにおいては，氾濫原の流れは二次元のサン・ブナン方程式を用いて解析し，河川内の流れ

の解析には一次元のサン・ブナン方程式が用いられる．両者を別々に解き，河川の境界で両者の結果が一致するように結合するので，こうした呼び名が使われている．氾濫原における計算では河川格子は境界条件を与える役割をもち，氾濫原と河川の間における物質交換は氾濫原格子の概念（Fread, 1988）を用いて模擬する．さらに，河川における解析では，合流点は境界条件を与える格子点である．こうした前提は河川内の流れにおいて河川方向の流れが卓越しているときには適当であろうが，氾濫が起こるときには流れの実態と外れている．氾濫が生ずるときには氾濫原格子と河川格子の差異を見分けることは難しく，これらは一体のものとなる（図 5.3.1）．したがって，河川格子は氾濫原格子の境界条件を定めるという定式化は難しく，また，合流点の河川格子において運動量交換を考えないことも実態と異なることになる．

　結合モデルは元来閉じた回路状の河川網や分岐河川，大きな湖や貯水池を取り扱うには難点がある．すなわち，一次元の河川モデルに簡単化しがたい部分に適用するのは，モデルの基本的な性格として不適当なのである．

　本書で紹介する定式化は，流域を河川と氾濫原に分けることなく，すべての領域を統一的な流域格子に分割する．そして，それらの格子内における流れを記述する基礎方程式も同一である．たとえば，低水時には流路の方向に流れが卓越する格子が，結果的に河川になっていると判定されるのである．

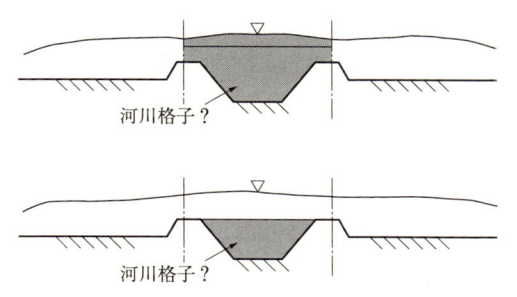

図 5.3.1 氾濫原格子と河川格子の設定に関する従来の難点
結合モデルの難点を上下の図で模式的に示す．上の図で色をつけた部分は河川格子か，氾濫原格子と差がない．下の図で色をつけた部分を河川格子と見るのか，その上部は氾濫原格子か．

流域格子として定式化する利点は，すべての格子で流量の交換のみでなく，運動量の交換も考慮されている点であり，これは結合モデルに比べて改善されている．したがって，LCWにおいて数学的な模擬計算を行うに際して，分流や合流，水理構造物を含む区間，閉回路，貯水池や湖など現実に存在する複雑な要素を自然な形で考慮することができる．

　流域の平坦な領域では千鳥状の格子配列が有効である．水理量の不連続があっても流れを正しく追跡することができる．非線形の拡散型方程式を千鳥配列格子の差分法で解くには，SIMPLE計算法が有効である．

5.3.2　流出と表面流解析の統一モデル

（1）基礎方程式とその差分形式

　統一的モデルでは，河道の流れと氾濫原の流れを同一の方程式系で取り扱う．二次元のサン・ブナン方程式の非線形非定常項を簡略化した拡散波モデルを用いる．基礎方程式は次式となる．

$$\begin{cases} \dfrac{\partial (uh)}{\partial x} + \dfrac{\partial (vh)}{\partial y} + \dfrac{\partial h}{\partial t} = q \\ \dfrac{\partial z}{\partial x} + S_{fx} = 0 \\ \dfrac{\partial z}{\partial y} + S_{fy} = 0 \end{cases} \quad (5.3.1)$$

ここに，uとvは速度のx成分ならびにy成分である．hは水深，zは水面の標高，z_0は地表面の標高，qは単位長さ当たりの鉛直方向の流入流量，S_{fx}とS_{fy}はxとy方向の摩擦勾配であり，次のマニングの式によって求めることができる．

$$\begin{cases} S_{fx} = (n_x^2 u |u|)/(h^{4/3}) \\ S_{fy} = (n_y^2 v |v|)/(h^{4/3}) \end{cases} \quad (5.3.2)$$

ここに，n_xとn_yはそれぞれxとy方向の粗度係数である．式 (5.3.2) より摩擦勾配S_{fx}とS_{fy}は，それぞれ速度ベクトルuとvと同じ方向を向いていることがわかる．

　氾濫原格子点において連続の式（(5.3.1) の第1式）の差分表示式は次のように書くことができる．

$$\frac{\Delta(uh)}{\Delta x}+\frac{\Delta(vh)}{\Delta y}+\frac{\Delta h}{\Delta t}=q \qquad (5.3.3)$$

ここに，Δx と Δy はそれぞれ x と y 方向の格子の大きさ，h は水深，Δt は単位の時間刻みである．横方向の流入量 q は降雨の入力，損失としての浸透成分，給水網からの入力，排水系統からの入力などの鉛直方向の水の移動を表す．しかし，隣接する河川格子からの流れは含んでいない．この成分は左辺の項に含まれているからである．横方向成分 q は速度の次元をもち，物理的には単位時間内の格子領域の平均水深を表している．

次に，式 (5.3.3) の両辺に Δx と Δy を乗ずる．そして，x 方向の流水断面積を A_x，y 方向の流水断面積を A_y，湛水が生じている格子面積を A_g と表す．また，x および y 方向の流量をそれぞれ Q_x と Q_y と書き表す．すなわち

$$\begin{aligned} A_x &= h\Delta y, & A_y &= h\Delta x \\ Q_x &= uA_x, & Q_y &= vA_y \end{aligned} \qquad (5.3.4)$$

である．これらの記号を用いると式 (5.3.3) を次のように書き直すことができる．

$$(\Delta Q_x + \Delta Q_y) + \frac{\Delta h}{\Delta t}A_g = q\Delta x \Delta y \qquad (5.3.5)$$

これは氾濫原格子に対する，連続式の差分表示である．

次に，河川格子について述べる．流れの方向が座標軸方向の x あるいは y に一致している場合は (図 5.3.2 (a))，式 (5.3.5) をそのまま用いることができる．しかし，河川の形状は必ずしも座標系の方向とは一致せず，流

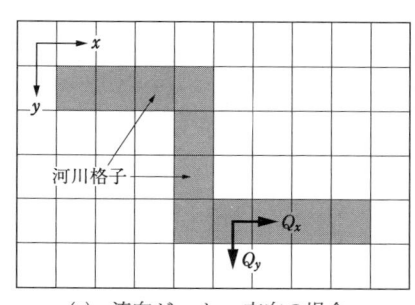

(a) 流向が x と y 方向の場合   (b) 流向が格子に斜めの場合

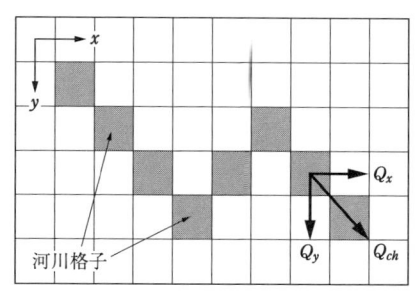

図 5.3.2 河川格子と流れの方向の組み合わせ

れも座標軸と傾いた方向をとることがある（図 5.3.2 (b)）．差分法ではこのような場合もジグザグに河川格子を形成して取り扱うことがあるが，こうすると氾濫の有無によって取り扱いを分けないとならない．ここでは，地図上に線で描かれた流路中心が通る格子を河川格子と考え，氾濫原格子と同様な取り扱いができる手法を考える．河川の法線形状が座標系に斜交する場合には，流路を通しての流量増加を表す Q_{ch} を式 (5.3.5) の左辺に加えることにする（図 5.3.2 (b)）．その結果，式 (5.3.6) を得る．

$$\frac{1}{\Delta x \Delta y}[\Delta(uA_x)+\Delta(vA_y)+\Delta(u_{ch}A_{ch})]+\frac{\Delta h}{\Delta t}\cdot\frac{A_g}{\Delta x \Delta y}=q$$
(5.3.6)

ここに，u_{ch} は河川流路内の流れの速度であり，A_{ch} は流水断面積である．この式 (5.3.6) が氾濫原の流れと河川の流れを同時に扱うことができる統一的な形式で記述した連続式である．氾濫原格子においては u_{ch} と A_{ch} はともに 0 であり，$A_g=\Delta x \Delta y$ となるので式 (5.3.6) は式 (5.3.5) に一致する．

次に河川格子においては A_{ch} と A_g を計算する必要がある．公式を誘導するには図 5.3.3 を利用する．川は x 方向に流れているものとし，h は水深，w は川幅，L は格子内の流路の長さである．

L は次式のように与えられる．

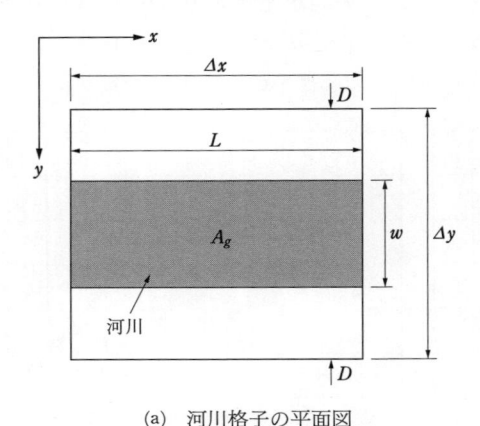

(a) 河川格子の平面図 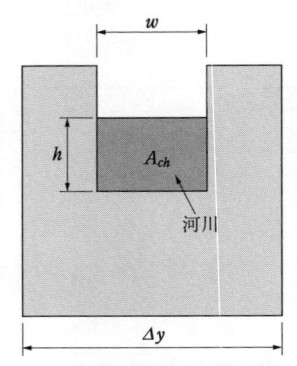　　(b) D-D 位置での断面図

図 5.3.3　河川格子と湛水面積，流水面積との関係

$$L = \begin{cases} \Delta x & \text{流れが } x \text{ 方向と一致する場合} \\ \Delta y & \text{流れが } y \text{ 方向と一致する場合} \\ \sqrt{\Delta x^2 + \Delta y^2} & \text{流れが座標軸に斜交する場合} \end{cases} \quad (5.3.7)$$

湛水面積は河川の水面積であり,流水面積は河川幅に水深を乗じたものであるので,これらは次式で表されることになる.

$$\begin{cases} A_g = Lw \\ A_{ch} = hw \end{cases} \quad (5.3.8)$$

河川格子における運動量方程式は氾濫原における流れに対しても同じように成立するはずであるので,連続式と同じようにこれに対しても統一的な記述を考える.氾濫原および河川格子に対する統一的な運動量保存則を導くに際しては,式 (5.3.6) の連続の関係を活用して演算する.流出解析,洪水追跡を行うに際しての基礎方程式を,流域格子として差分表示でまとめて記したものが式 (5.3.9) である.第1式が連続の式,第2式が運動量の式である.

$$\begin{cases} \dfrac{1}{\Delta x \Delta y} \displaystyle\sum_{xi}^{x,y,ch} \Delta(u_{xi} A_{xi}) + \dfrac{\Delta h}{\Delta t} \cdot \dfrac{A_g}{\Delta x \Delta y} = q \\ u_{xi} A_{xi} = -\left(\dfrac{A_{xi} R_{xi}^{2/3}}{n_{xi}} \left| \dfrac{\Delta z}{\Delta x_i} \right|^{-1/2} \right) \dfrac{\Delta z}{\Delta x_i}, \quad x_i = x, y, ch \end{cases} \quad (5.3.9)$$

ここに,R は径深を示す.式 (5.3.9) の第1式の左辺第1項においては,河川格子において流れが座標系に斜交するときに限って3つの項の総和を考える必要がある.氾濫原格子においては,河川格子を考える必要はなく,また,流れの方向が座標軸方向に一致するときは,その方向の成分のみを考えればよい.これは,運動量の式においても同様である.

(2) モデルの定数決定とモデル全体の検証

5.3.2項 (1) で述べられた基礎方程式を用いて,利根川水系の水収支を算定することを試みた.利根川水系は流域面積1万6000 km² を有する首都圏の水がめであり,また,江戸時代以降産業発展のためもっとも密度高く人為的な努力が傾注された地域である.そのため土地利用,河川の位置,河川の相互連結状態などは自然状態からかなり大きく変形している地域がある.利根川流域の水収支を論ずる予測モデルを構築するために,国土数値情報,

気象観測資料，流量観測資料，土壌と地下帯水層の水理地質資料を収集し，それらを活用してモデルの基本的な定数を決定した．また，前項で述べたモデルは表流水の動きを追跡するためのモデルであり，蒸発散モデル，浸透モデル，地下水モデルなどを同時に計算しながら水収支全体を考える．流域全体の水理地質定数を決定するためには，Luo $et\ al.$ (2000) で開発された逆解析を用いている．空間的な格子間隔は 1 km であり，時間軸の刻みは 1 時間である．

図 5.3.4 に利根川流域の形状と複雑な流路網の一端を示す．流域界に当たる氾濫原格子では，水深はゼロという条件を与えた．河口部は水位境界と考え，海と同じ水位とした．ここで海抜ゼロとしている．支川の上流端は境界ではない．ここでは河川格子の流れ，氾濫原格子の流れ，地下水からの浸透成分に関する方程式を連立して解いて，流れの状態が決まる．合流点，分流点も境界ではなく，ここの水理量は方程式を解いて求めることになる．

氾濫原格子における初期の水深は水域を除いてゼロとする．河川格子にお

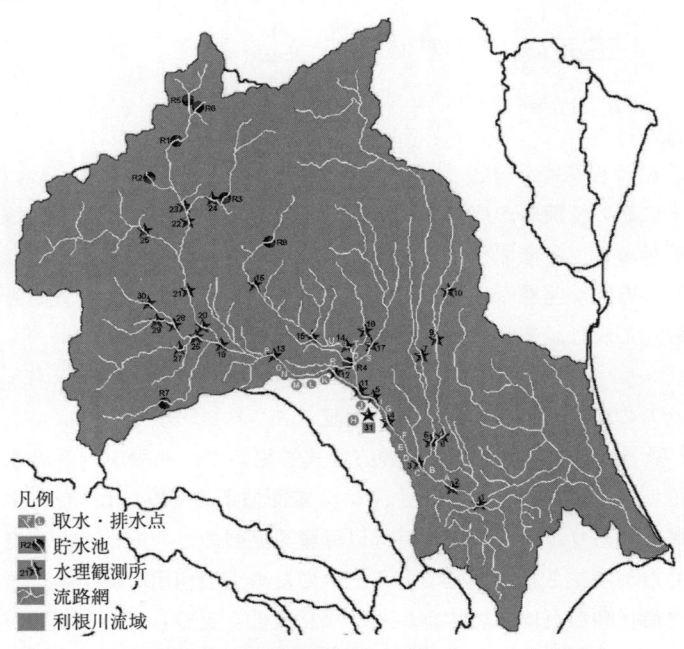

図 5.3.4 利根川流域と複雑な流路網の一端 (Luo $et\ al.$, 1999a)

凡例
- 取水・排水点
- 貯水池
- 水理観測所
- 流路網
- 利根川流域

いては初期の水深は，水位観測点以外では不明である．したがって，河川格子での初期水深は流量を想定して計算を行い，水位観測点における水深が観測値に一致するように設定された．

1993年の観測資料に一致するようにモデルを同定し，こうして検定されたモデルで1994年の予測を行い，1994年の観測値と比較して検証した．検定と検証は30の観測地点の資料を用いて行われた（建設省，1996など）．試行錯誤法により検定したが，客観性を増すために式 (5.3.10) で定義する客観性関数を導入した．

$$O(\theta) = \sum_{n=1}^{N}\left\{\sum_{t=1}^{T}[Q_o(t) - Q_c(t, \theta)]^2\right\} \quad (5.3.10)$$

θ は検定しようとする媒介変数ベクトル，t は時間，T は総計の計算時間，$O(\theta)$ は客観性関数，$Q_o(t)$ は観測された流量，$Q_c(t, \theta)$ は計算で予測された流量，n は観測点の番号，N はすべての観測点の数であり，本書の利根川に対する計算では $N=30$ である．客観性関数がより小さな場合の媒介変数の値をモデルでは採択することとする．1993年の観測値を用いて検定を行った．

このようにして検定されたモデルを用いて，1994年の関東平野における水収支の計算を行った．検証は利根川の本流，支流に分布している観測点において予測された流量と観測された流量を比較して行うこととした．予測結果と観測結果との対比を図5.3.5に示している．

予測された年間を通しての流量時系列値は全体的には観測された結果をかなりよく再現している．布川と栗橋は中下流部に位置しており，八斗島は上流部に位置している（図5.3.4）．下流部では低水の予測値は観測値とずれているが，大きな流量ピークはうまく再現されており，上流域では逆の傾向が見られる．大きな流域では，流域特性を表す係数の影響は低水にはあまり敏感には現れず，高水の際に強く現れる．また，小さな流域ではその逆である．下流域では集水面積が大きく，上流域では集水面積は小さい．こうしたことにより，大流域における媒介変数の検定では高水の際の調整が主体となり，小流域では低水の際の調整が主体となる傾向にある．このような原因により，予測の誤差は図5.3.5に示されている傾向になったと考えられる．

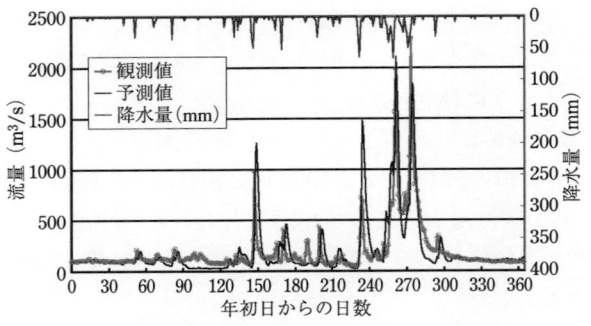

(a) 観測所 No.1（布川）における結果

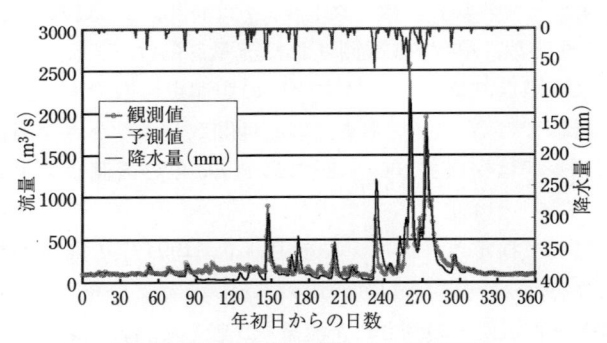

(b) 観測所 No.11（栗橋）における結果

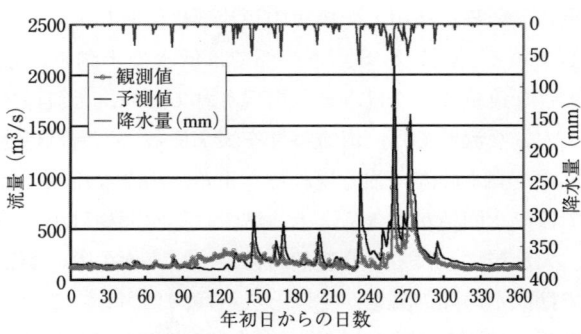

(c) 観測所 No.13（八斗島）における結果

図 5.3.5 1994 年の降水量を用いた流量の検証 (Luo, 2000)

5.3.3 蒸発散量に及ぼす温度上昇の影響

この20年間に地球大気に含まれる二酸化炭素や人工起源の気体が着実に増えているという研究 (Aston, 1984; Bultot et al., 1988) や観測が多く報告されている (Baeck and Simith, 1995; Gan, 1998). こうした気体の増加に伴う明らかに感知できる結果は，温室効果，あるいは地球温暖化である．温度上昇に関しては，二酸化炭素が2倍になると気温は2°C程度上昇することは多くの研究者が認めている．全米科学アカデミーは1983年に3±1.5°Cの気温上昇を予測している (Mimikou et al., 1991). 温暖化ガスの放出が続き，それに急激な人口増加が加わると，社会経済的にたいへんな問題が生ずることが警告されている (Katczmarek et al., 1996). 気候変化の影響をもっとも深刻に受けるのは水システムや生態系であり，これらの損失はすぐに社会経済的な課題に反映されてくる．

本項では気候条件の変化が水収支にどのような影響を与えるかを予測する．まず，水文循環に関わる項目のうち，大気温度上昇の影響をもっとも顕著に受けると考えられる蒸発散について考察する．次いで，分布型の水収支モデルを構築し，同定と検証を行う．この作業は相対的に小さな流域面積の久慈川で行った．水収支モデルが検証されたのちに，利根川流域を対象に2.5°Cの温度上昇を想定したときの蒸発散量の変化を算定する．大気温度が変化すると気候も変化すると考えられるが，これらの相互関連を論ずるには全体を対象にした数学モデルの分析が必要となり，本書の対象範囲を超えるので，今回の分析では気候条件は現在と変わらないと仮定している．

（1）数学モデルの構築と同定

本書で紹介する結果は分布モデルによる予測結果である．モデルは流域と水路の生成モデル (Luo et al., 1999a)，水路構成モデル (Luo et al., 1999b)，蒸発散モデル，表面流モデル，浸透モデル・地下水モデル (Luo et al., 2000) などの部分モデルで構成されている．表面流モデルは氾濫原と河川とを統一的に取り扱う方式をとっており，結合モデルとは大きく異なる概念を採用している (5.3.2項参照). 浸透は，基本的には2層のグリーン・アンプトモデルであるが，関東地方においては不飽和帯における地下水の浸透で

は，第2層は飽和に達することがない．これは第2層の透水係数が第1層より高いからである．グリーン・アンプトモデルは元来上部層の浸透係数がより大きな状態を想定しているので，この制約条件を課さないでもよいようにモデルを修正した．この項では蒸発散モデルに焦点を絞り，記述する．

現実の蒸発散量 E は基準蒸発散量 E_{rc} に植生係数 k_c と土壌係数 k_s をかけて求める．これは異なる作物が植えられている農地に対する蒸発散量を推定する方法 (Chow et al., 1988) を発展させたものである．

$$E = k_s k_c E_{rc} \tag{5.3.11}$$

基準蒸発散量は可能蒸発散量に地域的な土地利用を考慮して補正したものであり (Van Bavel, 1966)，本書ではエネルギー収支法と空気力学的方法を合成した手法により，次式を用いる．

$$E_{rc} = \frac{\Delta}{\Delta + \gamma} E_b + \frac{\gamma}{\Delta + \gamma} E_a \tag{5.3.12}$$

ここに，E_b はエネルギー収支法による蒸発散量，E_a は空気力学的方法による蒸発散量，Δ は空気温度 T における飽和蒸気圧曲線の勾配，そして γ は定圧比熱 c_p を水の蒸発の潜熱 l_v で除した，乾湿係数である ($\gamma = c_p / l_v$)．

E_b は次式によって求められる．

$$E_b = \frac{1}{l_v \rho_w}(R_n - H_s - G) \tag{5.3.13}$$

式 (5.3.13) において，ρ_w は水の密度，R_n は正味放射量，H_s は大気への顕熱輸送量，G は地中伝導熱である．

Jia (1997) によれば関東地方においては地中伝導熱はほとんどゼロに近く，Chow et al. (1988) によれば，合成法では顕熱輸送量も無視できる．したがって，式 (5.3.13) は次式に帰着する．

$$E_b = \frac{R_n}{l_v \rho_w} \tag{5.3.14}$$

空気力学的方法による蒸発散量 E_a は Dalton 型の方程式によって，次のように計算する．

$$E_a = B(e_{as} - e_a) \tag{5.3.15}$$

ここに，B は蒸気輸送係数，e_{as} と e_a はそれぞれ地表面と高さ2mの地点における蒸気圧力である．

飽和蒸気圧曲線の勾配 (Δ)，定圧比熱 (c_p)，水の蒸発に伴う潜熱 (l_v)，正味放射量 (R_n)，蒸気輸送係数 (B)，地表面における蒸気圧 (e_{as}) と高さ 2 m における周辺大気の蒸気圧 (e_a) の算定については Chow et al. (1988) の本や，Yang (1998) の論文などに記述がある．

蒸発散量の算出においては，正味放射量 R_n は土地利用ごとのアルベドの関数であり，植生係数 k_c は植生の種類とその成長段階の関数，土壌係数 k_s は土地利用状態の関数である．E_b と E_a は大気温に密接に関係している．したがって，気温上昇が蒸発散量に与える影響を，異なる土地利用ごとに考察した．

(2) モデルの同定と検証

関東地方全域は多くの河川流域に分割されるため，それを一体として取り扱うことはできないので，モデルの同定と検証は水理・水文資料が整っているひとつの流域（久慈川流域）で行うこととした（建設省，1996 など）．久慈川は流域面積約 1500 km² の河川である．計算格子の大きさは 250 m である．図 5.3.6 は関東地方の平面図を示し，AMeDAS 気象観測所を黒点で示している．久慈川流域の格子点標高は国土地理院発行の数値地図 1997 年を用い，土地利用は国土庁から 1996 年に発行された土地利用資料 1991 年を用いた．降雨および気象資料は，気象庁からいわゆる AMeDAS 資料として公表されている 1979 年から 1996 年に至る統計資料を用いた．

本書においては 1993 年の資料を用いてモデルを同定した．この同定されたモデルによって 1994 年の予測計算を行い，観測値と比較した．計算時間間隔は表流水に対して 360 秒，蒸発散モデルと地下水や浸透モデルにおいては 1 時間である．最下流の観測所を対象としてハイドログラフを予測した．その結果を観測値と比較したのが，図 5.3.7 である．予測値は全体的な傾向は再現でき，低水部分の一致はよいが，9 月以降の出水の際の尖頭流量の予測は過小である．

(3) 利根川流域の蒸発散量に及ぼす温度上昇の影響

利根川流域（図 5.3.8 参照）は関東地方の中央部に位置し，その 1 万 5628.7 km² に及ぶ流域は群馬県の大部分，栃木県，茨城県，千葉県，埼玉

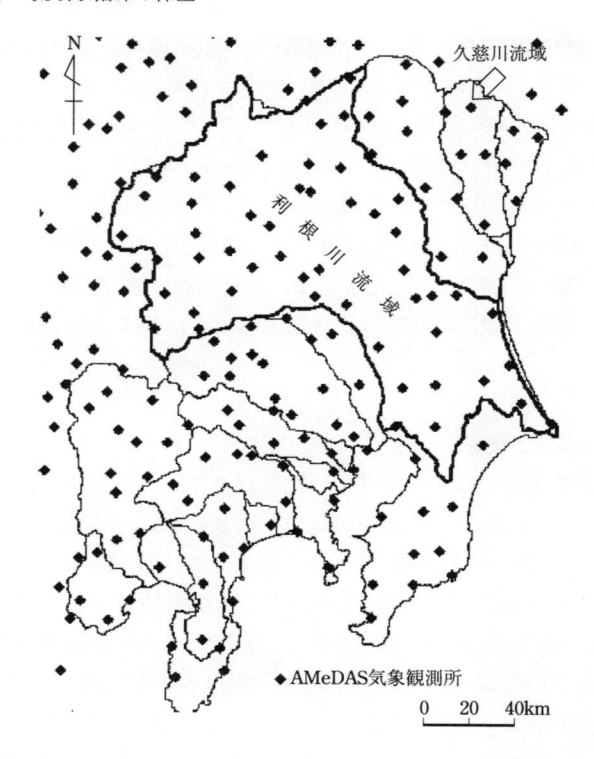

図 5.3.6 関東地方の流域界と AMeDAS 気象観測所の位置 (黒点) (Luo, 2000)

県の5県に広がっており，日本の河川のなかでは最大である．利根川は上記の5県および東京の主要な水源となっているほか，近代においても首都圏にたびたび洪水被害を与えており，あらゆる面において首都圏でもっとも重要な河川である．図 5.3.8 は利根川流域の標高資料と大分類をした土地利用を示す鳥瞰図である．

　計算に用いられた空間的な格子間隔と時間間隔は久慈川の例と同じである．最初に 1993 年の AMeDAS 資料を用いて蒸発散量の分布を計算した．その後で，年間にわたって温度だけを 2.5℃ 上昇させ，計算を行った．表 5.3.1 は予測された土地利用ごとの蒸発散量，利根川流域の平均蒸発散量，最大蒸発散量のそれぞれについて，月ごとの変化量を気温上昇 1℃ に対して，1993

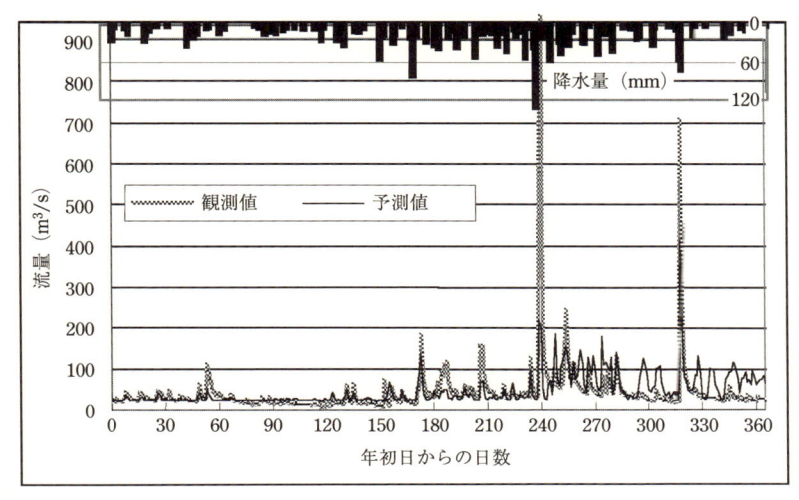

図 5.3.7 予測ハイドログラフと観測値の比較（Luo, 2000）
1994 年，久慈川榊橋観測所（河口から 6.3 km）．

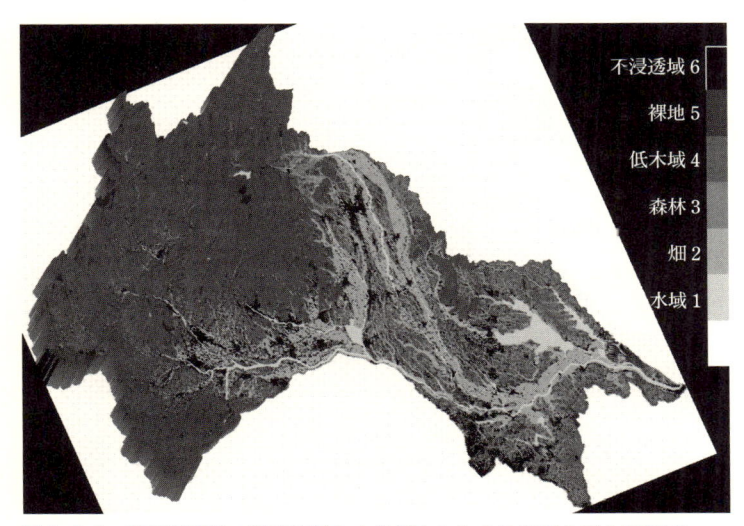

図 5.3.8 利根川流域の標高資料と大分類をした土地利用を示す鳥瞰図
（Luo, 2000）

表5.3.1（その1） 蒸発散量の比較（Luo, 2000）

月	降水量(mm)	蒸発散量（mm）										
		水域			水田			森林			低木域		
		1993年	+2.5°C	%/deg	1993年	+2.5°C	%/deg	1993年	+2.5°C	%/deg	1993年	+2.5°C	%/deg
1	131	98	106	3.0	19	21	2.9	78	83	2.5	38	41	3.0
2	150	109	117	2.9	21	23	2.8	95	101	2.4	43	46	2.9
3	76	120	129	2.8	107	114	2.8	114	118	1.6	101	108	2.8
4	91	136	145	2.6	121	129	2.5	113	113	0.0	114	121	2.3
5	141	151	160	2.4	135	143	2.5	161	163	0.5	126	134	2.4
6	412	131	139	2.5	117	124	2.5	139	147	2.1	110	117	2.5
7	440	130	138	2.6	116	123	2.6	143	152	2.5	108	115	2.6
8	421	150	159	2.4	133	142	2.5	161	171	2.4	124	132	2.4
9	354	132	140	2.4	117	124	2.5	141	149	2.4	109	115	2.5
10	200	130	139	2.5	115	122	2.5	144	153	2.5	108	115	2.5
11	166	114	122	2.6	22	24	2.7	112	119	2.6	45	48	2.5
12	100	109	117	2.8	21	23	2.8	102	107	2.0	43	46	2.8
計/平均	2,682	1,511	1,609	2.6	1,044	1,111	2.6	1,502	1,576	2.0	1,068	1,136	2.6

表5.3.1（その2） 蒸発散量の比較（Luo, 2000）

月	降水量(mm)	蒸発散量(mm)										
		裸地			不浸透域			全流域			最大値		
		1993年	+2.5°C	%/deg	1993年	+2.5°C	%/deg	1993年	+2.5°C	%/deg	1993年	+2.5°C	%/deg
1	131	16	17	3.1	3.1	3.3	2.6	54	57	2.7	187	201	3.0
2	150	17	19	3.0	3.6	3.8	2.2	64	68	2.5	169	182	3.1
3	76	28	30	2.8	3.9	4.2	3.1	99	104	2.1	190	205	3.2
4	91	32	35	2.7	4.4	4.7	2.7	104	107	1.1	205	219	2.7
5	141	36	38	2.6	4.9	5.2	2.4	133	138	1.3	221	235	2.5
6	412	31	33	2.5	4.1	4.4	2.9	115	122	2.3	211	225	2.7
7	440	31	33	2.6	4.0	4.2	2.0	116	124	2.5	274	282	1.2
8	421	36	38	2.5	4.6	4.9	2.6	133	141	2.4	268	286	2.7
9	354	31	33	2.6	4.0	4.3	3.0	116	123	2.4	242	249	1.2
10	200	31	33	2.5	4.1	4.3	2.0	117	124	2.5	240	256	2.7
11	166	19	20	2.6	3.7	3.9	2.2	73	78	2.6	200	214	2.8
12	100	18	19	3.0	3.5	3.7	2.3	67	71	2.2	197	212	3.0
計/平均	2,682	326	348	2.7	48	51	2.5	1,190	1,255	2.2	2,604	2,766	2.6

年の値に対する百分率で整理したものである.

表5.3.1を参照すると，絶対量および気温上昇に対する蒸発散量の増加量は8月がもっとも大きいが，増加率の最大は必ずしも8月に生じてはいないことがわかる．土地利用ごとの増加量の特徴は以下の通りである．

水域：気温上昇1℃当たりの月蒸発散量の増加率は2.4%から3.0%の間にあり，平均2.6%である．これはイングランド南東部を対象としてペンマンモデルで予測された2.8%という値 (Mimikou et al., 1991) に近い.

水田：水田は稲が生育している時期は表面が水で覆われているので，水域とほとんど同じ挙動を示す．月蒸発散量の増加率は2.6%である．

森林：月蒸発散量の増加率は2.0%で，いろいろな土地利用のなかではもっとも低い部類のひとつである．森林からの正味蒸発散量は非常に大きく，雨が降らなければ土壌水分は早急に低下し，少雨の時期にはゼロに近づく．表5.3.1において森林で4月と5月の蒸発散量増加率がほぼゼロに近いのは，このような機構によるものである．

低木域：蒸発散量の増加率は水域や水田と同じく，2.6%である．本解析では草地，ゴルフ場，海岸，果樹園，畑地などがこの分類に含まれていることにより，こうした結果となったものと考えられる．けっきょくのところ大きな蒸発散が生ずるのは雨の後などのように，土壌からの水分補給が十分にあるときであり，こうした条件下では水田などからの蒸発に近かったと見ることができる．

裸地：蒸発散量増加率は2.7%で最大であった．水蒸気の供給面から考えるとこれは奇異に映るが，こうした結果となったのは正味の蒸発散量が非常に小さいことが関係しているであろう．裸地は植生も何もない開放空間であり，風速も大きく，裸地の上では空中の水分量も少ないであろう．こうした地域において気温上昇の変化を与えると，蒸発散量の増加率が大きく上昇したと考えられる．

不浸透域：不浸透域からの正味の蒸発散量は非常に小さい．しかし，気温上昇が1℃の際の増加率はそれほど小さくなく，2.5%であった．この理由は裸地に対するものと同様であると考えられる．

表5.3.1を見ると，森林を除いては夏季に比べて冬季 (11月から3月の間) において蒸発散量の増加率が大きいことがわかる．関東地方では冬季は

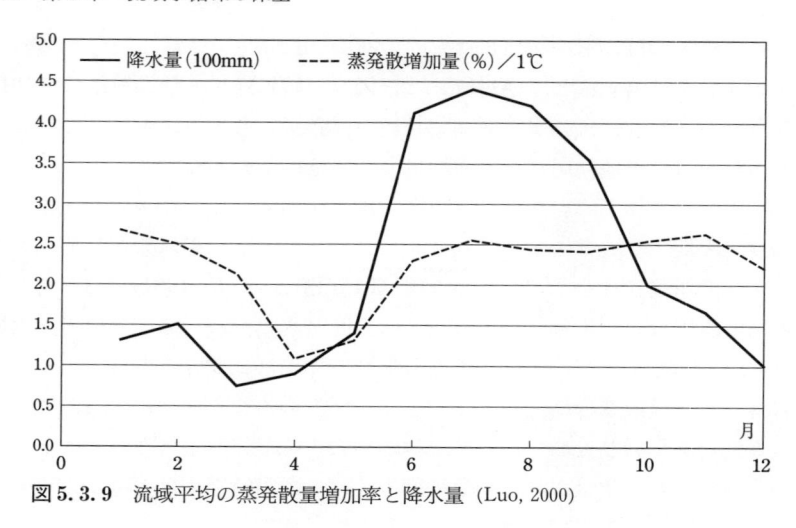

図 5.3.9 流域平均の蒸発散量増加率と降水量 (Luo, 2000)

乾燥期であり，北西の季節風も強い．したがって，寒く乾燥した時期には，気温上昇の影響が強く現れるといえよう．夏季には大気中の水蒸気量も高く雨量も多いので日照時間も短くなる．また，正味の蒸発散量は大きいので，土壌水分は容易に消費されてしまうため，気温が上昇しても土中の水蒸気補給量が小さく，一方，水蒸気濃度の勾配も小さいので，蒸発散量の増加率はそれほど大きくならない，という結果となっている．さらに，1993 年の総降雨量は 2682 mm（表 5.3.1 参照）に達しており，この年は平年に比べてかなりの多雨年であった．こうした条件下での数値予測であるので，上に述べたような土壌と大気の間での水分移動機構の影響が強く現れていることに留意する必要がある．

利根川流域を平均した単位温度上昇に対する蒸発散量の増加率は年平均で 2.2% である．図 5.3.9 は流域平均の単位温度上昇に対する蒸発散量の増加率を月ごとに示したものである．降雨量をともに示したのは，流域の約 50% が森林であり，森林の蒸発特性と降雨の相関が強いからである．

水田と低木域（畑が含まれる）においては正味の蒸発散量も大きく，また，増加率も大きな部類に属することが明らかとなった．農業生産に関しては，温度上昇に伴い灌漑用水の不足が生じ，水資源管理の課題が生ずる可能性がある．すなわち，気温の上昇が起こると，①表面流出を減じ，取水可能な水

資源量の減少が生ずる可能性があり，②農業用水が不足することが予測されるのである．しかし，関東平野では農業の経済的比重はそれほど大きくないので，種々の対策を講ずれば，問題を乗り切ることは可能であろう．

この5.3節に示された解析の細部は，Luo（2000）に示されている．

参考文献

浅野　孝・吉谷純一・佐橋義仁（1999）：水資源開発・管理の動向，浅野孝・丹保憲仁監修，五十嵐敏文・渡辺義公編著『水環境の工学と再利用』，北海道大学図書刊行会，46-64．

建設省（1996など）：流量年表，河川協会，1996など．

国土交通省土地・水資源局水資源部（2001）：日本の水資源—平成13年版．

近藤純正編著（1994）：水環境の気象学，朝倉書店，348 pp．

賈仰文・玉井信行（1998）：Integrated Analysis of Water and Heat Balances in Tokyo Metropolis with a Distributed Model（水・熱収支を統合した分布型モデルの開発と東京圏への適用），水文・水資源学会誌，**11**：2, 150-163．

髙橋　裕編（1993）：首都圏の水，東京大学出版会，233 pp．

東京都下水道局（2001）：事業概要—平成13年版．

Abbott, M. B., Bathurst, J. C., Cunge, J. A., O'Connell, P. E. and Rasmussen, J. (1986): An introduction to the European hydrological system: Systeme Hydrologique European, "SHE", 2: Structure of a physically-based, distributed modeling system, *Journal of Hydrology*, **87**, 61-77.

Aston, R. (1984): The effect of doubling atmospheric CO_2 on streamflow: A simulation, *Journal of Hydrology*, **67**, 273-280.

Baeck, M. L. and Simith, J. A. (1995): Climatological analysis of manually digitized radar data for the United States East of the Rocky Mountains, *Water Resources Research*, **31**：12, 3033-3049.

Bultot, F. A., Coppens, G. L., Dupriez, D. G. and Meulenberghs, F. (1988): Repercussions of a CO_2 doubling on the water cycle and on the water balance: A case study for Belgium, *Journal of Hydrology*, **99**, 319-347.

Chow, V.-T., Maidment, D. R. and Mays, L. W. (1988): *Applied Hydrology*, McGraw-Hill Book Company, 572 pp.

Fread, D. L. (1988): The NWS DAMBRK Model: Theoretical Background/User Documentation, National Weather Service (NWS), NOAA.

Gan, T.-Y. (1998): Hydroclimatic trends and possible climatic warming in the Canadian prairies, *Water Resources Research*, **34**：11, 3009-3015.

Horton, R. E. (1945): Erosional development of streams and their drainage basins: Hydrophysical approach to quantitative morphology, *Bulletin of the Geological Society of America*, **56**, 275-370.

Jia, Y. (1997): Integrated analysis of water and heat balances in Tokyo Metropolis with a distributed model, Ph. D. dissertation, The University of Tokyo, 162 pp.

Jia, Y. and Tamai, N. (1999) : Integrated modeling and major components of water and heat balances in a partially urbanized watershed, *Journal of Hydroscience and Hydraulic Engineering (JHHE), JSCE*, **17** : **1**, 143-154.

Jia, Y., Tamai, N. and Tanaka, N. (1999) : Influences of subgrid heterogeneity of land use and grid size on water and heat budgets in the Shutoken area, *Annual Journal of Hydraulic Engineering, JSCE*, **43**, 115-120.

Katczmarek, Z., Arnell, N. W. and Starkel, L. (1996) : Chapter 1, Climate, hydrology, and water resources, In Katczmarek, Z. *et al*. (eds.), *Water Resources Management in the Face of Climatic/Hydrologic Uncertainties*, Kluwer Academic Publishers, 408 pp.

Luo, Q. (2000) : A distributed water balance model in Large-scale Complex Watersheds (LCW) and its application to the Kanto region, Ph. D. dissertation, Dept. of Civil Engineering, the University of Tokyo, 152 pp.

Luo, Q., Tamai, N., Jia, Y. and Huang, G. (1999a) : A complementary stream-network and watershed model for river basins in plain and urban areas (CSWM), Proceedings of XXVIII IAHR Congress, C3, 199 (1-6).

Luo, Q., Tamai, N. and Huang, G. (1999b) : A grid-based stream-structure model for large-scale watershed (GSMLW), *Annual Journal of Hydraulic Engineering, JSCE*, **43**, 19-23.

Luo, Q., Tamai, N. and Huang, G. (2000) : Non-optimization direct method of the inverse problem (NODMIP) for groundwater modeling in a large-scale basin, *Journal of Japan Society of Hydrology and Water Resources*, **13** : **2**, 148-155.

Mimikou, M., Kouvopoulos, Y., Cavadias, G. and Vayianos, N. (1991) : Regional hydrological effects of climate change, *Journal of Hydrology*, **123**, 119-146.

Shreve, R. L. (1966) : Statistical law of stream number, *Journal of Geology*, **74** : **1**, 17-37.

Singh, V. P. (1995) : Chapter 1, Watershed modeling, In Singh, V. P. (ed.), *Computer Models of Watershed Hydrology*, Water Resources Publication, 1144 pp.

Van Bavel, C. H. M. (1966) : Potential evaporation: The combination concept and its experimental verification, *Water Resources Research*, **2** : **3**, 455-467.

Yang, D. (1998) : Distributed hydrologic model using hillslope discretization based on catchment area function: Development and appications, Ph. D. dissertation, The University of Tokyo, 157 pp.

6 地球環境と日本の水資源

　水不足，豪雨災害，水質汚染，生態系の破壊など，水に関わる問題が世界各地で広がってきており，21世紀は水危機の時代といわれる．人は社会生活を営むために，生物的に必要な量（1人1日当たり2.5リットル）をはるかに超える水を消費しており，生活用水に加え，農業・発電・工業用水も含めると，1987年の世界平均1人1日当たりの水使用量は約1770リットルとなる（世界資源研究所ほか，1996）．たしかに地球全体の淡水資源はこの需要に十分応えられるが，水使用量および淡水資源量には地域や季節による大きな差があり，人口の急増と相まって，今世紀には世界的な水不足に陥ることが懸念されている．国連が分析した149ヵ国のうち水不足に悩む人口は，1990年には1億3200万人であったが，2025年には6億5300万-9億400万人，2050年には10億6000万-24億3000万人にも上ると予測されている（玉井，2001）．

　水循環の急激な変動は洪水をもたらし，毎年のように世界各地で多くの人命が奪われ，多額の資産被害が生じている．1988-1997年の10年間に発生した全自然災害による死者数，経済的被害の3分の2はともに風水害によってもたらされているという事実は（Cosgrove and Rijsberman, 2000），科学技術が進歩した今日にあっても水害が依然として脅威であることを如実に物語っている．

　このような"いま"の問題群とともに，20世紀に顕在化した地球温暖化の影響は"これから"の水環境問題に強い懸念を呈している．これらの問題を引き起こす水循環の急激な変動のメカニズムを理解し，その予測精度を向上させ，情報を国際的に共有する体制を築くことが，水危機回避の有力な解決策のひとつといえよう．本章では，地球規模の気候における水の役割を踏ま

えて，気候の変動性とそれに伴う水循環の変動性を理解し，水資源への影響を考察する．

6.1 地球規模の気候変化と降水変動

6.1.1 地球の気候システムにおける水循環の役割

"水惑星"地球の表層には莫大な量の水が存在し，それが地球の気候形成に深く関わっている．気温が変化し，風が吹き，雨が降り，水が蒸発するというような，地球の表層と大気圏で生じている諸現象のエネルギー源は，地球へ届く太陽放射エネルギーであり，水はそのエネルギーの分配と輸送に重要な役割を担っている．図6.1.1は，地球の大気上端から入る太陽放射エネルギーを100単位とした場合の，大気-地表系でのエネルギー収支の年平均を表している（小池，1996）．地球がどんどん暖まっていくことも，また冷めていくこともないのは，大気-地表系で吸収される太陽放射とそこから宇宙空間に放射される地球放射が釣り合っているためである．なお，前者はそ

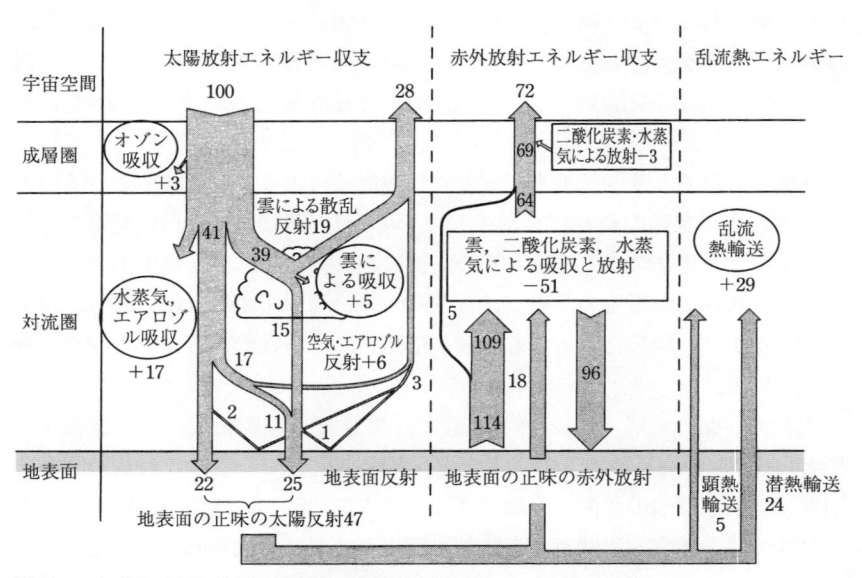

図6.1.1 大気-地表系での年平均エネルギー収支（小池，1996）

のエネルギーの中心が可視光線域にあるため短波放射とも呼ばれる．一方，後者の中心波長は熱赤外線域にあるため，赤外放射あるいは長波放射とも呼ばれる．

さて，地球の大気上端から与えられる太陽放射エネルギーのうち，25単位は大気で吸収されて熱に変換され，25単位は大気で反射され大気-地表系外へ戻される．大気を透過あるいは大気中で散乱して地表に届く短波放射は50単位で，そのうち3単位が地表面で反射されるため，地表面で吸収される短波放射は47単位となる．この地表面吸収エネルギーのうち半分を超える24単位は地表での水分の蒸発による潜熱輸送で失われ，また，乱流による顕熱輸送によって5単位が失われる．なお，水蒸気が地表から上空に運ばれて凝結して雲になるときに潜熱が放出されて対流圏が暖められる．対流圏で雲が再度蒸発して水蒸気になるとこの加熱は帳消しとなるが，雲が降水となって地表に戻される場合には，地表で吸収された太陽放射エネルギーの約半分が水循環によって対流圏に運ばれたことになる．つまり水の循環は，大気-地表系のエネルギー収支をコントロールして，地球の気候形成に大きな影響を与えている．

以上は地球全体の平均のエネルギー収支であるが，次にその空間的な分布を見てみよう．

地球は球体であるため，大気圏へ入射する正味の太陽放射量は高緯度ほど小さくなる．一方，大気圏外へ放出される赤外放射量は太陽放射に比較して緯度による変化は小さい．結果として，図6.1.2に示されるように，緯度別に見れば両者は釣り合っておらず，大気圏は低緯度では加熱，高緯度では冷却されることがわかる（中島，1993）．この南北方向の放射収支のアンバランスは，赤道近傍から極方向への熱輸送が生ずることを示している．図6.1.3 (a), (b) は大気柱および海洋表層でのエネルギー収支項を経度方向に平均し，年平均値の南北分布を示している（小池，1996）．大気柱および海洋表層での水平方向のエネルギーの発散（発散が正，収束が負）は低緯度側で発散，高緯度側で収束となっている．大気側では，放射による冷却の多くの部分が，水蒸気の鉛直輸送による潜熱の解放によって解消され，暖められた大気もしくは水蒸気そのものが，低緯度側から高緯度側へ大気循環を通して輸送されていることを示している．また海洋では，吸収する正味の放射と潜

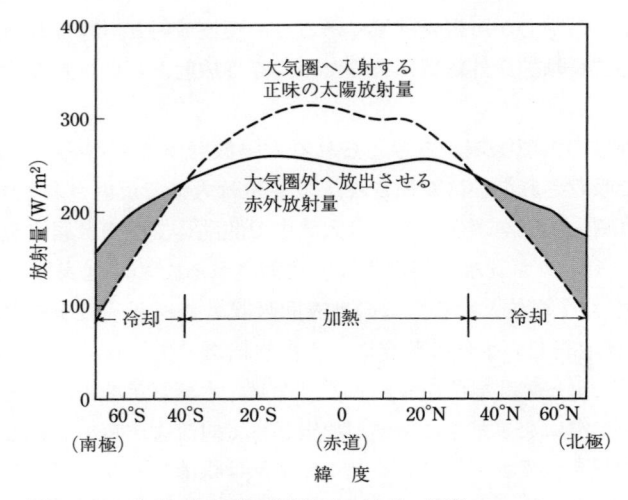

図 6.1.2 大気-地表系の放射収支（中島，1993）

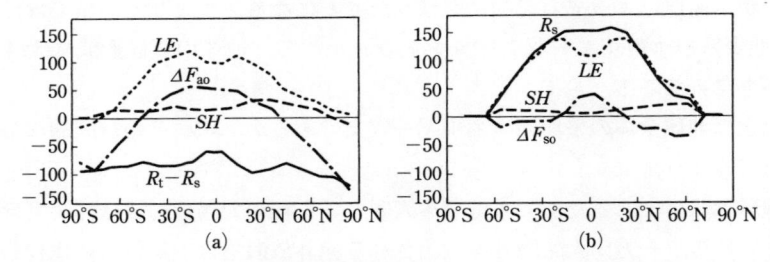

図 6.1.3 大気柱（a）および海洋表層（b）でのエネルギー収支．R_t, R_s：それぞれ大気柱上端，地表面で受け取る正味の放射エネルギー，SH, LE：地表面から大気へ鉛直方向に輸送されるそれぞれ顕熱量，潜熱量，ΔF_{ao}, ΔF_{so}：それぞれ大気柱，海洋表層で水平発散方向に輸送されるエネルギー（小池，1996 より一部修正引用）

熱輸送が大きく，顕熱輸送が小さく，海流によって低緯度側から高緯度側へ熱輸送があることが示唆されている．このような低緯度帯から極方向への熱輸送のほとんどは，大気の地球規模の大規模運動による水蒸気の顕熱輸送と，海流による暖水輸送によって賄われ，それが南北の温度差を緩和して，地球全体として温和な環境をつくりだしている．

図 6.1.4 はユネスコでとりまとめられた，「世界の水収支と地球の水資源 (World Water Balance and Water Resources of the Earth, 1978)」をもとに，地球上の水の分布を模式的に示したものである（小池，1996）．同図に

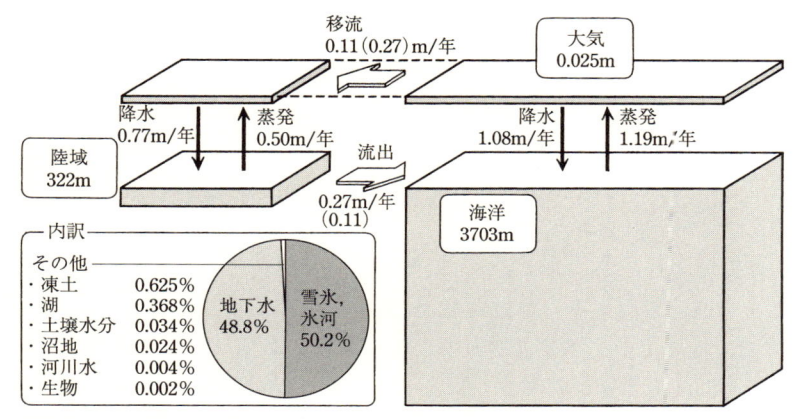

図6.1.4 地球規模の水の分布と循環（小池，1996より一部引用）

移流 0.11 (0.27) m/年
大気 0.025m
降水 0.77m/年
蒸発 0.50m/年
降水 1.08m/年
蒸発 1.19m/年
陸域 322m
流出 0.27m/年 (0.11)
海洋 3703m

内訳
その他
・凍土　0.625%
・湖　0.368%
・土壌水分　0.034%
・沼地　0.024%
・河川水　0.004%
・生物　0.002%

地下水 48.8%
雪氷，氷河 50.2%

示すように海洋では，降水量より蒸発散量が大きく，その差が海洋の大気から陸域の大気への水蒸気輸送量となる．また，陸域では降水量が蒸発散量より大きく，その差が河川流域として海域へ流入する．つまり，水の循環を収支として考えると，海洋上の大気で余った水蒸気が陸に運ばれ，陸域での降水量と蒸発散量の差に相当する河川流出となって海洋に流れ込み，海洋での蒸発超過を解消していることになる．この海洋→大気→陸域→海洋の水循環は，エネルギーフローの観点から見れば，太陽放射の反射率が低い海洋でより多く吸収されたエネルギーが，水循環を通して海面から海洋上の大気へ運ばれ，それがさらに陸域の大気へ運ばれて陸域上の大気を加熱し，結果として海面，陸面での吸収エネルギーの差による影響を緩和する役割を演じていることが理解される．このように大陸と海洋のコントラストがつくる地域規模の水循環によって，大陸，海洋間の環境の差が緩和され，地域全体として温和な環境がつくりだされると同時に，人間社会を含む陸域生態系を育む水環境が形成されている．

6.1.2 水の物理特性

水がもつ物質としての特殊性が地球の環境形成に深く関わっている．ここでは，水の熱特性と密度に焦点を当てて，気候システムにおける水の役割を見てみよう．

液体である水の比熱は20℃で4.18 J/kgと非常に大きな値である．したがって地球の水の大半をたたえる海洋の熱慣性は大きく，夏季に熱を貯留し，冬季に解放することによって，地表面温度の季節変化を和らげている．1年の時間スケールで大気と相互作用する海洋の混合層の厚さは約70 mと考えられており，0℃の純水の密度を仮定すると，海洋の比熱は大気に比べて30倍であることが計算される．

　地球環境のもとで，水は気体，液体，固体と相変化し，その過程で膨大な潜熱を吸収，放出する．単位質量当たりの水の蒸発熱は20℃で2.45×10^6 J/kgで，地球上のすべての物質のなかで最大であり，水の蒸発作用によって地表面温度の上昇が効率よく抑えられ，かつ水蒸気の凝結によって多量の熱が大気中に放出されることを意味している．また，水の融解熱も3.34×10^6 J/kgと大きな値であり，高緯度帯では赤外放射による冷却の効果は直接大気温度に反映されない．放射冷却によって海面や地表面の水分が凍結するプロセスを通して地表面が0℃に保たれているからである．1気圧のもとでの水の融点をもって温度スケール上での0℃が定義されているが，水とよく似た他の第VI族元素の水素化合物と比較するとこの値は百数十度も高い．すなわちこれらの物質と比較して，水は地球環境のもとで凍りやすい物質であるといえる．

　水の特殊な物性の第二は密度が最大となる温度である．純水の場合，密度は4℃で最大となる．このように凝結温度より高い温度で最大密度を示す液体は水以外にはない．海水の場合は，高塩分濃度により最大密度となる温度が結氷温度と一致する．このため，淡水と海水では季節変化による水の温度，密度特性が異なる．

　淡水の場合は，秋から冬に水面が冷やされると，表面に低温の密度の高い水がつくられ，下の軽い水と入れ替わるために対流混合が起こる．純水の場合は4℃の水がもっとも重いために，混合層の水温が4℃になった後に表面水がさらに冷やされると，軽い水が重い水の上に載っている状態，すなわち密度成層が形成され，対流混合はなくなる．さらに冷やされ表面が0℃になると，水の表面に氷が張り，成長していくが，水中の底部では，4℃の水温が観測されることが多い．海水の場合は，冷却によって密度成層がつくられることはなく，対流混合を続けながら結氷温度に達する．

ところで固体である氷は，液体である水より，密度が小さい．これは，水分子が水素原子側と酸素原子側がそれぞれ（＋）と（−）に分極している双極子であるためで，液体の水の場合には水分子が互いに絡み合った状態で存在しているのに対して，固体の氷となると水分子間の（＋）と（−）が互いに引き合って整然と配列する結果，分子間の隙間がかえって大きくなるためである．このような特異な性質を示す物質は水とビスマスのみである．もし固体である氷のほうが液体の水の密度より大きい場合を想定すると，冷却によってできた氷は次々に沈み，水面が現れ続けるので，形成される氷の量は現在よりはるかに多くなるであろう．しかも，暖められた表面の密度は小さいために密度成層が形成され，水底に沈んだ氷は夏になってもほとんど融けることがない．したがって年々その量は増していき，ついには全層が凍結し，夏になるとその表層が融けるという凍土のような様相を呈し，地球は「水惑星」ならぬ「氷惑星」となってしまうだろう．

　海氷の特性はさらに複雑である．結氷温度の混合層のなかで生成された氷の結晶は浮かび上がって海氷へと成長していくが，塩分は氷の結晶のなかへ取り込まれることがなく，氷の形成に使われる水が取り去られる分だけ高塩分濃度の海水ができる．これをブラインと呼び，高密度であるため一部が沈降していき，残りは氷の結晶の間に閉じ込められる．前者は深層水や底層水となって世界の海洋に広がって，海洋の熱塩循環を形成し，数千年スケールの気候の変化に主要な役割を演じている．一方，海氷の結晶のなかに閉じ込められたブラインは，海氷の温度が下がると氷が析出し，温度が上がると周囲の氷を融かして相平衡状態を保っている．結果として，海氷の比熱は非常に高くなり，温度変化に対する慣性はきわめて大きくなる（日本海洋学会，1991）．

　以上のように，地球の環境の広い範囲に流体である水や水蒸気が存在することにより，物質としての水の輸送と同時に膨大なエネルギーが吸収，放出，輸送され，低緯度帯と高緯度帯，海洋と陸域間の熱的コントラストを減じている．また，高緯度帯では海洋や陸域での水と氷の相変化を通して，これらの領域で熱が奪われれば氷の量が増え，熱が与えられれば氷が融けることによって，温度変化の幅が抑制されている．このように水の特異な物理特性によって，地球全体として温和な気候が形成されている．

6.1.3 降水分布とその変動

地球規模の降水分布を知るには，気候推定値や静止衛星による赤外領域のリモートセンシング，極軌道衛星によるマイクロ波リモートセンシング，地上での雨量観測データを組み合わせた全球降水量気候計画 (Global Precipitation Climatology Project; GPCP) のデータセットが利用できる．図 6.1.5 は GPCP によって作成された 1987-1996 年の 10 年平均年降水量分布図である．降水の第一の中心は赤道周辺にあり，熱帯収束帯 (ITCZ) における強い対流活動と一致している．亜熱帯域は高気圧による下降流の影響で降水量は小さく，アフリカおよびオーストラリアの亜熱帯域は広く砂漠に覆われている．第二の降水のピークは北太平洋や北大西洋北部にあり，この領域は寒帯前線やそれに伴う低気圧の通り道で，ストームトラックと呼ばれている．また，南半球の冬にはインドネシア上空にできる活発な対流域が南東方向に南太平洋の中央まで延びる．これを南太平洋収束帯 (South Pacific Convergence Zone; SPCZ) といい，これに沿う多雨域も形成されている．

地球温暖化等により降雨分布は敏感に反応して，その結果，水資源賦存量の地域特性や季節・年々の変動特性に変化が生じると予想されている．その

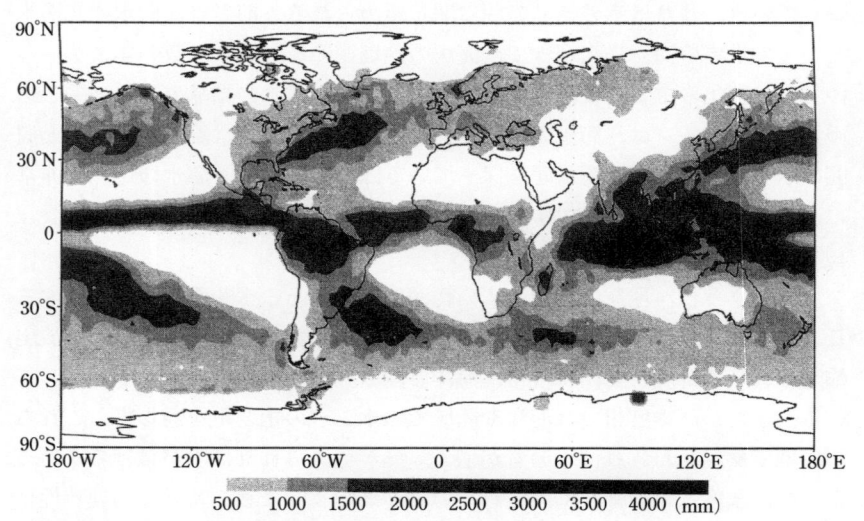

図 6.1.5 GPCP による年平均全球降水分布 (1987-1996 年)

一方,降雨分布の年々変動は大きく,それに伴う水資源の自然変動の実態を把握することが,地球規模の変動特性をより明瞭に理解し,その構造を把握するうえで必要となる.

(1) 地球温暖化の影響

　地球温暖化による水循環変動の兆候として,中高緯度の降水は1990年以降増加しており,一方,北半球亜熱帯の降水は1970年以降10%減少している.旧ソ連のデータによれば,最近の20-25年で土壌水分は増加している.蒸発量は熱帯では増加しているが,旧ソ連およびアメリカでは減少している.雲については,晴天積雲以外はすべて増加傾向にある (Houghton *et al.*, 1996).

　これらの観測データから得られる地球温暖化に伴う兆候は,いずれも物理的には不自然ではなく,相互関係も理屈に合っている.しかし,用いられている観測データはたかだか100年程度であり,気候システム自身がもっている自然の年々変動のレンジの大きさと,観測データの精度および不均一さを考慮すると,地球温暖化に伴う変化を定量的に説明するには十分な説得力を有していないのが実情である.地球温暖化とは地表面からの上向き赤外放射が温暖化ガスによって吸収され,下層大気が加熱され,大気からの下向き赤

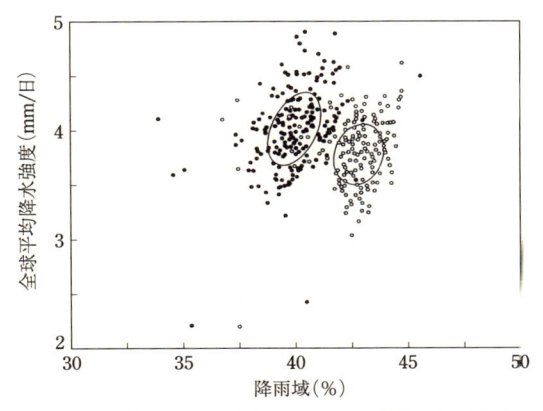

図 6.1.6　CO_2 濃度倍増実験による1時間以内に降水のあった面積が全球面積に占める割合と平均降水強度との関係. CO_2 が現在の場合(白丸)と2倍の場合(黒丸)の比較 (Noda and Tokioka, 1989)

外放射の増加によって地表面加熱が進行し，対流活動を通して対流圏全体に広がる現象であるから，陸域のほうが海洋より暖まりやすい傾向にある．また対流雲の増加に伴い，降水パターンも対流性の集中的な降水が増加すると考えられる．図 6.1.6 は，CO_2 濃度を 2 倍に仮定して，大気海洋結合大循環モデル（AOGCM）で算定された 1 時間以内に降水のあった面積が全球面積に占める割合と平均降水強度との関係を，現在の CO_2 濃度の場合と比較したものである．CO_2 倍増の場合は点が全体として左上にシフトし，温暖化により強度の高い降水が狭い領域に発生する傾向を示している（Noda and Tokioka, 1989）．図 6.1.7 は CO_2 濃度が現在の場合と 2 倍の場合を想定して，アジアモンスーンによる南アジアでの 6-8 月の降水量の 45 年間の年々変動の違いを AOGCM で算定したものである．破線は標準偏差（±1

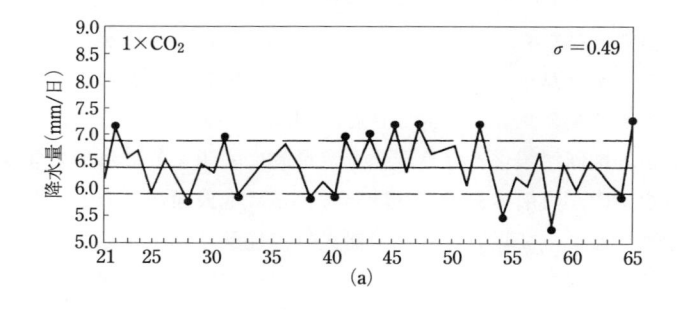

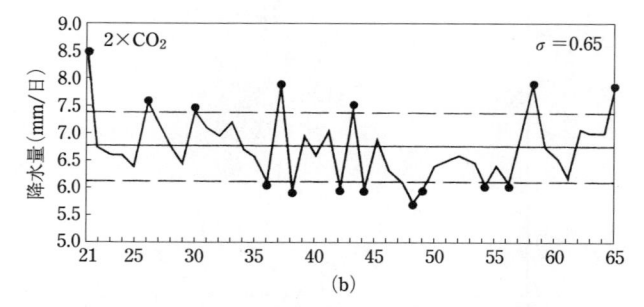

図 6.1.7 AOGCM によって算定された現在の CO_2 濃度（a）と 2 倍の CO_2 濃度（b）での南アジア域（北緯 5-40 度，東経 60-100 度）の 6-8 月の面積平均降水量の経年変化．横軸はモデル計算の開始時からの年数．破線は ±1σ（標準偏差）を示し，黒丸は ±1σ を超える弱いもしくは強いモンスーン年を表す．
(Houghton *et al.*, 1996)

σ）を表しており，黒丸は $\pm 1\sigma$ を超える強いもしくは弱いモンスーンの年を表している．図より CO_2 の増加とともに平均降水量および年々変動がいずれも大きくなっていることが示されている．これは，温暖化気体の増加に伴い，南アジア陸面での加熱がインド洋に比べて早く進むために，陸域-海洋間の大気の温度差が大きくなり，モンスーン活動を強化するためであると考えられている（Houghton et al., 1996）．

　平均降水量の増加は，利水の観点からは有利に働くが，変動の増加，降水面積の減少と降水強度の増加はいずれも，利水，治水の両面で，温暖化の進行とともに水管理が難しくなることを示している．したがって，時間・空間の変動性の増大を補う長期予測システムの精度向上と広域的な水の統合管理システムの構築が望まれる．

（2）降水量の年々変動

　エルニーニョの発生時，およびその前後の経年的な降水量の変動が注目されている．熱帯西太平洋のインドネシア多島海上では，貿易風によって熱帯太平洋表面の広い領域から太陽エネルギーを受けて加熱された表面水が吹き寄せられ暖水塊が形成され，海面から供給される大量の水蒸気と顕熱により，大規模な積乱雲活動を伴って大気を激しく加熱している．貿易風が弱まりこの暖水塊が東方に移動する現象がエルニーニョであり，同時に南アメリカ西岸海洋域では貿易風の弱まりとともに海洋の湧昇流が低下する．年によって大きく変化するこの現象はエルニーニョ南方振動（ENSO）現象と呼ばれる．ENSO は気候システムで重要な役割を担う熱帯海洋上の大気-海洋相互作用として10年に2-3回の割合で生じる地球固有の自然変動現象であるが，その結果，地球上の広い範囲で発生する異常気象現象は水資源の安定利用上大きな問題となっている．ENSO 現象のメカニズムを解明する目的で，熱帯海洋および全球大気相互作用研究計画（TOGA）の集中観測が 1992-1993 年に実施された．その観測結果は現在解析途上であるが，降水による海面への淡水フラックスは比較的小規模な積雲からも供給されており，大気加熱にとって重要な大規模な積乱雲とともに，熱帯の大気-海洋結合系のなかで重要な役割を果たしているという指摘がなされている（小池，1996）．

6.2 アジアモンスーンの変動と水資源

6.2.1 アジアモンスーンとは

　大気の実際の加熱・冷却は非断熱加熱率で表される．非断熱加熱率とは，放射エネルギーの大気による吸収のほかに，水の相変化に伴う潜熱放出，大気が地表面から受け取る顕熱輸送，分子粘性による摩擦熱の発生による加熱，冷却の割合で，その分布は大気-地系の放射収支の分布とは異なり，図6.2.1で示されるように夏冬ともに東西方向の均一性は失われ，大陸と海洋の分布のパターンと類似している（小池，1996）．たとえば北半球では，夏にはユーラシアや北アメリカの大陸上で正の値（加熱）となっているのに対して，海洋上の広い範囲で負の値（冷却）となっており，冬では大陸上と海洋上で正負が逆になっている．注目すべきことは北半球の夏には，チベット，ヒマラヤ付近に加熱の最大中心が現れることである．

　チベット，ヒマラヤ付近の夏の加熱率は1日当たり3Kにも達し，世界でもっとも高い値となっている．なかでもチベット高原は中緯度帯に位置し，高さ10 kmの対流圏の中央程度まで突き出ているため，比較的薄い大気を透過した強い太陽放射により地表面が加熱され，さらにその熱が高原上層の大気に運ばれ対流圏上部が効率的に加熱される．この時期の南インド洋上の大気は冷たく，地上では高気圧となっている．その結果，チベット高原-南インド洋間の南北の熱コントラストが強まり，南から北向きの力が大気に働く．

　南インド洋上の地上高気圧から吹き出す冷たい風は赤道を通過しベンガル湾に達するまでに，海面からの多量の水蒸気の供給によって湿った気団に変質する．この気団がヒマラヤ山脈南斜面やチベット高原南部で地形性の強制上昇を受けて一挙に潜熱を解放し，その結果として，図6.2.1に示される非断熱加熱率の最大値の領域が形成される．さらにこの潜熱エネルギーによって加熱された気塊は周囲の大気より軽いために浮力を受けて成層圏近くまで上昇し，背の高い雲を形成すると同時に，南北循環をさらに強化する．このように海陸の温度差によって形成され，地形効果による膨大な凝結熱によって維持，強化される南北循環をモンスーン循環と呼ぶ．実際の風の向きは，

6.2 アジアモンスーンの変動と水資源

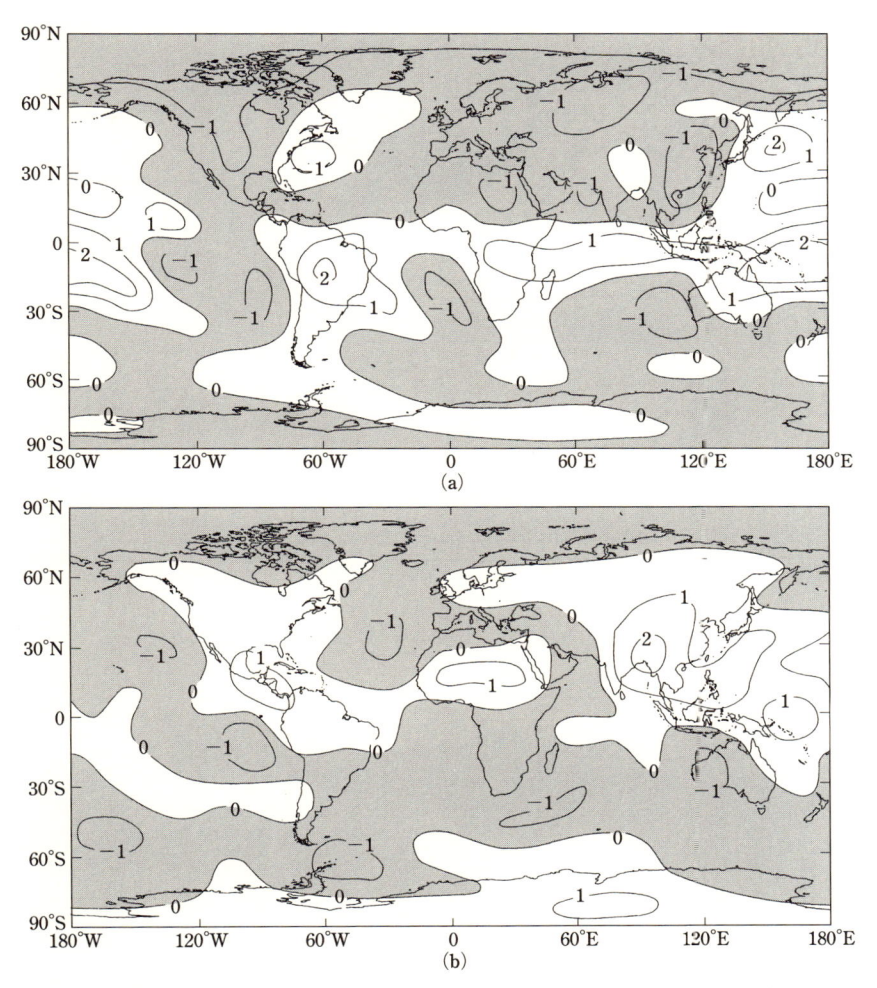

図 6.2.1 大気の非断熱加熱率（K/日）の分布．1月 (a), 7月 (b)．影は値が負となる冷却領域を示す（小池，1996）

南北の気圧および温度の傾度による力とコリオリ力が釣り合うように，南半球では西向き，赤道付近で北向き，北半球では東向きの風となる．図6.2.2で示される風の帯がアジアモンスーンであり，この帯に沿って熱帯収束帯に相当する強い降雨域（図6.2.3）が形成される．これがアジアモンスーン帯であり，世界の約6割の人口を養う食糧生産にとって不可欠な水資源を供給

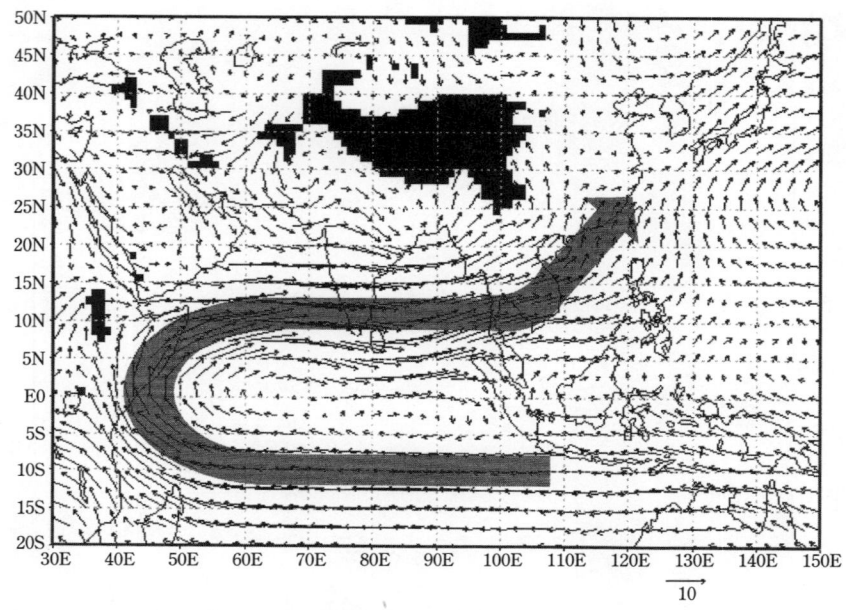

224 第6章 地球環境と日本の水資源

図 6.2.2 CEP 再解析結果より作成した6月のアジア域の平均地上風ベクトル図

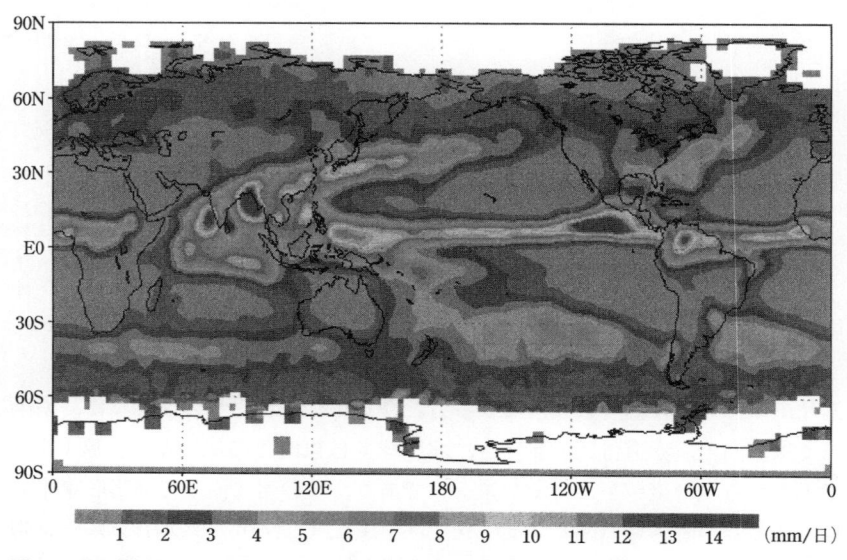

図 6.2.3 GPCP より作成した6月の月平均降水分布図 (1988-1996年)

している.

6.2.2 アジアモンスーンの年々変化

アジアモンスーンは，前述の通りチベット高原を中心とするユーラシア大陸上の大気の加熱に起因し，さらにその加熱は図6.1.1で見た通り，太陽放射エネルギーの地表面での吸収と分配，地表面から大気への乱流輸送に関連している．したがって，アジア域の水資源を左右するアジアモンスーンの年々変動は，チベット高原を中心とするユーラシア大陸上での陸面水文過程に依存している部分が大きいと推察されている．

図6.2.4は，インドの夏季降水量の変動性と中央アジアの4月の積雪面積の変動性との関連を表したもので，両者に負の相関があることが示されている（安成・小池，1993）．離れた場所の異なる季節の現象がこのように互いに強い関連性を有しているのは，両地域を結ぶ大気流動現象の介在が考えられる．そのメカニズムとして注目されていることは，雪で覆われている場合は太陽放射の反射率が大きく，地表面が受け取る熱量が少なくなるというアルベド効果に加えて，融雪による土壌水分の増加が夏の地表面熱収支に影響を与えることによって大気加熱の割合が変化するというものである．ただし，大気大循環モデル（GCM）を用いたシミュレーション研究によって指摘されたこのメカニズムは，観測的事実としては確認されていない．

アジアモンスーンの年々変動にENSOサイクルが密接に関連しているという指摘もなされている．事実，エルニーニョ現象の指標として用いられている西太平洋の海面温度は，アジアモンスーンの強弱の指標として用いられるインドの総降水量ときわめて強い相関を示す．北半球の熱帯域では，非エルニーニョ年には貿易風が卓越し，アジアモンスーンによる西風の行く手を阻む形になる．したがって，通常は，貿易風による西向きの水蒸気輸送が支配的であるが，アジアモンスーンが活発になると東向きの水蒸気の輸送成分が増加する．図6.2.5の鉛直・年平均の東西方向の水蒸気輸送分布からも明らかなように，水蒸気の東西輸送は中-高緯度帯で東向き，低緯度帯で西向きとなっており，年平均としてゼロになるのは亜熱帯高圧帯の中心の位置とほぼ一致しているが，夏のアジアモンスーンによる東向きの水蒸気輸送を強く受けるインド上空では，フラックスの等値線は南に偏っており，年平均で

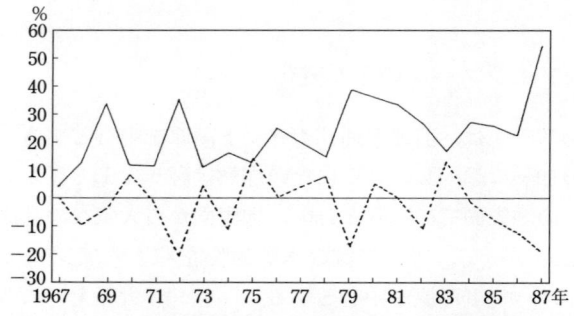

図 6.2.4 インドの夏季降水量（6-9月）の変動性（実線）と中央アジアの4月の積雪面積の変動性（破線）の関係（安成・小池, 1993）

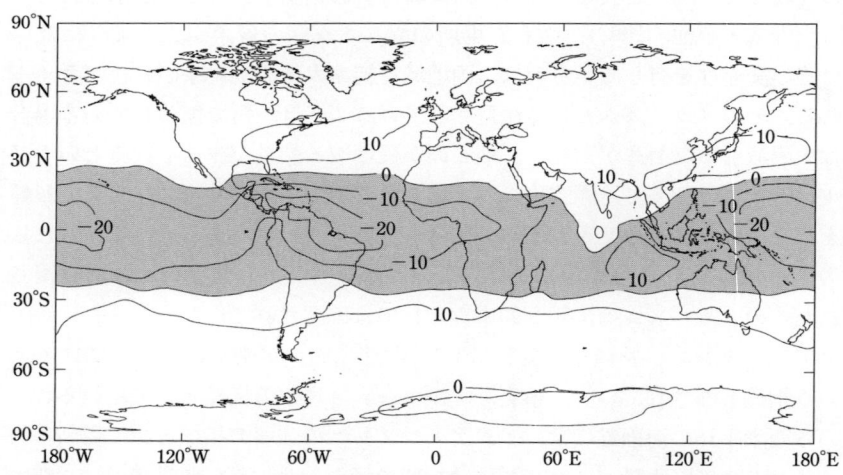

図 6.2.5 鉛直・年平均の東西方向の水蒸気輸送分布．東向きが正，西向きが負（ハッチ部分）（小池, 1996）

も水蒸気輸送の向きは，同緯度の他の領域とは逆に東向きとなる（小池，1996）．エルニーニョ年に貿易風が弱まると，アジアモンスーンによる東向きの輸送成分はますます強くなるため，アジアモンスーンとENSO現象には強い正の相関が見られるというわけである．

図 6.2.6 はインドネシアのジャワ島，タイ北部，タイ南部の雨季の降水量とエルニーニョの指標として使われる南方振動指数（SOI）との相関を表し

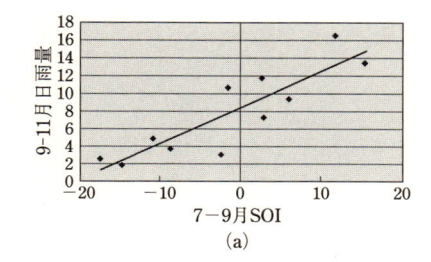

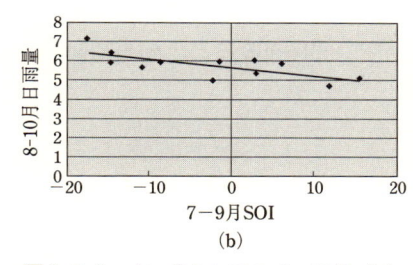

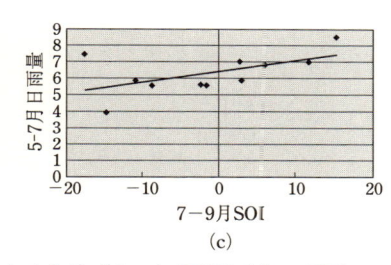

図 6.2.6 インドネシアのジャワ島 (a),タイ北部 (b),タイ南部 (c) の雨季の降水量と南方振動指数 (SOI) の関係

たものである.ジャワ島,タイ南部では SOI と正の相関があり,エルニーニョのときは少雨,ラニーニャのときには多雨となることが示されている.一方,タイ北部は負の相関となっており,低緯度帯と異なる特性を有していることがわかる.タイ北部で低緯度帯と異なる傾向を示す理由は必ずしも明確ではないが,エルニーニョ年の台風の発生頻度とその経路との関係が指摘されている.

6.2.3 降水量の変動特性と水資源

　水利用の観点から水循環の変動性のスケールを考える視点も重要である.たとえば,天水利用の場合は時間スケールの短い降水現象に依存しており,一方,地下水流出が主要な河川水の場合には,流量変化の時定数が長く,短期的な変動の影響を直接受けない代わりに,長期的な変動傾向の影響がより深刻になる.一般の河川利用の場合は,ダムなどの水利施設により人工的に管理されている度合いと,水利用の意思決定プロセスが水循環変動の影響度を左右する.水利用形態は流域単位の地形・地質や水利用の歴史的背景等,

228 第6章 地球環境と日本の水資源

比較的局所的な条件に依存しており,水循環変動情報もこれらの多様なニーズに応えられるものでなければならない.

図6.2.7は,インドネシアのジャワ島のブランタス川流域とタイにおける各3ヵ月降水量と,収穫面積(ブランタス川)もしくは耕作面積(タイ),および単位収量との相関関係を表している.横軸に示された各3ヵ月の総降水量が,その年度の稲作面積や単位収量とどのような関係になっているかを表している.タイでは,北部域は主として天水利用の稲作が行われており,中央部のチャオプラヤ川下流域で灌漑耕作が行われている.そこで主な水源であるタイ北部の降水量とタイ全土の稲作の関係をみると,雨季初期の降水

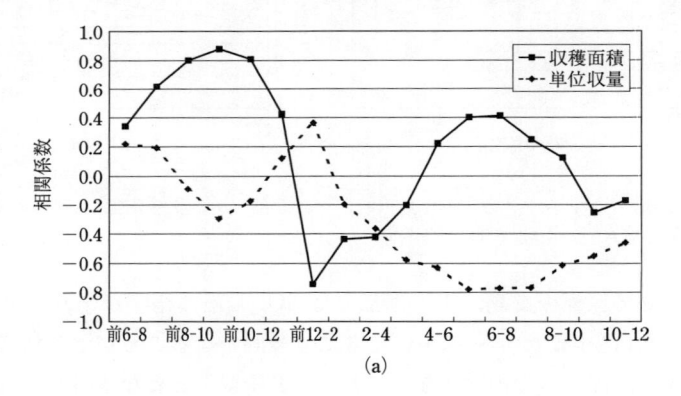

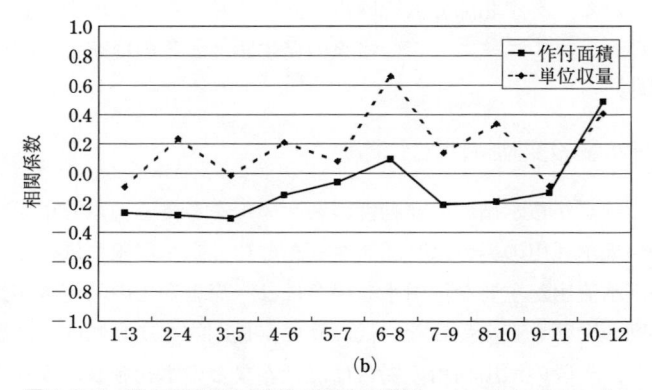

図6.2.7 降水量変動と稲作の形態の関係.インドネシアのジャワ島のブランタス川流域(a)およびタイ全土の稲作とタイ北部の降水量(b).横軸は降水量の算定に用いた3ヵ月を示す.

量と稲の作付面積にはほとんど相関はなく，収穫量は雨季盛期の降水量と高い相関がある．これは，雨季初期の雨量の多寡に関係せず作付けが行われ，多雨の年には収量が多くなるということを示している．このような地域では，雨量の季節予報精度の信頼性が向上し，その情報が農民レベルにまでゆきわたることにより，生産性が著しく改善される．

一方，ブランタス川流域では稲の作付面積は雨季初期の雨量ときわめて相関が高く，収穫量は雨季盛期の降水量と比較的高い相関にあるがタイほどではない．この理由は，ブランタス川流域には日本の援助で比較的高度な水資源管理システムが導入されており，雨季初期の雨量が多い場合には灌漑施設により水が確保されるため，作付面積が増加し，一方，雨季盛期の降水量に対する収量の依存性は相対的に低くなるためである．このような地域では，雨量の季節予報と関連させて灌漑施設を効率的に運用することにより，渇水期の水の利用効率を向上させることができ，渇水による被害を低く抑えることが可能となる（小池，2001）．

このように，各地域の水の利用形態に応じて，水循環変動情報を有効に使い，水の利用効率を向上させることは，とりわけ極端な変動がもたらす壊滅的なリスクの軽減に貢献するところが大きく，これを通して食糧生産の向上も期待される．

6.3 日本の水資源の変動性

わが国は，図 6.2.3 に示されるようにアジアモンスーン帯の東縁に位置し，アジアモンスーン変動の影響を強く受ける．また前述のように，ENSO サイクルとアジアモンスーン変動の関連性が指摘されており，一方，アジアモンスーンは地球気候システムのなかで最大のエネルギー・水輸送システムであるから，地球気候システム全体の変動性も考慮に入れなければならない．さらに，地球温暖化が降水変動に及ぼす影響も大きいと考えられる．

6.3.1 わが国の水循環変動とその広域性

人口増加による水資源逼迫度が深刻となり，洪水氾濫原への資産の集中化が進む状況のなかで，人間活動に対する甚大な被害が実際に発生するのは，

水循環の変動の振れ幅が大きくなったときである．図 6.3.1 (a) はわが国の西日本太平洋側の 6-8 月の総降水量の 50 年間のデータである．記録的な冷夏であった 1993 年は全国的に多雨で，西日本では平年の倍近い降水があった．ところが，その翌年の 1994 年は非常に暑い夏で，降水量は平年の半分となり，佐賀県を中心に各地で深刻な渇水被害が発生した．このように，水資源や河川の管理を考えるうえで基礎となる降水は，その年々変動が非常に大きいことが示されている．図 6.3.1 (b) は 6-8 月の平均気圧が，1993 年と 1994 年において，平年値からどれだけずれているかを地球規模で示したものである．上図の 1993 年には日本を含む北半球中緯度帯に低圧性の強い偏差が現れており，一方，下図の 1994 年には同じ領域に高圧性の偏差が現れている．つまり，1993 年，1994 年の日本の夏季降水量の大きな変動は，

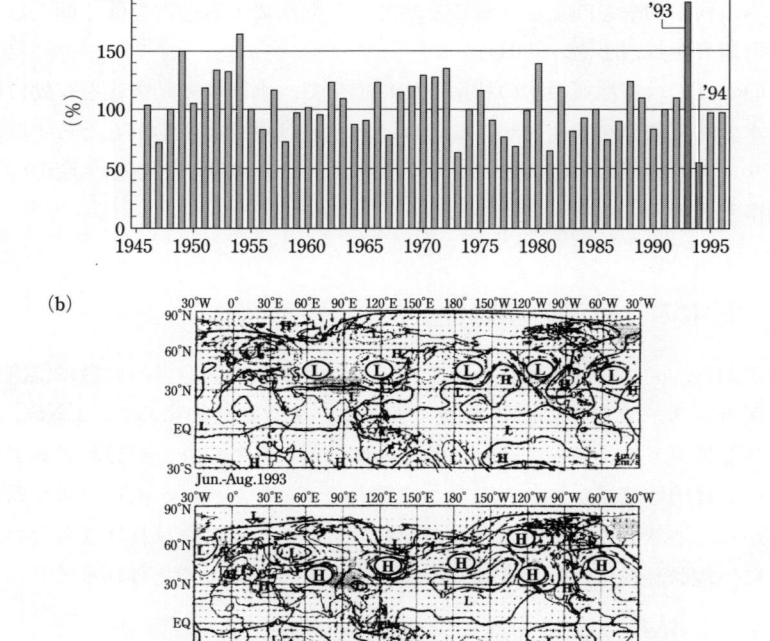

図 6.3.1　西日本の夏期（6-8 月）降水量の年々変化（a）と北半球中緯度の 6-8 月の平均気圧場の偏差（b）（上：1993 年，下：1994 年）

地球規模の気圧場の大きな偏差と関連して起こったということがわかる．ちなみに1993年には北アメリカ大陸ミシシッピー川流域にて大洪水が発生しており，これも北半球中緯度帯全体に現れた明瞭な気圧の偏差と関連性が深い．つまりある地域の水循環変動には，地球規模の変動性が深く関連していることが示されている（小池，2001）．

従来の利水および治水計画では，長年にわたって当該地域で蓄積された降水量データをもとに極値の発生確率を推定して，計画に必要な基準値が推定されていた．しかしながら，特定地域の利水や治水管理を行う場合でも，大きな変動をもたらす地球水循環システムの広域性に着目し，その構造全体を監視しうるシステムを構築し，変動に介在する物理機構を理解したうえで予測手法を確立することが重要であることが示されている．

6.3.2　地球温暖化に伴うわが国の水資源

地球温暖化に伴う降水量変化が，水資源や洪水防御に与える影響を評価するためには，地域的な降水量変化を推定することが不可欠であるが，現状の数値モデルでは地域ごとの降水変動を算定することはできない．これは気候予測モデルの空間分解能が降水のメカニズムを物理的に再現できる空間分解能を有していないことに起因する．

そこで，過去からの観測データ時系列による変動性の確認と，過去に広域にわたって温暖であった時期と寒冷であった時期の降水特性を比較する手法が有効となる．

北半球の1955-1964年の10年間の平均気温は，1901-1910年のそれより1℃高いことが知られている．そこで両期間の，年総降水量，長期雨量（90日間雨量）および短期雨量（1, 2, 3日間雨量）を用いて，1℃の気温上昇に伴うわが国の河川管理への影響が調べられた（建設省，1993）．表6.3.1は寒冷期の各地域の平均降水量に対する温暖期の値の差を表しており，南西諸島の年降水量と太平洋側の長期雨量を除くと，ほとんどの降水量値は増加もしくは変化なしとなっている．ただし，平均気温の違いによる蒸発散量算定値の違いを考慮すると，年総降水量から蒸発散による損失量を差し引いた水資源賦存量は，北海道を除くすべての地域で，温暖期のほうが少なくなり，温暖化に伴う水資源の減少が懸念されている．また日本海側の3日雨量を除

表 6.3.1 観測データより得られた寒冷期 (1901-1910 年) に対する温暖期 (1955-1964 年) の降水量の違いとその地域性 (建設省, 1993)

地域	年総降水量	長期雨量 90日	短期雨量 1日	短期雨量 2日	短期雨量 3日
北海道	30%増	35%増	30%増	30%増	35%増
太平洋側	変化なし	15%減	10%増	10%増	10%増
日本海側	変化なし	10%増	15%増	10%増	変化なし
南西諸島	15%減	30%増	15%増	10%増	10%増

き，短期雨量はいずれも増加しており，洪水流出量の増加が予想される（小池，1999）．

図 6.3.2 は，明治 30 (1897) 年より平成 9 (1997) 年までの年総降水量の年々変動を表している（国土庁長官官房水資源部，2000）．図より明らかなように，年降水量の変動幅が年々増加していることが読み取れる．総降水量の変動は水害や渇水の頻度や深刻さを直接示すものではないが，近年降水の振れ幅が増大していることを示しており，この傾向は洪水管理や水資源管理を難しくする方向に働いている．

これらはあくまでも過去の降雨データに基づく推定であり，大気中の温暖化気体の増加に伴う動的な気候の変化に必ずしも対応するものではない．しかしながら，気候モデルの不確かさや解像度の不十分さを考慮すると，その改良，検証の一方で，過去の観測データを精査し，計画論へ結びつける努力が今後とも必要と考えられる．

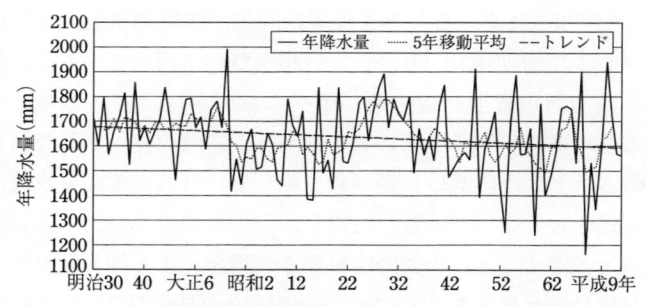

図 6.3.2 日本の年降水量の経年変化 (1897-2001 年) (国土庁長官官房水資源部, 2000)

参考文献

安成哲三・小池俊雄（1993）：地球の気候とアジアモンスーンの水循環，科学，**63**：10, 626-634.

建設省関東地方建設局（1993）：地球温暖化水文循環影響予測検討業務報告書，55 pp.

小池俊雄（1996）：水惑星としての地球，岩波講座地球惑星科学第3巻『地球環境論』第3章，岩波書店，37-75.

小池俊雄（1999）：人間活動と水循環系のグローバルな変化，岩波講座地球環境学第4巻『水・物質循環系の変化』第4章，岩波書店，123-153.

小池俊雄（2001）：地球水循環の変動性と水管理，河川，**659**, 3-10.

国土庁長官官房水資源部（2000）：平成12年度版 日本の水資源，465 pp.

世界資源研究所・国連環境計画・国連開発銀行・世界銀行（1996）：世界の資源と環境1996-97，中央法規出版，318 pp.

玉井信行（2001）：21世紀の水環境マネジメントをめぐって，環境情報科学，**30**：1, 27-32.

中島映至（1993）：気候の中の雲の役割，科学，**63**, 658-663.

日本海洋学会編（1991）：海と地球環境，東京大学出版会，409 pp.

Cosgrove, W. and Rijsberman, F. (2000): World Water Vision, *EARTHSCAN* (2000), 5-21.

Houghton, J. T., Meira Filfo, L. G., Callander, B. A., Harris, N., Kattenberg, A. and Maskell, K. (1996): *Climate Change 1995*: *The Science of Climate Change*, Cambridge University Press, 572 pp.

Jhonson, D. R., Yanai, M. and Schaack, T. (1987): Global and regional distributions of atmospheric heat sources and sinks during the GWE. In Chang, C. P. and Krishnamurti, T. N. (eds.), *Monsoon Meteorology*, Oxford University Press, 271-297.

Noda, A. and Tokioka, T. (1989): The effect of doubling the CO_2 concentration on convective and non-convective precipitation in a general circulation model coupled with a simple mixed layer ocean model, *J. Met. Soc. Japan*, **67**, 1057-1067.

IV
生態／流域環境編

7 水界の生態解析の基礎

　河川や湖沼の工学において，生態系を十分考慮することはもっとも重要なことのひとつである．ところが，河川計画が対象とする場所の生態系についてはさまざまな角度から調査されてきているが，分類に始まる生態学の基本について工学者は必ずしも十分に学んでこなかったきらいがある．ここでは河川計画にとって必要となる生態学の基礎について簡単に触れる．

7.1　水界生物と生態系についての基礎

7.1.1　生物分類についての基礎

　生物は主として形態的な不連続性から分類されてきたが，今日では，形態的な特質だけでなく，生殖的な合体の可能性や地理的な分布，遺伝子の特性からも分類が行われてきている．分類区分は上位の大分類から詳細な分類へ，界 (kingdom)，門 (植物では phylum，動物では division が用いられる)，綱 (class)，目 (order)，科 (family)，族 (tribe)，属 (genus)，種 (species) となる．ただし，これらの間を補完するものとして，亜 (sub-) や上 (super-) をそれぞれの前に付し，また種の下の単位として亜種 (subspecies)，変種 (variety)，品種 (form) が設けられている．

　まず，一番上位の分類である界については，1737年にスウェーデンの Linné が提唱した際には，動物界と植物界の2界が提唱されたが，その後，原生生物 (モネラ) 界が加えられ，また，原生生物界，真核生物界，菌界，植物界，動物界の5界が提唱されるようになり，現在では8界も提唱されている．河川や湖沼で，とくに接する機会の多いものは植物について表7.1.1，

表 7.1.1 植物界の構成（八杉ら，1996）

	主な門	主な綱	主な亜綱，目，例など
原核植物亜界	藍色植物門（藍色細菌）	藍藻綱	クロオコックス目（ミクロキスティス），ユレモ目（オシラトリア），ネンジュモ目（アナベナ）
真核植物亜界	灰色植物門	灰色藻綱	
	紅色植物門	紅色藻綱	ウシケノリ目（アマモなど）
	クリプト植物門	クリプト藻綱	クリプトモナス目
	渦鞭毛植物門	渦鞭毛藻綱	ペリディニウム目，ヤコウチュウ目
	不等毛植物門	ラフィド藻綱	ラフィドモナス目（シャトネラ）
		珪藻綱	中心目（メロシラ），羽状目（シネドラ，フラギラリア）などの珪藻
	ハプト植物門		
	ユーグレナ植物門（ミドリムシ植物門）	ユーグレナ藻綱	ユーグレナ目（ミドリムシ）
	緑藻植物門	緑藻綱	クラミドモナス目（クラミドモナス），ボルボックス目，コロロコックム目（クロレラ），サヤミドロ目
		アオサ綱	ヒビミドロ目（ヒビミドロ），アオサ目（アオノリ），ミドリゲ目（クラドフォラ）
		車軸藻綱	ホシミドロ目（ミカヅキモ，アオミドロ），シャジクモ目
	コケ植物門	苔類綱	ゼニゴケ亜綱
		蘚類綱	ミズゴケ亜綱
	シダ門	薄嚢シダ綱	真正シダ目（ゼンマイ）
	ソテツ門		ソテツ目
	イチョウ門		イチョウ目
	被子植物門	双子葉植物綱	離弁花亜綱（モクレン目，スイレン目，キンポウゲ目，ブナ目，ナデシコ目，バラ目） 合弁花亜綱（リンドウ目，ナス目，キク目）
		単子葉植物綱	オモダカ亜綱（トチカガミ目，オモダカ目） ヤシ亜綱（ヤシ，サトイモ目） ツユクサ亜綱，ショウガ亜綱，ユリ亜綱

7.1 水界生物と生態系についての基礎

表 7.1.2 動物界の構成（八杉ら，1996）

主な門	主な亜門	主な綱	主な亜綱, 目, 列など
海綿動物門			カイメン類
刺胞動物門		ヒドラ虫綱	ヒドラ
		鉢虫綱	ミズクラゲ目
		花虫綱	八放サンゴ亜綱, 六放サンゴ亜綱（イソギンチャク目）
有櫛動物門		有触手綱	オビクラゲ目
		無触手綱	ウリクラゲ目
扁形動物門		渦虫綱	
輪形動物門		ヒルガタワムシ綱	ヒルガタワムシ目
		単生殖巣綱	ワムシ目
軟体動物門	曲体亜門	マキガイ綱（腹足類）	マキガイ亜綱, ウミウシ亜綱, マイマイ亜綱
		イカ綱	アンモナイト亜綱, イカ亜綱
	ニマイガイ亜門	ニマイガイ綱（斧足類）	ウグイスガイ亜綱（イガイ目, カキ目）, ハマグリ亜綱（ハマグリ目）
環形動物門		多毛綱	サシバゴカイ目
		貧毛綱	ナガミミズ目
		ヒル型綱	ヒル亜綱（ヒル目）
節足動物門	三葉虫亜門		
	鋏角亜門	カブトガニ綱	
		クモ綱	クモ亜綱, ダニ亜綱
	大顎亜門	甲殻綱	ミジンコ下綱, カイアシ下綱（カラヌス目, ケンミジンコ目）, フジツボ下綱, エビ亜綱［エビ目｛エビ亜綱（コエビ下目, ザリガニ下目, カニ下目）｝］
		ヤスデ綱	
		ムカデ綱	ムカデ亜綱, ゲジ亜綱
		昆虫綱	トンボ目, カマキリ目, バッタ目, シラミ目, チョウ目, コウチュウ目
棘皮動物門		ウミユリ綱	

主な門	主な亜門	主な綱		主な亜綱, 目, 例など
棘皮動物門		ヒトデ綱		
		ウニ綱		
		ナマコ綱		
脊索動物門	尾索動物亜門	ホヤ綱		
	頭索動物亜門	ナメクジウオ綱		
	脊椎動物亜門	無顎動物下門	ヤツメウナギ綱	
		有顎動物下門, 魚形上綱	軟骨魚綱	板鰓亜綱（ネコザメ目, ネズミザメ目, エイ目）
			硬骨魚綱	ウナギ目, ニシン目, ナマズ目, サケ目
		両生綱		平滑両生亜綱［具尾下綱｛イモリ目（イモリ亜目, サンショウウオ亜目）｝, 跳躍下綱（カエル目）］
		爬虫綱		無弓亜綱（カメ目）, 双弓亜綱［鱗竜形下綱｛トカゲ目（トカゲ亜目, ヘビ亜目）｝, 主竜下綱｛主竜上目（ワニ目）｝］
		鳥綱		古顎上目（ダチョウ目, キウイ目, モア目）, 新顎上目（アビ目, コウノトリ目, タカ目, スズメ目）
		哺乳綱		原獣亜綱（カモノハシ目）, 獣亜綱｛正獣下綱（アリクイ目, モグラ目, ネコ目, ゾウ目, ウマ目, ウシ目, ネズミ目, ウサギ目, サル目）｝

動物について表 7.1.2 のように位置づけられている．

7.1.2 生物の個体，群，生態系

ここでは基本的な術語の概念について解説する．

個体 (individual)：これ以上分けることができない生活に必要な構造と機能を備えた単一の生物を指す．

個体群 (population)：ある空間内に生活する同種の個体全体を指しており，個体間の密接な相互関係でつながれている．そのため，あるひとつの個体と異なり，個体群のなかには年齢構成や個体数といった属性が存在する．

群集 (community)：ある空間のなかで生活する植物あるいは動物の個体もしくは個体群の集団をいう．このなかには，個体同士が有機的なつながりで結ばれて，他の群集と区別される場合を指すときと，偶然，生息域 (habitat) が一致して分布が重なり合って生じる場合も指すときの両方が存在する．そのため，群集の場合には個体群と異なり，種の数や種ごとの個体数といった性質も加わる．また，群集においてとくに同一の資源を利用することによって結びついている種のグループをギルド (guild) と呼ぶ場合もある．

生態系 (ecosystem)：ある地域の生物群集と周囲の無機的な環境とが相互に関連しあって構成される系を指す．

7.1.3 水生生物の生活様式による分類

水生生物は生活様式によってプランクトン，ベントス，ネクトン，セストン，プロイストンに分類される．生活様式による分類は，生物を取り扱う場合に必要なだけでなく，工学的にはこうした分類のほうがより利用価値が高い場合が多い．生活様式の特徴を以下に述べる．

プランクトン（浮遊生物，plankton）：遊泳力がないか非常に弱く周囲の流れによってのみ移動する生物を指す．プランクトンは栄養やエネルギー摂取の方法により，細菌プランクトン (bacterioplankton)，植物プランクトン (phytoplankton) と動物プランクトン (zooplankton) に分類される．また，生活史を通じて浮遊生活をする終生プランクトン (holoplankton) と生活史中のある時期のみ浮遊生活をする定期性プランクトン (meroplankton)，通常は付着しているが偶然浮遊生活をしているような臨時性プランクトン (tychoplankton) に分けられる．沖帯 (pelagic zone) では，一般に大型のものが小型のものを摂食する関係が成り立っており，サイズ区分による分類がなされることもある（表 7.1.3）．

ベントス（底生生物，benthos）：水底の堆積物上や泥，岩石に生息する生物の集合を意味する．個々の生物を示すときには底生生物 (benthic organism) と呼ぶ．大きさによって表 7.1.4 のように分類される．

ネクトン（遊泳生物，nekton）：遊泳力が大きく流れに逆らって水中を自由に遊泳し生活する生物の総称を意味する．魚類，鯨類，ウミガメ類，甲殻類，頭足類，ペンギンなどが含まれる．

表 7.1.3 サイズ区分によるプランクトンの分類

分類	サイズ	主たる生物群
フェムトプランクトン	0.02–0.2 μm	ウイルス
ピコプランクトン	0.2–2 μm	細菌類と藻類の一部
ナノプランクトン	2–20 μm	藻類，原生動物，菌類
ミクロプランクトン	20–200 μm	藻類，原生動物，微小な後生動物
メソプランクトン	0.2–20 mm	藻類，後生動物
マクロプランクトン	2–20 cm	後生動物
メガプランクトン	20 cm–	後生動物

表 7.1.4 サイズ区分によるベントスの分類

名称	サイズ	例
メガベントス	4 mm–	ウニ，ヒトデ，エビ，カニ，藻類，海草
マクロベントス	1–4 mm	多毛類，水生昆虫幼虫，小型貝類
メイオベントス	0.031–1 mm	線虫類，有孔虫類，渦虫類
ナノベントス	0.002–0.031 mm	繊毛虫類，鞭毛虫類
ピコベントス	–0.002 mm	バクテリア

セストン (seston)：水中に浮遊する粒状物 (suspended particle) を示す．水中バクテリア，植物プランクトン，動物プランクトンなどの生物を生物セストン (bioseston)，死骸，排泄物，土粒子などを無生セストン (abioseston) と呼ぶ．

プロイストン（浮漂生物，pleuston）：水よりも軽く水面に浮いて生活する生物を示す．ウキクサ，アメンボなどがこれに当たる．

7.2 食物連鎖とエネルギー循環

7.2.1 食物連鎖と栄養段階

生物は生存に必要なエネルギーをさまざまな形で取り込む．ある生物は光や化学物質のもつエネルギーを用いて体内で無機物から有機物を合成して蓄え（エネルギーの固定），その有機物を今度は分解（呼吸）して蓄えてあったエネルギーを取り出して生命の維持に用いる．こうした生物を独立栄養生物と呼ぶ．また，別の生物は他の生物が体内に蓄えている有機物をその生物を食べることによって取り込み，それを分解してエネルギーを取り出す．こ

うした生物を従属栄養生物と呼ぶ．

生物社会を構成する生物群の間の捕食（食う）と被食（食われる）の関係を食物連鎖（food chain）と呼ぶ．食物連鎖は栄養物質やエネルギーを他の生物群に伝播していくシステムであり，生態系を維持していくうえでもっとも重要な機構のひとつである．また，この生態系のなかでの栄養物質やエネルギーの流れに沿って生物群を類型化したものを栄養段階（trophic level）と呼ぶ．この栄養段階には次のようなものがある．

生産者（producers）：生態系を構成する生物のなかで光をエネルギー源に用いたり（光合成，photosynthesis），化学物質のエネルギーを用いたり（化学合成，chemosynthesis）して，体内に取り込んだ二酸化炭素から有機物を合成すると同時に，光エネルギーや化学エネルギーを合成した物質中に固定する生物のことをいう．光合成を行う植物プランクトン，付着藻類，大型の植物，化学合成を行う硫黄細菌，硝化細菌，鉄細菌など独立栄養生物がこれに当たる．

消費者（consumers）：生産者の合成した有機物を直接的（植食性）に，あるいは一度他の生物に食べられた後にその生物を食べることによって間接的（肉食性）に体内に取り込むような従属栄養生物のなかで，とくに大型の生物がこれに当たる．このなかで，生産者である植物などを直接食べるものを一次消費者（primary consumer），一次消費者を食べるものを二次消費者（secondary consumer），以下，三次消費者（tertiary consumer），四次消費者（forth consumer）などと呼ぶ．

分解者（decomposers）：有機物を分解することによって有機物中に固定されていたエネルギーを取り出す微小な従属栄養生物で，多くの細菌類，放線菌などがこれに属する（Whittaker, 1970）．

7.2.2 エネルギーフローと現存量の関係

有機物を分解することによってエネルギーが得られるとすれば，生物体のなかの有機物量が固定されているエネルギーの量にほぼ比例していると考えることができる．また，水分を除いた生物の体の多くは有機物で形づくられているために，生物量自体がエネルギー量に概略比例しており，各栄養段階のエネルギー量を表す際にも生物量で表現することができる．

さて，生物の摂取もしくは排出するエネルギーには以下の関係がある．

$$摂食量 - 不消化排泄量 = 吸収量 \quad (7.2.1)$$
$$吸収量 - \{(不要代謝産物) + (呼吸量)\} = 成長量 \quad (7.2.2)$$

ここで，不消化排泄量は糞のようなものを指し，不要代謝産物は尿素のようなものである．分解によって取り出されるエネルギー量は呼吸量に比例する．各量は負になることはないために，摂食量＞吸収量，吸収量＞成長量 であり，摂食量＞成長量 である．すなわち，成長量よりもより多くの量を摂食しなければならない．

多くの消費者は複数の種を捕食するために，単一ではなくいくつかの栄養段階に所属している場合が多い．ここで，簡単にするためにそれぞれの消費者がある決まった種しか摂食しない（狭食性）ことを仮定すると以下のようなことが得られる．こうした生態系では，生産者，消費者の関係が長期間安定な状態で継続するには，ある一次消費者の量を得るためには，それより多くの生産者を摂食しなければならない．そのために，生産者の現存量（standing crop）は一次消費者の現存量（standing stock）より多くなければならない．同様に，二次消費者以降の高次消費者についても，それ以下の栄養段階の現存量が多くなければならない．すなわち，生産者やその上の消費者の現存量に対してピラミッド型の関係が必要である．Odum (1971) によると，安定に存在するためには，隣り合う上位の栄養段階の現存量は下位の栄養段階の現存量に対し10分の1以下の関係が必要である（沼田，1985）．

7.2.3 物質生産

生産は，二酸化炭素や水のような無機物から炭水化物の有機物を合成するような場合だけでなく，消費者による餌の有機物を体内の有機物に組み込むことも生産と呼ばれる場合がある．この場合，生産者による生産を一次生産 (primary production) もしくは基礎生産 (key production)，消費者による生産を高次生産と呼ぶ．また，生産は，物質生産量 (matter production)，乾物生産量 (drymatter production)，生物生産量 (biological production) と呼ばれる場合もある．

生産者も合成した有機物の一部を一方では呼吸によって利用している．そのため，一定の土地もしくは水面で生産者による光合成量の総量を総生産量

7.2 食物連鎖とエネルギー循環

表 7.2.1 主な生物群の栄養物質とエネルギー源 (Lampert and Sommer, 1997 を修正)

	生物群	エネルギー源	炭素源	電子供与体	電子受容体
光合成独立栄養生物	植物,藍藻	光	CO_2	H_2O	CO_2
	一部の硫黄細菌	光	CO_2	H_2S	CO_2
	紅色無硫黄細菌	光	CO_2	H_2O	CO_2
化学合成独立栄養生物	硫黄細菌	S	CO_2	S	O_2, NO_3
	硝化細菌	NH_4	CO_2	NH_4	O_2
		NO_3	CO_2	NO_2	O_2
	鉄細菌	Fe^{2+}	CO_2	Fe^{2+}	O_2
	メタン細菌	H_2	CO_2	H_2	O_2
		H_2	CO_2	H_2	NO_3
化学合成無機栄養生物		H_2	DOC	H_2	SO_4
化学合成従属栄養生物	動物	POC	POC	POC	O_2
	好気性細菌,担子菌	DOC	DOC	DOC	O_2
	脱窒細菌	DOC	DOC	DOC	NO_3
	脱硫黄細菌	DOC	DOC	DOC	SO_4

(gross production), 総生産量から呼吸量を差し引いた, ほぼ生長に当たる量を純光合成量 (net production) と呼ぶ. こうした量は, 固定される炭素量, 吸収される二酸化炭素量, 放出される酸素量で測定される. なお, 総光合成量を求めるために, 光照射下での光合成量に暗黒下での呼吸量を加えることが考えられるが, 植物によっては, 光照射下では暗黒下での呼吸に光呼吸 (photorespiration) が加わり大きくなるため, 必ずしも和だけでは定まるものではない.

有機物とその物質内に固定されたエネルギー, すなわち, 無機物から生成する場合に必要なエネルギーや炭素の含有量との間には強い相関がある. 概略の値として,

炭水化物 1 g 当たりエネルギー 17.2 kJ, 炭素含有率 80%
タンパク質 1 g 当たり 23.7 kJ, 炭素含有率 40%   (7.2.3)
脂肪 1 g 当たり 39.6 kJ, 炭素含有率 40%

である. なお, 動物の体構成材料と植物の体構成材料とを比較すると, 動物性のほうが脂肪分が多く, エネルギー値は高い (Wootton, 1998).

エネルギーの獲得はさまざまな形で行われるが, 典型的な例としては有機

物を酸化分解することによって得られる．すなわち，

$$C_6H_{12}O_6 + 6\,O_2 \rightarrow 6\,CO_2 + 6\,H_2O + 2802\,kJ \tag{7.2.4}$$

である．ここで，炭素に注目すると，炭水化物の一部として存在している間は酸化数ゼロである．ところが，これが二酸化炭素の分子中に取り込まれると，酸化数は +4 となる．すなわち，炭水化物は酸化され，電子供与体となり，酸素がその電子の受容体となったことを示している．このように，エネルギーを獲得する反応は酸化還元反応であり電子の授受を伴っている（酸化される物質から酸化する物質に電子が供与される）．

7.3 群集と生物の相互作用

7.3.1 資源をめぐる競争——増殖力と環境収容力

　群集内では，通常，場所や，餌，光や栄養塩といった限られた資源（resource）をより多く獲得することで個体群同士の競争が行われている．実際の現象はきわめて複雑であるが，概略の傾向を表すにはロジスティック曲線に代表される飽和型の関数が用いられる．

　資源に限りがなく，捕食も受けないとすれば，個体数の増加率は単位時間内の資源の獲得量に依存し，この量は個体数に比例する．個体数 N は時間 t に対して，以下の関係がある．

$$\frac{dN}{dt} = rN \tag{7.3.1}$$

この解は，$N(t) = N_0 \exp(rt)$ で与えられ，個体数は指数関数で増加することを示している．ただし，N_0 は初期の個体数である．この r のことを，個体群の増殖力（率）(innate capacity of growth) と呼び，どのような速度で増殖できるかを表している．

　ところが，通常はスペースや餌の量などその環境で収容できる可能な上限，すなわち，環境収容力 (carrying capacity) K が存在している．すなわち，個体数が非常に少ない間はまったく制限を受けず，増殖力は r であるが，個体数が K になるともはや増殖率はゼロとなる．こうした過程は次式で表現できる．

$$\frac{dN}{dt} = rN\frac{K-N}{K} \qquad (7.3.2)$$

式 (7.3.2) の解は，はじめ指数関数的に増加，時間がたつと K に飽和する関数となり，ロジスティック曲線 (logistic curve) と呼ばれる．

さて，長期間安定した環境にあれば個体群は環境収容力に達し平衡状態 (equilibrium) となる．ところが，攪乱が起こったり，捕食によって個体数が環境収容能力より低くなると非平衡な状態 (non-equilibrium) となり変動を繰り返す．また，平衡状態にあり個体数が安定している種を平衡種，さまざまな条件で変動している種をオポチュニスト種と呼ぶ．

7.3.2 種間の競争モデル

実際の種同士の競争はきわめて複雑である．しかし，ここでは理解しやすくするために，単純にロジスティック曲線を用いて考える．

環境条件が安定していることを仮定して，同一の資源を用いる2種の生物はお互いに資源を利用することで相手の利用できる資源の量を減らすという仮定を設定する．この場合，2種の生物量は以下の式で表される．

$$\frac{dN_1}{dt} = r_1 N_1 \left(\frac{K_1 - N_1 - \alpha_2 N_2}{K_1} \right) \qquad (7.3.3)$$

$$\frac{dN_2}{dt} = r_2 N_2 \left(\frac{K_2 - N_2 - \alpha_1 N_1}{K_2} \right) \qquad (7.3.4)$$

ここで，N_1，N_2 はそれぞれの種の時間 t における個体密度，r_1，r_2 はそれぞれの内的増加率，K_1，K_2 はそれぞれの個体群が単独で存在しているときの環境収容力，α_1，α_2 は，それぞれ種1が種2に対する，または，種2が種1に対する資源が減少する影響を表す係数である．

さて，式 (7.3.3)，(7.3.4) において，右辺がゼロ，すなわち，

$$K_1 - N_1 - \alpha_2 N_2 = 0$$
$$K_2 - N_2 - \alpha_1 N_1 = 0$$

になれば，それぞれの種において出生と死亡がバランスして個体数に変動がなくなる．これは N_1 および N_2 の間の一次関数である．これらの相対的な関係を示すと，次の4通りの場合が存在する．

(i) $\alpha_1 > K_2/K_1$　$\alpha_2 < K_1/K_2$

(ii) $\quad \alpha_1 < K_2/K_1 \quad \alpha_2 > K_1/K_2$

(iii) $\quad \alpha_1 > K_2/K_1 \quad \alpha_2 > K_1/K_2$

(iv) $\quad \alpha_1 < K_2/K_1 \quad \alpha_2 < K_1/K_2$

これらの場合を図化すると図7.3.1の (i) から (iv) となる．

ここで，(i) の場合について考える．はじめの個体密度が，それぞれ①から③までの3つの領域にあったとする．①の領域にあった場合には，式 (7.3.3) および式 (7.3.4) の右辺は正になる．すなわち，種1も種2もともに個体密度が増加する．図中ではそれぞれの個体密度を座標とする点は右上に向かって進む．ところが，IIの直線に到達すると，式 (7.3.4) の右辺はゼロとなり，種2の個体密度は増加しなくなり，この直線を超えると種2の個体密度は減少する．一方，種1の個体密度はまだ増加し続けており，個体密度の点は右下に進む．ところが，直線Iを超えると，種1も2も減少することになり，個体密度の点は左下に向かって進み，最終的にCで示される点

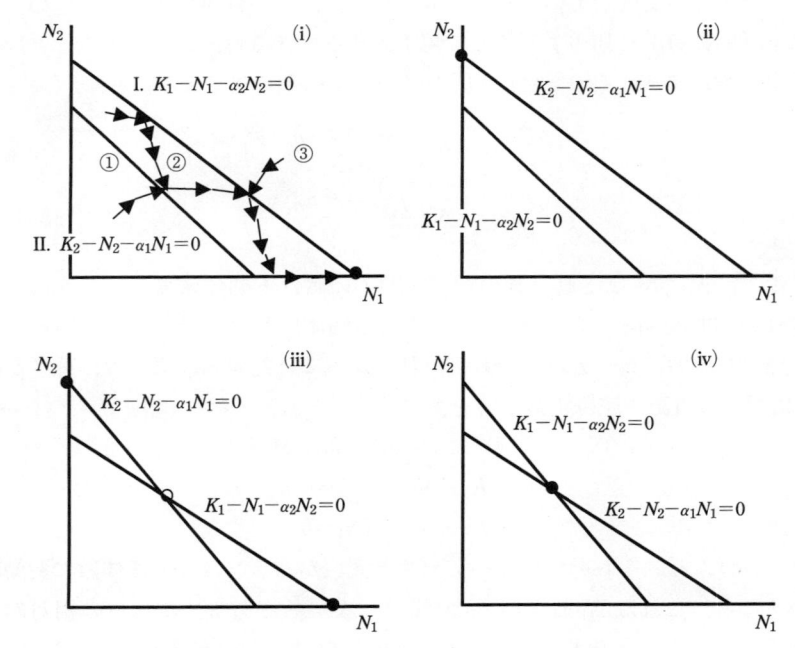

図7.3.1 個体密度増減の模式図
●はC点．

に収束する．

他の場合についても同様な考察でC点に収束することがわかる．ただし，(iii)の場合には，初期の条件によってC1もしくはC2のどちらかに収束する．この収束する点は，(i)の条件のときには，種2は絶滅し種1のみが残ることになり，(ii)の条件のときには，種2のみが残ることになる．(iii)の場合には，初期の状態によってどちらかのみが生き残ることになる．(iv)の条件のときのみ両方の種の共存が可能であることを示している．

以上の考察は全体の系をきわめて単純化したものであるが，一応の傾向は把握することができる．

7.3.3 資源供給のモデリング（Tilman型）

生物の成長はさまざまな形で資源量の制約を受ける．これについても，さまざまなモデルを用いた考察が行われているが，ここでは代表的なTilman型のモデルについて触れる（Tilman, 1982）．

植物の生長に必要な資源は，無機塩類や光や水であり，それらの多くが相互に代用できない必須資源（essential resource）である．したがって，植物の生長は，そうした資源のなかでもっとも不足の程度が高い資源で決まると考えられる．ここでは簡単にするため，2つの必須な資源に対して図7.3.2のように表す．この図ではある時点でのそれぞれの資源量は座標で表される．

この生物の出生と死亡が釣り合う第一の資源 R_1 量を R_1^*，第二の資源 R_2 量を R_2^* で示す．すなわち，その生物にとって最低限必要な資源量は，それぞれZAGI R_1 およびZAGI R_2 の2つの直線で示され，この線の外側ではその生物は生存できない．初期の資源量がこの2つの直線で区切られる内側の領域にある場合に限り，この生物は存続し続けることができる．

図7.3.2において，この系の資源の最大有効量は x で表される座標で示されるとする．生物に対する資源の供給速度は x とその時点の資源量との差に比例すると仮定する．また，この生物がそれぞれの資源を利用する割合を $a:b$ とすると，利用する資源量の比は傾き b/a の直線で示される．すなわち，この生物が資源を利用することによって，資源濃度は，b/a の傾きの線に沿って左下に移動する．供給される資源が右側の x で示されるとし，

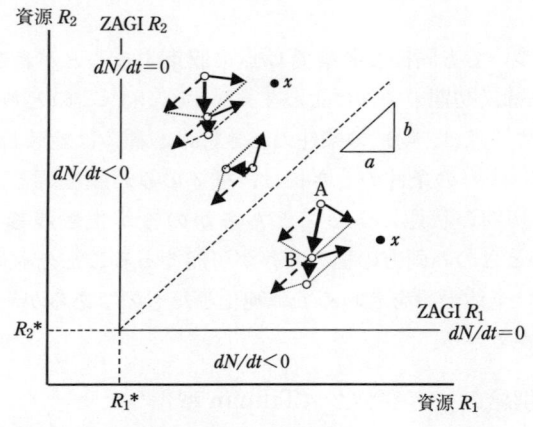

図 7.3.2 Tilman モデルの模式図

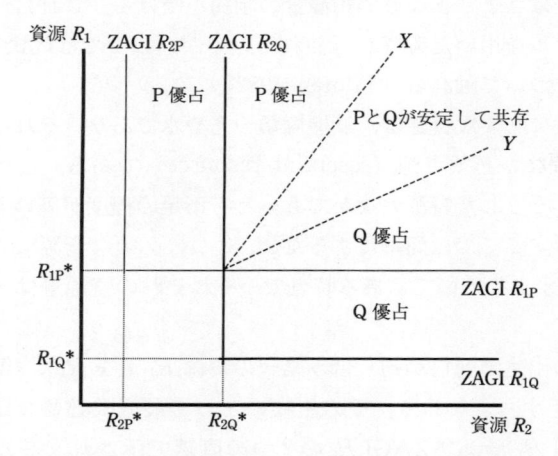

図 7.3.3 2 種の生物の P と Q の間での資源供給のモデル

初期の資源濃度が A 点であったとする．供給される資源量は実線の矢印で示されるベクトルで表されるが，生物が利用する資源の量は傾き b/a に比例した破線のベクトルで示されるため，資源濃度はそれらを足し合わせた太い矢印で示されるように変化する．そのため，次の時点ではこの鎖線の先の点 B で表される値になる．この操作を繰り返していくと，$(R_1{}^*, R_2{}^*)$ を通る傾き b/a の線（破線で示されている）より左側にあれば，最終的に ZAGI

R_2 の線に達して R_2 に制限されることになり，右側にあれば R_1 に制限されることになる．

次に2種の生物 P，Q について，資源 R_1 については P は Q より低い量でも生存可能であるが，資源 R_2 についてはより多くの量が必要であるとする．このとき，最大有効資源量が ZAGI R_{2P} と ZAGI R_{2Q} の間，もしくは ZAGI R_{2Q} と X の間にあるときには，資源量が時間の経過とともに，まず ZAGI R_{2Q} に至るために Q が絶滅し，P が優占することになる．逆に，ZAGI R_{1Q} と ZAGI R_{1P} との間，もしくは ZAGI R_{1P} と Y との間にあるときは，Q が優占することになる．P と Q が安定に共存できるのは資源量が X と Y の間にあるときのみである（図7.3.3）．

以上の考察は単純化しすぎたきらいはあるものの，概略を把握するには便利な手法である．

7.3.4 ハッチンソンのニッチ

生物は環境条件がある範囲にあるときのみ永続的に生存することができる．N 個の環境要因があるとき，それぞれを軸とする n 次元空間でその生物が永続的に生存できる条件を満たす空間のことをニッチ（niche）と呼ぶ（Hutchinson, 1978）．

植物における光と栄養塩のように，両軸に取った2つの環境要因が種にとって独立に働く場合には図7.3.4（a）のようにニッチの境界は軸に平行な線で表される．片方の要因に対する特性が他方の要因に影響されるような場合には，図7.3.4（b）のようにニッチの境界は軸に平行ではなくなる．

ここで，環境要因として資源だけが関係する場合の一次元のニッチにおいて，資源の供給と消費がバランスした状態を考える（図7.3.5参照）．図7.3.5（a）の場合には，資源の項目によっては複数の種による競争があるが，どの項目についても総消費量が供給量を下回っており，安定して存在する．図7.3.5（b）の場合には，ある資源をめぐって競争が起こることはない．しかも，消費量が供給量を下回っており，安定に存在する．

なお，ニッチは固定したものではなく，種間の競争で変化する場合もある．すなわち，別の場所に生息している場合にはニッチが重複していても，同じ場所に生息する場合にはそれぞれのニッチが狭くなって重複がなくなる場合

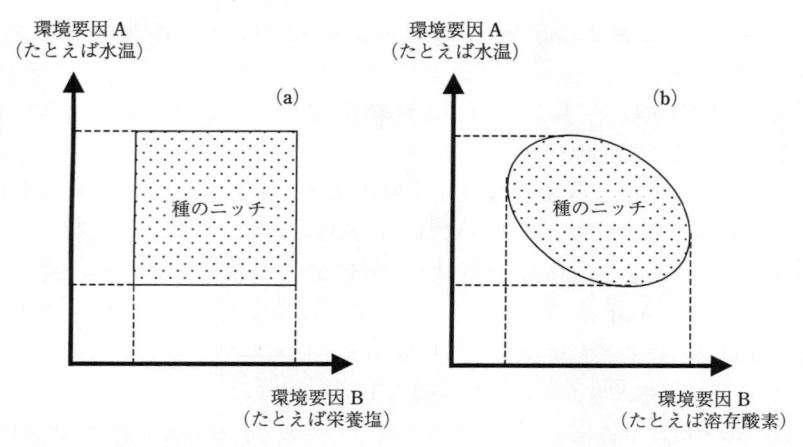

252　第7章　水界の生態解析の基礎

図 7.3.4　環境要因とニッチ

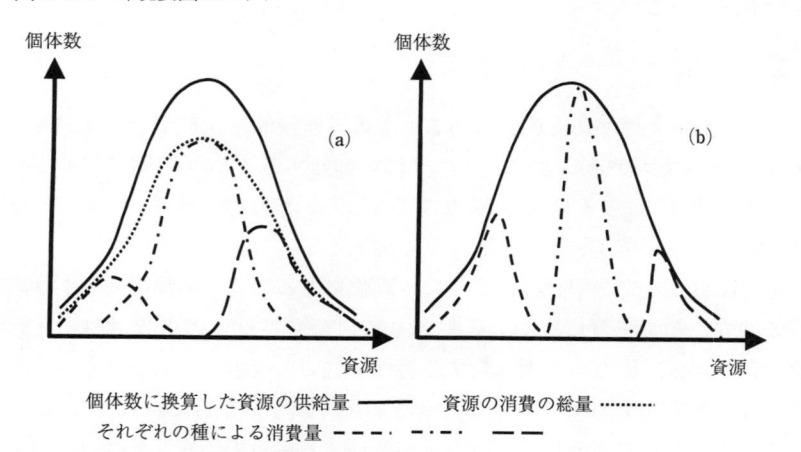

図 7.3.5　資源の供給量と種間の競争の関係

もある．これをニッチのシフト（niche shift）と呼ぶ．また，異なる場所から同じ場所に生息することによって形質が変化することを形質置換（character displacement）と呼ぶ（巌佐, 1997）．

7.3.5　捕食と攪乱――非平衡な群集と多様性

ある生息環境によって環境の条件が安定している場合，種間の餌や光や栄養塩をめぐる競争によって，競争による種の置換（competitive displacement）が生じ，競争に弱い種は衰え，資源の獲得に優位な条件を備えた種（competitive dominant species）が優占する．しかし，攪乱などで競争置換が妨げられる場合には，競争する種が共存することが可能になり群集の多様性が保たれる．

　全体的に種の増殖率が一定の場合には，攪乱の頻度が低い場合には優位な種が優占することにより競争がなくなり，多様性は低くなる．攪乱の頻度が増加するとともに競争に有利な種に置き換わることが少なくなり多様性は増加する．ところが，あまり攪乱の頻度が高くなると，増殖率の低い種は絶滅してしまい，多様性は低下する．

　たとえば，熱帯地域のように全体に種の増殖速度が高いと，同じ攪乱頻度でも，優占する種にとって，より早く他にまさる条件を得ることができる．そのため，相対的に攪乱頻度が低い場合と同様な状態になる．すなわち，攪乱頻度が一定な場合，全体に増殖速度が高いと優占種に優占されやすくなり，全体に適度な増殖速度をもっているときにもっとも多様性が高くなり，全体に増殖速度が低い場合には，より低い増殖速度をもった種は絶滅しやすくなり，再び多様性は低下する．

　また，攪乱の規模（面積）が大きくなると同じ攪乱の頻度，増殖速度でもその後の優占する種についてでさえ，優占するまでに時間がかかる．このことは，同じ攪乱頻度，増殖速度でも，攪乱規模が大きいと，攪乱頻度が高い場合や全体の増殖速度が低い場合と同様な結果を招き，逆に，攪乱規模が小さいことは，攪乱頻度が低いことや増殖速度が小さいことと同じ効果になる（Pontin, 1982）．

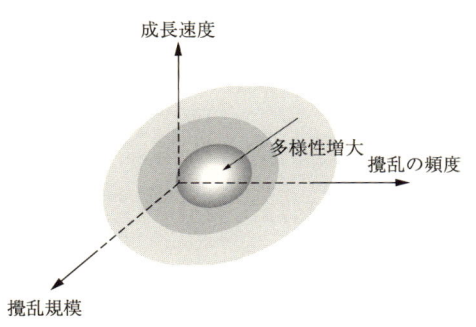

図 7.3.6　種の増殖速度と攪乱に応じた多様性

7.3.6 栄養段階による捕食と群集間の競争

個体数を決定する場合，その個体が属する栄養段階の下に位置する栄養段階の生物量に規定される場合にはボトムアップの効果で個体数が制限されているという．逆に，上の栄養段階にある動物の捕食により個体数が決まる場合にはトップダウンの効果で個体数が決められているという (Carpenter, 1989).

捕食者がいない場合，被捕食者間で資源をめぐる競争が繰り広げられることが表しているように，同じ栄養段階にある生物の間でも互いに横の連鎖 (cross linkage) で結ばれている．また，隣接する異なる栄養段階にある生物同士の場合には，捕食と被捕食の関係 (trophic link) にある．これらの関係は，種間の構成に強く関わっている．

捕食者がいない場合には，被捕食者間で被捕食者 R1 が優占するとしよう．その場合，被捕食者 R2 や R3 は淘汰されてしまい，多様性は減少する．ところが，この優占しがちな被捕食者 R1 を選択的に捕食する捕食者 C1 がいれば，被捕食者 R1 の個体数は制限され，R2 や R3 の生存が可能となり，多様性が増加する．C1 と R1 の関係が R2 や R3 を捕食する C2 や C3 との間の関係より十分強い場合には，C1 の存在は全体に非常に大きな影響をもっているが，C2 や C3 は他の種には大きな影響を与えない．このような場合，C1 は餌となる種の多様性に大きな影響を及ぼしており，これを「かなめ種 (key stone species)」と呼ぶ．

このように，生物種の間の相互関係を考える際には，栄養段階の上下の捕食-被捕食関係と，同一の栄養段階内の競争との両方を考慮する必要がある (宝月, 1999).

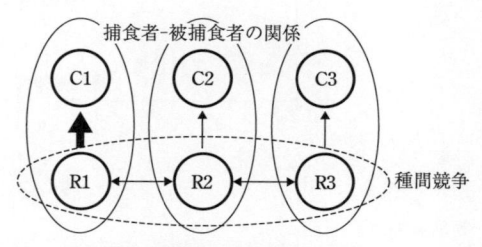

図 7.3.7 種間の競争と栄養段階の関係

7.3.7 r戦略とK戦略

　ある環境において増殖に有利な種は，環境収容容量と比較して個体数密度が非常に少ない場合とほぼ環境収容容量に近い場合とでは異なる．すなわち，個体数密度が非常に少ない場合には，高い増殖率を有し，分布を広げやすい種が優占しやすい．一方，環境収容容量に近い場合には，高い競争力をもち有効に資源を利用でき，かつ，死亡率の低い種が優占しやすい．通常，限られた資源のなかでは，個体数密度が少ない場合と環境収容容量に近い場合の両方に適応することはできない．すなわち，捕食されにくい（死亡率が低い）大型の個体をつくろうとすると個体数は少なくなり，逆に，個体数を多くするとそれぞれは小型のものになり，捕食されやすくなる．そのため，種はその子孫を増やすためにどちらかひとつの戦略をとらなければならない．ここで，個体数密度が低く，増殖率が重要な戦略を，ロジスティック曲線で用いられる増殖率 r をとって r 戦略，環境収容容量に近くなったときに優先される戦略を K 戦略と呼ぶ．

　r戦略をとる種の特徴は，増殖率を高めるために代謝率が高く，世代の期間が短く，子孫により多くのエネルギーを割り当てることにある．しかし，一方では，個体自体の体をつくることに際して利用されるエネルギーは相対的に低く，また，少ない資源を有効に利用する能力にも欠ける．また，一般に，K 戦略をとる種に比べて小さい．

　K 戦略をとる種にとって重要なことは，代謝率を高めて子孫を残すことよりも増殖率が負になることを避けなければならない．そのため，捕食されにくいさまざまな構造を備えたり，資源が欠乏した場合にも生き延びる能力を備えて死亡率を減らしている．

　それぞれの戦略は相対的なものであるが，大きく分類すれば細菌類は r 戦略を，大型の哺乳類は K 戦略をとっているといえる．また，同じ甲殻類の動物プランクトンでも，同一の場所に入れると小型のゾウミジンコは r 戦略を大型のオオミジンコは K 戦略をとる (Carpenter and Kitchell, 1993)．

競争や捕食の影響を示す仮説

例1. Hairstone, Smith, Slobodokin の仮説

陸上の生態系におけるバランスを次のように考えている (Hairstone et al., 1960).

植物：植物が草食性の動物によって食べ尽くされることは稀で，植物の個体数は資源をめぐる競争に支配されている．すなわち，ボトムアップの効果で個体数が決まる．

草食動物：昆虫の大発生などで植物が食べ尽くされることは稀で，通常，餌となる十分な植物の量がある．このことは，草食動物の個体数は種間の餌をめぐる競争よりも，天敵となる捕食者の数で定まっていると考えられる．すなわち，トップダウン効果が支配的となる．

肉食動物：肉食の捕食者の個体数は餌となる被捕食者の数で制限される．種間の競争は餌を分割することで避けられている．すなわち，これもボトムアップの効果によって定まる．

分解者：地球上に死骸から生成される化石燃料が少ないことから，土壌における分解速度は十分速く，分解すべき資源をめぐる種間の競争が重要である．

例2. Menge, Sutherland の仮説 (Menge and Sutherland, 1987)

群集が各栄養段階に属するギルドで成り立っている場合を考えると，低次の栄養段階に属するギルドはより高次の栄養段階に属する動物による捕食によって制限を受けやすいが，高次の栄養段階に属するギルドでは捕食の影響は小さく，餌をめぐる競争により個体数を調節される可能性が大きい．また，各栄養段階の群集の種が単純であれば，捕食による影響よりも資源をめぐる競争の重要度が増し，複雑であれば捕食による影響の重要度が増すことが提案されている．

7.3.8 分布

生物はそれぞれが周辺の環境に従って生活しているが，一方では，単独に

生活しているのではなく相互に影響しあって生活している．そのため，その影響の程度や個々の生物の移動能力などによってさまざまに分布して生活することになる．それらは，大きく以下のように分けられる．

1. ランダムな分布（random distribution）
2. 規則正しい分布（even distribution）
3. 固まりをつくる分布（clumped distribution）

植物プランクトンや浮遊するバクテリアのように自分で動きを制御できない生物はランダムな分布をとる場合が多い．この場合，個体相互の距離は異なっており，2つの個体が非常に近づくことも非常に離れることも少ない．分布はポアソン分布に従う．しかし，渦が生じたりするような場合にはかたまりをつくる．個体が相互に干渉しあうような場合には規則性をもつようになる．たとえば，なわばりをもつような生物の分布がこれに当たる．

生息場所が変化に富んでいるような場合にはかたまりをつくるような分布をとる場合が多い．たとえば，河道内のように流れによって河床の材料が変化に富んでいるような場合には，生物はそれぞれにとってもっとも棲みやすい場所に選択的に生息し，分布はかたまりをもったものとなる．また，流れがきわめて速くなって生物が流される場合にもこうした生物は流れの弱い場所に捕捉されかたまりをつくる．また，このようにして餌の分布に変化が生じると，それを摂食する動物もそれに従う．こうした集積は，沖帯の移動可能なプランクトンの分布にも見られる．鞭毛を用いたり体内の気泡の体積を変化させて上下する植物プランクトンは，増殖に適した場所に選択的に集積する．また，温度躍層の周辺では沈降速度が減少することによってプランクトンの集積が生ずる．

動物プランクトンや小型の魚はしばしば積極的に群れをつくる．これはパッチネスと呼ばれる現象で，捕食者から逃れたり遊泳のエネルギー効率を上げるための行動と考えられている．こうした群れはそれぞれの個体が中心に向かって移動することで維持されている．捕食者が餌をとる場合，通常群れから離れたものを攻撃する．このように群れのなかにいることは，捕食からは逃れやすい．しかし，一方では群れ内では餌が不足しやすい．そのため，夜には群れが崩壊したり，また，群れのなかでは分布が非常に規則正しくなっている場合が多い（Lampert and Sommer, 1997）．

参考文献

巌佐 庸 (1997)：数理生態学，ニューバイオフィジクス 10，共立出版，196 pp.

沼田 眞監修 (1985)：現代生物学体系 12a 生態 A, 12b 生態 B, 中山書店，336 pp., 264 pp.

宝月欣二 (1999)：湖沼生物の生態学，共立出版，161 pp.

八杉龍一・小関治男・古谷雅樹・日高敏隆編 (1996)：岩波生物学辞典第 4 版，岩波書店，2028 pp.

Carpenter, S. R. (ed.) (1989) : *Complex Interactions in Lake Communities*, Springer, 283 pp.

Carpenter, S. R. and Kitchell, J. F. (1993) : *The Trophic Cascade in Lakes*, Cambridge University Press, 385 pp.

Hairstone, N. G., Smith, F. K. and Slobodokin, L. B. (1960) : Community structure, population control and competition, *American Naturalist*, **94**, 421-425.

Hutchinson, G. E. (1978) : *An Introduction to Population Ecology*, Yale University Press, 260 pp.

Lampert, W. and Sommer, U. (1997) : *Limnoecology: The Ecology of Lakes and Streams*, Oxford University Press, 382 pp.

Menge, B. and Sutherland, J. P. (1987) : Community regulation: Variation in disturbance in relation to environmental stress and recruitment, *American Naturalist*, **130**, 730-757.

Odum, E. P. (1971) : *Fundamentals of Ecology, 3rd ed.*, Sauders, 574 pp.

Pontin, A. J. (1982) : *Competition and Coexistence of Species*, Pitman, 102 pp.

Tilman, D. (1982) : *Resource Competition and Community Structure. Monographs in Population Biology, No. 17*, Princeton University Press, 296 pp.

Whittaker, R. H. (1970) : *Communities and Ecosystems*, MacMillan, 385 pp.

Wootton, R. J. (1998) : *Ecology of Teleost Fishes, 2nd ed. Fish and Fisheries Series 24*, Kluwer, 386 pp.

8 生息域の健全性に関わる評価

8.1 正常流量

8.1.1 定義

　河川生態環境を形成する諸々の物理因子のなかで，基本的な役割を果たすのが河川流量である．河川環境を健全に保つには，豊かな流量が必要である．河川法および河川法施行令では「流水の正常な機能が維持される」ことを謳っており，河川砂防技術基準（案）（建設省河川局，1997）ではこれに必要な流量を「正常流量」と呼んでいる．正常流量は維持流量（動植物や景観など9項目を総合的に考慮し，渇水時において維持すべきであるとして定められた流量）と水利流量（下流における流水の占用のために必要な流量）の双方を満足する流量である（両者の和ではない）．種々の利水計画は正常流量を十分考慮して策定することになっており，正常流量は需要水量の予測や開発水量の算定に先だって定められなくてはならない重要な要素である．

　河川法施行令と河川砂防技術基準（案）では正常流量の算定に当たって考慮すべき事項をそれぞれ表8.1.1のように挙げている．河川砂防技術基準（案）では動植物の保護が漁業と別になっていることから，人間の経済利益に直接結びつかない生物にも配慮すべきと考えていることがわかる．また，「観光」はより一般的な「景観」という言葉に置き換えられており，特別な観光地に限らず日常生活に密着した河川景観にも価値があるという認識が示されている．具体的には「視覚的に満足を与える程度の流量と水質が要求される」とのことである．建設省（現国土交通省）は1992年4月に「正常流量検討の手引き（案）」（建設省河川局，1992）で正常流量の標準的な定め方

表 8.1.1 正常流量の目的となる事項

	河川法施行令 （第十条）	河川砂防技術基準（案）	
		維持流量	正常流量
利水に関する事項	流水の占用		水利流量
環境に関する事項	観光 流水の清潔の保持	景観 動植物の保護 流水の清潔の保持	景観 動植物の保護 流水の清潔の保持
必要に応じて考慮する事項	舟運 漁業 塩害の防止 河口の閉塞の防止 河川管理施設の保護 地下水位の維持	舟運 漁業 塩害の防止 河口の閉塞の防止 河川管理施設の保護 地下水位の維持	舟運 漁業 塩害の防止 河口の閉塞の防止 河川管理施設の保護 地下水位の維持

を示している．検討手順は，①河川環境の把握，②河川区分と代表地点の設定，③項目別必要流量の検討，④代表地点における正常流量の検討，の4段階に分かれている．

③の項目別必要流量では「生態系」「景観」「水質」の3つを重視して必要流量の求め方が詳述されている．生態系からの必要流量では，河川生態系のなかで占める位置（食物連鎖の上位にいる，人間との関わりが深い，水生昆虫等もカバーできる）および水理量との関係がある程度明確であることから魚類のみを対象としている．魚が生息できるようならば他の生物も生息できる，との判断が根底にある．魚類生息場のなかでも瀬に着目し，成長段階と産卵期の必要水深・適正流速を文献等から求め，その条件を満足させる流量を採用することとなっている．ただし，対象種の選定法，水深・流速以外の条件（底質・カバー等）の考慮方法，淵の評価など克服すべき課題も多い．

景観は「人間が河川を眺める時に生じる心理現象であり，眺める場所がなければ成立しない」と定義されている．観者が水量感を得られることを評価基準としており，見かけの水面幅と河川幅の比が0.2以上になることをひとつの基準に置いている．水質については，負荷量から汚濁解析をし，環境基準値（または現況値）を達成できる流量を求めることになっている．景観，水質いずれについても生態系と同様に最低値を与えるものである．

それらすべての項目を包含する「河川特性からの維持流量」にも触れられ

ている．推定式による維持流量として比流量 $0.69 \mathrm{~m}^3/\mathrm{s}/100 \mathrm{~km}^2$ という参考値が示され，流量データの蓄積がある場合には10ヵ年最小渇水流量以上で10ヵ年平均渇水流量を目安とすることになっている．この際，現存の流量観測所は水力発電所の減水区間に立地するものも多いため，潜在的自然流量を求めるには観測された流量に発電使用水量を加えて解析する必要がある（農業用水，都市用水も同様である）．

8.1.2 環境用水の備えるべき要件

（1）正常流量概念の拡張

　正常流量の目的は，河川環境を改善すること（河川法第一条にいう「流水の正常な機能」の維持）であって，たんに流量を増やすことではない．前項で説明した現行の正常流量や維持流量の設定法はまだまだ改善の余地がある．

　正常流量は河川砂防技術基準（案）に述べられているように，「渇水時において維持すべきであるとして定められた流量」である．つまり，そこでは渇水時の最低流量が議論の的になっている．しかし，それだけでは「流水の正常な機能」を維持するには不十分で，適当な攪乱がなければ健全な河川環境とはいえない．「渇水時の最低流量」に加えて「平常時の適度な攪乱」，そして「たまに起こる大規模攪乱」は流水の正常な機能を維持するうえでどれも必要である．流量変動が河川環境の物理基盤を構成することに着目し，できるだけ自然流況に近づけることを目標とするアプローチについて，8.1.5項および 8.2節で述べる．

　もうひとつ，強く意識すべきなのは縦断方向の連続性である．正常流量は新河川法（1964年）のもとでの用語である（旧河川法でも「維持用水」という言葉はあったがこれは主として利水目的で，環境は念頭になかった）が，現実には正常流量の理念に反する強度減水区間が全国各地で問題を引き起こすのを防げなかった．1988年に発電減水区間に対する建設省通達が出されたが，そこに示されている放流基準値（0.1–$0.3 \mathrm{~m}^3/\mathrm{s}/100 \mathrm{~km}^2$）の精緻化が今後の課題である．農業用水や都市用水に対しても同様の対策が望まれよう．また，正常流量検討の際には代表地点設定の段階で用水取水点・魚類産卵場・景勝地といったポイントだけでなく，川の縦断方向にわたって全体を考えること，とくに，広く浅い断面など流れが途切れるなどの障害となる地点

を改善することが求められる．

（2）環境用水の目的別分類（白川・玉井，2003）

8.1節では正常流量や維持流量という用語を用いてきた．しかし，維持流量という用語は一定流量の持続を印象づけてしまう恐れもあるので，ここでは環境用水という言葉を用いる．

環境用水は，絶対量（magnitude），時期（timing），継続期間（duration）の3要因から構成される．より具体的には図8.1.1に示す5つの流量要素が抽出できる．第一に，通常期に確保されるべき最低流量である．これは，生物の日常生活（採餌・休息・移動など）に必要な流量であり，季節変化もあるにせよ基本的には一定流量があればよい．第二は特定の成長段階において必要となる流量であり，産卵期や遡上・降下期のものである．第三は年に1回あるいはそれ以下の頻度でしか発生しない洪水である．第四は年に数回から十数回発生する中小規模の出水である．そして，第五の要素は細かい時間スケールで見た流量変動で，調整池式および揚水式水力発電所における日内流量変化，洪水初期や減衰期の増加（減少）速度がこれに当たる．発電所で昼夜間に起きる流量変動サイクルは自然界にはないものだし，洪水初期の避難時間，減衰期の復帰時間は水中動物の生存を左右する．

一方，環境という言葉が多義性をもつように環境用水の目的にも性質の異なる事柄がいくつも含まれている．そのため，他用水との関係ばかりでなく環境用水内部にも利害対立があり，しばしば混乱を招く．そこで，質の似た目的ごとに3つのグループに分け，先ほどの流量要素との対応を整理して内容を明確化する．

第一のグループは，河川地形に関するものである．土砂輸送力の低下は堆積傾向を促進し，河道内流路の固定化は高水敷を陸地化させる．これは世界中多くの場所で生物への影響をもたらし，同時に，取水困難，河口閉塞，航路阻害，水質悪化など人間活動にもさまざまな被害をもたらした．生物生息や人間活動の物理基盤となる河川地形とその変動性を保全するための流量を河道維持流量と呼ぶことにする．英語でいう channel maintenance flow に相当し，土砂動態を中心とした地形変動のシステムを保全するための流量である．

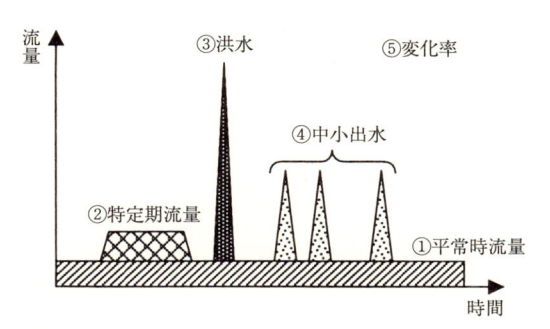

図8.1.1 環境用水の流量要素

　第二に，生物生息に関わるものがある．生物といってもここでいうのは本来ある自然（潜在自然）の状態で存在する生物のことである．つまり，有用種や経済的な資源として意味のある種といった区別をせず，「原生自然」や「動植物の権利」といった特別視もせずに，流量操作や養殖等人為的働きかけを一切排除したときに出現する生物相を想定する．その相互依存システムを維持するのに必要な流量を生態系維持流量と呼ぶことにする．英語ではhabitat maintenance flow という用語で堆積物の除去などを指しているが，ここでは水質等も含めたより広義の概念とする．

　第三に，人間に関係するすべての目的に対応する流量を一括して扱う．景観，水質，レクリエーション，構造物の維持，航行などが含まれる．たとえば漁業なら，生計を立てる第一次産業としての漁業もレクリエーション手段としての釣りも伝統文化としての漁業もすべてここに含む．これらを一括して人間環境保全流量と呼ぶ．

　同じ環境という言葉を使っていても，暗黙のうちにこれら3つの要素を含意するケースもあれば排除するケースもある．これらの要素はいかなる場合でも明確に分離されるべきである．これらの目的グループと流量要素は表8.1.2のように関連づけられる．河道の地形は多くの河川で低水路満杯流量や平均年最大流量，2-3年確率洪水と関係が深いことが報告されていることから，河道維持流量は第三流量要素（③洪水）にもっとも関係が深い(Church, 1992; Lewin, 1992; Reiser *et al.*, 1992; 山本，1994)．ただし，微地形および中規模河床形態に影響を及ぼす第四要素（④中小出水）も考えねばならない．生態系維持流量はすべての要素と関係するが，なかでも第二要

表 8.1.2　環境用水の目的と流量要素の関係づけ

	河道維持流量	生態系維持流量	人間環境保全流量
① 平常時流量	○	○	◎
② 特定期流量		◎	△
③ 洪水	◎	○	×
④ 中小出水	○	○	×
⑤ 変化率	△	△	△

◎：強く関係　　○：関係あり
△：やや関係あり　×：負の関係

素（②特定期流量）は致命的で，現行の正常流量設定法における動植物の配慮項目はこれと第一要素（①平常時流量）に相当する．これからは第三要素（③洪水）と第四要素（④中小出水）の検討が求められるだろう．実際，フラッシュ放流として全国各地で試行例が増えつつある．人間環境保全流量は主として第一要素である．

表8.1.2からわかるのは，人間環境保全流量はいわゆる「利水」と共通な面を多くもつことである．実際レクリエーションは利水に含まれることもある．これらの目的は環境から切り離し，むしろ利水の概念を拡張して「水の利用」と「河川空間の利用」に分けたほうが扱いやすいと考えられる．河道維持も生態系維持もけっきょくは人間のためになるが，直接役立つ用途とは明確に異なる．

8.1.3　諸外国における環境用水量設定手法の潮流

人間活動の取水に伴う河川の減水が，河床堆積，河口閉塞，水質悪化，魚類等生物資源の減少といった悪影響を及ぼすことは1970年ごろから世界各地で問題視され始めた．後に述べる Tennant の手法は1970年代中ごろに大規模な現地調査に基づいて提案されたものである．この対策として流量再調整の目的で河道内に確保されるべき流量は instream flow（環境流量）あるいは minimum flow requirements などと呼ばれている．

現在この分野の取り組みが進んでいるのは，北アメリカ，ヨーロッパ，南半球諸国（主にオーストラリアと南アフリカ）である．ほとんどが半乾燥地帯，プレート内部の安定大陸や古生代以前の古期造山帯が中心である．一方，

表 8.1.3 諸外国で用いられている環境用水量設定法（白川・玉井, 2003)

	標準的に使っている国	部分的に使っている国	検討・初期段階の国
①水文統計法	アメリカ（Tennant 法, ABF, 7Q10 他） カナダ（Tennant 法） ドイツ（平均年最小流量等） イタリア（Tennant 法他） デンマーク（Median Minimum） スペイン（Tennant 法, Basic Flow） ポルトガル チリ（Tennant 法）	イギリス（Q95 等） スイス オーストラリア（Tennant 法等） ブラジル	ベネズエラ
②水理指標法		アメリカ（潤辺法） イタリア（潤辺法）	
③生息域モデル法	アメリカ（IFIM） カナダ（IFIM, HABIOSIM 等） オーストラリア（IFIM） ニュージーランド（RHYHABSIM, IFIM） ノルウェー（RSS） フランス（EVHA, AGIRE 等） イタリア（IFIM）	イギリス（IFIM 等） ドイツ（CASIMIR） オランダ スペイン（IFIM） フィンランド（EVHA） オーストリア チェコ（IFIM）	スロベニア コロンビア
④包括的手法	南アフリカ（BBM, DRIFT, FMP, FSR） オーストラリア（Holistic Approach, Benchmarking Methodology, 他）	イギリス（River Babingley 法等） ドイツ スイス オーストリア（Guiding View）	ジンバブエ（BBM, DRIFT） ナミビア

注：7Q10 は再現期間が 10 年の最小 7 日間流量，Q95 は年間 95% の日流量はこれを超える流量である．8.2 節に見られる下添字の Q_{95} とは定義が異なる．

アジアモンスーン地帯では環境用水に対する関心があまり高まっていない．これには気候，地質，社会の各要因があろう．ヨーロッパ等では近代文明の発達過程で河川に大きな取水負荷がかかったこと，雨が少なく気温も低い条

件下では一度質の低下した自然環境がゆっくりと少しずつしか回復しないこと，経済発展が進んだため自然環境に対する相対的な価値意識が高まったこと，などである．現在使われている環境用水量の設定手法は，Tharme (2000) によれば大きく4つの種類に分けられる．

①水文統計法：水文統計量（主に日流量）を指標とする方法．Tennant法，流況曲線法などがある．日流量データがあれば設定できる．

②水理指標法：流量と関連づけられる水理量を用いる方法．潤辺法がその代表である．流量よりは生物や景観等に与える意味が明確である．地形データ（断面形，勾配など）が必要となる．

③生息域モデル法：流量変化に伴う水理量の変化を生物生息域の評価値につなげる方法．IFIM が代表例で，その主要部分たる PHABSIM は世界各国で改良の努力が続けられている．生息域の評価という意味がもっとも明確で，詳細な評価が可能だが要求されるデータ量が多い．

④包括的手法：複数の目的にそれぞれ流量要素を対応させ，全体を総合化した流況を求める方法．BBM, DRIFT, River Babingley Method などがある．多くの手法は総合化の段階でワークショップを活用しており，データの不足は専門家の知見で補う．オーストラリアと南アフリカでさかんに研究されてきた．

Tharme (2000) や Conference Abstracts (2002) をもとに各国で採用されている手法をまとめたのが表8.1.3である（白川・玉井，2003）．アメリカ・カナダ・オーストラリアなどは州ごとに標準的手法を選んでいる．単一の方法で押し通している国は少なく，先に分類した4種類の手法を段階に応じて使い分けていこうとする傾向がどの国にも見られる．水文統計的手法で大枠を定めたのち，具体的な設定には包括的手法，さらに詳細な検討の必要がある場合には生態モデル法を使うという順番である．データが不十分でも比較的迅速な意思決定を可能ならしめることが包括的手法の大きな利点のひとつである．

8.1.4 現在行われている環境流量設定の実用手法（白川・玉井，2003）

現在もっとも広く用いられている有名な手法が Tennant 法である．これは自然状態の年平均流量との比で表現する方法で，10%が最低値，30%が

良好値，60% が理想値などとなっており，最大値についても 200% という目安が示されている (Tennant, 1976)．見た目は単純だが多数の現地調査から導き出された基準であり，水理量（水深，水面幅，流速等）その他の生息域構成因子（水温，砂州，カバー，移動等）を考慮した魚類生物学者との共同研究の成果である．アメリカ国内および海外でも多くの実績があり国家レベルで採用しているところも多いが，もともとアメリカ中西部の河川を対象に開発された方法であることを忘れるべきではない．また，表 8.1.2 にいう①要素にしか対応していない（最大流量の言及はあるが）．暫定設定には有用だが，モニタリングに利用するには単純すぎる．流況曲線を使う方法では 95% 超過確率流量がアメリカやイギリスなどで採用されている．また，平均年最小 7 日流量，最渇水月の日流量中央値などを使っているケースも Petts and Maddock (1994) により報告されている．しかし，いずれも単一の指標が導かれるだけであり，変動性（表 8.1.2 における③-⑤の要素）のヒントは得られない．

変動性を扱う手法には，最近注目を集めている RVA (Range of Variability Approach) がある．自然状態と流量調整後のさまざまな流量指標 (IHA; Indicators of Hydrologic Alteration，表 8.1.4) を比較して流況を評価するものであり，表 8.1.2 で整理した枠組みともよく合致する (Richter *et al.*, 1996, 1997)．値だけでなく許容幅と年々変動を明示的に扱うのも特徴で，自然状態の平均値を中心にして幅をもった目標範囲を定めるが，渇水年や豊水年にはこれを逸脱することも認められる，というよりむしろ推奨される．各指標の目標範囲は生態学的知見を利用して設定されることが望ましいが，約 20 年分の統計値から得られる標準偏差でもよい近似を与えるとされている (Richter *et al.*, 1997)．放流量を直接規制するというよりも与

表 8.1.4　RVA で用いられる流量指標 (IHA)

量　　　　　(12)	1-12 月の各平均流量
極値の量　　(10)	1, 3, 7, 30, 90 日間最大・最小流量
極値の時期　(2)	最大・最小流量の発生日
中規模変動　(4)	中出水・中渇水の発生頻度と持続期間
小変化　　　(4)	流量増加・減少速度の平均値，頻度

カッコ内は指標の数．

えられた操作規則がもたらす流量変動を評価することに力点があり，毎年指標の適合度をチェックして新たな生態学的知見とともに許容範囲の見直しや操作規則の修正を行うよう求めている．つまり，これは適応的管理（adaptive management）の一種ということができ，こうした水文統計法の成果を生息域モデルや包括的手法による詳細な議論に活用したり，暫定的な流量設定後のモニタリングにも反映することができる．

8.1.5 環境流量設定の日本におけるケーススタディ（白川・玉井，2003）

（1）日本河川の水文量——Tennant 法の視点から

Tennant 法の日本における適用性を見るため，日本の河川で渇水量（355日流量）および低水量（275日流量）と平均流量の比をとったのが図 8.1.2 である．流量年表記載の全国観測点について，比較的人為影響が少ないと見られる 1970 年以前の年平均流量を分母に，1971 年以降の平均渇水量・低水量を分子にとった．分母は完全に人為影響を排除したものではないし，分子もすべてが流量操作を受けているわけではないが，およその傾向は見てとれる．

平均流量の 10% は現状の渇水量でもクリアしているところが多く，全体

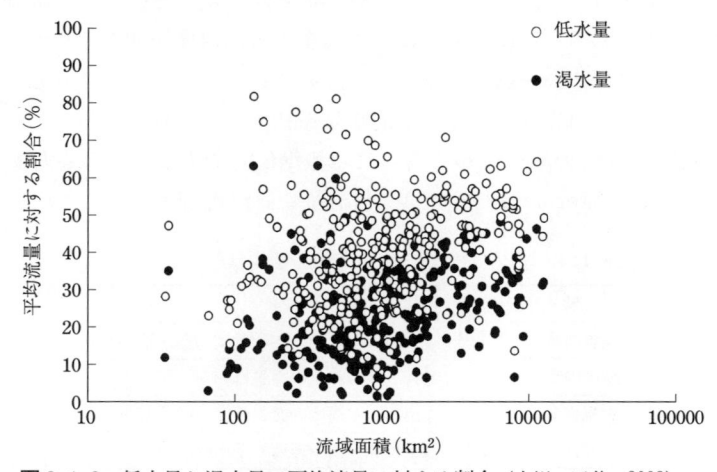

図 8.1.2　低水量と渇水量の平均流量に対する割合（白川・玉井，2003）

の87%を占める．ただし，渇水量でなく最小流量となるとこの割合は12%に激減し，大河川の下流などに限られてくる．つまり，Tennant法の最低値を「絶対下回ってはいけない値」と解釈すれば約9割の地点で放流規則の変更など何らかの対策が必要となる．

一方，渇水量が平均流量の30%を上回っている地点は全体の29%ある．これらの地点では現状でも良好なレベルにあり，これ以上の対策は不要と判断される．60%前後にも4点が達しているが，これらは大湖沼の下流など特殊な条件にある地点である．低水量で見ると10%未満の点が3点，30%未満は全体の27%あり，これらの地点では大がかりな対策が必要になるだろう．また，最小流量が平均流量の30%を上回っている点はなかった．

(2) RVAの適用——北上川において

北上川上流部の多目的ダムを対象にRVAの適用を試みた．用いたダムの諸元を表8.1.5に示す．多目的ダム管理年報のデータを利用し，ダム流入量を自然流量，放流量を人為操作流量と見なして前者から定めた基準で後者を評価する．対象期間は1968年から1991年の24年間とした．四十四田ダムは流域面積が大きいものの雨量が少ないため流量はさほど多くなく，発電以外の利水目的をもたない治水ダムである．田瀬ダムは流量が少なく有効貯水量は大きいが，洪水調節実績はほとんどない．和賀川と江合川は流域面積のわりに流量が多いが，湯田ダムが鳴子ダムよりも規模が大きい．また，いずれのダムも融雪を主たる水源としており，4月前後に流量がもっとも多くなる．

計算結果をまとめたものが表8.1.6である．自然状態の平均値プラスマイ

表 8.1.5 計算対象ダムの諸元

ダム名	河川名	目的	流域面積 (km²)	有効貯水量 (100万 m³)	平均流入量 (m³/s)	洪水調節 (回)
四十四田	北上川	FP	1,196	35.5	36.9	16
田瀬	猿ヶ石川	FNP	740	101.8	20.9	5
湯田	和賀川	FNP	583	93.7	42.5	49
鳴子	江合川	FNP	210	35.0	13.6	11

注：目的の欄は，Fが洪水防御，Nが不特定利水，Pが発電を示す．流入量および洪水調節は1968-1991年の実績値である．

第8章 生息域の健全性に関わる評価

表 8.1.6 RVA の結果（自然状態から大きく逸脱した項目）（白川・玉井, 2003）

		四十四田	田瀬	湯田	鳴子
量	1月平均値		○ △ ▽	△ ▽	
	2月平均値		○ △ ▽	△ ▽	▽
	3月平均値		▽		
	4月平均値		● ▲ ▼	▲ ▼	● ▲ ▼
	5月平均値			▽	▽
	6月平均値	○ △ ▽	○ △ ▽	○ △ ▽	△ ▽
	7月平均値				▽
	8月平均値				
	9月平均値				
	10月平均値	▼	▲ ▼	▲ ▼	
	11月平均値		▼	▼	▼
	12月平均値		▽		▼
極値の量	1日間最小値	● ▲ ▼	● ▲ ▼	● ▲ ▼	▼
	3日間最小値	● ▲ ▼	● ▲ ▼	▼	●
	7日間最小値	● ▲ ▼	● ▲ ▼		△
	30日間最小値		●		▼
	90日間最小値			▽	
	1日間最大値	▽	▲	▲ ▼	▼
	3日間最大値				▲
	7日間最大値				▼
	30日間最大値			▼	▼
	90日間最大値				
極値の時期	最小値生起日	△ ▼	△ ▼	△	△
	最大値生起日		▲ ▽	▲ ▽	▲
中規模変動	渇水回数	△ ▽	○ △ ▽	○ △ ▽	● ▲ ▼
	出水回数		△ ▽	● ▲ ▼	● ▲ ▼
	渇水継続期間	▽	● ▲ ▼	● ▲ ▼	○ △
	出水継続期間	△ ▽	▽	○ △ ▽	○ △ ▽
小変化	平均減少速度	△	▽	▲ ▼	▼
	平均増加速度	▲	▲	● ▲ ▼	● ▲ ▼
	増減回数	○ △ ▽	△ ▽	○ △ ▽	○ △ ▽
	減少日数	● ▲ ▼	● ▲ ▼	● ▲ ▼	● ▲ ▼
	増加日数	○ △	○ △ ▽	○ △ ▽	▼

○：平均値が大きく増加　　●：平均値が大きく減少
△：上方逸脱回数多し　　▲：上方逸脱回数少なし
▽：下方逸脱回数少なし　　▼：下方逸脱回数多し

ナス1標準偏差を基準変動範囲とし，人為操作状態の平均値がそれを逸脱した項目（増加は○，減少は●），および逸脱頻度が著しく増加（24年間で8回以上）ないし減少（24年間で1回以下）した項目に印をつけている．すなわち，△▽ならば増加傾向，▲▼ならば減少傾向，△▼ならば変動激化傾向，▲▽ならば変動平滑化傾向と読み取る．ちなみに自然状態では逸脱回数はほとんど2-7回の範囲に収まっている．極値の発生時期は1月1日からの日数で，「増加」「上方」とはより遅い時期に，「減少」「下方」とはより早い時期にシフトすることを意味する．中規模変動は自然状態における75%および25%超過確率流量を閾値とし，75%流量を上回ったら出水発生，25%流量を下回ったら渇水発生と定義してそれぞれの生起回数と平均継続期間をカウントした．小変化に関する指標では，Richterらの指標に増加日数と減少日数を新たに加えた．

　まず量指標を見ると，各ダム共通の傾向として6月の流量増が見られる．田瀬・湯田・鳴子では，4月の流量減，10-11月の流量減，1-2月の流量増も共通である．6月は夏期制限水位に向けた水位調整と灌漑水補給を兼ねた放流操作，4月は融雪出水の貯水の影響である．極値の量を見ると，比較的流量の少ない四十四田と田瀬では渇水量が，流量の多い湯田と鳴子では洪水量が影響を受けていることがわかる．表8.1.5に示した洪水調節実績では四十四田も少なくないが，四十四田と田瀬では自然状態での洪水量の変動範囲が大きいために逸脱回数が少なくなるという背景もある．極値の時期は，大まかにいって最小値生起日はばらつき，最大値生起日はまとまる方向に動いている．たとえば四十四田では7月によく発生する渇水状況が軽減された結果，最小値発生日が2月ごろと10月ごろに二極分化するようになった．田瀬では春と秋に同じくらいの割合で発生する最大流量のうち，春の出水は貯水されることが多く秋の出水のみが残る．湯田では逆に，8月の洪水が頻繁にピークカットされることにより融雪出水時に最大流量が発生することが増えている．

　中規模変動および小変化にもダム操作の影響がはっきり見られるが，中規模変動の現れ方はダムにより異なる．中規模出水，いわゆるフラッシュ放流（表8.1.2の④）の回数は湯田と鳴子では確かに減少しているが，四十四田では格別の変化が見られないし田瀬ではむしろ増えている．鳴子では中規模

渇水の回数減少も見られ，継続期間の伸びと合わせて中規模変動の緩慢化が示唆される．一方，田瀬と湯田では短期間の中規模渇水が数多く発生する傾向を示している．小変化は比較的各ダム共通で，平均増加速度の低下と減少日数の減少は洪水調節によるものである（ピークカットおよび逓減曲線の消失）．注目されるのは増減回数がはっきり増えていることで，ダム操作が流況の平滑化どころか細かい変動の激化を招いている可能性を想起させる．ただし鳴子ダムでは減少日数も増加日数も少なくなり，流量一定の期間が増えている．

　ここでは紙面の制約もあり表 8.1.6 のまとめを示したが，Richter *et al.* (1996) は全指標の変化を数値で表示するよう推奨している．表 8.1.6 からも放流量操作における着目点や改善方向の示唆は読み取れるが，より詳しく数値を検証することによって代替案の比較を定量的に行うことができる．

8.2　流況変化の評価法

8.2.1　河床生態保全洪水について

　貯水池の建設に伴い，自然現象の攪乱がどのように変化しているかを調査したものには，玉井ら (1997) や玉井 (1998) がある．この問題では，まず，ダム湖の建設で河川流況に変化が生じているか否かを，どのようにして抽出するかが第一の課題であった．渡良瀬川の高津戸測水所での流量年表の資料を用いた予備的な分析によると，草木ダムの完成を含む前後の約 25 年間の資料に対して，通常の自己相関分析ではほとんど差が現れなかった．そこで，われわれは生態学的な特徴から，指標を選定することを試みた．すなわち，河床の礫の表面に生育する藻類は，月に一度以上の適切な出水がないと質が悪くなる，ということである（このヒントは水野信彦先生との会話のなかで得られたものである）．これは，1 年に 12 回の中小規模の洪水が起こることが望ましい，ということを意味している．このように，河床に沈積したシルトを押し流す効果をもつ中小洪水を，「河床生態保全洪水 (ecological flushing discharge)」と呼ぶことにした．この生態的保全洪水の継続期間を 5 日間と想定すると，1 年間にこの臨界値を上回るのは 60 日である．洪水継続

期間の仮定は，高津戸測水所ではほぼ正しかったことを確かめている．本書においては，Q_{60}（1年間で60番目に大きな日流量）を上回る出水を，「河床生態保全洪水」と呼ぶことにする．図8.2.1に調査の対象とした利根川上流域の多目的ダムと水位観測所の位置の概要を示す．

渡良瀬川高津戸観測所における具体的な流量時系列を図8.2.2と図8.2.3に示す．図8.2.2はダム湖の建設前の資料，図8.2.3はダム湖の建設後の資料である．気象条件は年々変動するので，豊水年同士の資料を示している．また，約25年にわたる観測期間においては，気象条件が大きく変わったということはなく，また山間部であるのでダム湖の集水域における土地利用も大きく変化しているとは考えられない．したがって，ダム湖への流入水量の時系列の統計的性質は，変化していないと考えている．図8.2.2，図8.2.3において日流量50 m³/s程度で水平に引かれた細線がQ_{60}を表している．1968年と1988年においては，この値には大きな差は見られない．一定の径

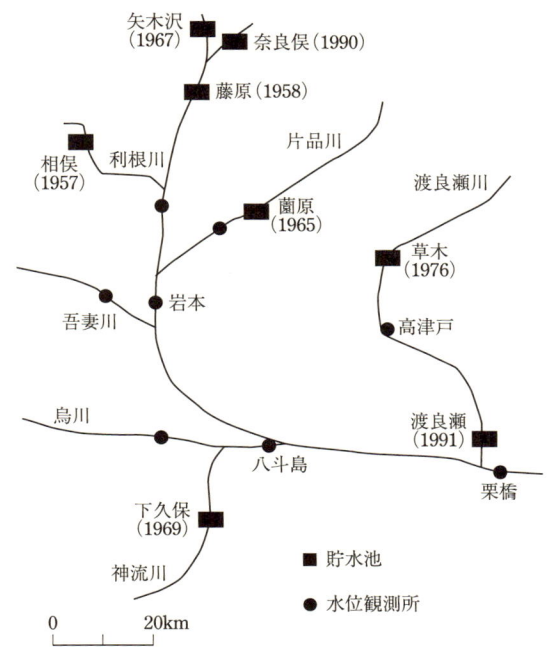

図 8.2.1　利根川上流域の多目的ダムと水位観測所（カッコ内の数値は竣工年）

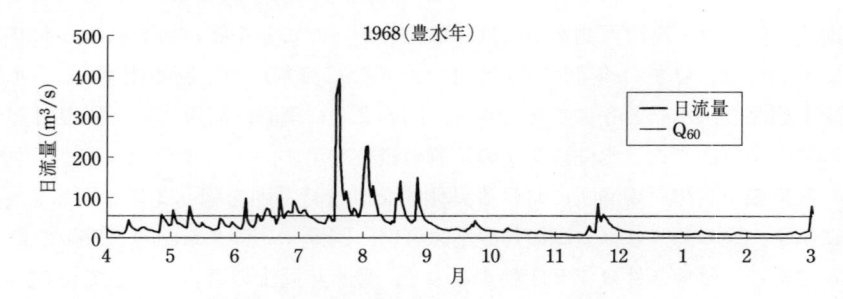

図 8.2.2 草木ダム建設前（1968 年）の日流量時系列と Q_{60}

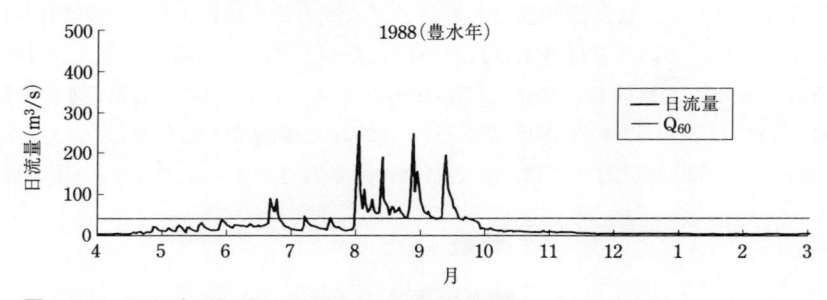

図 8.2.3 草木ダム建設後（1988 年）の日流量時系列と Q_{60}

の沈泥を掃流することを考えると，河床生態保全洪水は一定値とするのが妥当であるという意見もある．しかし，気象条件は年ごとに変動し，自然状態であればこれを反映して河川流況は年ごとに変動する．こうした自然の攪乱条件下では，年に 12 回程度生ずる相対的攪乱に意味があると考える．そして，これを見いだすための臨界値として Q_{60} を用いるのである．

図 8.2.2，図 8.2.3 を見ると，ダム湖の建設前には冬期を除いては，適当な間隔で河床生態保全洪水が見られている．しかしながら，ダム湖の建設後では河床生態保全洪水は夏期の出水期にしか見られなくなっていることがわかる．

図 8.2.4 (a)，(b) は渡良瀬川の高津戸および利根川の栗橋における河床生態保全洪水の 1 年間の発生回数を比較したものである．高津戸は草木ダム湖のすぐ下流に位置しているが，栗橋は上流のダム群から離れており，ダム湖の建設による流況への影響は弱い．栗橋の資料に関する限り，草木ダム湖の完成の前後に著しい変化は認められない．一方，高津戸における河床生態

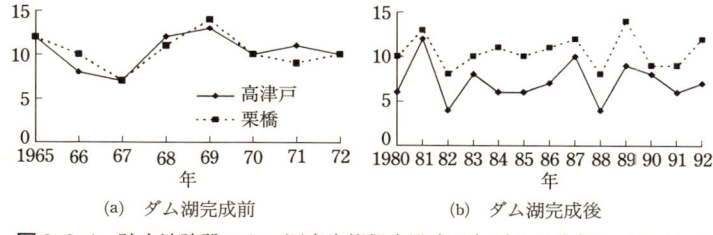

図 8.2.4　貯水池建設による河床生態保全洪水の年ごとの生起回数の変遷
(渡良瀬川高津戸観測所および利根川栗橋観測所)

保全洪水の発生回数は約3分の2に減少した.

連続する2回の河床生態保全洪水の間隔についても分析を行うことが可能である．ここでは詳細は省くが，夏期（7-9月）には平均の間隔は約16日であり，これはダム湖の建設前後で変化していない．夏期には藻類の活動，水生動物の活動も活発であるので，月に一度の洪水では少ないといわれており，この点では生物活動の高い時期には流況はほとんど変化しておらず，望ましい状態にある．しかし，小雨期（10月から次の年の6月まで）では，洪水間隔が完成前の42日から，ダム湖の完成後は1.5倍程度の64日へと長期化している．

利根川上流域の岩本観測所において行われた同様な分析の結果を簡単にとりまとめると以下の通りである (Shirakawa et al., 2002)．岩本観測所は利根川本川にある観測所で，片品川が合流した下流に位置している（図8.2.1参照）．岩本観測所地点での集水面積は $1692\,\mathrm{km}^2$ であり，上流にある多目

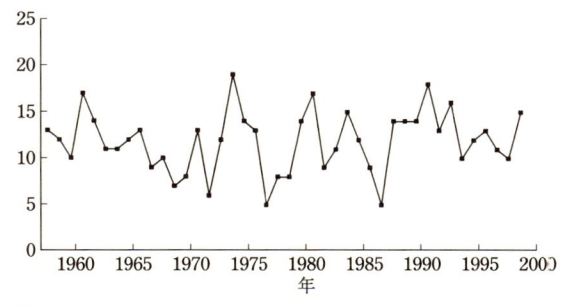

図 8.2.5　岩本地点における河床生態保全洪水の生起回数
(1958年から1999年の期間)

的ダムの完成年次は藤原ダム 1957 年，相俣ダム 1959 年，薗原ダム 1965 年，矢木沢ダム 1967 年，奈良俣ダム 1990 年であり，これらの 5 つのダムの集水面積の総計は 1006 km² である．ダム湖の集水面積が占める割合は 59.4% である．

1958 年から 1999 年までの日流量資料が利用可能である．したがって，藤原ダム完成前の流量資料を得ることはできなかった．高津戸観測所の場合と同じに，Q_{60} を超える流量を河床生態保全洪水と考えてその生起回数を示したものが図 8.2.5 である．これを見ると，岩本地点では約 40 年間河床生態保全洪水の生起回数に系統的な変化は生じていない様子がわかる．

8.2.2 河床生態保全洪水の変化

明治橋観測所は盛岡市にあり，雫石川が北上川本流に合流した直下流に位置している．集水面積は 2185 km² であり，北上川流域の 20% 以上に達している．明治橋上流には 3 個の貯水池がある（表 8.2.1）．岩洞貯水池（1960 年完成）は一番古いが集水面積が小さく，明治橋流況への影響は比較的小さな貯水池である．したがって，岩洞貯水池だけの時代はダムの影響はほとんどないと考えた．このように考えると，明治橋における流量資料は 3 つの時期に分類できる．すなわち，"ダム導入前"の時期，四十四田貯水池（1968 年完成）完成後の"1 ダム"時期，1981 年御所ダム完成以降の"2 ダム"時期である．ひとつの時期ごとに 12 年間の記録を用い，ダムなしの時期を自然状態と考えた．

流出量としては融雪出水が大きく寄与するが，大きな尖頭流量は台風によってもたらされる．

表 8.2.1　明治橋観測所と上流の貯水池

名前	集水面積 (km²)	貯水容量 (100万 m³)	貯水目的	
明治橋	2,184.9	2,803 (年流出量)	—	観測開始年 1951
岩洞	212.1	46.3	A, P	1960 完成
四十四田	1,196.0	35.5	F, P	1968 完成
御所	635.0	45.0	F, N, W, P	1981 完成

注：F：洪水防御　A：灌漑　N：不特定利水　W：上水道
　　P：発電

最初に河床生態保全洪水を知る指標となる Q_{60} を眺めてみる．"ダム導入前"時期では $Q_{60}=153.1 \mathrm{~m}^3/\mathrm{s}$，"1ダム"時期は $Q_{60}=134.0 \mathrm{~m}^3/\mathrm{s}$，"2ダム"時期は $Q_{60}=124.5 \mathrm{~m}^3/\mathrm{s}$ であった．これを見ると Q_{60} 自体が減少していることがわかる．

図8.2.6に河床生態保全洪水の生起回数を図示している．これによれば，"ダム導入前"での平均生起回数は年17.5回であり，"1ダム"時期は年13.6回となり，"2ダム"時期は年9.9回となっている．Shirakawa et al. (2002) によると，河床生態保全洪水がその年で最初に発生する日の平均は3つの時期でだんだんと遅くなっている．また，最後の発生日は年ごとに変動するが，この変動の標準偏差が"2ダム"時期では格段に大きくなり，河床生態保全洪水の発生が不規則となっていることを示している．四十四田ダムは盛岡市の北に接して北上川本流に建設されており，ダム地点における集水面積は明治橋地点での集水面積の55％に達しているので，明治橋観測所の流況に影響が出たものと思われる．御所ダムは，明治橋のすぐ上流で合流する雫石川に位置しており，2ダムの集水面積は明治橋地点での集水面積の84％に達するので，3つの時期において変化が現れている．

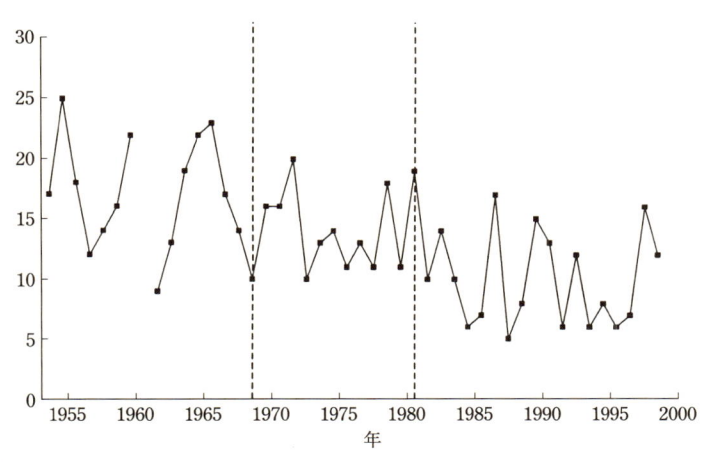

図8.2.6 北上川明治橋における河床生態保全洪水の生起回数の変遷

8.3 生息域適性評価法

　川は生き物が生息する場所である．川の管理や設計を考えるときには，生き物にとって川がどの程度棲みやすい場所であるか，を判定する方法が必要である．この節ではこうした評価の方法について述べる．生物的健全度指標 (Index of Biotic Integrity; IBI) や生息域環境質評価指標法 (Habitat Quality Index Method; HQI) については1.4節において述べた．ここでは川の流れの物理的な情報とどのような生物がどのような場所に生活しているかという生態的な情報とを組み合わせる評価手法について説明する．

8.3.1　小規模生息域の評価法（略称 PHABSIM）

(1) 生息域の規模

　最初に評価を行う対象生息域の規模について整理しておこう．小規模生息域とは，瀬と淵を含む区域であり，河川中流域では川幅の5倍程度の長さである．これをリーチと呼ぶこともある．日本の一級河川では1km程度（ここで「程度」というのは，示された値の3分の1から3倍に及ぶ範囲を含んでいる）の流程が，小規模生息域といえる．中規模生息域は，数個のリーチからなる区間であり，代表的には5km程度の流程となる．大規模生息域は10km以上の流程に対応するであろう．自然の攪乱との関係については図1.3.1を参照してほしい．魚類の日常的な生息域適性を考えるときには瀬と淵が基本的に重要であるので，小規模生息域を念頭に置く．水質のように長い流程に及ぶ変化を追跡したいときには，大規模生息域を念頭に置いて分析することが重要となる．魚類に対しても回遊時の生息域適性を分析するときには，大規模な範囲を考察する必要がある．

(2) PHABSIM とは

　この項で紹介する PHABSIM (Physical Habitat Simulation; 微視的生息域評価法) は，小規模な生息域を対象として生態面から見た適性と水理的な物理量を融合して，生息域が対象とする生物にとってどの程度の適性をもっているかを定量的に算定する方法である．

　PHABSIM ではまず対象域の水理量を計算する．その過程ではまず特定

8.3 生息域適性評価法　279

の流量を想定して，その流量のときに水域に生ずる水深，流速，水表面の面積などを計算する．水理計算法は一次元解析や，二次元解析法が用いられる．水理計算の詳細については，水理学の書籍を参照してほしい．このとき，断面を短冊形に小区間に分割し，i 番目の小区間に対する水理量を計算しておく．水深は d_i，流速は v_i，水表面積は a_i と表示する（図 8.3.1）．

次に，魚と流速との関係を例にとり，生態的な情報の取り扱いを説明する．魚は上流から運ばれてくる餌をとるために，ある程度流れが速いところに分布している．しかし，流速が非常に大きな場所では押し流されないために体力を大量に消耗するので，こうしたところには分布しない．このように考えると，中程度の流速を示す場所に魚がいる確率が高く，魚の棲みやすさと流速との間には図 8.3.2 に示すような関係が得られることとなる．これを適性曲線と呼び，生態的な適性度と水理条件を結びつける情報となる．同様にして，水深，底面の材料などに対しても適性曲線を得ることができる．適性曲線をどのように定めるかの詳しい説明は，次の項で述べる．個々の水理量に対する適性曲線を定めた後の次の問題は，生息域の総合的な適性をどのように判断するのかである．総合的な評価点のひとつは重み付き利用可能面積（Weighted Usable Area；略称 WUA）である．WUA は次式で算定される．

$$WUA = \sum_i a_i h_{di} h_{vi} \tag{8.3.1}$$

ここに，a_i は i 番目の小区域の水表面積であり，h_{di} は i 番目の小区域が示す水深に対する適性度の数値であり，h_{vi} は i 番目の小区域が示す流速に対する適性度の数値である（図 8.3.1 および図 8.3.2）．底面の材料に対する適性度 h_{si} も合わせて評価するときには，式 (8.3.1) において $a_i h_{di} h_{vi} h_{si}$

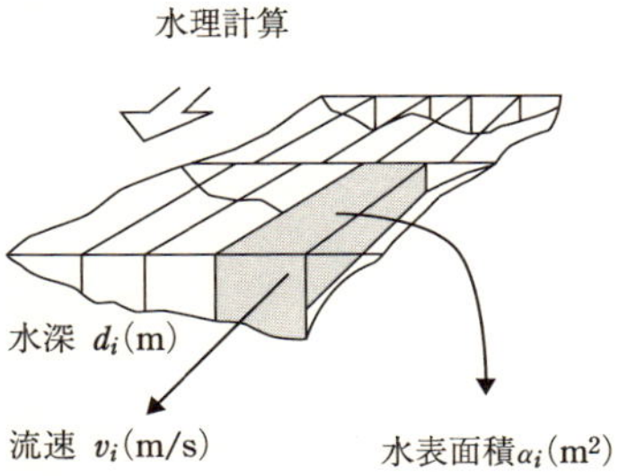

図 8.3.1　単位区間の水理量

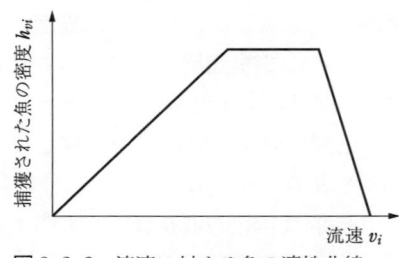

図8.3.2 流速に対する魚の適性曲線 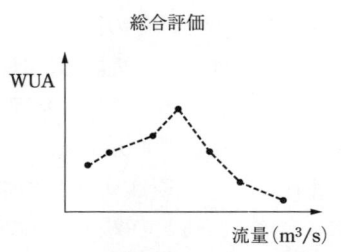　**図8.3.3** 流量に対するWUAの変化

の総和をとればよい．各適性度の関数形が上に凸の場合には，それらの積によって得られる関数もその特性を保持している．

i番目の小区域の水理量は流量により変化する．したがって，WUAも流量に伴って変化してゆく．流量を系統的に変化させてゆきWUAの変化を示した例が図8.3.3である．この場合にはある流量でWUAが最大値を示している．このような流量を正常流量に選ぼう，というのがPHABSIMを開発した水管理に携わる技術者の思いであった（Bovee, 1982）．また，流量を系統的に変化させて総合的な評価を行うために，こうした方法は元来は「流量増分式正常流量評価（決定）法」と呼ばれていた．この手法は正常流量の決定だけではなく流域管理に展開できるので，「流量増分式生息域評価法」としての体系の特徴が1.4節に述べられている．

8.3.2 適性曲線の定義

魚類生息域の評価をするためには，物理指標を変数とする魚から見た適性度を定める必要がある．この関係を適性曲線と呼び，その作成法には表8.3.1に示す4種類がある（Stalnaker *et al.*, 1995）．

第三種適性曲線は，環境の偏りを補正したものであり，選択度と呼ばれている．選択度は次のように与えられる．

$$E_i = \frac{U_i}{A_i} \qquad (8.3.2)$$

ここに，E_i：選択指数，U_i：魚による環境iの利用度，A_i：環境iの供給度である．この式を用いた場合，適性指数は0~1の値で与えられる．

適性曲線の問題点として挙げられるのは，①たとえば対象区間中に3割程

表 8.3.1 生息域適性曲線の種類

生息域適性曲線 ——第一種 (literature-based)	既往文献あるいは専門的知見に基づく理論的推測により作成された曲線．巨視的生息域変数に対する種の対応を考えるときに用いられることが多い．
生息域適性曲線 ——第二種 (utilization)	河川調査において観察された魚の生息（利用）数の頻度分布に基づいて作成された曲線．
生息域適性曲線 ——第三種 (preference)	環境的な偏りに対する補正を加えた頻度分布に基づいて作成された曲線．たとえば，50%以上の魚が深さ1m以上の淵に生息していたとする．しかし，そのような淵は河川の10%の領域しか占めていなかったとすると，これは明らかに魚の好みを表していることになる．
生息域適性曲線 ——第四種 (conditional)	カバー，季節など付加的な条件をつけたうえでの選好曲線．

度存在する環境に，全個体数の2割程度の魚がそこに存在していたとして，これを適性ありとしてよいのか，②魚が一匹も存在しなかった環境と，そもそも対象区間中に存在しなかった環境を同じ評価値で表現してよいのか，ということである．

そこで，Ivlev は評価値を -1 から 1 の間で与える選択指数を提案した．これは，魚の個体数に比べて利用度の低い環境には負の値を与えて，忌避度を表すものであり，次式で与えられる（佐原，1993）．

$$E_i = \frac{U_i - A_i}{U_i + A_i} \qquad (8.3.3)$$

この指標は，一匹もその環境を利用しなかった場合に -1 となり，魚が特別な選好性や忌避性を示さずランダムに存在したと考えられる場合に 0 となる．この指標を用いたとしても，①あまり存在しない環境，すなわち U_i が小さい場合や，魚の総個体数が少ない場合は値が不安定なものとなり，わずかな変化で値が大きく変化してしまうとか，②周りの環境が変化すると，魚の選好性に変化がなくとも値は変化してしまう．すなわち，適性曲線に関して従来から指摘されていた，異なる環境間で値を比べることができない，という課題は依然として残っている．

8.4 魚に対する生息域適性評価法

従来の水深や流速などの個別の物理量に対する適性曲線の決定ならびに得られた適性曲線の活用法は，中村・ワドゥル（1999）や中村（2000）により広く検討されている．従来の適性曲線は対象とする地点の局所的な物理量に着目する．すなわち，物理量として水深を取り上げる場合には，水深が1.0 mという地点は完全に同等である．しかし，現実の川を考えたとき，瀬のなかの地点で水深が1.0 mである地点と，淵のなかで1.0 mである地点は生息場として同等であるのか？　という疑問が生ずる．観測されている知見によれば答えは否である．このように局所的な物理量がどのような環境のなかで現れているのか，を考えることが重要である．すなわち，ある局所環境がどのような地域環境のなかにあるかを考える必要がある．"環境のなかの環境"という認識が重要である．河川地形に特有な瀬と淵の構造のなかで，こうした"環境のなかの環境"を考察した結果を紹介する．

8.4.1 瀬・淵区域における位相と魚の利用密度

河川中流域では，ひとつの湾曲のなかに一組の瀬と淵が現れるのが普通である．この一組の河床型は一単位形態と名づけられ，生物群集の観点からも河川はこの単位形態の繰り返しと見てよいことが知られている．瀬はさらに平瀬と早瀬に分類され，流下方向に平瀬，早瀬，淵が順に繰り返して出現するのが一般的な形である．

まず，対象区間内で澪筋のなかでもっとも浅い一点ともっとも深い一点を選び，その断面を早瀬断面，淵断面と呼ぶ．このように設定した早瀬と淵の水深をh_0およびh_1としたとき，その間の地点xでの水深h_xを次式に代入し，位相θ_xを求める．距離xの原点は瀬の上流端である．θ_xを河床型位相と呼ぶこととし，概念を図8.4.1に示す．

$$h_x = \frac{(h_0 - h_1)}{2} \cos \theta_x + \frac{(h_0 + h_1)}{2} \qquad (8.4.1)$$

位相θ_xの範囲は$0\text{-}2\pi$までであり，ひとつの水深に対して2つの位相が求まることとなる．そこで，淵より上流（早瀬から淵へ）の領域では0からπの値を，淵より下流（淵から早瀬にかけて）の領域ではπから2πの値を与

えることとして,同じ水深でも淵頭で現れるか淵尻で現れるかを区別する.流下方向には瀬と淵の一組が繰り返し現れるので,添え字を増加させてゆけば広い領域も表すことができる(図8.4.1).

河川の中流部では一組の瀬と淵が繰り返し現れるという姿は,理想化された一般的な構造である.現実の川ではこれにさまざまな局所的な変形が加わるのが普通である.瀬は緩やかな角度で対岸の淵に流入するのが普通であるが,ほとんど直角に対岸の淵に流入する横断型の早瀬と呼ばれる形もある(知花ら,2002).たとえば,多摩川永田地区においては早瀬→平瀬→横断型早瀬→淵という順番になっている.また,流況は流量によっても異なるために河床型の区分は1回の観察だけでは決めにくい場合もある.瀬と淵の境界線は人によって判断が異なるために決めにくい要素もある.定量的な区分としては,フルード数によって区分した研究(坂下ら,1999)もある.したがって,現実の川に適用する場合には,観測を重ね,水理計算などにより流量が異なる場合の流況を推測しながら瀬と淵の領域を決め,河床型位相の考えを使うことになる.

次に横断方向について考える.基本的には縦断方向と同じ考え方で,澪筋に対する相対的な水深を位相で表すこととする.先と同様に,断面内の水深 h_y,澪筋の水深 h_{max} を次式に代入して,θ_y を求める.

$$h_y = h_{max} \sin \theta_y \tag{8.4.2}$$

蛇行部の内岸側は 0 から $\pi/2$,蛇行部の外岸側は $\pi/2$ から π といった形で,同じ水深でも分けることができる.この位相を河道断面位相と呼ぶこととし,その概念を示したものが図8.4.2である.瀬脇の評価においても,左岸側はコンクリート護岸が形成されていて,右岸側はツルヨシ群落であるといった場合に,同じ水深,流速をとっていても生態的な評価はまったく変わる.そ

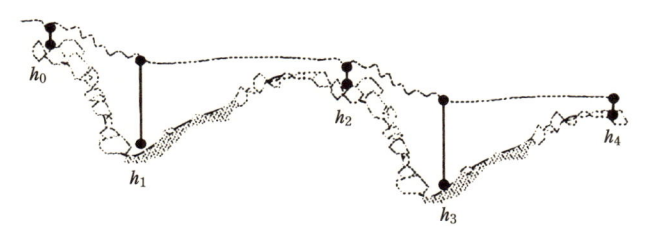

図 8.4.1 河床型位相の概念図

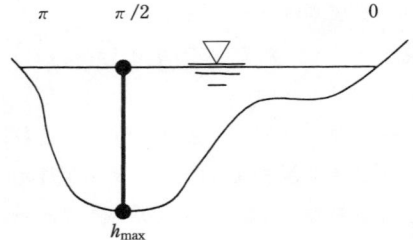

図 8.4.2 河道断面位相

のような差異もこの河道断面位相で区別することができる．

　河床型位相と河道断面位相を 2 つの座標軸とした平面を考えれば，異なる河川や異なる区間に対しても瀬・淵構造の同じ位置を占める場所はこの平面においては同じ点で示されることになる．この位相平面を用いて，魚の利用密度を表すことを考える．図 8.4.3 は多摩川支川平井川における 3 観測地区（図 8.4.3 (a) 観測地区 1，(b) 観測地区 2，(c) 観測地区 3）と多摩川永田地区（図 8.4.3 (d)）におけるウグイの利用密度を示したものである (Tamai and Chibana, 2001)．観測地区は一組の瀬と淵を含む広がりをもっている．それぞれの図で，縦軸が横断方向を示し，横軸が流下方向を示す．平井川観測地区 1（図 8.4.3 (a)）ではウグイは瀬・淵領域の全体をほぼ一様に利用しており，とくに好まれる場所はないという分布をしている．平井川観測地区 2 と 3（図 8.4.3 (b)，(c)）では，ウグイは淵の最深部（河床型位相で π）に集まっていることがわかる．しかし，永田地区（図 8.4.3 (d)）では瀬から淵頭に集まっていることがわかる．

　瀬と淵における位相を生息域適性度評価に応用するひとつの手法は，位相角度を水深などと並ぶ新しい物理指標として導入することである．そして，位相角度指標の評点を魚の利用密度に応じて配点することである．しかし，課題は普遍的な位相角度評点が得られるか否かである．図 8.4.3 を見ると，河川が異なったり，観測地区が異なると位相角度評点が変化することがわかる．変化するひとつの理由は淵の質が異なる点にあると考えられる．たとえば，平井川の観測地区 1 では深い淵がないが，観測地区 2 と 3 では深い淵がある．ウグイは適応能力が高いので，生息域の環境条件が貧しくても生息している．このときはとくに条件のよい場所はないので，生息域全体にわたってほぼ均等に利用するものと考えられる．これが観測地区 1 の状況である．

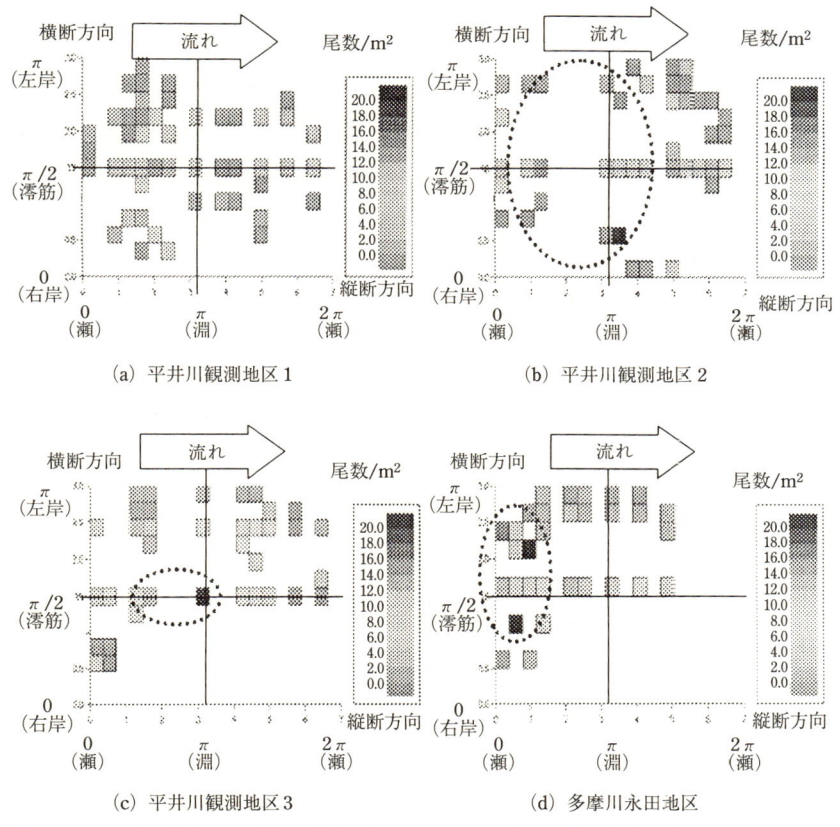

図 8.4.3 河床型位相と河道断面位相平面を用いたウグイの利用密度分布

(a) 平井川観測地区 1　(b) 平井川観測地区 2　(c) 平井川観測地区 3　(d) 多摩川永田地区

生息域の環境条件が豊かであれば好みの場所を選択して利用するものと考えられ，これが観測地区 2 と 3 の状況である．

8.4.2 第 3 種生息域適性度指数

図 8.4.4 は 8.4.1 項に示された 4 つの地区における生息域適性度指数 (SI) を水深-流速平面上で示したものである (Tamai and Chibana, 2001)．生息域適性度指数は Ivlev の選択指数を考慮し，式 (8.3.3) を用いて算定されている．この方式は，生物の利用密度と環境の偏りを考慮しているので，第三種の生息域評価指数に属している．図 8.4.4 において色の濃い部分は指

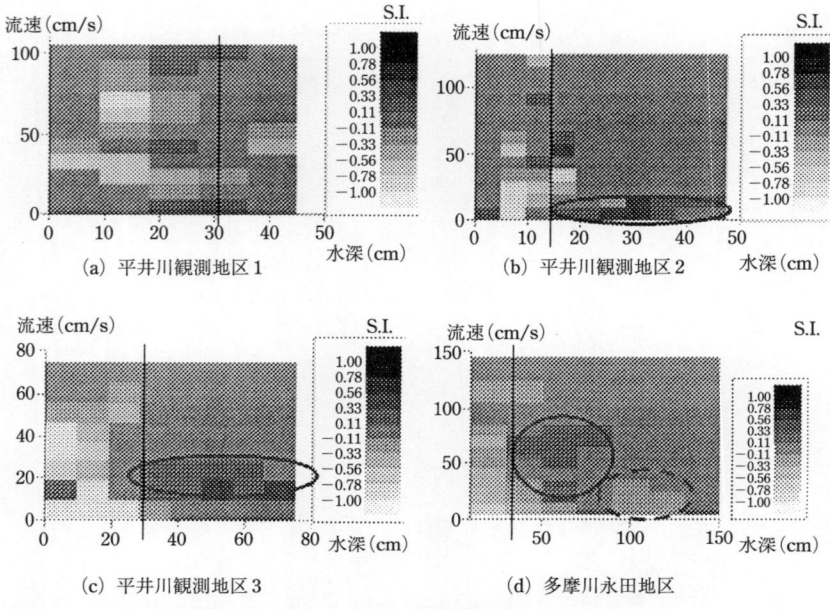

286 第8章 生息域の健全性に関わる評価

図 8.4.4 水深-流速平面におけるウグイの生息域適性度指数

数が正で，利用密度が高かった部分を表している．これを見ると，水深が 30 cm より浅い部分はほとんど利用されていないことがわかる．そして，深い淵のない平井川の観測地区 1 においては，この臨界値は 20 cm と考えたほうがよいと見える．一方，流速に関しては密度の高低がわかれるような臨界値は明瞭でない．この理由のひとつは，平均流速を用いた分析であるため，魚が定位する周辺の条件を表すには不十分であったためと考えられる．

8.4.3 速度分布資料に基づく考察

図 8.4.5 に淵の最深断面における等流速線の分布を示す．(a) は平井川観測地区 3 における観測結果であり，(b) は多摩川永田地区における観測結果である．観測側線の間隔は鉛直方向には 5 cm，水平方向には 1 m である．図 8.4.5 の縦軸は鉛直方向の距離，横軸は横断方向の距離を示し，単位は m である．平井川の水面幅は約 8 m であり，永田地区の水面幅は約 22 m である．

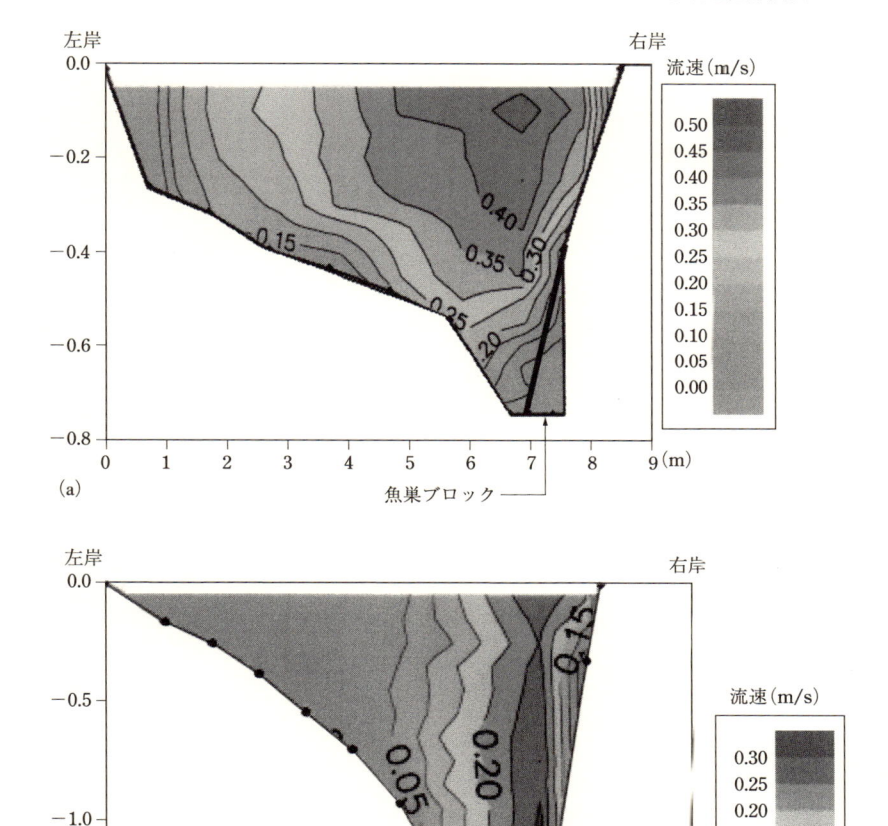

8.4 魚に対する生息域適性評価法　287

図 8.4.5 淵の最深断面における等流速線の分布
(a) 平井川観測地区, (b) 多摩川永田地区.

　平井川の観測地区 3 では右岸側の魚巣ブロック付近を除いて，水面から水底に至るまで滑らかに流速が遅くなり，理論や実験で観測される速度分布に近い．しかし，永田地区では左岸側の浅瀬部分には流れがほとんどなく，自然状態から乖離している．これは永田地区のすぐ上流の羽村地点で，玉川上

水への取水が行われていることに関係すると考えられる．この淵の地形を決めるような出水時には自然流量のほぼ全量が永田地区を流下するが，平水時には約80%が取水され人為的に流量が急減するので，全断面で流速が生ずるほどの流量がないためと考えられる．

このような速度分布特性とウグイの行動特性を考えると，上述の4地区の瀬・淵単位のなかで利用密度が高く現れた地点の理由を理解することができる．ウグイは流速の遅い部分と速い部分が相互に接している水域を好むといわれている．すなわち，定位している場所は流速が遅い場所である．そして，速い流れのなかを流下してくる餌をとる瞬間だけ，速い流れに身を曝すのである．これがエネルギーを大きく消耗せずに，効率的に餌をとるための行動である．平井川観測地区3の淵最深部では，魚巣ブロックが設置されているために右岸側では水深の下部半分は遅い流れとなっている．すぐ上方に速い流れが存在しているので，この場所はウグイの生息にとって適した場所であると考えられる．したがって，図8.4.3 (c)，図8.4.4 (c)では淵の最深部でウグイの利用密度が高くなっている．永田地区の淵最深部では遅い流れと速い流れは，横断方向に10 m程度離れて存在している．そのため，この地区では淵の最深部はウグイにとっては不適当な場所となる．永田地区では流速の遅い部分と速い部分が相互に接している水域は淵頭であり，図8.4.3 (d)，図8.4.4 (d) の観測結果にこれが現れている．

8.5　環境因子の重み付けを考慮する生息域適性評価

一般的な小規模生息域評価法（PHABSIM）においては，各物理因子に対して得られた生息域適性度指数を式 (8.3.1) に示されるように掛け合わせて，総合評価を行う．適性度指数が上に凸の関数形で，対象領域で最大値をもてば，その積も同じ性質を有するといわれ，総合的な評価においても最大値が現れ，判定ができることになる．この方法では，各因子は同等の重み付けをもっている．しかし，魚にとっての棲みやすさを表すには，何か有力な環境因子があるのではないか，という疑問は湧く．このような観点から分析する手法について述べる．

8.5.1 主成分分析による環境因子の重み付け

(1) 主成分分析

生態学の分野では，環境因子と生物群集の関係づけに対して多変量解析がよく用いられる．その一方法である主成分分析は，多くの変量によって表された情報を，できるだけ情報の損失を少なくして，少数の変量に圧縮して代表させる方法である．すなわち，ある魚種について観測された p 個の環境因子 $x_1, x_2, \cdots, x_p$ を，m 個の新しい主成分 $Z_1, Z_2, \cdots, Z_m$ に集約する．これによって，その魚種に対する影響の大きい環境因子を意味づけすることが容易にできる．主成分の重要度を表すのが固有値 $\lambda_1, \lambda_2, \cdots, \lambda_m$ の大きさである．式 (8.5.1) の係数 a_{ki} を固有ベクトルという．

$$\begin{cases} Z_1 = a_{11}x_1 + a_{12}x_2 + \cdots + a_{1p}x_p \\ Z_2 = a_{21}x_1 + a_{22}x_2 + \cdots + a_{2p}x_p \\ \vdots \\ Z_m = a_{m1}x_1 + a_{m2}x_2 + \cdots + a_{mp}x_p \end{cases} \quad (8.5.1)$$

重回帰分析や判別分析などの目的変数を用いる多変量解析手法では，説明変数相互は独立であるという前提条件がある．しかし，主成分分析は数量データであればどんな変数を採用してもよく，相互に高い相関があってもまったく問題がない．したがって，採用する環境因子選択のためのプロセスを省くことができる．

(2) 累積寄与率と主成分の数

主成分をいくつ採用するかということが問題となる．一般的には，各主成分の説明力を示す寄与率を足し合わせた累積寄与率が 60-80% になるまでの主成分を採用する．情報が p 次元よりも少ない m 次元に要約されたことによって，多少の情報の損失が生じる．しかし，一般的に観測された生物群集のデータは，観察される個々の種個体群の偶然誤差に由来する変動を含んでいる．これは分析には邪魔なノイズである．したがって，主成分分析によって本質的な成分のみ抽出できれば，ノイズを除くことにつながる．

（3）主成分負荷量と環境因子の影響度合い

　固有ベクトルに固有値の平方根を掛けた値 $\sqrt{\lambda_k} \cdot a_{ki}$ を主成分負荷量という．採用した主成分を座標軸とするグラフ上で，魚種 i の主成分負荷量をプロットすると原点を中心とする半径1の円内に散布する．プロット点の位置が円周に近い因子は，この2つの主成分によって大部分が説明されることを意味する．したがって，この散布図を利用すれば魚種 i の生息密度と関係の深い環境因子を読み取ることができる．また，これらの環境因子と魚種 i の生息密度のベクトル方向の大きさ l_{ki} は関係の深さを示す指標となる．すなわち，主成分負荷量のベクトル図を用いると，ある魚種の生息に大きく関与する環境因子とその重みを知ることができる．また，複数の環境因子の重みは合成ベクトルの大きさとして定義する．

8.5.2　主成分分析による生息域適性度評価法

　1996年春に多摩川永田地区において投網で採捕されたウグイ509尾について解析し，その評価値を求めることにする．図8.5.1は，体長を区別せず

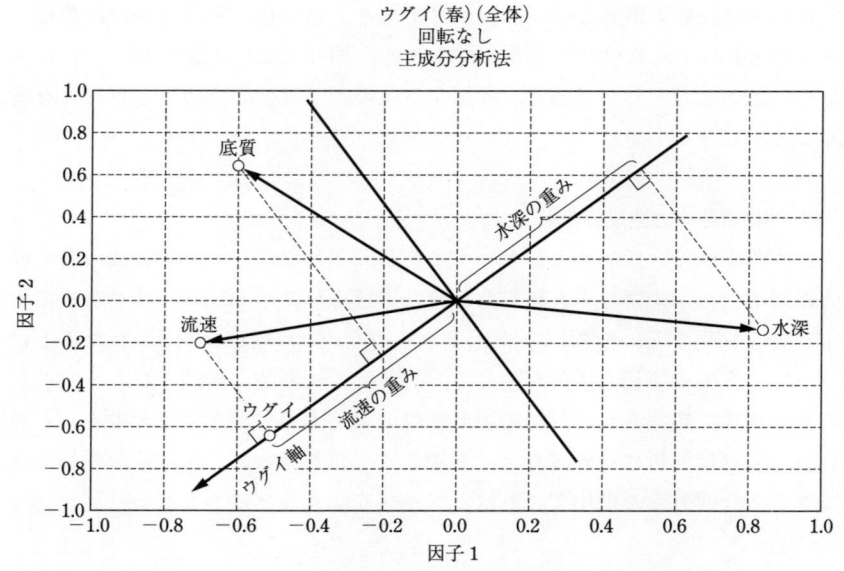

図 8.5.1　春の観測によるウグイ資料の主成分分析結果（体長区分なしの場合）

表 8.5.1 ウグイの生息に関係する環境因子とその重み（体長の区別なしの場合）

	因子1	因子2		
水深	0.82875	−0.13709	水深の重み	0.653818
流速	−0.71093	−0.22924	流速の重み	1
底質	−0.59763	0.631095	底質の重み	0.202381
ウグイ	−0.50841	−0.64476		

に因子負荷量をプロットしたものである．水平方向の x 座標の値が因子1の因子負荷量，鉛直方向の y 座標の値が因子2の因子負荷量である．次に，この座標をウグイのベクトル方向に軸がくるように回転させる．このウグイ軸に対する因子負荷量を求めることから，その環境因子のウグイへの重要度が求まる．こうして求まった各因子の重要度のうち絶対値が最大のもので，他の重要度の絶対値を割ったものをその重みとする．この重みを生息域適性曲線から読み取られた適性値に掛けたものを足し合わせ，環境因子の数で割ったものを生息環境評価式とするのが，主成分分析を取り入れた小規模生息域の評価法となる（式8.5.2参照）．これは環境因子の重み付けを考慮したPHABSIMということができる．

$$S = \frac{1}{N} \sum_{i=1}^{N} \{w_i \times h_i\} \qquad (8.5.2)$$

ここに，S は評価値，N は抽出した因子の数，w_i は因子の重み，h_i は因子 i についての適性指数である．図8.5.1における因子1，2の因子負荷量，算出された因子の重みを示したものが表8.5.1である．これを用いて，春のすべてのウグイの生息域評価式は式 (8.5.3) で示されることになる．

$$S = \frac{1}{3}\{1.00 h_1(v) + 0.65 h_2(d) + 0.20 h_3(b)\} \qquad (8.5.3)$$

ここに，$h_1(v)$ は流速の適性指数，$h_2(d)$ は水深の適性指数，$h_3(b)$ は底質材料の適性指数を示す．

次に，春のウグイ資料を用いて体長別に解析する．体長別のウグイの生息域適性度指数は次のように求まる．河川生態学術研究会で共同作業を行った魚類専門家（君塚芳輝氏）によると，多摩川永田地区においては54 mm以下のウグイは未成魚（稚魚），55-79 mmのウグイは二年魚，80 mm以上のウグイは三年魚に相当するので，体長区分はこの大きさで行った．この体長

は日本の川における代表的な値より小さい．

54 mm 以下のウグイに関する式は,

$$S=\frac{1}{3}\{0.09h_1(v)+1.00h_2(d)+0.91h_3(b)\} \quad (8.5.4)$$

55-79 mm のウグイに関する式は,

$$S=\frac{1}{3}\{1.00h_1(v)+0.18h_2(d)+0.18h_3(b)\} \quad (8.5.5)$$

80 mm 以上のウグイに関する式は,

$$S=\frac{1}{3}\{1.00h_1(v)+0.78h_2(d)+0.22h_3(b)\} \quad (8.5.6)$$

となり，体長によって重要となる因子が異なることがわかる．稚魚は浅瀬の流速の遅いところにいるので，利用密度の分布に対して流速の重みは小さく，水深と底質が重要であることがわかる．また，三年魚の生息域には流速と水深が重要であることがわかる（松崎，1998）．

8.5.3 ファジィ測度と生物群集の特性

主成分分析によって選別された環境因子の重みは，対象が生物群集である限り，ある程度の揺らぎをもち普遍的な値ではない．なぜなら，生存競争や外部からの攪乱によって生息域の環境条件は変動し，生物は遷移するからである．つまり，ある魚種の生息に大きく関与する環境因子の適性値は状況によって変動する曖昧な値，ファジィ数であるといえる．言い換えれば，魚の利用密度集合と環境因子集合はファジィ関係にあるといえる．このように考えて，ファジィ理論をウグイの利用密度に対して適用し，生息域適性の評価を行う（松崎，1998）．

（1）ファジィ測度の基礎

集合関数（集合に対してひとつの数値を与える関数）$\mu(A)$ がファジィ測度であるためには，次の2つの条件を満たさなければならない．その1は，空集合 ϕ，全体集合 X に関する条件である．その2は，A が B の部分集合であるときの条件である．

8.5 環境因子の重み付けを考慮する生息域適性評価

$$\begin{cases} \mu(\phi)=0, \quad \mu(X)=1 \\ A\subseteq B \text{ ならば, } \mu(A)\leq\mu(B) \end{cases} \quad (8.5.7)$$

ここで，ファジィ測度を求めなければならないが，各因子の値が求まったところで，加法性が成り立たないためにあらゆる組み合わせでの測度を求めなければならない．すなわち因子が4つあれば $2^4-2=14$ 通り（空集合と全体集合を除いたもの）の測度を求めなければならない．

共通集合 $A\cap B=\phi$ のときに，和集合 $A\cup B$ に対して，

$$\mu(A\cup B)=\mu(A)+\mu(B)+\lambda\mu(A)\mu(B) \quad -1<\lambda<\infty \quad (8.5.8)$$

という条件を考える．この $\mu(\cdot)$ を，λファジィ測度と呼び，以後これをファジィ測度として採用する．λ の値により，λファジィ測度は以下の特性をもつことになる．

$$\begin{cases} \lambda>0 \text{ ならば, } \mu(A\cup B)>\mu(A)+\mu(B) : \text{相乗的} \\ \lambda=0 \text{ ならば, } \mu(A\cup B)=\mu(A)+\mu(B) : \text{加法的} \\ \lambda<0 \text{ ならば, } \mu(A\cup B)<\mu(A)+\mu(B) : \text{代替的} \end{cases} \quad (8.5.9)$$

片方の値がもう一方に比べてずば抜けて大きな場合 (a) と，どちらも同じぐらいの場合 (b) の2つの場合があるとする．(a) を高く評価するのが代替的，(b) を高く評価するのが相乗的である．たとえば $\mu(A)=1$, $\mu(B)=11$ の場合と $\mu(A)=6$, $\mu(B)=6$ の場合では加法的に比べると同じ値である．しかし，その他では逆の優劣がつくのがわかる．ここでは，環境を総合的に評価する目的から，相乗的に評価することにする．λ の値は，$\mu(A\cup B)$，$\mu(A)$，$\mu(B)$ のそれぞれがわかっていれば求まるが，$\mu(A\cup B)$ の真の値を求めることは不可能であるので，ここでは $\lambda=1$ で統一する．

（2）主成分分析を活用したファジィ測度の決定

ある河川のある区間で，ある魚種に対する生息域適性度を総合的に評価するためには，環境因子のあらゆる組み合わせに対する基準値，すなわち測度が定まっていなければならない．しかし，この測度は生息域の変動性，生物群集の複雑な振る舞いに依存していて，確定論的にこれを同定することは不可能である．

一方，主成分分析結果の重みは，総合評価値にその環境因子が寄与する割合，すなわち，貢献度を示していると考えることができる．これは加法性を

もたないが測度に類似したもの，ファジィ測度と定義することができる．ファジィ測度はその非加法性によって，部分集合間の相互作用，すなわち環境因子の組み合わせによる効果を表している．生物の資源利用は，他種との競争などの生物的影響を受ける．また，物理環境因子に関しても，単独に独立して作用しているのか，複合的に作用しているのかを判定することは難しい．したがって，部分集合の相互作用の効果を考慮することができるファジィ測度は，生物の利用密度から生息域の適性度を分析することに適している．

ファジィ測度を定めるに際しては，ファジィ測度の比 $\mu(A)/\mu(B)$ を，主成分分析による A と B との重みの比と等しく定め，全体集合 $\mu(X)=1$ という条件から $\mu(A)$ と $\mu(B)$ の値を求める．これにより，ひとつの環境因子だけが適した値を示すケースを高く評価することを避ける．

さらにこのファジィ測度を求める際に，集合 $A\cap B=\phi$ と仮定した．すなわち，2つの環境因子の間には相関がないことが前提となっている．そこで主成分分析により相関が高いと判断された因子に関しては，それらのうちもっとも影響の大きいものを選び，あとは切り捨てる．

（3）ショケ積分による総合評価値の算定

いまファジィ測度空間において，図8.5.2に示す正値単関数を式 (8.5.10) のように定義する．

$$f(x)=\sum_{i=1}^{n} r_i x_{Di}(x) \qquad (8.5.10)$$

f の μ に関するショケ積分 $(c)\int f d\mu$ は式 (8.5.11) のように定義される．

$$(c)\int f d\mu = \sum_{i=1}^{n}(r_i-r_{r-1})\mu(H_i) \qquad (8.5.11)$$

ここで，$0=r_0\leq r_1<\cdots<r_n$, $H_i=D_i\cup D_{i+1}\cup\cdots\cup D_n$.

これは図8.5.3の面積を計算しているわけである．横軸に環境因子のファジィ測度の値を適用すると，縦軸は評価得点と見なすことができる．つまり，f の μ に対するショケ積分値は総合評価値にほかならない（日本ファジィ学会，1993）．

各評価値 r_i は次のようにして求める．図8.5.4に示すように，横軸に環境因子，縦軸に生息数密度をとり，理想に近い，あるいは評価の定まった生

図 8.5.2　正値単関数 f

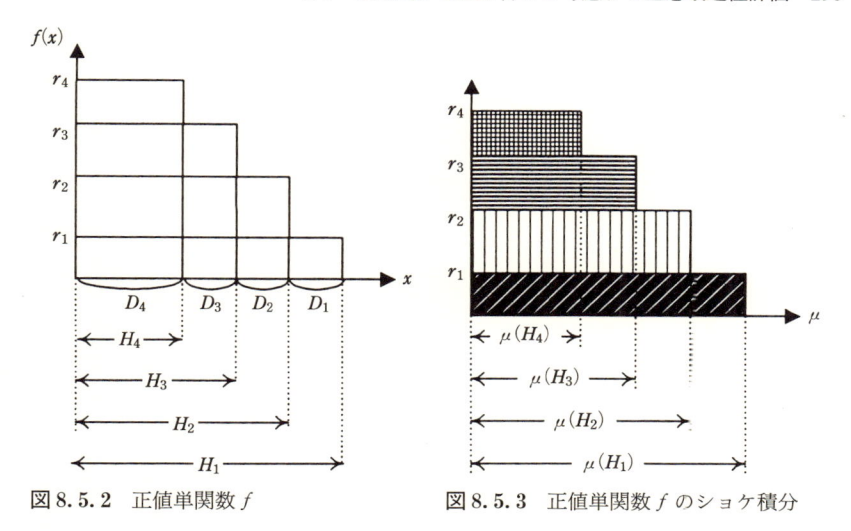

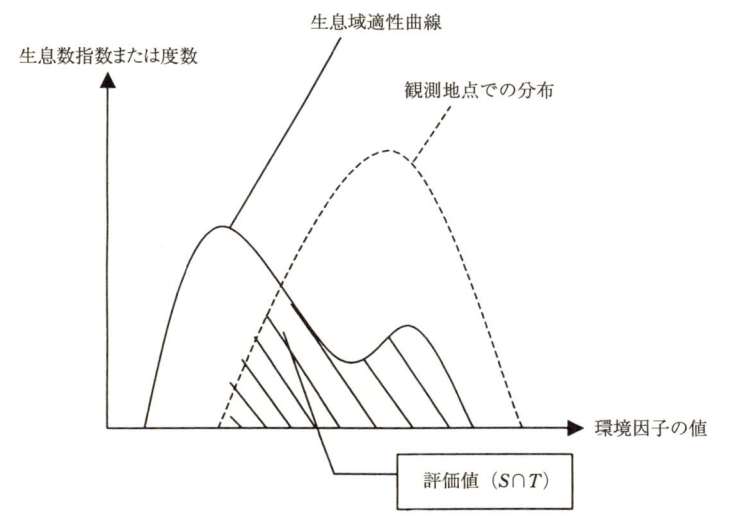

図 8.5.3　正値単関数 f のショケ積分

図 8.5.4　各評価値 r_i の算出方法

息域適性曲線を描く．これに縦軸はその出現度数（％）をとり，観測された分布図を重ねる．これらの縦軸をどう合わせるかであるが，曲線と横軸で囲まれた面積（それぞれ，S と T と置く）が等しくなるようにすればよい．これが異なれば正しい評価に結びつかない．そのうえで，$S \cap T$ の面積を

求め，生息域適性曲線によって囲まれた面積 S に対して占める割合を求めればその得点が出てくる．これによって，各環境因子のある魚種に対する評価値が求められる．

8.5.4 ファジィモデルによる生息域適性評価

8.5.2項において各因子の重みを主成分分析で求めた．8.5.3項で解説したように，これを用いてウグイの各環境因子に対するファジィ測度の比を定める．そこで，比例定数 c_i を用いて，各ファジィ測度を表8.5.2のように決めることができる（長岡ら，1997; Tamai and Matsuzaki, 1997）．表8.5.2において，c_0 はウグイの全体集合に対する比例定数，c_1 は一年魚に対する比例定数，c_2 は二年魚に対する比例定数，c_3 は三年魚に対する比例定数である．

$\mu(X)=1$，$\lambda=1$ の条件より，それぞれの分類に対する c_i を計算すると，

$$\begin{cases} 1.85c_0+0.98c_0{}^2+0.13c_0{}^3=1 & \therefore \quad c_0=0.435 \\ 2c_1+1.0819c_1{}^2+0.0819c_1{}^3=1 & \therefore \quad c_1=0.407 \\ 1.36c_2+0.3924c_2{}^2+0.0324c_2{}^3=1 & \therefore \quad c_2=0.619 \\ 2c_3+1.1716c_3{}^2+0.1716c_3{}^3=1 & \therefore \quad c_3=0.401 \end{cases} \quad (8.5.12)$$

となる．

各環境因子の組み合わせに対して算定されたファジィ測度を，表8.5.3に示す．ただし，d は水深を，v は流速を，b は底質を意味する．

総合評価値を求めるためには，各環境因子の評価値を知る必要がある．たとえば，図8.5.4に示したように，体長の区別をしないすべてのウグイの水深，流速，底質のそれぞれの観測された曲線と生息数曲線との面積の重ね合わせ率が，53%，73%，34% であった場合，各環境因子の評価値は

$$\begin{cases} f(水深\ d)=53 \\ f(流速\ v)=73 \\ f(底質\ b)=34 \end{cases} \quad (8.5.13)$$

である．定義に従ってショケ積分を行うと

$$(c)\int f d\mu = 1.0(34-0)+0.84(53-34)+0.44(73-53)=59 \quad (8.5.14)$$

8.5 環境因子の重み付けを考慮する生息域適性評価 297

表 8.5.2 各環境因子のファジィ測度

	ウグイの全体	体長 54 mm 以下のウグイ	体長 55–79 mm のウグイ	体長 80 mm 以上のウグイ
水深のファジィ測度	$0.65c_0$	c_1	$0.18c_2$	$0.78c_3$
流速のファジィ測度	c_0	$0.09c_1$	c_2	c_3
底質のファジィ測度	$0.2c_0$	$0.91c_1$	$0.18c_2$	$0.22c_3$

表 8.5.3 各環境因子の組み合わせに対するファジィ測度

	ウグイの全体	体長 54 mm 以下のウグイ	体長 55–79 mm のウグイ	体長 80 mm 以上のウグイ
$\mu(d)$	0.28275	0.407	0.11142	0.31278
$\mu(v)$	0.435	0.03663	0.619	0.401
$\mu(b)$	0.087	0.37037	0.11142	0.08822
$\mu(d, v)$	0.840746	0.458538	0.799389	0.839205
$\mu(d, b)$	0.394349	0.928111	0.235254	0.428593
$\mu(v, b)$	0.559845	0.420567	0.799389	0.524596
$\mu(d, v, b)$	1	1	1	1

となる．したがって，観測された区間におけるウグイの生息環境に対する総合評価値は100点満点で59点であるということができる．

この項で紹介した評価手法の核となる概念は図 8.5.4 に示されている．理想的な生息条件を用いて点数をつける点では，1.4 節で述べた IBI や HQI と類似の点もある．しかし，IBI や HQI はある特定の条件（季節や流量など）を念頭に置いているのに比べ，ここでは各環境因子に対して生起するであろう領域全体に対して点数化ができるので，河川計画者に対しては計画で想定されるすべての流況に対する総合評価が可能である．たとえば，河川の全体あるいは特定の区間において，対象魚種すべての評価得点を70点以上にすることを目標に河川改修を行う場合とか，どの河川あるいはどの区間が魚類にとって好適な空間であるかを比較する場合などに適用できる．

異常水温とか異常水質に対してすぐに逃避行動をとる種と，新しい環境に適合しようとそれほどの回避を示さない種がいる (Cherry and Cairns, 1982; Giattina and Garton, 1983)．このような行動について，Hidaka and Tatsukawa (1985) は生息域適性曲線に相当するものとして忌避曲線を提案している．この忌避曲線も生息域適性曲線同様，提案した評価方法に取り

込むことができる．この場合には，これらの環境因子に対する評価値は負の値となる．

なお，付言すれば，8.5節で論じられた手法は総合的とはいえ，空間尺度としてはあくまで"小規模区間"，すなわち，2から3個の瀬-淵区間を対象として研究，検証されてきた手法であることに留意する必要がある．ここで得られた高い得点の川の姿が，川の上流から下流まで"金太郎飴"のようにどこでも現れることが望ましいという意味ではない．川の全体に対して，この節や第8章で述べられた手法を単純に，かつ一様に当てはめることは誤りである．川の全体を考えるときには，小規模区間が望ましい姿であるためにはその上流や下流がどのような状態であるべきか，中規模や大規模区間での川の特性は何か，流域全体で見た川の自然特性，流域における人間と川との関わり，さらには，その関わりの歴史的な変遷や将来像などを洞察することが必要である．

参考文献

建設省河川局（1992）：正常流量検討の手引き（案）．

建設省河川局監修，日本河川協会編（1997）：改訂新版　建設省河川砂防技術基準（案）同解説，計画編，山海堂，33-35．

坂下　択・渡辺彰彦・野口恭延・永田光博・柳井清治・中尾勝哉（1999）：積丹川における魚類生息環境の保全と創生，第3回応用生態工学研究会研究発表会講演集，61-64．

佐原雄二（1993）：魚の採餌行動，東京大学出版会，121 pp．

白川直樹・玉井信行（2003）：環境用水の概念整理と水文統計的設定手法の利用可能性について，水工学論文集，**47**，379-384．

玉井信行（1998）：河川の自然特性と潜在自然型河川改修の基礎体系について，河川の自然復元に関する国際シンポジウム論文集，リバーフロント整備センター，77-85．

玉井信行・松崎浩憲・白川直樹（1997）：潜在自然型河川の特性とそれに関する研究・河川管理の在り方について，第3回河道の水理と河川環境に関するシンポジウム論文集，土木学会水理委員会，**3**，231-236．

知花武佳・岡田久子・鈴木一平・岡　滋晃・辻本哲郎・玉井信行（2002）：形状に基づく早瀬の分類とFr数分布に関する基礎的研究，第6回応用生態工学研究会研究発表会講演集，51-54．

長岡雷太・玉井信行・松崎浩憲（1997）：淡水魚の生息環境評価に関する研究，平成9年度日本水産工学講演会論文集，115-118．

中村俊六（2000）：生息場の物理的条件把握のための魚類調査（89-102），流量増分式生息域評価法（174-180），簡略化したIFIMの適用例（180-183），玉井信行・奥田重

俊・中村俊六編『河川生態環境評価法』, 東京大学出版会.
中村俊六・テリー・ワドゥル (訳) (1999) : IFIM 入門, リバーフロント整備センター, 197 pp.
日本ファジィ学会編 (1993) : ファジィ測度, 日刊工業新聞社, 288 pp.
松崎浩憲 (1998) : 自然回復型河川整備の計画・評価に関する研究, 東京大学博士学位請求論文, 3.4, 3.5 節, 42-62.
松崎浩憲・玉井信行・中村宇一 (1996) : 魚類の生息環境評価に関する研究, 第 24 回環境システム研究論文集, 70-76.
山本晃一 (1994) : 沖積河川学, 山海堂, 470 pp.
Bovee, K. D. (1982) : A guide to stream habitat analysis using the instream flow incremental methodology, Instream flow info. Paper, 12, U. S. Fish Wildlife Serv., FWS/OBS-82/26.
Cherry, D. S. and Cairns, J. Jr. (1982) : Biological monitoring, part V-preference and avoidance studies, *Water Resources*, **16**, 263-301.
Church, M. (1992) : Channel morphology and typology, In Calow, P. and Petts, G. E. (eds.), *The Rivers Handbook*, *Vol. 1*, Blackwell Scientific Publications, 126-143.
Conference Abstracts (2002) : *Environmental Flows for River Systems, Incorporating the Fourth International Ecohydraulics Symposium*, Cape Town, South Africa.
Giattina, J. D. and Garton, R. R. (1983) : A review of the preference-avoidance responses of fishes to aquatic contaminants, In Gunter, F. A. (ed.), *Residue Review*, *Vol. 87*, Springer-Verlag, 43-90.
Hidaka, H. and Tatsukawa, R. (1985) : Avoidance test of a fish, Medaka, to aquatic contaminants, with special reference to monochloramine, *Arch. Environ. Contam. Toxicol.*, **14**, 565-571.
Lewin, J. (1992) : Floodplain construction and erosion, In Calow, P. and Petts, G.E. (eds.), *The Rivers Handbook*, *Vol. 1*, Blackwell Scientific Publications, 144-162.
Petts, G. and Maddock, I. (1994) : Flow allocation for in-river needs, In Calow, P. and Petts, G. E. (eds.), *The Rivers Handbook*, *Vol. 2*, Blackwell Scientific Publications, 289-307.
Reiser, D., Ramey, M. and Wesche, T. (1992) : Flushing flows, In Gore, J. and Petts, G. (eds.), *Alternatives in Regulated River Management*, CRC Press, 91-135.
Richter, B., Baumgartner, J., Powell, J. and Braun, D. (1995) : A method for assessing hydrologic alteration within ecosystems, *Conservation Biology*, **10**, 1163-1174.
Richter, B., Baumgartner, J., Wigington, R. and Braun, D. (1997) : How much water does a river need ? *Freshwater Biology*, **37**, 231-249.
Shirakawa, N., Tamai, N. and Phouthone, S. (2002) : Change of occurrence of ecological flushing discharge by multiple purpose dams and economic evaluation of re-regulation, Int. Conference on Environmental Flow, IAHR, Cape Town.
Stalnaker, C. B., Lamb, B.L., Hendriksen, J., Bovee, K. and Bartholaw, J. (1995) :

The instream flowincremental methodology: A primer for IFIM, U. S. Department of the Interior, National Biological Service, Biological Report, **29**, 45 pp.

Tamai, N. and Chibana, T. (2001) : Estimation of suitability for fishes focused on rapid-pool conditions, Proc. of the 1st Int. Symp. on Fishway and Tropical River Eco-hydraulics, 85-94.

Tamai, N. and Matsuzaki, H. (1997) : Estimate of fish habitat for determination of ecological instream flow, Proc. of the 27th Congress, IAHR, theme B/Vol. 1, 444-449.

Tennant, D. (1976) : Instream flow regimens for fish, wildlife, recreation and related environmental resources, *Fisheries*, **1**, 6-10.

Tharme, R. (2000) : An overview of environmental flow methodologies, with particular reference to South Africa, In King, J. M., Tharme R. E. and de Villiers, M. S. (eds.), *Environmental Flow Assessments for Rivers*: *Manual for the Building Block Methodology*, WRC Report No: TT 131/00, 15-40.

9
物質収支と水域の水質

9.1 河川における物質収支の基本構造と水質との関係

　河川の水質は本来正常な物質収支のもとに保たれるものであり，河川水質を考えるうえで，河川のもつ自然の物質収支を考えることはきわめて重要である．河川における物質収支は，非生物的なものと生物的なものが互いに絡み合って成り立っており，これらを分けて議論することはできない．以下に，自然河川における物質収支と生物現象の関係について記述する．

9.1.1 河川生態系におけるエネルギー生産過程

(1) 生態エネルギー生産過程の基礎

　河川生態系において，すべての生物は個体を維持するために，継続的にエネルギーが供給されていなければならず，その多くは，植物による光エネルギーを化学物質内に蓄える過程，すなわち光合成によって生産される有機物（一次生産）に依存している．こうした植物によって生成されたエネルギーは，一方では食物連鎖によって順により高次の消費者に直接伝達され，他方では，食物連鎖内のそれぞれの栄養段階の生物が死亡後分解者により利用され，その後，それがその捕食者に伝達される過程，すなわち腐食連鎖によって，より高次の栄養段階の生物に伝達されている．こうした生産過程は河川生態系の基盤をなすものである．

　河川における主な生産者，すなわち独立栄養生物は，維管束植物 (tracheophyta, vascular plants) のほかに，コケ類 (bryophyta)，珪藻類 (Bacillariophyceae)，緑藻類 (Chlorophyceae)，紅藻類 (Rhodophyceae)，シアノバクテリア (Cyanophyceae) などから構成される付着藻類 (periphyton)および植物プランクトン (phytoplankton) である．維管束植物群落は適当な深さで流れの弱い場所を好むために，小規模な河川か河岸の近傍に発達し，コケ類は低温の場所や陰になった場所に発達する．付着藻類は生活する場所によって，エピリソン (epilithon; 岩に付着)，エピペロン (epipelon; 軟らかい底質に付着)，エピフィトン (epiphyton; 植物体に付着) などに分類される．また，直接付着はしていないものの自由に浮遊もせず，集積したり植物体に絡まったりしているものをメタフィトン (metaphyton) と呼んでいる．維管束植物の量は，十分な栄養塩濃度がある水域では日射量が多い夏季に増加する．付着藻類は，温泉地帯などの特殊な場所を除いて，十分な日射のある場所で多い．たとえば，河岸の樹木によって陰にならない河道内や森林限界を越えた高地で多く，森林のなかを流れる川では季節的には樹木の葉が発達する以前に多い．また，コケ類の量には森林限界の上下で大きな差が見られることが知られている．このように，植物生産量は，日射量に大きく左右されるが，そのほかにも，河川の流速，水温，草食動物の量，無機栄養塩濃度にも大きく依存しており，また，浮遊している植物プランクトンを除いては，根を張り付着するための基盤の性質，洪水による洗掘にも影響を受ける．

　付着藻類のバイオマスの量にはばらつきが大きいものの，目安としては，小河川では，陰の多い場所で，0.01-$0.1\,gC/(m^2 \cdot day)$ 程度，日射の多い広葉樹林帯で 0.25-$2\,gC/(m^2 \cdot day)$ 程度 (Allan, 1995)，草原や砂漠を流れる小川で最大 1-$6\,gC/(m^2 \cdot day)$ 程度である．また，広葉樹林帯や砂漠では一様な針葉樹林帯よりも高くなるなどの報告もある．大河川では，透明度によりほぼゼロから $2\,gC/(m^2 \cdot day)$ 以上と大きく変化する．ここで $gC/(m^2 \cdot day)$ は $1\,m^2$ 当たり 1 日に生産される炭素量をグラムで示し，全バイオマス量に直すとこの約 2 倍になる．

(2) 栄養塩元素のスパイラル

　水中において栄養塩元素（たとえば，炭素）は，周囲の水から生物体内に摂取される一方で，生物の死亡後は水中に回帰されることにより，水中と生物体内を循環している．河川の生態系で特徴的な点は，強い一方向流れが存在するために場所的に移動が大きく，流入した量に対する循環量の割合が，

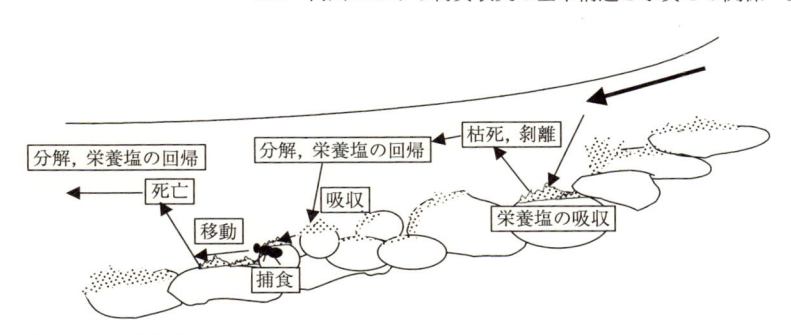

9.1 河川における物質収支の基本構造と水質との関係　303

図 9.1.1 栄養塩のスパイラル

湖沼などの他の系と比較してきわめて小さいことである．生物体内に取り込まれた有機物は排泄物や生物体の分解によって水中に回帰され，流下方向に輸送される途中で再び取り込まれる．生物体内への摂取-生物体として移動-水中への回帰-水中を流下のこの過程は栄養塩のスパイラルと呼ばれ（図9.1.1），河川におけるエネルギーや栄養塩元素の循環における大きな特徴である (Wallace et al., 1977)．

ここで，スパイラルの1周期に当たる長さ，すなわちスパイラル長さは，水中に回帰された原子が再び生物に摂取されるまでに流下する長さ (uptake length) と，原子が生物体内に存在している間にその生物の移動によって流下する長さ (turn-over length) の和である．この長さについてはさまざまな測定結果があるが，Newbold et al. (1983) の測定では，全体で190 m，そのうち，水中を流れていた間が165m，植物体内での移動を含む有機物粒子もしくはデトリタス中にある間の移動量が25 m となっており，消費者の体内での移動量は2 m 以下であった．ところが，リンのみについていえば，生物体内に取り込まれている間が長くなっていた．

なお，こうしたスパイラル長さは，流れの速い場所では，生物体に摂取される元素の割合が相対的に小さくなるために長くなり，流速がきわめて遅い淵では，元素が堆積されたり滞留するために短くなる．

9.1.2　河川流域における栄養塩収支

（1）原地性 (autochthonous) 有機物と異地性 (allochthonous) 有機物

河川におけるもうひとつの大きな特徴は，河道内で消費者の餌となる有機

物の生産や移動の過程にみられる．すなわち，河道内での一次生産よりも流域や氾濫原からの流入が支配的であり，ある場所の有機物量は，その場所で生産されたものだけでなく，上流から大量に流入したものである．このような有機物粒子は，通常，大きさによって，大型粒子態有機物 (CPOM; Coarse Particulate Organic Material (>1 mm))，微細粒子態有機物 (FPOM; Fne Particulate Organic Material (1mm$>\sim>0.5$ μm)) および溶解性有機物 (DOM; Dissolved Organic Material (<0.5 μm)) に分けて取り扱われる．

こうした有機物の収支に関わる特性は，その場で消費されたエネルギー量に対するその場で生産された量の割合，すなわち，考えている区間（セグメント）における光合成量 P と全呼吸量 R の比 P/R と，その場所に流入する有機物量 I と流出する量 E の比 E/I などで表される．

こうしたパラメータは，自然河川では次のような特徴がある．まず，密生した森林地帯を流れる上流地域の河川では，日陰が多いため一次生産量は少ないものの，河岸からのリターなどの有機物の流入はきわめて大きい．そのため，生産量に比較して有機物を餌とする消費者の呼吸量が大きくなり，P/R は小さい．生産量が少ないために下流への流出量も少なく，E/I は 1 より小さい．こうした河川は他の地域における生産に支えられており，従属栄養的 (heterotrophic) な特性をもっているといえる．

一方，河幅が大きくなり，栄養塩濃度が上がり，また，河岸の植生による陰の影響が小さくなるような中流域では，流入する有機物量に比較してその場での生産量が大きい．すなわち，P/R は 1 より大きくなり，流出量は流入量に近づくか場合によっては大きくなる．こうしたセグメントは独立栄養的 (autotrophic) な特性をもっているといえる．なお，とくに独立栄養的なセグメントにおいては，P/R の量は生産量が季節的に大きく変化するためにきわめて大きく変動する．

（2）栄養塩の循環過程に及ぼす人間活動の影響

自然の植生が人工的な農地に変わると，栄養塩流入量が増加するために，この特性に大きな影響を及ぼす．流域における農地の増加は，流入土砂量，窒素やリンの流入量を増加させる．たとえば，アメリカ合衆国においては，

土砂流入量の 46%, 全リン流入量の 47%, 全窒素流入量の 52% が農地に起因するものであるといわれており, 森林が農地に変わることでこの値はさらに大きくなる (Allan, 1995). 河岸の植生が伐採されると, 日射量が増加し水温が上昇する. 流域からの植生に起因する枝やリターの流入が減る. 土地利用が高度化すると堤防によって氾濫が防止されるようになり, 重要な有機物生産の場であった氾濫原が減少し, 植物起因の有機物の流入が減少する. さらに, 農地の増加により土砂の流入が増加することで光環境は悪化する. しかし, 実際には栄養塩の増加による効果のほうが大きい. さらに, 生息環境の悪化により耐性の低い底生動物や魚の種がより顕著に影響を受ける. そのため, 一般にこうした変化は従属栄養的な河川を独立栄養的な河川へと変貌させる. Delong and Brusven (1993) は, こうした変化により, 付着藻類の量が 2-10 倍に増加し, 底生動物が減少し, この傾向は河岸からのリターの流入が減少した場所でとくに顕著だったことを報告している.

9.1.3 食物連鎖と各栄養段階の生物群集, 従属栄養生物に与える影響

(1) 河川における栄養段階と生物群集

河川における有機物量の動態はこのように上流から下流に下るに従って徐々に変化するが, それと同時に質的にも変化する. 最上流域で河道内に流入したリターなどの大量な大型粒子態有機物 CPOM は, 流下の過程で, 生物的もしくは非生物的な分解および破砕によって, 微細粒子態有機物 FPOM や溶解性有機物 DOM に細かく砕かれる. このため, 最上流域では粗い粒子の割合が多く, 下流に流れ下るに従って, 微細粒子や溶解性のものの割合が多くなる. これらの作用は, 異なる生物群集によって行われており, 生物多様性の点からもこの上流から下流に至る過程での有機物の形態の変化はきわめて重要である.

草食魚や多くの草食無脊椎動物に摂食されるのは, 主に付着藻類と植物プランクトンである. こうした藻類は, 炭素 C と窒素 N の比 (C/N) が 9-10 と低く, タンパク質含有比の高い良質の餌である. 藻類と比較すると, コケ類と維管束植物は一部の草食者にしか利用されない

流域から流入した直後のリターなどの粗い有機物粒子は粉砕され, 摂食される. こうした生物には, ヨコエビ, ワラジムシ, ザリガニなどの甲殻類,

巻貝やガガンボ類やエグリトビケラ類の多く，カワゲラ類などの昆虫の幼虫などがいる．リター自体はC：N比が高く，タンパク質の多い良質な餌とはいえないが，表面に菌類が繁殖するとC：N比が低下し，高タンパクの餌に変化する．このほかにも，こうした微生物はセルロースやペクチンなどの消化しにくい物質を分解し消化しやすくすることから，菌類が繁殖したリターはより好んで摂食される (Cummins and Klug, 1979; 柴田・谷田, 1989)．浮遊する有機物の微細粒子は，捕獲網を張るシマトビケラ類やユスリカの一種，刺を利用するトビケラ類，食扇を利用するブユ類などにより摂食される．付着藻類は独立栄養生物でもっとも重要な餌資源であり，刈取食者 (grazer) と呼ばれる群によって特殊な形態をした口蓋を用いて表面から剥ぎ取られて摂食される．これらは互いに複雑に絡み合って食物網を構成している．これを簡単に示すと図9.1.2のようになる．

食物連鎖においてさらに上位に位置する魚の分布は，河川のセグメントの性質によって異なる．北欧では，サケ科のトラウト域，グレーリング域，コイ科のバーベル域，ブリーム域などのように分類されている．わが国においては，河川の形態によってAa型，Bb型，Bc型に分類され，生産性の低い上流のAa型水域では，肉食魚が優占し，中流のBb型水域では付着藻類が

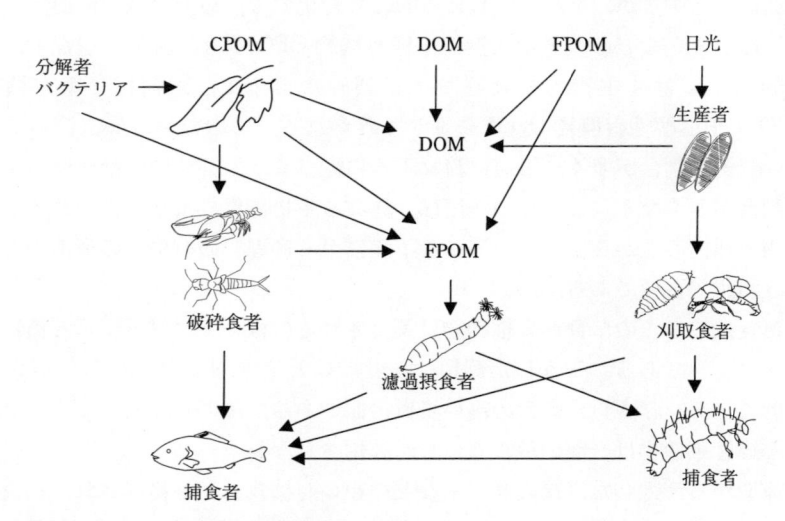

図 9.1.2 河川生態系の食物網

多くなり，付着藻類食の魚と肉食魚が共存，下流の Bc 型水域ではさまざまな食性の魚が加わる．このため，魚の種数は下流ほど増加し，Bb 型や Bc 型が発達している河川ほど種の数が多くなる（沼田，1985，1.2.3 項参照）．

（2）河川生態系での微生物ループ

食物連鎖のそれぞれの栄養段階において摂取されたエネルギーは，呼吸，すなわち基礎代謝や運動エネルギーとして消費されるか，未消化のまま糞として排泄，もしくは尿のなかに部分的に残された形で排泄される．糞や尿の一部は微生物によって分解され，微生物界の食物連鎖である微生物ループのなかに取り込まれる（図 9.1.3）．ただし，それぞれの栄養段階に順次伝達される過程で，大量のエネルギーが食物連鎖や微生物のループの系外に逸散する．そのため，生物体内だけを対象とする場合にはエネルギーは，保存されているわけではない．

河川における微生物においても，大型の後生動物界で行われているのと同様な食物網が発達している．ここでは，食物連鎖は主に生物体のサイズに依存する．まず，溶解性有機物 DOM や微細粒子態有機物 FPOM は，細菌類，

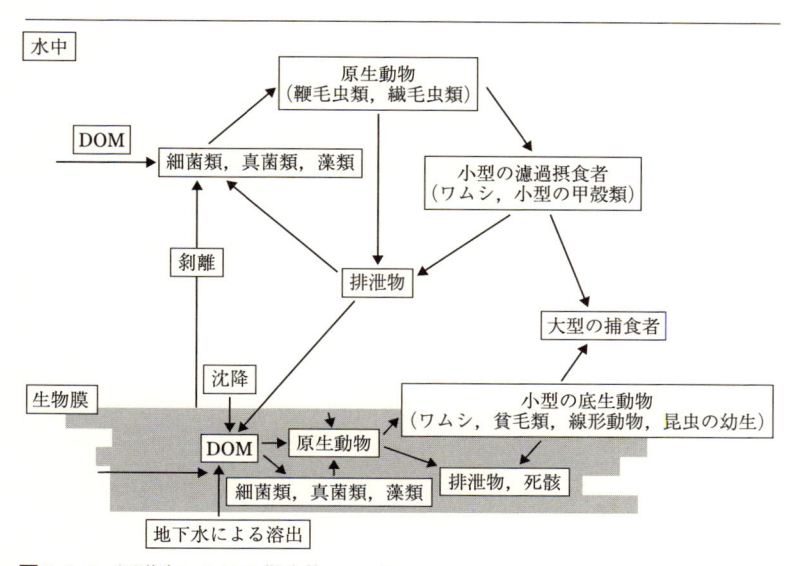

図 9.1.3 河道内における微生物ループ

真菌類，藻類などから構成される生物膜層や，主にそこから剥離した細菌類，真菌類，藻類に取り込まれる．こうした生物は原生動物である鞭毛虫や繊毛虫，微細な後生動物に捕食される．そして，これらの動物はさらに大きな，後生動物であるワムシ，小型の甲殻類などの濾過摂食者によって，また，河床の生物膜においては貧毛類，線形動物，昆虫の幼生，ワムシなどによって捕食される．こうした生物はよりサイズの大きい後生動物に捕食されるため，エネルギーは大型の後生動物によって構成される食物連鎖に受け継がれる．

(3) 河川生態系での分解過程

　流域から河川内に流入する植物起源の有機物であるリターは，分解しにくいセルロースやリグニン，ポリフェノールで構成され，また，草食動物による被害を防ぐためにタンニンやその他の有毒物質を残存させている場合もある．そのため，餌資源としては必ずしも良質なものではなく，これを利用する動物も限られる．このため，良質な餌資源である河道内に育った植物と異なり，河道内のエネルギーサイクルに取り込まれるためには，多くは次のような分解の過程が必要である．

　①初期の溶解性有機物の溶出（leaching）：水中に流入したリターからは，はじめの1日間で重量の20％程度の溶解性有機物が溶出する．②微生物の繁殖と分解：その後，まず不完全菌類などによって，次に細菌によって分解される．葉の表面に繁殖した不完全菌類は，酵素によってリターの表面にあるクチクラ層から徐々に分解していく．この過程によって6週間程度の間に初期の重量の75％程度が分解し，微細な有機物粒子に変わる．こうした有機物は細菌によってより柔らかくされ，さらに，細菌の繁殖によってC：N比の低い高タンパクのより良質な餌資源に変化する．③機械的および生物的粉砕：機械的な粉砕および破砕食者（shredder）の作用により，有機物の粗粒子は葉の柔らかい部分を中心に粉砕され，細かい粒子になる．真菌や細菌によって分解されなかったものも，この過程により，長い時間をかけてより細かく分解される．

　なお，C：N比が小さい，すなわち窒素含有量の多い良質な葉ほど早く摂食され，C：N比が200以上にもなる木の枝は分解されるのに100年以上も要するものもある．

リターの分解過程において，破砕食者の果たす役割は大きく，また，河川内の動物の生活史も落葉期の葉の流入に依存したものとなっている．リターの流入を制限すると，ベントス量が20-40％程度も減少することも示されており（Wallace et al., 1977），リター量が制限因子になっていることがわかる．一方，リターの分解は，下流の大河川よりも上流域で活発で，浸水頻度の少ない場所よりも常に浸水した場所で，そして，淵よりも瀬で活発である．また，陸生の植物よりも，C：N比の小さい水生もしくは沿川の植物のほうが早く分解する．さらに，微生物による分解速度は水温に依存し，一般に高度が上がるにつれて減少する．そのため，高地での分解過程では，菌類による分解に比較して破砕食者の役割が増加する．

（4）河川の連続性と生態系における栄養塩・エネルギーの流れ

河川全体をひとつの系と考えた場合，エネルギーや栄養塩元素の収支において上流と下流の役割は異なっており，これらが有機的に機能することで河川全体のバランスが保たれている．Vanote et al. (1980) は，河川を一体として扱う連続体（1.2.2項参照）としての仮説を提案した．この仮説の基本的な概念と河川区域（1.3.1項参照）における特徴は次のように示される．

上流域では陸上の植物を起源とする大量のCPOMが有機物源として流入するために従属栄養生物の割合が高く，とくに破砕食者が多い．最上流域では破砕食者や機械的な作用により有機物の破砕が進み，これが下流の濾過摂食者（collector）による摂食を助け，また，真菌類によるデトリタスの分解が下流域での微生物による有機物や栄養塩の吸収を促進している．上流では日陰が多いために生産は少ない．したがって，上流域では，光合成量 P と全呼吸量 R の比，$P:R$ 比は小さく，CPOM：FPOM比は大きい．

中流域に達すると川幅が増加し，光条件の改善と栄養塩の流入により河道内での生産が増加する．中流域ではCPOMの流入は減少し，かつ，生物活動や機械的に砕かれFPOMが増加する．その結果，$P:R$ 比は大きくなり，また，CPOM：FPOM比は小さくなる．

さらに下流にゆくと，CPOM：FPOM比はますます小さくなる．また，光制限のために生産量が減少し，$P:R$ 比は再び減少する．

この仮説は，主に温帯の広葉樹林帯の自然河川をもとに構築されたもので

あり，さまざまな地域の河川に一様に適用できるものではない．また，滞留時間が非常に長い大河川での適用性にも問題が多い．しかし，わが国の河川が自然河川に近い健全な状態であるか否かを考えるには適切な考え方である．

9.2 下水道と河川水質

9.2.1 下水道の普及と現状

下水は生活および生産に伴い生ずる汚水と雨水を示し，下水道は狭義にはこの下水を排除する管渠およびその関連施設を指す．しかし，実用上は屎尿処理施設，単独浄化槽，雑排水処理施設，地域屎尿処理施設，農村下水道，公共下水道，特定環境保全公共下水道，流域下水道などの総称として用いられている．産業革命によって増加した汚濁物質によって水系伝染病が増加するという社会問題が発生する一方，細菌学などの学問の進歩により下水道が発達してきた．しかし，わが国の場合，上水のほうが優先されたために，下水管渠の建設はきわめて遅れた．わが国で初めての下水処理場が三河島に建設されたのは1922年になってからである．しかし，戦後化学肥料が普及し，屎尿が肥料として用いられなくなって屎尿処理場の必要性が高まり，高度成長に伴う水質汚濁が深刻化し，下水道整備が重点的に行われるようになった．下水道普及率は，東京，大阪といった大都市部ではほぼ100%に達しているものの，全国的には人口50万人程度の都市で3分の2程度，5万人程度の都市では5分の1以下というのが現状である．また，人口増加地域では処理能力が不足し，施設の更新が必要なところも増えてきている．さらに，地震等の都市災害にも耐える施設の必要性も高まってきている．

9.2.2 下水道と河川の関係

都市内から発生する排水は下水に流れ込み，河川に合流することから，下水道は河川の支川的な役割を果たしている．一方では，下水道を流れる流量の分だけ，都市河川の流量は減少する．そのため，流量の面では下水道と河川は一体として考えられなければならないところである．しかし，現状は必ずしもそうした状況にあるわけではない．最近では下水処理水を積極的に清

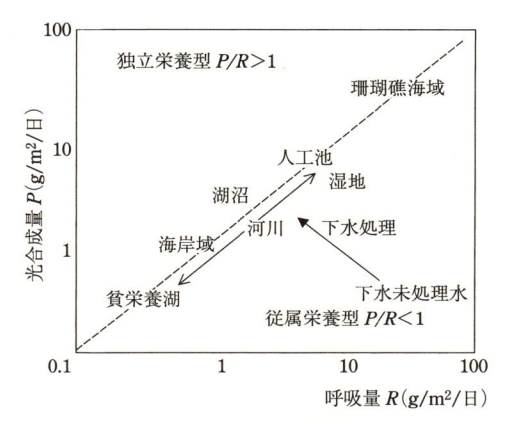

図 9.2.1 さまざまな水域生態系のなかで見た下水処理水の位置づけ

流の再生や中水道の水源として利用することが行われてきており，それに伴って，河川自体の BOD や DO といった水質項目の向上が見られるようになっている（図 9.2.1）．

都市もひとつの生態系と考えた場合，大量の有機物が排出しているひとつの系と考えることができる．しかし，これは下水処理場のなかで活性汚泥という微生物の働きで分解され，上澄み水だけが河川に放流されている．これは，きわめて従属栄養性の高い水が下水処理場で水中の有機物が分解され，通常自然界に見られるような比較的バランスのとれた状態にまで改変されていると考えることができる．その意味では，下水処理水は河川水に比較的近いものといえるが，一方ではリンや窒素濃度は依然として高く，下流の湖沼や湾の富栄養化を引き起こすことになる．河川においては，下水道の整備と相まって近年では有機物由来の BOD は減少してきているが，硝酸由来の N-BOD の濃度が高く，高度処理を行わないと水質の改善が進まないという状況が見られる．また，下水中にさまざまな有害物質が含まれることも下水ともともとの河川水との違いである．

9.2.3 河川の自然自浄作用

自然状態にある河川水は常に大気に接しており，酸素も十分に溶け込み，有機物も少なく清浄な水であるが，それに，生活排水や産業排水が流れ込む

と汚濁した水となる．しかし，河川が流下するにつれ汚濁物質の沈殿や酸化分解作用が生じ，有機物は減少，清浄な水に回復する．この過程が自然浄化作用 (self-purification; 自浄作用) である．この自浄作用は以下のような機構による．

①希釈：水質値の異なる水が完全に混合すると，濃度は両者の平均値となり，水質値は上昇する．また，希釈の結果，他の作用が有効に働くことが可能になる場合もある．とくに，有害物質の濃度が希釈によって無作用域にまで減じれば，濃縮されるものを除いて被害は少なくなる．

②生物的作用：水中の微生物や，河床の付着物中に生息する従属栄養細菌や原生動物による有機物の酸化分解が主たる過程である．

③物理的作用：懸濁態の汚濁物質は流速の小さい場所や，流量が減少した時期に，種々の物質を吸着して沈殿するため流下する河川水は浄化される．しかし，流量が再び増加した場合には浮上し，新たな汚濁源となる．

④化学的作用：生物による作用がない場合でも，水中の酸素により種々の物質が酸化される．また，汚濁した水から二酸化炭素が放出されることによりpHが上昇し，水酸化物の沈殿が促進される．

自浄作用の速度はCOD，BOD，TOCの除去率，溶存酸素の回復度から評価される．BODを例にとれば，BOD濃度の時間的な減衰率は一定以上の酸素があればBODの量に比例するという仮定のもとで，

$$L(t) = L_a 10^{-kt} \tag{9.2.1}$$

が導かれる．ここで，$L(t)$ は時間 t でのBOD量，L_a は初期のBOD量，t は経過時間，k は自浄係数である．

TOCはBODによらない指標として注目を集めているが，BODとの間に必ずしも強い相関があるわけではない．

9.2.4 水質指標生物

ある種の生物は生息する場の水質にきわめて敏感で，そうした生物（水質指標生物種）の存在の有無によって水質の状況を把握することができる．水質汚濁でもっとも多いものは有機汚濁であり，有機汚濁の程度はさまざまな指標によって示されている．通常よく用いられる区分と生息する藻類は表9.2.1のようなものである．

表9.2.1 水質汚濁の程度と生息する藻類（沼田，1985）

水域		藻類の種
貧腐水域	清浄な水域	*Achnanthes laceolata*, *Cocconeis placentula*, *Cymbella simuta* など
α-中腐水域	やや清浄な水域	*Melosira varians*, *Navicula gregaria*, *Nitzschia acicularis* など
β-中腐水域	汚濁した水域	*Gomphonema angustatum*, *Navicula symmetrica*, *Chantransia* sp. など
強腐水域	強く汚濁した水域	*Scenedesmus* sp., *Navicula minima*, *Nitzschia palea Pinnularia braunii* など

　有機汚濁により生息する生物群集が変化すると，溶存酸素量にも影響を及ぼす．まず，有機物量に依存して生物量が増加すると生物の全呼吸量が増加，溶存酸素が減少する．とくに，貧腐水性から α-中腐性水性の水域では，正午から日没にかけての時間帯に溶存酸素が最低となり，植物活動の影響を示す指標となる．逆に BOD が 10 mg/l 以上の水域を好む *Sphaerotilus natans* などのミズワタが繁茂する水域では植物は少なく，夜間に溶存酸素が減少することも少ない．

　トビケラ類，カゲロウ類，カワゲラ類のようなグループ（A グループ）は夏季の溶存酸素量が最低 70% 程度以上，秋季で 80% 以上必要であり，ミズムシ，ヒル類，巻貝，イトミミズ類などのグループ（B グループ）は夏季の BOD が 1.0 mg/l，秋季に 1.3 mg/l 以上必要である．ウズムシ類，ヒラタドロムシ類，コカゲロウ類などのグループはどちらの条件にも当てはまらない．そのため，A グループの生物のみが出現する水域では BOD 値が 1.0 -1.3 mg/l 以下と有機物量が少なく，溶存酸素の日最低量が 90% 以上あることから底生の付着藻類や菌類が少なく，大型植物も少ない．A，B グループが共存している場所では，水中の有機物量が多いものの溶存酸素量があまり下がらないことから，大型植物や藻類が窒素やリンによる影響を受けている可能性が高い．B グループが優占する水域では，有機物量が多く，植物量が多いために，夜間に溶存酸素量が減少する．

9.3 汽水域の水質問題

9.3.1 汽水域の物理的特徴

汽水域には，河口のほか，湾，淡水の流入する海岸の湿地 (salt marsh)，マングローブ湿地 (mangrove swamp) などさまざまな水域があるが，わが国の場合は，大半が河口である．エスチュアリーは海に向かって三角形のように広がってゆく幅の広い河口や河口にできた入江を指しているが，本書では汽水域という用語でこれを表す．汽水域の特徴は，海水と淡水が混合し，多くの場合，成層を形成していること，潮の干満の影響を受けることなどである．海水と淡水が混合した水は汽水 (brackish water) と呼ばれ，塩分濃度は，海水域に近いほど，淡水の流入が小さいほど高くなる．また，混合の少ない水域では海水層と淡水層が独自の層を形成し，塩分濃度はこの層の境界で急激に変化する．こうした成層状態を塩水くさび (salt wedge) と呼ぶ．

塩水くさびは，河川流量が少ないほど，海水位が高いほど，また，海水と淡水の混合の度合いが小さく明瞭な躍層が形成されているほど河道内へ大きく侵入する．そのため，一般に，渇水期には塩水の侵入長さが大きく，大量の降雨があった場合には，塩水は河道内からはすっかり排除され，淡水域が海域にまで広がる．河川流量が安定している場合には，大潮期に混合が進む

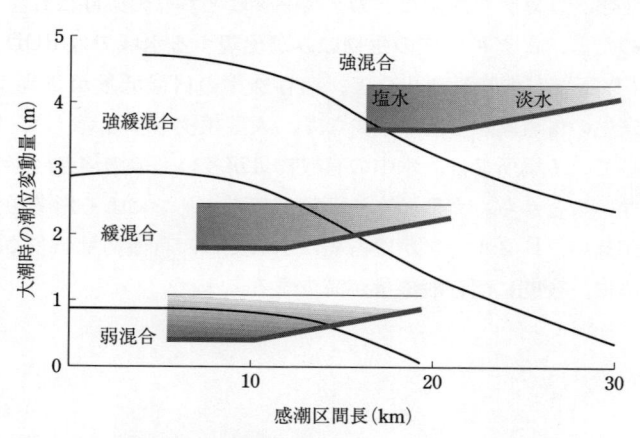

図 9.3.1 河口域の塩分混合状態

ために，大潮期に海水位がもっとも高くなるものの，小潮期から大潮期に至る間にもっとも河道内に侵入し，小潮期の少し前に侵入長はもっとも短くなる．わが国の河川で調査した結果より得られた図を図9.3.1に示す．

9.3.2 汽水域の生物生産性と水質

汽水域は以下のような理由からもっとも生産性の高い水域である．

① まず，汽水域においては，潮の作用によって大量の有機物や栄養塩が常時外部から持ち込まれ，しかも通常の成層化した湖沼と異なり底泥のなかに沈殿してしまうことが少ない．また，こうした餌は潮によって往復運動しているために，本来であれば餌の確保に大量のエネルギーを費やさなければならない生物もここでは簡単に餌を獲得することができる．

② 次に，海水と淡水が混ざり合っていることから，この水域では河川から流れてきた粒子が海水中のナトリウムやマグネシウムの陽イオンに接し，フロックを形成して大型の粒子に成長する．この際に，さらに溶解性の無機物，有機物を吸着する．これらは，濾過摂食の動物プランクトンやベントスに利用される．水底に沈殿，堆積したものも水底に軟らかい底泥層を形成する．この層内の塩分濃度の変化は一般に緩やかであり，生物が水中の急激な塩分濃度の変化を避ける避難場所となる．

③ 汽水域は一般に浅く，底泥の色が黒いために大量の日射を吸収し，水温が上昇しやすい．そのため，生物活動は活発になり，分解速度は上昇し，ベントスの成長速度は速い．さらに，常に海水が流入しているために，水温が比較的一定で極端に変化することがない（Horne and Goldman, 1994）．

汽水域はこのように生産性が高いという特徴のほかにも，大型の捕食者が侵入しにくいことから，さまざまな生物の幼生期の避難場所となっている．植生の繁茂した塩水湿地や，マングローブ湿地ではこの効果はきわめて大きい．

汽水域ではそれぞれの場所で塩分濃度が時間とともに変化するために，生物は特殊な機能が必要である．まず，さまざまな塩分濃度のなかで生活可能な能力（euhaline）が必要である．また，海水中の生物は体内の塩分濃度を周囲より低く保ち，取り込んだ水から塩分を選択的に放出する機能（hypotonic) を備えており，逆に淡水中の生物は腎臓で塩分を取り込む機能 (hypertonic) を備えている．汽水域の生物には両方の機能が要求され，体内の浸透圧を短時間で調節することが必要である．このため，汽水域に生息可能な生物は限られ，一般に，近隣の河川や海と比較すると，生息する生物種の数は少ない（図 9.3.2）．

汽水域は生産性がきわめて高い水域にもかかわらず，植物プランクトンによる水質悪化は湖沼ほど深刻ではない．湖沼では植物プランクトンの主たる捕食者が動物プランクトンであるのに対し，汽水域での捕食者は貝類をはじめとする底生の濾過摂食者であり，これらの濾過摂食能力はきわめて高い．また，貝類は一般に越冬可能で，春になって水温の上昇とともに摂食を開始するため，植物プランクトンの異常繁殖は湖ほどではない．しかしながら，汽水域では塩分濃度による成層が形成され，上下の水塊の混合が生じにくいために，深部や底泥はきわめて嫌気化しやすい状態にある．そのため，大量の栄養塩が流入し，大量の植物プランクトンが発生すると，その死骸の堆積や有機物の蓄積が進行し酸素が欠乏し，ベントスなどの生物の生息環境が脅かされる．

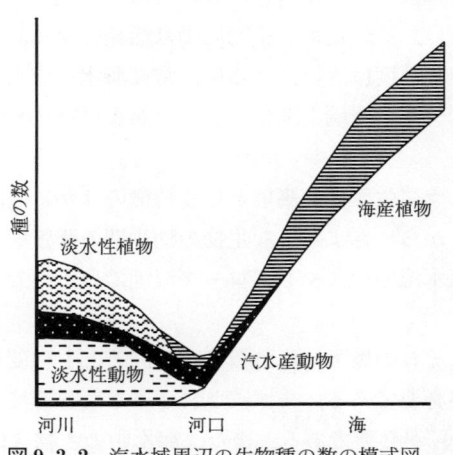

図 9.3.2 汽水域周辺の生物種の数の模式図
(Horne and Goldman, 1994 を改変)

9.4 深い湖沼と貯水池の水質

深い湖沼の水質環境を決定する要素には，物理的な要素のほかに，溶存酸素，二酸化炭素，窒素，リン酸，シリカ，有機物などがあり，これらの相互関係によって，湖沼内の生産が定まる．深い湖沼における主たる生産者は植物プランクトンであり，植物プランクトン量が水質を支配する．

9.4.1 物理的要素

深い湖沼においては，水温分布がきわめて大きな役割を果たす．湖沼の水温分布は，湖沼の形状，日射量，流入河川水量および流入水温，大気温，風などの擾乱，湖沼の透明度などの影響を受け，これらの相互作用で決定される．湖沼を加熱，冷却する主たる要素は水面での熱収支と流入河川水の熱量であり，加熱期には水温による躍層が形成され，冷却期には躍層が徐々に低下，場合によっては消滅する．また，風や洪水時の流入水による擾乱は温度躍層を破壊する．

風による短時間での温度躍層の破壊の可能性はWedderburn数によって評価される．Wedderburn数は，

$$W = \frac{(\Delta \rho / \rho_0)gh^2}{u^{*2}L} = \frac{\text{水深スケールでの浮力}}{\text{フェッチスケールでのせん断力}} \quad (9.4.1)$$

で表され，$\Delta \rho$ は水温による密度不足分，ρ_0 は基準密度，g は重力加速度，h は混合層水深，u^* は風のせん断力による摩擦速度，L は風のフェッチ長さである．$W \ll 1$ であれば温度躍層は安定であり，$W \gg 1$ であれば破壊される．

温帯にある湖沼は，春に日射が強くなると水面から加熱され，湖内に温度躍層が形成され，春から夏にかけて強固になり，秋になって日射が弱くなり，大気温が下がると今度は水面から冷却され，温度躍層の位置は徐々に深くなる．ここで，加熱期に形成される水温躍層よりも冷却期の表層の水温低下が小さい場合には，水温躍層は1年中消滅することはない．こうした場合には，冷却期にも躍層より上の部分のみ混合する．冷却量が大きく，表層が4℃になると全層が混合し一様になる．表層がさらに冷却され4℃以下になる場合には，表層の密度は下がり再び安定になる．しかし，加熱期には再び全層の

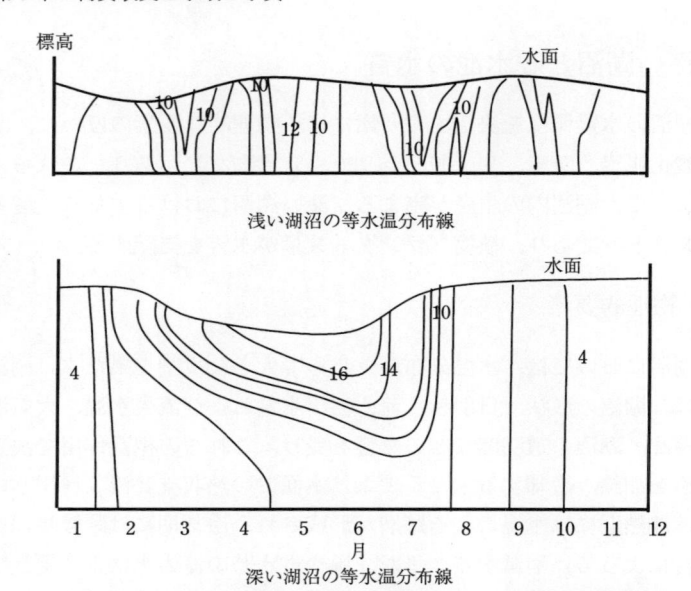

318 第9章 物質収支と水域の水質

図9.4.1 浅い湖沼と深い湖沼における水温分布の年間推移の模式図

水温が一様になり，全層が循環する．

このように湖沼中の温度躍層は年周期で変動するが，湖沼が浅く相対的に擾乱強度が大きい場合には，頻繁に混合する（図9.4.1）．

湖沼における上下層は，循環期には循環強度に依存し，きわめて激しく混合する．この場合，水面からの冷却で表層に生ずる混合層は数時間のうちに混合され一様になる．しかし，安定な成層期の混合はきわめて小さい．この場合，内部波の砕波やラングミュア循環などによっても多少混合が生じるが，主たる混合の担い手は湖岸における内部波の砕波である．

9.4.2 溶存酸素と二酸化炭素

湖沼における溶存酸素の分布は主として湖沼の生産力に依存し，水温躍層にも影響される．以下のような代表的な例がある（図9.4.2）．

①湖沼が貧栄養で生産力が低い場合，植物プランクトン量は少なく，日射が深い場所にまで届く．この場合には溶存酸素は深部まで飽和し，深くなるほど水温が低下し，飽和酸素濃度が高くなるため，溶存酸素濃度は

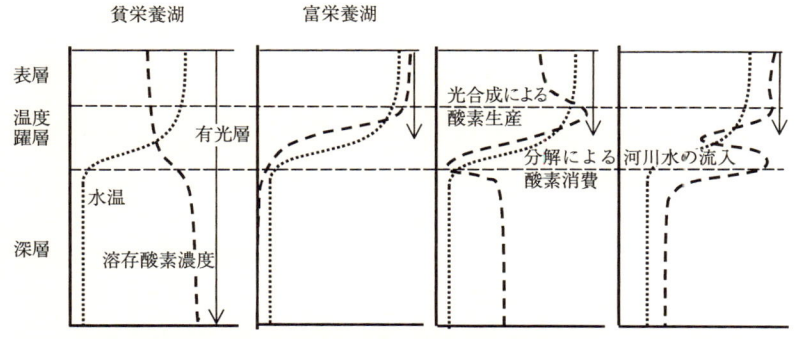

9.4 深い湖沼と貯水池の水質　319

図 9.4.2 水温分布と溶存酸素濃度分布の関係

やや高くなる．

② 湖沼が富栄養で生産力が高い場合，高い植物プランクトン濃度のために日射は表層にしか届かない．そのため，表層では植物プランクトンの光合成のために過飽和となるものの，温度躍層以深では貧酸素の状態になる．

③ 植物プランクトンは表層の強い日射を避けるために温度躍層の上部に集積し，その死骸は躍層の下部に蓄積することが多い．こうした場合，溶存酸素濃度は光合成のために躍層上部で高くなり，死骸が分解されるために下部で低くなる．また，高濃度の溶存酸素を含んだ河川からの流入水がある場合には，温度躍層近傍で溶存酸素濃度が高くなる．

二酸化炭素は光合成のためにきわめて重要である．二酸化炭素は，水中では重炭酸イオン，炭酸イオンの状態でも存在しており，二酸化炭素の形態で存在しているものよりも圧倒的に多い．そのため，二酸化炭素が光合成によって利用され減少すると，こうしたイオンから二酸化炭素を生成する向きに反応が進む．この反応によって pH は上昇するが，大気から供給されると回復する．このように湖沼では，二酸化炭素の濃度に対して重炭酸イオンや炭酸イオンがバッファーの役割を果たしている．活発に光合成が行われている表層では，夏季には pH は 9-10 にまで上昇する．

9.4.3 窒素とリン

(1) 窒素の動態

　深い湖沼中では酸素の分布状態に応じて，窒素の形態別の分布が異なる．深い湖における窒素のサイクルを，図9.4.3に示す．一般に，富栄養な湖では，窒素濃度が高いが，そのうち表層では酸素が豊富なことから硝酸濃度が高く，深層は貧酸素化しているためにアンモニア濃度が高くなる．逆に貧栄養な湖では，窒素濃度は全体的に低い．とくにアンモニア濃度の低い表層では，もともと存在していた硝酸態窒素が生産に極限まで利用されるために，硝酸濃度，アンモニア濃度ともにきわめて低い値となる．そのため，深層の硝酸濃度のほうが相対的に高くなる．しかし，日射が深層まで達する場合には，生産活動により深層の硝酸濃度も減少する．季節的な変化は次のようになる．冬季には，藻類の摂取量が少ないため相対的に硝酸の流入量が多くなる．成層期には，深層に存在していた大量の硝酸が混合によって全層に広がるため，表層の濃度も上昇する．夏季には，流入する硝酸は藻類によって活発に摂取され，また，温度躍層にさえぎられ，深層からの供給も妨げられる

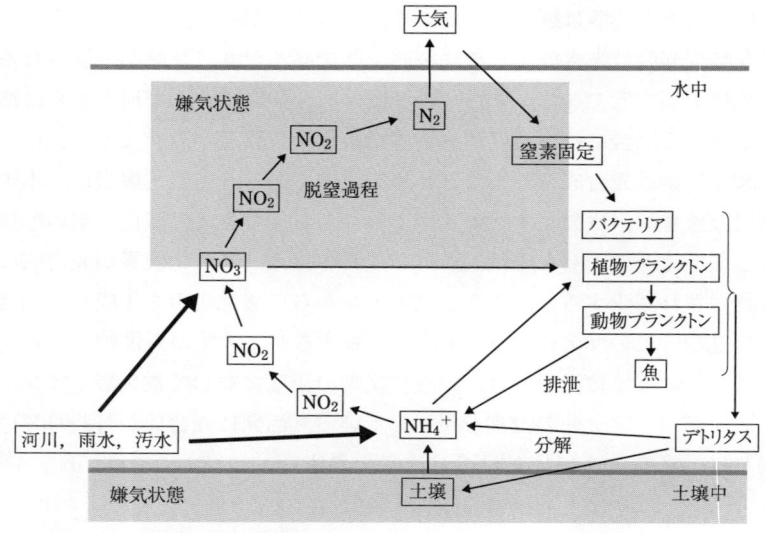

図9.4.3 窒素循環の模式図

ために表層の濃度は減少する．

アンモニアは河川からの流入，降雨，大気からのダスト，窒素の固定などによって湖沼に供給され，水中では，外部負荷のほかに，植物による吸収，魚や動物プランクトンによる排泄，バクテリアによる酸化などのバランスによって濃度が定まっている．こうした要因の増減により，アンモニア濃度は大きく変動する．

藻類はアンモニアイオンを優先的に利用する．硝酸イオンを利用する場合には，酵素によって還元した後に利用する．この反応には数時間から数日を要するために，アンモニアと比較すると硝酸イオンの吸収には時間がかかる．また，アンモニアイオン濃度が高いと酵素の働きが抑えられる．

アンモニアは，水中で形態が $NH_3+H_2O \rightleftarrows NH_4OH \rightleftarrows NH_4^+ +OH^-$ のように変化し，pHが7.5程度以下であればほとんどがアンモニアイオンの状態にある．しかし，pHの上昇，水温の上昇などとともに電離しないアンモニアの割合が増加する．ところが，アンモニアには強い毒性があるため，電離しないアンモニアの割合が増加すると，耐性の弱い魚の斃死を引きおこす．

（2）リンの動態

リンのサイクルは図9.4.4のようである．リン酸はpHや酸化還元電位によって $Fe^{3+}(OH)_3+PO_4^{3-} \rightleftarrows Fe^{2+}(OH)_2+PO_4^{3-}$ のように変化し，好気状態では左辺のように土粒子中の鉄やカルシウムまでに吸着される．リンは，下水中では溶解性のものの割合が多くなるものの，自然水域では全体の90-95％は粒子に吸着された形態で存在している．ところが，植物は溶解性のオルトリン酸態のリンのみを利用する．そのため，溶解性のリン濃度が低くなると，粒子に吸着しているリンがすばやく溶解して平衡を保つことになるものの，湖沼中の植物プランクトン量はリン酸濃度によって制限されることが多い．

このように，植物プランクトンの増殖にとってリン酸が制限因子になりやすいために，植物プランクトンもさまざまな形でそれに対処する機能を備えている．まず，ほとんどの藻類はリン酸の豊富な時期に過剰に摂取し，細胞中に蓄えリンの欠乏する時期に備える．また，アルカリフォスファターゼという酵素で有機物中のリン酸を溶解性のものに変化させて利用する．しかも，

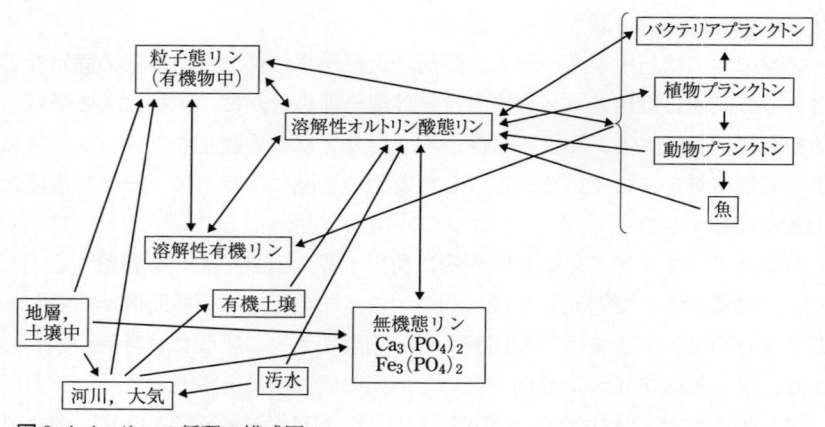

図 9.4.4 リンの循環の模式図

この酵素の量もリン濃度が低くなると増加する．

　動物プランクトンは大量のリンを排泄するために，水中のリン酸濃度や植物プランクトンの増殖に大きな影響を与えている．動物プランクトンの少ない湖では，植物プランクトンはリン酸をほぼ消費し尽くすまで増殖し，その後はリン酸濃度が回復するまでは増えない．一方，動物プランクトンの多い湖沼では，動物プランクトンがリン酸を排泄するために，植物プランクトンは安定して存在する．

9.4.4　その他の元素

　湖沼の富栄養化で重要になるのは，主に窒素とリンであるが，植物プランクトンの増殖にはこのほかにもさまざまな元素が必要である．比較的大量に必要なものとして，珪酸，カルシウム，マグネシウム，ナトリウム，カリウム，イオウ，塩素がある．微量であるが必要な元素として，鉄，マンガン，亜鉛，銅，モリブデン，コバルトなどがある．ここで，珪酸は珪藻の乾重量の 25-60% 程度を占めており，珪藻も十分な貯蔵の機構を備えていないために，増殖の制限因子になりやすい．マグネシウムは細胞内における ATP（アデノシン三リン酸）と ADP（アデノシン二リン酸）の変換時に必要となる．また，植物においてはコバルトや鉄と同様に，クロロフィル分子における反応中心の中央を占める元素である．カリウムは酵素の働きを活性化する

ために必要な元素であり，常に水中から摂取し，ナトリウムを放出している．カリウムは陸上の植物では欠乏しがちで肥料として与える必要があるが，通常水中には十分な量存在している．イオウはタンパク質の材料として，塩素は光合成やATPの合成などに必要な元素である．しかし，一方では塩素ガスは有毒で消毒に用いられる．微量元素は主としてヘモグロビンや酵素中に含まれるものである．

9.4.5 貯水池における特徴

貯水池が自然の湖沼と大きく異なる点は，以下のような点である．
① 一般に，横断方向に比較して流下方向に長く，顕著な流れが生ずる方向が定まっている．また，一般の湖沼と比較すると貯留量に比較して流入量の割合が大きい．
② 放流の深さが必ずしも表層に限らず，さまざまな高さにある．また，選択的取水設備が取り付けてある場合には放流高さが変化する．
③ 洪水調節用のダムでは，水位が季節的に変動する．
④ 一般に側岸は急峻で生産活動のさかんな沿岸帯の割合が少ない．

このように貯水池は一般の湖沼と比較して，きわめて特殊な特性を有しており，水質もこうした特性を反映したものとなっている．まず，流れの方向が定まっており，ダム近傍は湖沼としての性格が強く，上流水域は流入河川の性格を強く残している．こうした特性のために，流入土砂は流入部から放流部に向けて粒径の大きいものから徐々に沈降し，濁度分布は流下方向に減少し粒径も小さくなる．また，これによって透明度は流下方向に増加する．また，自然の湖沼と比べると，一般に容量に比較して流入量が多く，湖内を循環する栄養塩量に比較して，流入する栄養塩量の割合が大きい．しかも，この性格は，ダム近傍よりも上流水域において顕著である．粒子態の栄養塩を含む濁質が徐々に沈降することから，栄養塩濃度は下流にいくにつれて減少する．この2つの拮抗する条件により貯水池内では，一般に河川的な特徴をもつ水域から湖沼的な特徴をもつ水域の境界部でもっとも生産性が高くなる．しかし，この水域も，河川からの流入量が増加すればより下流へ，減少すればより上流に移動する．

貯水池では沿岸帯の領域の割合が少ないこと，また，場合によっては季節

的な水位の変化を伴うことから，大型の水生植物群落は発達しにくい．そのため，大型植物による栄養塩の利用や動物プランクトンによる植物プランクトンの濾過摂食の影響が小さく，栄養塩の流入が直接植物プランクトンの増殖を引き起こしやすい．

貯水池においては，容量に対して流入量の割合が大きいために，流れによる攪乱が大きく，洪水時に流入する濁質量の浮遊の長期化がより深刻である．貯水池内には通常温度躍層が形成されているために，この躍層が破壊されない程度の流入であれば，洪水時に流入した濁水は躍層中を流下し，速やかに貯水池外へ放流される．しかし，大規模な洪水の流入によっていったん躍層が破壊されると，濁質を含んだ水が貯水池全体に広がる．濁質粒子は大きな粒径のものから徐々に沈降するものの，径が10 μm以下の粒子は数ヵ月にわたり滞留する．そのためこの期間，下流河川に常に濁水を放流し続けることになり，付着藻類をはじめとする底生生物，魚資源に多大な影響を与える．

躍層が破壊され貯水池内が濁水化した場合の対応はきわめて困難な課題である．しかし，秋季の循環期に入る以前であれば，再び躍層は形成され，濁質粒子は徐々に沈降し表層から澄んでくる．そのため，選択取水施設を用いて表層から取水することにより，下流河川への放流水の濁度を抑えることが可能である．しかし，循環期に入ってしまった貯水池では，沈降途上の粒子が常に浮上し，表層近くまで高い濃度となる．こうした場合には，濁質濃度はしだいに河川に放流されることで減少はするものの，場合によっては翌年の受熱期において躍層が形成されるまで，高い濃度のまま存在し続けることがある．

貯水池の躍層の破壊状況を予測するには貯水池内の水温予測モデル等を用いた数値解析がなされる．しかし，成層の破壊状況は，通常の成層強度のもとでは洪水の規模に大きく依存し，貯水池容量に対する洪水規模である程度評価できる．すなわち，1回の総洪水流量と総貯水容量との比 β を用いると次のように表される．

小規模出水（$\beta \ll 1$）：貯水池内の躍層は破壊されず，流入濁水は貯水池内の密度が等しくなる高さを中層密度流として進み，比較的短時間のうちに貯水池外に放流される．

中規模出水（$0.5 < \beta < 1$）：貯水池内の躍層は完全には破壊されず，躍層

位置が低下する．濁水は貯水池内の躍層以浅に広がるものの，ゆっくり下流に伝播され放流され，流入水と放流水によって水が入れ替わるにつれ，貯水池内は徐々に清澄化する．

大規模出水（$1<\beta$）：躍層が完全に破壊され，貯水池内全体が濁水に覆われ，とくに循環期に入ると濁水化はきわめて長期化する．

貯水池において放流位置が人為的に変化できることは，運用によっては下流河川の水温を自然のものと異なったものにしてしまう恐れがある．わが国で問題になりやすいものには，自然の場合よりも温度の低い水が放流されることで，稲の生育を阻害し，また，魚の成長阻害，産卵阻害，回遊性の魚種に対しては回遊の時期を誤らせるなどさまざまな弊害をもたらす．そのため，選択取水設備を運用し，貯水池内への流入水と同じ水温の水を放流することが行われている．北アメリカなどでは，表層水を放流することで水温が上昇し，重要な水産資源であるサケやマスの漁獲に被害を与えることがある．この解決のために，貯水池内に横断方向に幕を張り，下層の低水温の水を放流する試みが行われている．いずれにしても，貯水池は人工構造物であるために，もともとの自然環境をできるだけ損なわないような運用が望まれる．

9.5 浅い湖沼の特性

浅い湖の水工学的な特徴は次のように整理できる．
① 水平距離と水深の比が大きいため風の影響を受けやすく，一般に吹層流が卓越する．
② 鉛直方向の混合に要する時間が短いため，安定した長期の水温躍層は構成されにくい．
③ 底質が湖内の物質循環のサイクルに入るため，底質-湖水の相互作用は非常に重要である．
④ 大型水生植物群落が発達しやすく，水質浄化に利用もできる．

このような特徴を有し，富栄養化の進んでいる浅い湖の例として，日本の霞ヶ浦，諏訪湖，印旛沼，谷中湖，中国の太湖などが挙げられる．太湖は中国の五大湖のひとつである．江蘇省と浙江省の間にわたって2460 km²の面積に及んでおり，平均水深約2 mと浅い湖で，もっとも深いところで4.8

mである．最近20年間集水域における産業と経済の発展のために富栄養化問題が深刻となっている．太湖，霞ヶ浦のような広い湖で，一度汚濁が進むとそれを回復するにはたいへんな時間がかかる．本節では，水理および水質の観点から，浅い湖の特性を論じる．

9.5.1 風成流

　水の動きは湖沼の水質に対して重大な結果をもたらす．浅い湖では，湖水を動かす主要な原動力は風である．水面上を吹く風により，水中に運動エネルギーが輸送され，さまざまなサイズの渦を生み出す．浅い湖の水質改善策立案の過程においては湖流解析が必要である．閉鎖水域に流れを起こす原因としては，風，水の流入・流出，セイシュ（静振），密度流などが挙げられるが，主要な因子は風である．大きな湖沼では，表層流は地球回転の影響により風の方向に対して45°の角度で流れる．表面下の水流は表面からの深さが大きくなればなるほど，風の方向に対してだんだんと大きな角度で流れる．最深部で，風と反対の方向に流れる．このらせん状の水流はエクマン・スパイラルと呼ばれている．しかし，ロスビー数（Rossby number）$R_0 = U/fL \gg 1$の場合，つまり，コリオリの効果が無視できる場合には，流れは表層で順流（風と同じ方向），低層で逆流になる．また，そのとき，風の吹送方向に直角方向に水深変化が存在する場合には，浅い領域で順流，深い領域で逆流の水平循環流が生じる．

　風向，風速の急変により，静振が生じる．風がかなり恒常的に一方向から吹くと，風は湖水を風下の湖岸に押し上げ，風が収まるまでそれを持続する．風が収まると，湖水を押し上げていた駆動力が消散し，上昇していた水面は重力の影響で下方に移動し始め，一連の波が形成される．それを表面静振，またはたんに静振と呼んでいる．表面静振がもつエネルギーは低いので，湖の生物や化学にとってそれほど重要ではないと思われるが，水深に比して水平長が大きい霞ヶ浦や太湖では相当な大きさに達する場合もある．

　また，風の吹送方向に回転軸をもつラングミュア・スパイラル流がある．それは，表面波と吹送流の間の相互作用によって起こる．ラングミュア・スパイラルは表面層全体にわたってプランクトン，熱，ないしは溶存ガスを急速に混合する．多くの場合，スパイラルのスケールは水温躍層の深さにほぼ

等しいか，または浅い湖沼では全水深にほぼ等しい直径をもっている．

　湖流として水平循環流構造の再現に焦点を絞る場合，一般に，鉛直方向に全水深にわたり積分したモデルを用いる．このとき，基本方程式は以下のようである．

$$\frac{\partial \eta}{\partial t} + \frac{\partial}{\partial x}U(h+\eta) + \frac{\partial}{\partial y}(h+\eta) = 0 \tag{9.5.1}$$

$$\frac{\partial U}{\partial t} + U\frac{\partial U}{\partial x} + V\frac{\partial U}{\partial y} - fV + g\frac{\partial \eta}{\partial x}$$

$$- \frac{\tau_{0x} - \tau_{sx}}{\rho_w(h+\varsigma)} = \nabla^2(K_h U) \tag{9.5.2}$$

$$\frac{\partial V}{\partial t} + U\frac{\partial V}{\partial x} + V\frac{\partial V}{\partial y} - fU - g\frac{\partial \eta}{\partial y}$$

$$- \frac{\tau_{0y} - \tau_{sy}}{\rho_w(h+\varsigma)} = \nabla^2(K_h V) \tag{9.5.3}$$

ここに，U，V は x，y 方向の鉛直積分流速，η は水位変化，h は水深，f はコリオリ係数，K_h は水平渦動粘性係数，τ_{sx}，τ_{sy} は水面における風のせん断力成分，τ_{0x}，τ_{0y} は底面における流れのせん断力成分，ρ_w は水の密度である．水面および底面のせん断力は次式で与えられる．

$$\left.\begin{array}{l}\tau_{sx} = \rho_a \cdot c_f \cdot W_X \cdot \sqrt{W_X^2 + W_Y^2} \\ \tau_{sy} = \rho_a \cdot c_f \cdot W_Y \cdot \sqrt{W_X^2 + W_Y^2}\end{array}\right\} \tag{9.5.4}$$

$$\left.\begin{array}{l}\tau_{bx} = \rho_w \dfrac{g \cdot n^2}{(h+\eta)^{\frac{1}{3}}} \cdot U \cdot \sqrt{V^2 + U^2} - k\tau_{sx} \\ \tau_{by} = \rho_w \dfrac{g \cdot n^2}{(h+\eta)^{\frac{1}{3}}} \cdot V \cdot \sqrt{V^2 + U^2} - k\tau_{sy}\end{array}\right\} \tag{9.5.5}$$

ここに，W_X，W_Y は風速の成分，c_f は風摩擦係数，ρ_w は空気の密度，n はマニング粗度係数，k は定数であり，底面せん断力に対する風の影響を示す．風速/流速 >100 の場合に考慮すべきである．

　c_f については，次のような形式がよく用いられている．

$$c_f = (A + BU_{10}) \times 10^{-3} \tag{9.5.6}$$

ここに，U_{10} は水面上 10 m の高さにある風速である．A，B の値はさまざまな提案がある．Deacon と Webb によると，$A=1.0$，$B=0.07$ である．

　上述のモデルを有限差分法ないし有限要素法により離散化して，数値解析

を行う．

9.5.2 谷中湖における湖流解析例

　谷中湖は，利根川中流域，栃木，群馬，埼玉，茨城4県にまたがる渡良瀬遊水地に位置し（図 9.5.1），日本で初めて平地部に建設された多目的人工湖である．洪水調節，都市用水の供給，流水の正常な機能の維持等の建設本来の目的に加えて，近年では関東地方の中央に位置する関係からも多くの人々が訪れ，釣りやウインドサーフィンなどのレジャーの場として，また多種多様な動植物を観察できる環境学習の場として重要な存在となっている．水面面積約 $4.5 km^2$，総貯水量 2640 万 m^3，平均水深 3.0-8.0 m である．平面形状はハート型で，コンクリートの護岸により北・南・谷中の3つのブロックに分かれている．それぞれのブロックは北橋・東橋・西橋の水路によって結ばれている．近年，谷中湖においては富栄養化による水質悪化の問題が顕在化してきている．植物プランクトンの異常発生や魚類の斃死が発生して，飲料水としての最低水準すら満たさない水質状況も記録されている．さまざまな富栄養化対策を検討するため，まず，風により誘起される湖内流動状況を把握する必要がある．たとえば，5 m/s の西北西の風（代表的な冬季風）および 5 m/s の北東の風（代表的な秋季風）が定常的に吹き続けた場合の計

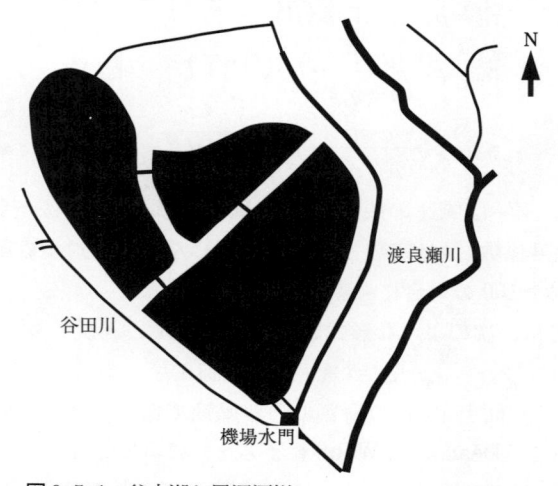

図 9.5.1　谷中湖と周辺河川

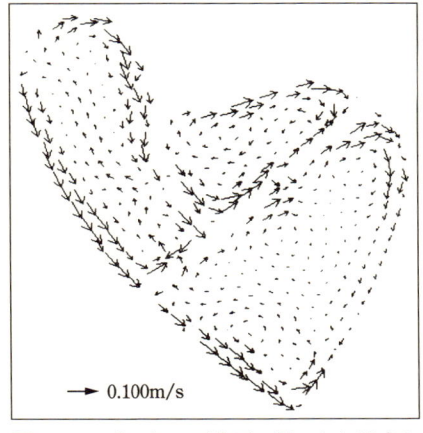

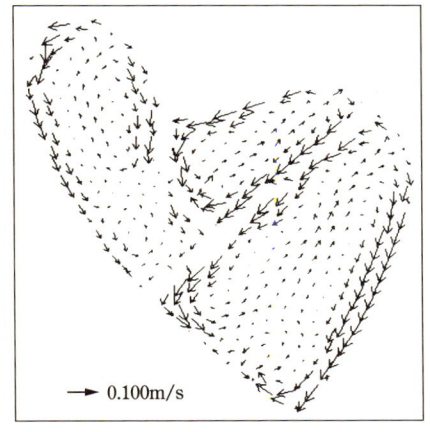

図 9.5.2　5 m/s の西北西の風により形成される流れ

図 9.5.3　5 m/s の北東の風により形成される流れ

算結果を図9.5.2, 図9.5.3に示す (Huang and Tamai, 2001; Huang and Ishida, 2001).

風速5 m/s の西北西の風が連吹する場合 (図9.5.2参照), 北ブロックにおける湖岸付近の浅い領域で順流, 深い湖心域で逆流となる水平循環流が明瞭に現れている. 南ブロックでは, 西南岸側に風向と同じ向きの湖流が発生し, 湖中央で流れの向きが逆になっている. 北東岸付近の流れは湖岸形状の影響を受けて, 風向に対し大きくずれている.

北東風の場合, 南ブロックにおける水平循環流が顕著に現れている. また, 谷中湖ブロックにおいて, ほぼ湖心を回転中心にして時計回りの渦が生じている. 風速5 m/s の北東風が連吹する場合, 南ブロックと谷中ブロックにおける湖岸付近の浅い領域で順流, 深い湖心域で逆流となる水平循環流が明瞭に現れている. 北ブロックには, 風向に対して90°の角度の湖流が大半を占めている. 環流の存在はブロック間の物質交換に大きな影響を与えると考えられる.

9.5.3　簡易な湖沼水質予測モデル

Vollenweiderタイプのモデルは簡易な湖沼水質予測モデルとしてよく用いられる. Vollenweiderタイプのモデルはリン, 窒素, クロロフィルa濃

度の年平均値もしくは年間最大値を，リンもしくは窒素負荷量から推定するモデルである．その推定には，生態系内の局所的な変化過程を記述せずに，湖沼生態系全体もしくはその一部区域を完全に一様な箱として扱う（Vollenweider, 1969）．

この種のモデルは，年単位の水質の長期予測に適する．また特徴は，①多くの実湖沼のデータをもとに，モデルのパラメータが決められているため，予測値が，従来の経験を大幅に超えるような異常値になることは少ない，②実施に当たっての計算が簡便である．

対象とする湖沼が完全混合かつ容積一定であると仮定する．湖内栄養塩の物質収支は次式で示される．

$$V\frac{dC}{dt} = \sum Q_{in}C_{in} - \sum Q_{out}C - vCA \qquad (9.5.7)$$

ここに，V は対象水域の容積，Q_{in} は流入水量，Q_{out} は流出水量，C_{in} は流入濃度，C は湖内の濃度，v は見かけの沈降速度である．A は湖底の表面積であり，近似的に水面面積と等しいとして扱われる．したがって，年平均濃度は次式になる．

$$\bar{C} = \frac{L}{v + z/\tau} = \frac{L}{q_s} \cdot \frac{1}{1 + v\tau/z} \qquad (9.5.8)$$

ここに，L は単位水面面積当たりの物質負荷率（$=\sum Q_{in}C_{in}/A$），q_s は単位水面面積当たりの流入水量，τ は水の滞留時間（$=V/Q_{in}$），z は平均水深である．Vollenweiderによる修正式は $\bar{C} = (L/q_s)/(1+\sqrt{\tau})$ である．実務の解析では，次のような一般化された式がよく用いられる．

$$\bar{C} = a\left(\frac{L/q_s}{1+\sqrt{\tau}}\right)^b \qquad (9.5.9)$$

OECDの浅い湖・貯水池プロジェクトでは，湖内全リン濃度（$\bar{P}$）と流入水中の年平均全リン濃度（$\bar{P}_{in}$）との関係については，次のような式を用いたほうが，よい結果が得られている．

$$\bar{P} = \frac{\bar{P}_{in}}{1 + 7\sqrt{\tau}/z} \quad \text{または} \quad \bar{P} = \frac{\bar{P}_{in}}{1 + 2\sqrt{\tau}} \qquad (9.5.10)$$

このほか，もっと単純な式 $\bar{P} = 0.77(\bar{P}_{in})^{0.85}$ もある．

しかしながら，Vollenweiderモデルの利用上は下記の注意が必要である．

9.5 浅い湖沼の特性

- 対象としている湖沼の地理的な位置および環境条件と類似した湖沼群の解析によって得られたパラメータを選択することが望ましい．
- 完全混合および容積一定の仮定を十分満たしているような例はきわめて少なく，諸仮定の充足度が低いことは，主要な誤差要因となる．

谷中湖の場合，洪水調節を行うため，容積が大きく変動している（図9.5.4）．Vollenweiderモデルを谷中湖の短期予測に利用する場合，湖内全リンの収支は次のように表される．

$$\frac{dVP}{dt} = \sum Q_{in}P_{in} - \sum Q_{out}P - vCA \tag{9.5.11}$$

$$V\frac{dp}{dt} = Q_{in}P_{in} - Q_{out}P - vPA - P\frac{dV}{dt} \tag{9.5.12}$$

水の流出入による湖の容量変化は，次式で表される．

$$\frac{dV}{dt} = Q_{in} - Q_{out} \tag{9.5.13}$$

式（9.5.13）を式（9.5.12）に代入すれば，式（9.5.14）を得る．

$$\frac{dP}{dt} = fP_{in} - \left(f + \frac{v}{z}\right)P \tag{9.5.14}$$

ここに，f は回転率（$=1/\tau$）である．

容量変化を考慮した計算に際しては，見かけの沈降速度の設定に注意する必要がある．従来の年間収支で見積もった沈降速度を使うとよい結果が得られない．沈降速度に対しても季節変動を考慮する必要がある．

谷中湖において，夏の8，9月に水位が低いため，風による巻き上げが大きくなるにつれて，見かけの沈降速度が減少することが考えられる．この考えに基づいて，下記の計算式が提案された（Huang and Tamai, 1998）．

$$v = \begin{cases} \sqrt{\frac{q_m z}{A}} & 8, 9月 \\ 11.6 + 0.2\frac{q_m}{A} & その他 \end{cases} \tag{9.5.15}$$

q_m：月ごとの流入水量

谷中湖の計算結果は図9.5.5に示されている．容積の変動を考慮した物質収支式と見かけの沈降速度式に季節変動を導入することによって，夏の全リ

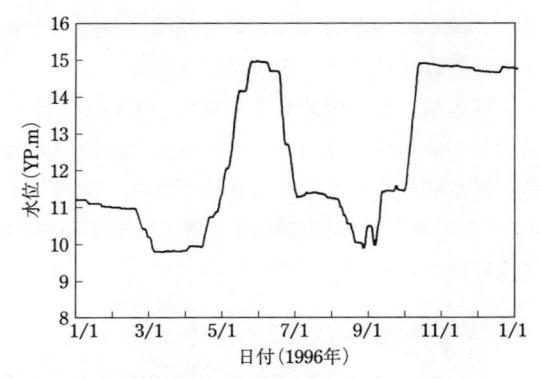

図 9.5.4 谷中湖の水位変動

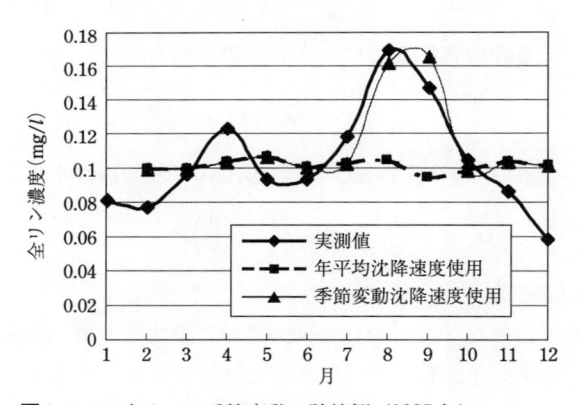

図 9.5.5 全リンの季節変動の計算例（1995年）

ン濃度のピークを精度よく再現できることがわかった．

　水質保全対策として流入負荷の削減や，流域の開発等に伴う負荷量の増加など，負荷の変化があったときに湖内の水質変化を予測するために，Vollenweider のモデルがよく利用される．しかし，浅い湖においては，長期の安定な水温成層がないため，沈降した栄養塩はより早く水中に戻される．つまり，底泥-湖水の相互作用は浅い湖の環境を支配する重要な機構である．たとえば，流入負荷の削減に伴って，湖水の栄養塩濃度が下がると，湖水の栄養塩濃度-底泥間の栄養塩濃度差が大きくなって，底泥からの溶出が増えることがありうる．この内部負荷により，流入負荷削減の効果が遅延される

ことはヨーロッパの諸国で報告されている．すなわち，Vollenweider モデルにおいて底泥の溶出を陽に考慮しないと，浅い湖・ダム貯水池に対して，流入負荷の削減に伴う湖沼の回復時間が小さく見積もられ，楽観的すぎる予測となる可能性がある．また，Vollenweider モデルによれば，回転率が高ければ，回復も早い．しかし，デンマークの浅い湖において，回復時間は回転率とあまり関係がないケースがあることが Jeppesen *et al.* (1994) の研究により判明した．この現象は内部負荷に関わっていると考えられる．流入負荷の削減に伴う湖沼の回復時間をより正確に見積もるためには，Chapra モデルの使用を勧める．Chapra モデルは次のようになる (Chapra and Canale, 1991)．

$$\left. \begin{array}{l} V_1 \dfrac{dp_1}{dt} = W - Qp_1 - v_s A_s p_1 + v_r A_s p_2 \\ V_2 \dfrac{dp_2}{dt} = v_s A_s p_1 - v_r A_s p_2 - v_b A_s p \end{array} \right\} \quad (9.5.16)$$

ここに，V_1，V_2 はそれぞれ湖水，底泥の容積，p_1，p_2 はそれぞれ湖水，底泥の全リンの濃度，v_s は沈降速度，v_r は底泥から水中への物質循環速度，v_b は底泥の表層から深層への物質移動速度である．W は流入負荷量，A_s は堆積区域の面積である．このモデルには以下の特徴がある．

①全湖底面積の代わりに，堆積区域に限って物質循環を扱う．したがって，より正確に物質循環量を見積もることができる．
②溶出量は底泥の全リン濃度に比例している．
③深層への移行量も底泥の全リン濃度に比例している．
④物質循環速度は低層の溶存酸素濃度により決まる．溶存酸素濃度がある閾値を超えたら，循環速度をゼロにする．
⑤このモデルは浅い湖と深い湖の両方に適用できる．
⑥季節変動の把握のためにも使える．

Chapra and Canale (1991) はこのモデルを用いて，シャガワ湖 (Shagawa Lake) の回復時間を検討した．内部負荷を無視する場合，流入削減により，2年以内に回復するという結果となる．しかし，内部負荷を考慮すると，回復まで 80 年がかかることがわかった．

筆者らは，上述モデルの谷中湖への適用を試みた．1996 年の全リンの計

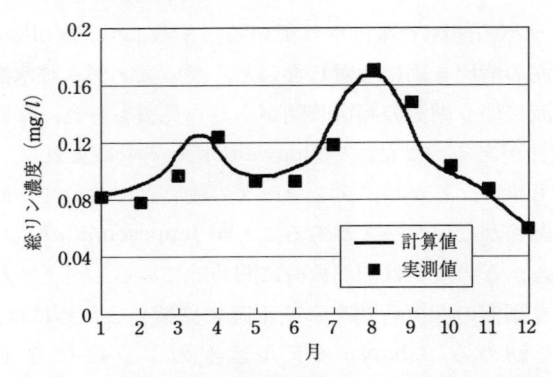

図 9.5.6 Chapra モデルを応用した谷中湖の全リン濃度の年間予測

算結果と観測結果の比較を図 9.5.6 に示している．これを見ると，予測結果は観測値に一致しており，総リンの季節変動，とくに春と秋のピークを再現したことがわかる（黄・石田，2001）．

9.6 湖沼沿岸帯，ウェットランドの生物現象と水質

湖沼内では光が湖底まで届けば，大型植物や付着藻類によって湖底での一次生産が可能となるが，光が湖底まで届かない場合には，一次生産の主体は植物プランクトンとなる．ある程度以上の深さが存在する湖では，両方の領域が存在しており，前者は沿岸帯 (littoral zone)，後者を沖帯 (pelagic zone) と呼ばれる．

9.6.1 大型植物と水質および植物プランクトンとの関係

湖沼における生産の担い手は，主に，植物プランクトン (phytoplankton) と付着藻類 (periphyton) および大型植物 (macrophyte) である．大型植物は，形態から，地下水水位が 50 cm 程度の陸地から水深が 1.5 m の湖岸に生育する抽水植物，水深が 0.5 m から 3 m 程度のところに根をもち水面にまで伸びる浮葉植物，維管束植物 (tracheophyta) では水深 10 m 程度まで，それ以外の場合には 200 m 程度にまで生息し，湖底に根を張り体全体が水没している沈水性植物，および水面に浮遊する浮遊植物に分類され

る.

　大型植物は，大型植物同士や植物プランクトンとの間で栄養塩や光資源をめぐって競争しており，沿岸帯の生態系における主要な過程を形づくっている．植物群落内ではその深さ以浅のバイオマス量に応じて透過する光量が減少する．そのため大型植物は，透過する光量を減らすことで植物プランクトンの増殖を阻害している．また，植物プランクトンや浮遊植物，浮葉植物は水中の光量を減らすことで，沈水植物の生長を妨げる．さらに，大型植物の生長期には大量の栄養塩を吸収したり，増殖抑制物質を排出することで，植物プランクトンの増殖は妨げられる．

　大型植物と植物プランクトンの関係は，こうした栄養塩や光資源をめぐる直接的なものばかりではない．大型の動物プランクトンであるミジンコはきわめて効率よく植物プランクトンを濾過摂食する．そのため，ミジンコの量が増加すると植物プランクトン量は減少し，透明度が増加する．透明度が増加すれば，湖底に達する日射量が増加し，沈水植物群落がより発達しやすくなる．ところが，プランクトン食魚は視覚によって餌を探索するため，大型の動物プランクトンほど発見されやすく，また，魚も捕獲に要するエネルギーに対して，捕食によって得られるエネルギーを最大にするように餌を選択することから，大型のプランクトンほど先に捕食される（選択的捕食）．このため，一般に捕食魚がいる場合には，動物プランクトンのサイズが小型化し，動物プランクトンによる植物プランクトンの摂食量も減少する．

　大型の動物プランクトンは植生帯や貧酸素水塊，深部などのさまざまな避難場所（refuge）を利用して，プランクトン食魚の捕食から逃れている．植生帯内部では日射がさえぎられることでプランクトン食魚の視界は減少し，また，植物体が障害となるためプランクトン食魚が獲物を攻撃する距離が短くなる．このため，植生帯においては，プランクトン食魚による動物プランクトンの捕食量が減少する．一方，貧酸素水域では体の大きいプランクトン食魚の生息は困難なものの，動物プランクトンはヘモグロビン濃度を変化させるなどして対応可能な場合も多い．こうしたことを利用して，動物プランクトンのなかには，昼間には植生帯に，夜間には開けた水域に移動し摂餌活動を行うという日周期の水平移動を行って捕食から逃れているものもいる．このようなことから，プランクトン食魚による動物プランクトンの捕食量は

表 9.6.1 栄養塩濃度，魚密度，大型植物密度が植物プランクトン密度に与える影響 (Søndergaard and Moss, 1997)

	低栄養塩濃度		高栄養塩濃度	
	低魚密度	高魚密度	低魚密度	高魚密度
植物プランクトンバイオマス				
大型植物低密度	低い	低い 中程度	中程度 高い	高い
大型植物高密度	低い	低い	低い 中程度	中程度 高い
植物プランクトン群集				
大型植物低密度	鞭毛藻 糸状藻	鞭毛藻 糸状藻	珪藻，緑藻，鞭毛藻	珪藻，藍藻，緑藻
大型植物高密度	鞭毛藻 糸状藻	鞭毛藻 糸状藻		藍藻，鞭毛藻
植物プランクトン細胞サイズ				
大型植物低密度	小型 大型	小型 大型	中程度 小型	大型 中程度
大型植物高密度	小型 大型	小型 大型	小型	小型 大型
透明度				
大型植物低密度	高い	高い 中程度	中程度 低い	低い
大型植物高密度	高い	高い	高い 中程度	低い 中程度
NとPの制限状況				
大型植物低密度	P	P	N/P	N/P
大型植物高密度	N/P	N/P	N	N

重要な課題である．なお，わが国の重要なプランクトン食魚であるモツゴについては，植生密度の影響 (Manatunge et al., 2000; Priyadarshana et al., 2001)，空腹度の影響 (Asaeda et al., 2000) など多くの詳細な研究がある．このような機構が存在することから，植生帯の存在は植物プランクトン量を制御することにきわめて重要な役割を果たす．Schriver et al. (1995) の実験では，植生帯の面積の全体に占める割合が 15-20% 程度を超えると，ミジンコ (Daphnia) とゾウミジンコ (Bosmina) の量が急激に増加して水の透明度が上昇するものの，魚の密度が 2 尾/m^2 を超えると，十分な植生帯が存在しても動物プランクトン量は増加しなくなることが示されている．

大型植物にとって根圏に十分な酸素が存在していることは根の活動を正常に保つためにきわめて重要であり，さまざまな酸素を供給する機能を備えている．そのなかで，もっとも重要な機構は根や茎の通気組織を通して酸素を供給し，根毛から拡散させることによって土壌中に供給するものである．これにより，100-400 mg O_2/hr もの酸素が供給される (Moorehead and Reddy, 1988)．とくに，ヨシなどの抽水植物においては，酸素を送り込める距離が生息可能な湛水深を決定する要因になっている．

根圏においては根毛の近傍の好気状態の薄い層と土壌中の嫌気状態の場所が混在するため，脱窒菌の働きにより，水中の窒素を空中に還元する作用が可能である．この作用が大型植物による栄養塩除去の重要な働きを担っている．

このように，湖内に十分な密度の植生帯が十分な面積存在することは，湖沼の水質管理のうえできわめて重要である．本項での議論の結果，表9.6.1のような特性が得られている．

9.6.2 栄養塩の循環

大型植物は生長過程において，土壌から栄養塩を吸収することによって，水域の栄養塩濃度に大きな影響を与える．そのため，大型植物の生産量は水質を浄化する際の重要なファクターである．生産量は非常にばらつきが大きいものの，熱帯の C_4 抽水植物（*Cyperus papyrus*）で 6000-9000 g/m² yr, C_3 抽水植物であるヨシやガマで 5000-7000 g/m² yr 程度，亜熱帯の C_3 植物で 4000-6000 g/m² yr, 沈水植物では，熱帯で 2000 g/m² yr, 温帯で 500-1000 g/m² yr 程度である．これらは，植物プランクトンによる生産量 1500-3000 g/m² yr と比較してきわめて大きく，大型植物群落の発達した水域では，大型植物が栄養塩循環の重要な担い手となる．生長時に吸収された栄養塩元素は，枯死の後，水中に回帰される．そのため，栄養塩除去量は植物の生長量とデトリタスの分解速度に依存する．分解速度は水温や，微生物の付着の状況，酸素の状況に大きく左右されるものの，いくつかの実験によって求められた分解速度を示すパラメータは表9.6.2のようである．

この表において，分解に1年以上を要することは，デトリタス中の栄養塩元素の濃度は時間とともに多少変化するものの，未分解のデトリタスや栄養

表9.6.2 分解速度を示すパラメータ (Vymazal, 1995)

植物	分解定数 k（日）	50%分解に要する日数
抽水植物		
ヨシ　Phragmites ausralis	0.0005-0.0031	224-1386
ヒメガマ　Typha angustiflia	0.0019-0.0047	147-364
ガマ　Typha latifolia	0.0043-0.104	67-160
オモダカ属の一種　Sagittaria latifolia	0.0495	14
ウキヤガラ　Scirpus fluviatils	0.0018	385
カヤツリグサ属の一種　Cyperus articularis	0.0069	101
イグサ属の一種　Juncus sparrosus	0.0013	533
スゲ属の一種　Carex riparia	0.0029	240
浮葉植物		
コウホネ属の一種　Nupha variegatum	0.035-0.093	32-83
スイレン属の一種　Nymphaea nouchali	0.042	17
ハス属の一種　Nelumbo lutia	0.0033-0.0108	64-210
沈水植物		
マツモ　Ceratophyllum demersum	0.0213	31
コカナダモ　Elodea canadensis	0.026-0.0912	8-27
クロモ　Hydrilla verticillata	0.020	35
ホザキノフサモ　Myriophyllum spicatum	0.0315	22
イバラモ属の一種　Najas major	0.0341	29
エビモ　Potamogeton crispus	0.042-0.093	7.5-17
ヒルムシロ属の一種　Potamogeton lucens	0.0525	13
リュウノヒゲモ　Potamogeton pectinatus	0.0097-0.082	8.5-71
ヒロハノエビモ　Potamogeton perfoliatus	0.0537	13
浮遊植物		
アカウキクサ属の一種　Azolla pinata	0.0097	72
Eichhornia crassipes	0.006-0.38	18-115
コウキクサ　Lemna minor	0.0109-0.0351	20-64
スギ	0.0013-0.00065	2307-4615
ウェットランド森林	0.0021-0.0057	122-330

塩が年を追って土壌中に蓄積していくことを示している．ヨシの分解速度は他の抽水植物と比較してきわめて遅く，酸素の豊富な水中でも初年度に30-50%程度分解するだけである．このことは，ヨシ原においては刈り取りを行わなくても大量の栄養塩が土壌中に蓄積されることを示している（Asaeda *et al.*, 2002）．一方，沈水植物では分解速度がきわめて速い．そのために，沈水植物によって栄養塩を除去する場合には，刈り取りを行わないと，10年程度の間に新たに蓄積する量と溶出する量がほぼバランスすることになる（Asaeda *et al.*, 2000）．

9.6.3 栄養カスケードとトップダウン,ボトムアップ効果

　食物網,食物連鎖を通して,上位の栄養段階にある生物群集の変化は下位の群集に直接的,間接的に伝達される.この過程は栄養カスケードと呼ばれる.湖沼においては,図9.6.1のように,大型の動物プランクトンが優占することで植物プランクトン量がとくに減少することから,動物プランクトンの群集に関わる食物連鎖より上位の群集構造が大きく影響する.

　上位の捕食者である魚がいない場合には,カオボラスなどの大型の無脊椎捕食者が卓越し,小型の動物プランクトンを捕食する.そのため,大型の動物プランクトンが優占する.ところが,プランクトン食魚が存在している場合,大型の動物プランクトンやプランクトン食の無脊椎動物を選択的に捕食する.したがって,大型の動物プランクトンの捕食の影響が大きい場合には,動物プランクトン群集は小形化し,プランクトン食の無脊椎動物の捕食の影響が大きい場合には,小型の動物プランクトンが減少して動物プランクトン群集は大型化する.また,十分な魚食魚が存在している場合には,動物プランクトンの間で競争力の高い大型のものが優占する (Hall et al., 1976; Hanazato and Yasuno, 1989; Carpenter and Kitchell, 1993; Hanazato 1996; Asaeda and Acharya, 2000).

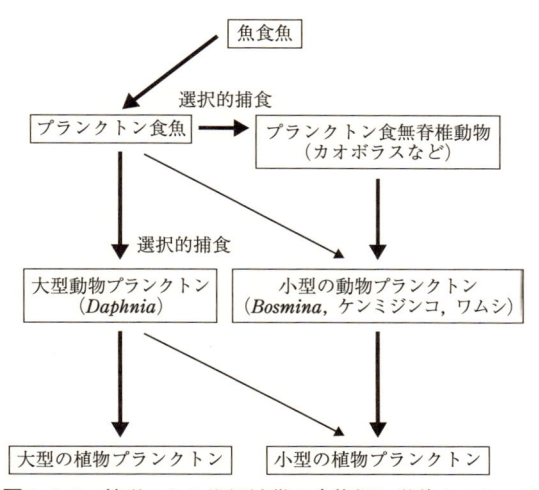

図9.6.1　簡単にした湖沼沖帯の食物網と栄養カスケード

このように，栄養段階の上位における群集の変化は下位の生物群集に伝播し，その量に大きな影響を与える（トップダウン効果）．しかし，こうした影響は必ずしも常に植物プランクトンの量に対し，期待どおりの効果を発揮するわけではない．たとえば，ミシガン州に隣接するチューズデイ湖 (Tuesday Lake) とピーター湖 (Peter Lake) において行われた実験では，魚食魚のいなかったチューズデイ湖にピーター湖からオオクチバスを移入し，ピーター湖にチューズデイ湖からプランクトン食のミノウが移入された．その結果，ピーター湖においては，オオクチバスがミノウを駆逐したものの，動物プランクトン食のオオクチバスの幼魚が増加し，動物プランクトン量が逆に減少することとなった．このように，生物群集の性質が必ずしも一義的に示されないことは，カスケードの効果が期待どおりに現れない大きな原因である．

　栄養カスケードの考え方を応用して，栄養段階の上位から下位へ及ぼされる影響（トップダウン効果）である捕食と，下位から上位へ及ぼされる影響（ボトムアップ効果）である増殖のために利用可能な資源量の両方を考える仮説が構築された (Fretwell, 1977; Oksanen *et al.*, 1981; McQueen *et al.*, 1986)．この仮説では，まず栄養段階の数は基盤となる栄養塩濃度で決定される（図 9.6.2）．すなわち，栄養塩レベルが低ければ生産者である植物プランクトンを養うことができるだけであるが，栄養塩レベルが上昇するとともに，順次，動物プランクトン，プランクトン食魚と，より高次の栄養段階

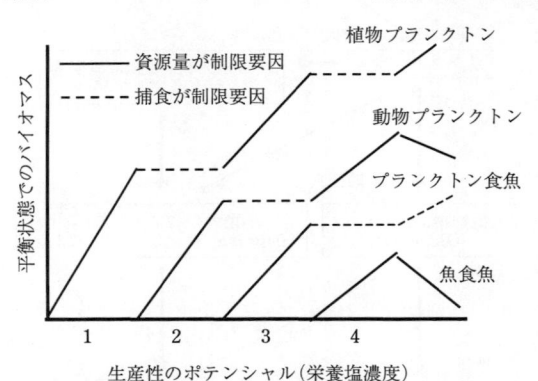

図 9.6.2 栄養塩ポテンシャルと栄養段階の数と個体数の制御要因の関係

にある群集までを養うことが可能になる．また，栄養塩濃度が植物プランクトンだけを養えるだけのレベルにある場合には，植物プランクトンの構成は構成する個体群の間での競争によって定まり，全体量は栄養塩濃度に比例して増加する．ところが，動物プランクトンも養えるレベルに達すると，動物プランクトンによる捕食が植物プランクトン量を制限するために，栄養塩濃度がこのレベルにある間は濃度が増加しても動物プランクトンが増加するだけで，植物プランクトン量は一定に保たれる．このようにして，最終段階である魚食性魚に達するまでこの過程を繰り返す．ところが，栄養塩レベルが極度に増加したレベルにおいては，魚食魚の繁殖が抑えられること，植物プランクトン量の増加による視界の減少が魚食魚の捕食を妨げるなど，さまざまな理由から魚食魚の量自体が減少することも指摘されている．

9.7 生態モデル

9.7.1 生態を記述するモデル

　生態系を解明するうえではさまざまな形のモデルが用いられる．しかし，その目的はさまざまであり，手法も多岐にわたっている．
　工学的によく用いられる方法のひとつは，多くの観測データから考えられる支配因子に対して統計的に確からしい関係を求めて予測を行う方法である．また，最近ではニューラルネットワーク等を用いたより高度な方法も提案されている．しかし，こうした方法では，現象の因果関係を把握できない．こうした因果関係を明らかにしていくためには，機構に基づいた手法が必要となる．
　機構に基づいた方法のなかで，実務においてももっとも頻繁に用いられ，また，一応の成功を収めているものは富栄養化したダム貯水池における植物プランクトンの増殖の予測である．近年の解析法では，植物プランクトンの種類も藍藻，緑藻，珪藻，鞭毛藻に分け，栄養塩についても，アンモニア態窒素，硝酸態窒素，オルトリン酸態リン，有機態のものなど形態別に評価し，さらに，栄養塩の所在についても，植物プランクトン体内のものと水中に存在しているものを分けて取り扱うなど，非常に細かい分類で行われるように

なっている．その意味では，実際の現象により近いものになってきているといえよう．

ところが，こうしたより現実に即したモデルでは，必要となるパラメータや式の数が膨大になる．しかし，通常にこうしたパラメータをすべて決定するだけのデータがそろっているわけではない．また，こうしたパラメータの重要度は千差万別であり，適用しようとする現象によっても変化する．そのため，モデルを適用しようとする際には，パラメータの値を変化させながら観測によって得られている結果にもっともよく一致するようなパラメータの組を見つけ出すチューニングという操作が不可欠である．しかし，その際にもまったく異なったパラメータの組によって同様な結果を得てしまうこともあり，得られたパラメータの組が実際の現象を正確に表現した組でない場合も多い．さらに，チューニングに用いる観測結果もモデルを作成する際に考慮した仕組みだけに依存しているとは限らない (Scheffer, 1998)．

以上のようなことから，実際現象をより細かく解析するためにより多くの因子を考慮することは，必ずしも精度を向上させることになっているわけではない．

9.7.2　ミニマルモデル

そうしたなかで，全体の系のなかから，相互に関係している2-3の要素のみを取り出し，それらのなかでより支配的な要素のみを簡単な微分方程式で表現し，その方程式の性質よりそれらの要素の傾向を把握していく方法がある．ミニマルモデルと呼ばれている方法である．この場合には考慮する因子が概略どのように変化するかがわかっていさえすればよく，パラメータの数もきわめて少なくてよい．

簡単な例として，プランクトン食魚が存在するなかでミジンコが植物プランクトンに与える影響を示すモデルを考えてみよう (Scheffer, 1998)．

植物プランクトンおよびミジンコ密度の変化は，それぞれ，

$$\frac{dA}{dt} = rA\left(1 - \frac{A}{K}\right) - g_z Z \frac{A}{A + h_a} + i(K - A) \tag{9.7.1}$$

$$\frac{dZ}{dt} = e_z g_z Z \frac{A}{A + h_a} - m_z Z - G_f \frac{Z^2}{Z^2 + h_z^2} \tag{9.7.2}$$

で表される．ここで，A は植物プランクトン密度，r は植物プランクトンの最大増殖率，Z はミジンコの密度，i は対象としている水域の外部との水の交換率，K は流入水の植物プランクトン密度，g_z はミジンコの捕食率，e_z は摂取された植物プランクトンがミジンコの成長に寄与する割合，m_z はミジンコの呼吸および死亡率，G_f はプランクトン食魚のミジンコの最大捕食率である．植物プランクトン密度の変化を表す式 (9.7.1) の右辺第1項は，増殖率で飽和型の関数で表されている．第2項はミジンコの摂食による減少量であり，植物プランクトン量についての飽和関数である．第3項は外部からの水の交換率を単純な形で表しているものである．また，ミジンコの密度の変化を示す式 (9.7.2) では，呼吸や死亡率は現存量に比例するとして，プランクトン食魚の捕食はミジンコの植物プランクトンの捕食より敏感に反応することから，より高次の形が用いてある．このように，ミニマルモデルでは，現象を記述する必要不可欠の条件をきわめて簡単に取り込んである．

ある植物プランクトンおよびミジンコ密度の状態から時間の経過とともにどのように変化していくかは，その値を初期条件にして方程式の解を求めることによって得られる．しかし，最終的な状況のみを求めるのであれば，7.3.1項で示したように，それぞれの式について中立曲線を求め，それらの交点についての安定性を求めればよい．この場合には，安定な関係は図 9.7.1 のように得られる．

このように，ミニマルモデルをはじめとする簡単なモデルに，十分な情報が得られないときに，生物同士の相互関係の傾向を把握するのには大きな威力を発揮する．現状ではほとんどの場合，十分な情報を得ることは不可能であり，こうしたモデルを利用して予測することはきわめて有益である．また，こうしたモデルは経験的に得られる予測を，よりわかりやすい形で示す道具としての役割も果たしている (Scheffer, 1991)．

このように生物個体を集合体で扱う方法のほかに，最近では，個々の個体の集まりとして取り扱い，個々の個体の変化を計算し，それを足し合わせて全体を求める方法も行われるようになってきた．この方法では，個体間の差や個体の特性もより反映させやすいことから，集合的に取り扱う場合に比較して，さらに現実に近い結果が得られる (DeAngelis and Rose, 1992)．し

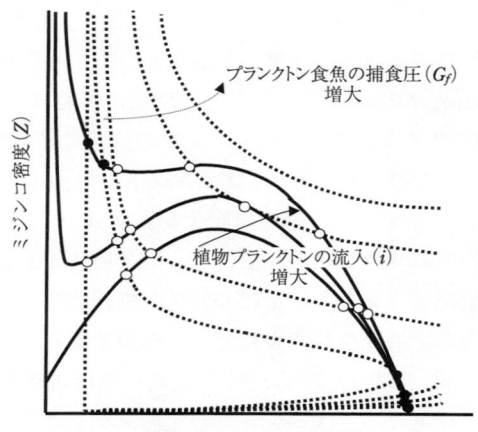

図 9.7.1 ミジンコと植物プランクトン密度の関係
黒丸は収束する点を，白丸は発散する点を表す．実線は $dZ/dt=0$ を，破線は $dA/dt=0$ の中立曲線を示す．

かし，一般に膨大な計算時間を要し，より多くの情報も必要であり，今後の研究が必要である．

9.7.3 バイオエナジェティクスによるモデル

従来，工学で主として取り扱われてきた物理現象の取り扱いの多くは，エネルギーや運動量等の保存則に基づいている．生物現象についても，物質量の保存則は成立しており，熱力学第一法則によれば，形態は変化するもののエネルギーも保存する．多くの個体数モデルも，個体が均一であるという仮定に基づいた保存則であるといえる．保存則に精通している工学者にとっては，よりなじみ深い方法である．

生物が種として生存を維持していくうえで，外部から摂取されるエネルギーは個体の維持やその個体の成長や繁殖に用いられる．ここで外部から摂取されるエネルギーは，植物の場合には光合成により有機物中に固定された光エネルギーであり，動物の場合には，餌となる有機物中に固定されているエネルギーである．

(1) 植物個体の生長モデル

植物体は光合成により光エネルギーを生成する炭水化物中に蓄え，これをエネルギー源として生物活動を行い，また，一部は枯死によって失う．すなわち，

$$\frac{d}{dt}(\text{個体のバイオマス量}; B) = (\text{光合成による生産量}; Ph) \\ - (\text{呼吸量}; R) - (\text{枯死量}; D) \tag{9.7.3}$$

で表される．個体のバイオマスの変化を求める場合には，右辺のそれぞれの項を与えてこの式を積分すればよい．また，高等植物の器官ごとにバイオマス量の変化を求める場合にも，器官ごとに同様な式を考えて器官同士のやりとりの項を加えればよい．たとえば，図 9.7.2 は Asaeda and Karunaratne (2000) によるヨシの生長を，地下茎，葉茎，根，新しい地下茎，穂に分けて求める場合の分配図である．

チェコのモラビア地方のネシート養魚場 (Nesyt Fishpond) の観測を計算した結果が図 9.7.3 である．さまざまな生理特性の研究が充実しているヨシについては，精度のよいシミュレーションが可能である (Karunaratne and Asaeda, 2001)．生長モデルによって得られる枯死量に，枯死した後に水中に堆積しているデトリタスの分解率を掛ければ，炭素や栄養塩の循環を評価することが可能である．図 9.7.4 は，オーストリアとドイツの国境にあ

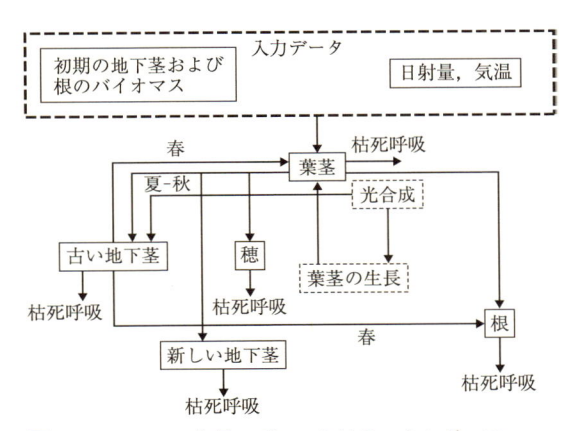

図 9.7.2 ヨシの生長モデルにおけるエネルギーフロー
(Asaeda and Karunaratne, 2000)

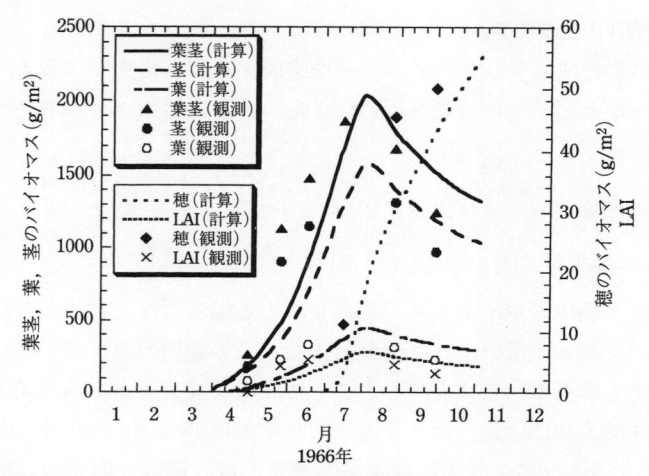

346 第9章 物質収支と水域の水質

図 9.7.3 チェコのネシート養魚場の観測結果の再現（Asaeda and Karunaratne, 2000）

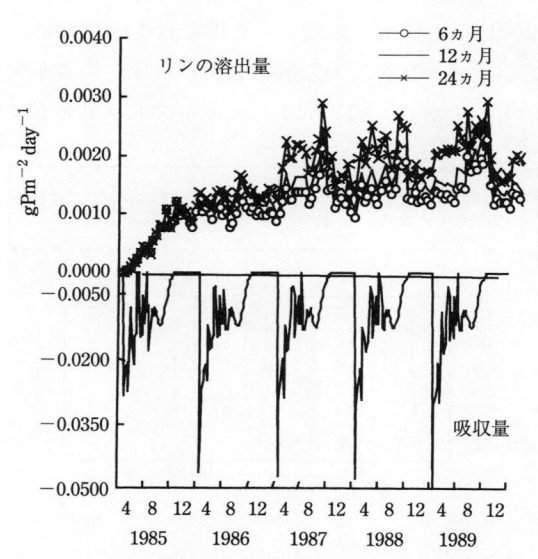

図 9.7.4 ノイジードラー湖のヨシ原におけるリン循環の計算結果（Asaeda *et al.*, 2002）

るノイジードラー湖（Neusiedlersee）湖岸のヨシ原におけるリンの循環を求めた図である（Asaeda et $al.$, 2002）．水中に溶出するリンの量は，枯死の後デトリタスが湖底の土壌中に達する以前にどの程度の期間好気層に存在していたかで多少異なるものの，水中に回帰される栄養塩の平均量の10倍もの量のリンが生長期に植物体内に取り込まれていることが示されている（Asaeda et $al.$, 2002）．

このように生長モデルにさまざまなモデルを結合させることによって，植物群落の発達可能な水深（Scheffer et $al.$, 1992），植物種同士の競合，栄養塩管理のために最適な刈り取り時期（Asaeda et $al.$, 2000），刈り取りの影響の評価（Asaeda and Bon, 1997），植物プランクトンとの競合（Asaeda et $al.$, 2001b）など，管理を行ううえで重要なさまざまな情報を得ることが可能である．また，こうした生長モデルと水理学の知識を組み合わせることによって，河底の付着藻類の発達（Asaeda and Son, 2001）や湖岸の抽水植物群落の波に対する耐性などにも応用されつつあり，今後の発展が期待される．

（2）動物個体の成長モデル

動物の成長もエネルギー収支の観点からとらえることができる．動物は餌として取り込んだ脂肪や炭水化物中のエネルギーをATP（アデノシン三リン酸）に変えて，筋肉の運動に用いる．また，その際に放出される熱は恒温動物の体温の維持に用いられる．こうした過程で生成された物質は体外に排泄されるものの，排泄物中にも一部のエネルギーは残され，体外に排出されている．

魚の場合を例にとると，個体におけるエネルギー収支は簡単に，

$$C = F + U + Rs + Rd + Ra + Ps + Pr \quad (9.7.4)$$

のように表される．ここで，C は消費される餌の量，F および U は糞，尿で排泄される量，Rs，Rd および Ra はそれぞれ基礎代謝，消化吸収に利用される量，運動によって失われる量であり，Ps および Pr はそれぞれその個体自身の成長および繁殖に利用される量である（Wotton, 1998）．

それぞれの項の形については，経験的に求められた関係が用いられる．たとえば Kitchell et $al.$ (1977) は，餌として取り込まれる量は，$C = C_{max} pr_c$,

ここで，C_{max} は1日当たりの最大の餌消費量，p は 0-1 の係数，r_c は最適水温からのずれを表す係数である．また，代謝量は，$R = R_{max} A r_r + SC$ で与えられ，R_{max} は体重に依存する最大代謝量，A は基礎代謝に対する運動に利用される量を含んだ割合，r_r は水温の影響を示す係数，S は消化吸収に利用される量を示す係数，排泄量は a, b, c の係数を用いて，$U = CaT^b e^{cp}$ と置いて，エリー湖におけるイエローパーチの年齢と体重の関係をきわめて精度よく見積もっている．

（3）バイオエナジェティクスとバイオマス

バイオエナジェティクスは，エネルギー収支を記述するという点では非常にわかりやすい考え方であるが，工学で必要とされる実際のバイオマスの量との関係は必ずしもわかりやすい形にはなっていない．しかし，バイオマス量とエネルギーとの間には次のように密接な関係がある．

有機物中に蓄えられるエネルギーは，基本的に，有機物を分解する際にATP の形に変換し利用するために，この変換率がエネルギーとバイオマスを結びつける変換率ということになる．

ただし，この変換率は一定というわけではない．たとえば，1 mol のグルコース（180 g）が二酸化炭素と水に分解される場合，1 mol のグルコース中に蓄えられているエネルギーは 2867 kJ であるが，有酸素の反応では，39 mol の ATP が生成されることにより，1960 kJ のエネルギーが供給される．しかし，無酸素の反応では 3 mol の ATP がつくられ，150 kJ のエネルギーが供給されるにすぎない．このため，有酸素反応でも 65% が，無酸素反応では 5.2% のエネルギーが運動のために利用されているにすぎない（Jobling, 1994）．

また，代謝の過程では，炭水化物のほかにも脂肪やタンパク質も利用される．とくに，水生生物では炭水化物の利用割合が低いといわれている．1 g の物質を分解する場合に得られるエネルギー量は，脂肪で約 39.5 kJ ともっとも高く，タンパク質の場合は約 23.7 kJ，炭水化物では約 17.1 kJ と低い．実際に消化可能な割合はこれよりさらに低く，魚の場合，実際に得られるエネルギー量は，脂肪で 33.4 kJ/g，タンパク質で 17.7 kJ/g，炭水化物では 6.7 kJ/g 程度である．

このように，酸素の有無，分解される物質によって得られるエネルギー量はさまざまな値をとる．しかし，無酸素反応は長時間継続するわけではなく，また餌の性質は実際にはそれほど変わるものではない．そのため餌の重量や体重と利用できるエネルギーの量との間に高い相関があると考えられる．その意味では，バイオエナジェティクスの考え方はエネルギー収支だけでなく，近似的に物質収支を表しているともいえよう．

こうしたバイオエナジェティクスに支えられたモデルは個体に基盤を置いたモデルとして今後さまざまな用途が考えられるが，一方では，その生物の生理や生態についての十分な情報が必要である．現在用いられているものについては，収支についてはエネルギーの保存というルールに則っているが，個々に用いている関係のほとんどは経験式である．しかし，工学という視点に立った場合には，数少ないきわめて有効な手段のひとつであるということには変わりはない．

参考文献

黄　光偉・石田　啓 (2001)：湖水――底泥相互作用を考慮したリン予測に関する研究，海岸工学論文集，**48**，印刷中．

柴谷篤弘・谷田一三編 (1989)：日本の水生昆虫，東海大学出版会，208 pp.

沼田　眞監修 (1985)：現代生物学体系　12a　生態A，292 pp., 12b　生態B，221 pp., 中山書店．

Allan, J. D. (1995)：*Stream Ecology: Structure and Function of Running Waters*, Chapman & Hall, 388 pp.

Asaeda, T., Priyantha, D. G. N., Saitoh, S. and Gotoh, K. (1996)：A New technique for controlling algal blooms in the withdrawal zone of reservoirs using vertical curtains, *Ecological Engineering*, **7**, 95-104.

Asaeda, T. and Bon, T. V. (1997)：Modelling the effects of macrophytes on algal blooming in eutrophic shallow lakes, *Ecological Modelling*, **104**, 261-287.

Asaeda, T. and Acharya, K. (2000)：Numerical simulations using a population model of three cladoceran species, *Daphnia magna, D. galeata* and *Bosmina longirostris*, in a single-species and a competition environment, *Marine & Freshwater Research*, **51**, 275-288.

Asaeda, T. and Karunaratne, S. (2000)：Dynamic modeling of the growth of *Phragmites australis*: Model description, *Aquatic Botany*, **67**, 301-318.

Asaeda, T., Trung, V. K. and Manatunge, J. (2000)：Modeling the effect of macrophyte growth and decomposition on the nutrient budget in shallow lakes, *Aquatic Botany*, **68**, 217-237.

Asaeda, T. and Son, D. H. (2001) : A model of the development of a periphyton community: Resource and flow dynamics, *Ecological Modelling*, **137**, 61-75.

Asaeda, T., Priyadarshana, T. and Manatunge, J. (2001a) : Effects of satiation on feeding and swimming behaviour of planktivores, *Hydrobiologia*, **443**, 147-157.

Asaeda, T., Trung, V. K., Manatunge, J. and Bon, T. V. (2001b) : Modeling macrophyte-nutrient-phytoplankton interactions in shallow eutrophic lakes and the evaluation of environmental impacts, *Ecological Engineering*, **16**, 341-357.

Asaeda, T., Nam, L. H., Hietz, P., Tanaka, N. and Karunaratne, S. (2002) : Seasonal fluctuation in live and dead biomass of *Phragmites australis* as dscribed by a growth and decomposition model: Implications of duration of aerobic conditions for litter mineralization and sedimentation, *Aquatic Botany*, **73**, 223-229.

Bronmark, C. and Hansson, L.-A. (1998) : *The Biology of Lakes and Ponds (Biology of Habitats)*, Oxford Universiy Press, 464 pp.

Carpenter, S. R. and Kitchell, J. F. (eds.) (1993) : *The Trophic Cascade in Lakes*, Cambridge University Press, 385 pp.

Chapra, S. C. and Canale, R. P. (1991) : Long-term phenomenological model of phosphorus and oxygen for stratified lakes, *Water Research*, **25 : 6**, 1991, 707-715.

Cummins, K. W. and Klug, M. J. (1979) : Freeding ecology of stream invertebrates, *Annual Review of Ecological Systematics*, **10**, 147-172.

Cummins, K. W., Cushing, C. E. and Minshall, G. W. (1995) : Introduction: An overview of stream ecosystems, In Cushing, C. E., Cummins, K. W. and Minshall, G. W. (eds.,) *Ecosystems of the World 22: River and Sream Ecosystems*, Elsevier, 1-8.

DeAngelis, D. L. and Rose, K. A. (1992) : Which individual-based approach is most appropriate for a given problem? In DeAngelis, D. L. and Gross, L. J. (eds.), *Individual-based Models and Approaches in Ecology*, Chapman & Hall, 509-520.

Delong, M. D. and Brusven, M. A. (1993) : Storage and decomposition of particulate organic matter along the longitudinal gradient of an agriculturally-impacted stream, *Hydrobiologia*, **262**, 77-88.

Dillon, P. J. and Rigler, F. H. (1974) : A test of a simple nutrient budget model predicting the phosphorus concentration in lake water, *Jounal of Fisheries Research Board of Canada*, **31**, 1771-1778.

Dodds, W. K. (2002) : *Freshwater Ecology: Concepts 2 Environmental Applications*, Academic Press, 592 pp.

Dykyova, D. (1971) : Production vertical structure and light profiles in littral stands of reed-bed species, *Hydrobiologia*, **12**, 361-376.

Fretwell, S. D. (1977) : The regulation of plant communities by the food chains exploiting them, *Perspectives in Medicine & Biology*, **20**, 709-714.

Hall, D. J., Threlkeld, S. T., Burns, C. W. and Crowley, P. H. (1976) : The size-efficiency hypothesis and the size structure of zooplankton communites, *Annual Review of Ecological Systematics*, **7**, 177-208.

Hanazato, T. and Yasuno, M. (1989) : Zooplankton community structure driven by vertebrate and invertebrate predators, *Oecologia*, **81**, 450-458.

Hanazato, T. (1996) : Combined effects of food shortage and oxygen deficiency on life history characteristics and filter screens of *Daphnia*, *Journal of Plankton Research*, **18**, 757-765.

Horne, A. J. and Goldman, C. R. (1994) : *Limnology, 2nd ed.*, McGraw-Hill, 576 pp.

Huang, G. W. and Tamai, N. (1998) : An improved phosphorus budget model and its application to Lake Yanaka, Proceedings of the Second International Symposium on Environmental Hydraulics, A. A. Balkema Publisher, 573-577.

Huang, G. W. and Tamai, N. (2000a) : Limnological studies in Lake Yanaka, *Annual Journal of Hydraulic Engineering, JSCE*, **44**, 1107-1112.

Huang, G. W. and Tamai, N. (2000b) : Eutrophication mechanism and improvement measures in Lake Yanaka, Proceedings of 2000 China-Japan Joint Symposium on Green Science and Technology, Press of USTC, 51-58.

Huang, G. W. and Tamai, N. (2001) : Hydrodynamic characteristics of Lake Yanaka, *Journal of Hydrodynamics*, Ser. B **13** : 2, 9-14.

Huang, G. W. and Ishida, H. (2001) : Numerical study on wind-driven flow in Lake Yanaka, *Journal of Applied Mechanics, JSCE*, **4**, 639-646.

Jeppesen, E., Kristensen, P., Jensen, J. P., Søndergaard, M., Mortensen, E., Sortkjaer, O. and Olrik, K. (1990) : Fish manipulation as a lake restoration tool in shallow, entrophic, temperate lakes 2: Threshold levels, long-term stability and conclusions, *Hydrobiologia*, **200/201**, 219-227.

Jobling, M. (1994) : *Fish Bioenergetics*, Chapman & Hall, 309 pp.

Karunaratne, S. and Asaeda, T. (2001) : Verification of a mathematical growth model of *Phragmites australis* using field data from two Scottish Lochs, *Folia Geobotanica*, **35**, 419-432.

Kitchell, J. F., Stewart, D. J. and Weininger, D. (1977) : Application of a bioenergetics model to yellow perch (*Perca flavescens*) and walleye (*Stizostedion vitreum vitreum*), *Journal of Fisheries Board of Canada*, **34**, 1922-1935.

Lampert, W. and Sommer, U. (1997) : *Limnoecology: The Ecology of Lakes and Streams*, Trans. by Haney, J. E. , Oxford University Press, 382 pp.

Manatunge, J., Asaeda, T. and Priyadarshana, T. (2000) : The influence of structural complexity on fish-zooplankton interactions: A study using artificial submerged macrophytes, *Environmental Biology of Fishes*, **58**, 425-438.

McQueen, D. J., Post, J. R. and Mills, E. L (1986) : Trophic relationships in freshwater pelagic ecosystems, *Canadian Journal of Fisheries & Aquatic Science*, **43**, 1571-1581.

Mitsch, W. J. (2000) : *Wetland, 3rd ed.*, John Wiley & Sons, 920 pp.

Moorehead, K. K. and Reddy, K. R. (1988) : Oxygentransport through selected aquatic macrophytes, *Journal of Environmental Quality*, **17**, 133.

Newbold, J. D., Elwood, J. W., O'Neill, R. V. and Sheldon, A. L. (1983) : Phosphorus dynamics in a woodland stream ecosystem: A study of nutrient spiralling, *Ecology*, **64**, 1249-1265.

Oksanen, L., Fretwell, S. D., Arruda, J. and Niemela, P. (1981) : Expoitation ecosystems in gradients of primary producivity, *American Naturalist*, **118**, 240-261.

Priyadarshana, T., Asaeda, T. and Manatunge, J. (2001) : Foraging behaviour of planktivous fish in artificial vegetation: The effects on swimming and feeding, *Hydrobiologia*, **442**, 231-239.

Rast, W., Jones, W. R. and Lee, G. F. (1983) : Predictive capability of U. S. OECD phosphorus loading: Eutrophication response models, *Journal of Water Pollution & Control Federation*, **55**, 990-1003.

Rossi, G. and Premazzi, G. (1991) : Delay in lake recovery caused by internal loading, *Water Research*, **25 : 5**, 567-575.

Scheffer, M. (1991) : Fish and nutrients interplay determines algal biomass: A minimal model, *Oikos*, **62**, 271-282.

Scheffer, M. (1998) : *Ecology of Shallow Lakes*, Chapman & Hall, 357 pp.

Scheffer, M., De Redelijkheid, M. R. and Noppert, F. (1992) : Distribution and dynamics of submerged vegetation in a chain of shallow eutrophic lakes, *Aquatic Botany*, **42**, 199-216.

Schriver, P., Bogestrandm, J., Jeppesen, E. and Søndergaard, M. (1995) : Impact of submerged macrophytes on fish-zooplankton-phytoplankton interactions: Large-scale enclosure experiments in a shallow eutrophic lake, *Freshwater Biology*, **33**, 255-270.

Søndergaard, M. and Moss, B. (1997) : Impact of submerged macrophytes on phytoplankton in shallow freshwater lakes, In Jeppesen, E., Søndergaard, M. and Christoffern, K. (eds.) *The Structuring Roles of Submerged Macrophyte Lakes*, Springer, 115-132.

Vanote, R. L., Minshall, G. W., Cummins, K. W., Sedell, J. R. and Cushing, C. E. (1980) : The river continnum concept, *Canadian Journal of Fisheries Aquatic Science*, **37**, 130-137.

Vollenweider, R. A. (1969) : Moeglichkeiten und Grenzen elementarer Modelle der Stoffbilanz von Seen, *Archiv für Hydrobiologie*, **66**, 1-36.

Vreugdenhil, C. B. (1994) : *Numerical Methods for Shallow-Water*, Kluwer Academic Publishers, 276 pp.

Vymazal, J. (1995) : *Algal and Element Cycling in Wetlands*, Lewis Publishers, 689 pp.

Wallace, J. B., Webster, J. R. and Woodall, W. R. (1977) : The role of filter feeders in flowing waters, *Archiv für Hydrobiologie*, **79**, 506-532.

Wetzel, R. G. (2001) : *Limnology, 3rd ed.: Lake and River Ecosystems*, Academic Press, 850 pp.

Wotton, R. J. (1998) : *Ecology of Teleost Fishes, 2nd ed.*, Kluwe Academic Publishers, 386 pp.

10 都市環境の機能回復

10.1 ヒートアイランド現象

10.1.1 ヒートアイランドの形成

　都市化により建築物や舗装面などに覆われる面積が増え，地表面の改変が進む．また，人口の集中や都市活動の高度化に伴って人工排熱が増加する．このように都市化は，地表面付近における熱収支の内部構造を変化させる．基本的には地表面の改変により太陽エネルギーの蓄熱量が増え，水蒸気の発散量が減る．これに人工排熱が加わって，都心域の気温が郊外に比べて高くなる．この現象は 19 世紀から知られており，ヒートアイランド現象と呼ばれている．世界中の多くの都市でヒートアイランド現象が確認されている．ヒートアイランド現象により，日中の最高気温が 30℃ を超える「真夏日」や，明け方の最低気温が 25℃ 以下にならない「熱帯夜」が増え，冷房電力の消費量を押し上げる．都市生活の魅力の向上はエネルギーの大量消費により支えられ，人間活動はますます都市に集中しつつある．したがって，図 10.1.1 に示すように悪循環が起こる．また，都市化の影響は，窒素酸化物，硫黄酸化物，浮遊粉塵粒子などの大気汚染の高まり，湿度の低下，花粉症の増大としても現れており，このようにヒートアイランド現象は都市気候に影響を及ぼすのみならず，都市社会全体と深く関わっている．

　図 10.1.2，図 10.1.3 には，東京と周辺地域における 1997 年 7 月の真夏日と熱帯夜日数（気象衛星ひまわりによる）を示している．東京における真夏日と熱帯夜の出現日数は周辺地域より多いことがわかる．

　図 10.1.4 は 1970 年から 1999 年までの東京の夏の不快指数を示したもの

354　第 10 章　都市環境の機能回復

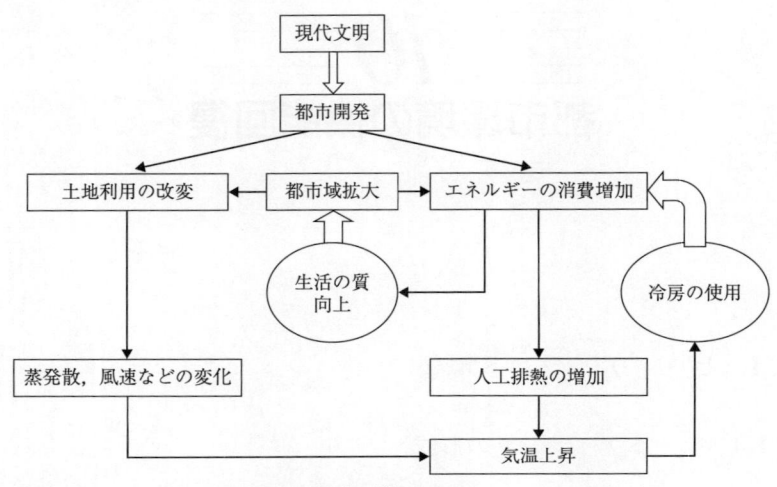

図 10.1.1　ヒートアイランドの形成に関わる因子

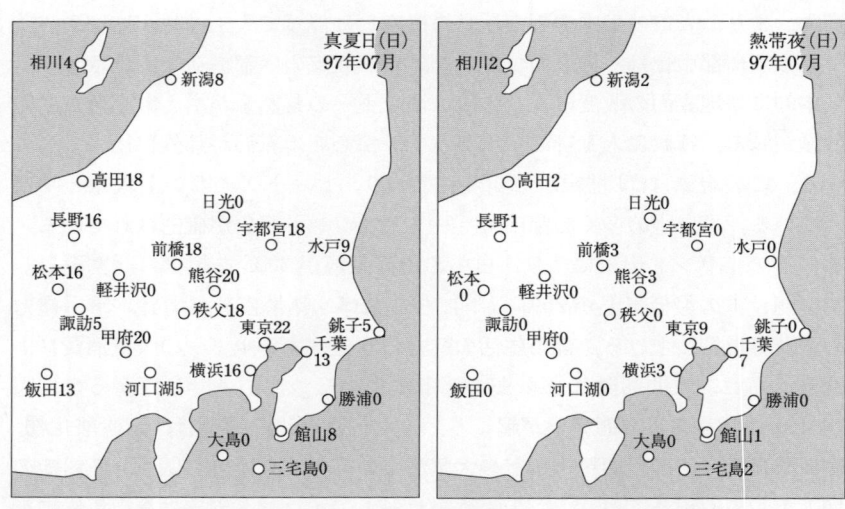

図 10.1.2　1997 年 7 月の東京における真夏日日数

図 10.1.3　1997 年 7 月の東京における熱帯夜日数

である（理科年表，1999 による）．不快指数は次の式によって計算される．

$$\text{不快指数} = 0.81 \times \text{気温} + 0.01 \times \text{相対湿度} \times (0.99 \times \text{気温} - 14.3) + 46.3 \quad (10.1.1)$$

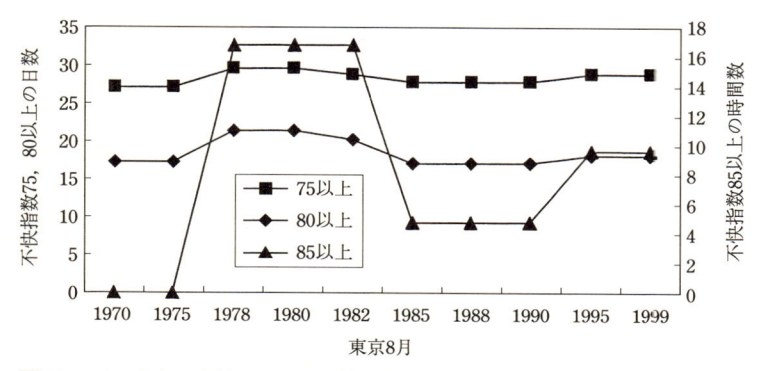

図 10.1.4 東京の8月における不快指数の推移

不快指数は75以上になると「やや暑い」と感じ，80以上になると「暑くて汗がでる」になり，85以上になると「暑くてたまらない」ほどになるとされている．図10.1.4によれば，1970年代の後半から1985年まで，不快指数は75，80および85を超えた日数が増えた．1985年から1999年までは75と80以上の日数は横ばいとなっているが，85以上の時間数は最近増加しているようである．

10.1.2 ヒートアイランド解析と風の効果

ヒートアイランド現象の解析については従来から数多くの研究がなされてきた．大別すると，(1) 数値シミュレーションにより，土地利用の変化やエネルギー消費の増大が都市熱環境へ与える影響の計算 (Myrup, 1969; Kimura and Takahashi, 1991)，(2) 都市キャノピーモデリング (藤野ら，1996)，(3) 都市のエネルギー消費の解析 (一ノ瀬ら，1994；守田，1993，1996)，(4) リモートセンシングデータを用いた気温分布の解析 (金子ら，1994) といった研究が挙げられる．そのほか，各種地表面パラメータとヒートアイランド強度に関する次元解析も行われている (Huang *et al.*, 1994)．

都市ヒートアイランド現象の抑制，さらに都市の生活環境の改善対策としては，以下のようなものが考えられる．

① エネルギー消費の高効率化および自然エネルギーの利用などにより，都市の人工排熱を削減する．
② 緑化面積の拡大，水面の設置，エコ舗装材の使用などにより，地表面状

態を改善する．
③気象・地理条件を考慮して，都市形態を改善する．

近年，ドイツを中心とするヨーロッパでは「風の道」による環境を考慮した都市計画案が作成され，その案に基づいた建築規制や都市整備を実施している．これは前述の③に属する方策である．代表的な例は，シュツットガルトの「Urban Climate 21 (2002)」と呼ばれるプロジェクトである．シュツットガルトは内陸の盆地底に位置し，1年を通じて風が弱く，逆転層の発達による冬季の大気汚染に加え，最近では夏季の暑熱も問題となっている．このような問題に対して，都心と郊外の気温差などで生じる風を利用して環境緩和を期待するという考えで，同市では大気汚染の状況と併せて，空気の流れや河川・湖沼・緑地・建物等が都市気象に与える影響などを調査し，数値シミュレーションによるアドバイスマップを作成している（図 10.1.5）．

新鮮で清浄な空気の流れを都市部に導入するために，道路，公園，森林，建物などの再配置を含めて都心整備計画が立てられた（一ノ瀬，1999）．こ

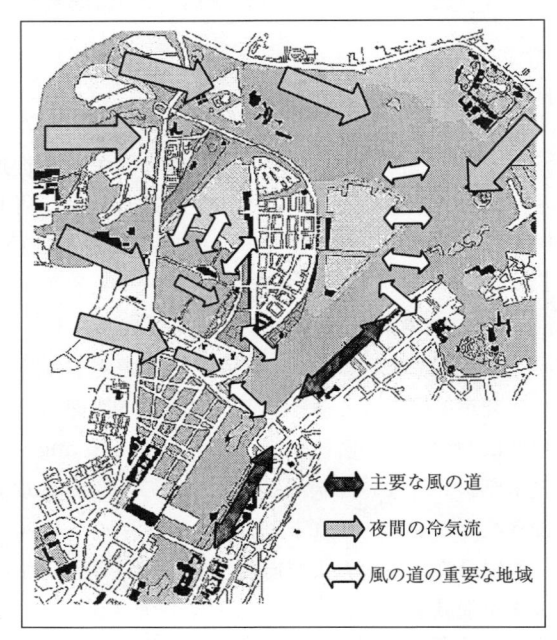

図 10.1.5　ドイツのシュツットガルトの事例

のような新しい都市計画のコンセプトを受けて，最近は日本でも，海風など自然の風を利用して快適な街づくりを行う方法論が注目を集め始めている．福岡や神戸のように海岸線に開けた大都市は日中都心部の気温上昇が大きい分だけ海陸風が発達しやすい．早朝から日没までは海から陸に向けて吹く海風が，日没から早朝にかけては逆向きの陸風が吹く循環が1日のなかで生ずる．海風は海の冷えた空気を陸地に送り込むため，都心部の気温上昇を抑える冷却効果がある．

都市ヒートアイランドの強度として都市と郊外における地上付近の気温差の最大値 ΔT がよく使用される．Sundborg (1950) はウプサラ (Uppsala) のデータに基づいて，下記の式を提案した．

$$\Delta T = \begin{cases} 1.4 - 0.01N - 0.09U - 0.01T - 0.04e; & 昼間 \\ 2.8 - 0.10N - 0.38U - 0.02T + 0.03e; & 夜間 \end{cases} \quad (10.1.2)$$

ここに，N は雲量，U は風速，T は気温，e は水蒸気圧である．この式によれば，ヒートアイランドの強度は風速に対して，昼に比べて夜4倍の感度がある．また，都市人口や，時間帯および交通量によるヒートアイランド強度の推定式も提案されている（たとえば，Nkemdirim and Truch, 1977）．

どの式においても，ヒートアイランドの強度と風速の間には高い相関関係が見られる．Park (1987) によれば，ヒートアイランドの強度は盆地，内陸平野，海岸の順に小さくなる．この理由のひとつは風だといえる．沿岸都市におけるヒートアイランドと海風の複合作用は，ヒートアイランドの構造に影響を与える．

10.1.3　首都圏におけるヒートアイランドと海風

海岸地方では日中，太陽放射のために熱容量の小さい陸地のほうが熱容量の大きい海より早く暖められる．この温度差によって生じた気圧差が原動力になって風が吹く．これを海風と呼ぶ．暖候期の高気圧に覆われた一般風がほとんどない晴天日の地上風の観測資料をもとにして，東京湾周辺地域の風分布の日変化をモデル的に示したのが図10.1.6である．

東京から埼玉にかけて行った気象観測（Yoshikado and Kondo, 1989）で，ヒートアイランドには海風の侵入時刻を遅らせる働きが見られた．夏季の晴天時に海風が東京に停滞し，浦和付近に午前中数時間にわたって静穏域が保

9-10時　　　　　　　　　　　　21-24時

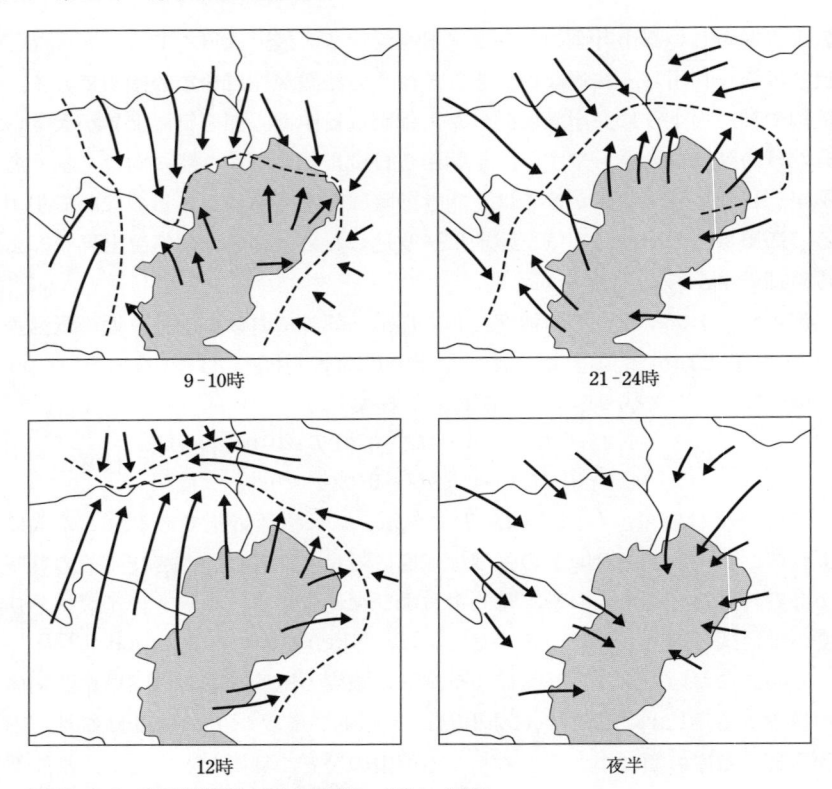

12時　　　　　　　　　　　　　夜半

図 10.1.6 東京湾周辺の風の日変化（河村，1997）

持され，弱いながら海風循環と逆向きのヒートアイランド循環らしいものが観測された．そして，二次元のモデルにより，観測された海風構造の特徴が再現された（吉門，1990）．

　藤野ら（1996）によると，首都圏における夏季の晴天日の地上風系は3つのタイプに分けられる．もっとも顕著に現れる風系のパターンは，午前中には弱い北風（陸風）が卓越し，午後になると海風の発達により南風に転ずるタイプであり，次に，1日中南風が卓越するタイプが多く，そして，もっとも少なかったのは北東風が卓越するタイプである．それぞれの風系により形成される気温分布の特性について，三次元の Mellor-Yamada モデルを用いて数値解析を行った．都市の効果として土地利用と人工排熱の分布を考慮し

10.1 ヒートアイランド現象

表10.1.1 土地利用ごとの地表面パラメータの設定

	海面	草地	市街地	業務地
キャノピー層高さ	—	0.3	7.5	10.0
粗度高さ	1.0×10^{-4}	0.025	1.88	2.5
アルベド(地表面)	0.1	0.12	0.1	0.1
アルベド(キャノピー層)	—	0.2	0.2	0.2
熱伝導率	4.19×10^3	1.09	1.76	1.76
熱容量	4.19×10^6	2.18×10^6	2.18×10^6	2.18×10^6
シールティングファクタ	—	0.8	0.6	0.7
ビューファクタ	—	—	0.8	0.7

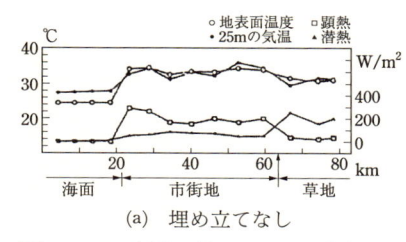

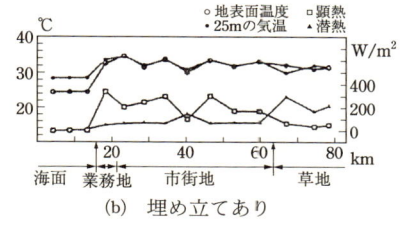

図10.1.7 気温, 熱フラックス分布 (河原ら, 1994)

た結果, 朝と夜ではどの風系においても大手町付近で高温域が現れた. 日中, 北東風が卓越する風系では大手町付近の高温域が維持され, 海風や南風が卓越する風系ではヒートアイランドの核は大手町から風下の浦和付近に流されることが示された.

河原ら (1994) は k-ε 乱流モデルを組み込んだ気象モデルを構築し, 東京湾における大規模なウォーターフロント開発が海風と背後地の都心の熱環境に及ぼす影響について検討を行った. モデルの特徴は下記のように記述される.

- エクマン層における k-ε 乱流モデルを組み込んでいる.
- 接地層における, モーニン-オブコフ相似則を用いる. 地表面には, 熱収支方法により, 地表面の温度を計算する.
- 植物キャノピー層と都市キャノピー層を別途取り扱うこととする. 植物キャノピー層については, Deardorff (1978) に従い, 都市キャノピー層については, 高橋ら (1990) のモデルを用いる. この扱いではビルの占有率に加えて, ビルの壁面による放射の遮蔽効果やビル壁面の熱容量

も考慮されている.

計算に使われた地表面パラメータの値を表10.1.1に示す.

臨海部の開発影響を検討するために，陸地に接している海側4 kmの範囲にわたって埋め立てがあるなしの条件で，計算を行った．午後3時における解析結果を図10.1.7に示す．臨海部の開発により顕熱輸送が全般的に多くなり，開発地域の気温が一番高く，内陸に進むにつれ気温が低くなる傾向が見られる．よって埋め立て等の臨海部開発が海風を変化させ，既存の都市熱環境を悪化させる可能性が懸念される．

10.2 都市域の水・熱収支

10.2.1 基礎式

地表面の熱収支は，一般に次の式で表される．

$$RS + RL + AE = H + E_l + G \tag{10.2.1}$$

ここに，RS：短波放射，RL：長波放射，AE：人工排熱，H：顕熱，E_l：潜熱，G：地中への伝導熱である．

短波放射 RS は太陽から入射してくるエネルギーであり，日射量と地表面のアルベド（反射率）が関係する．曇天時やアルベドが大きい地表面では，この値は小さくなる．長波放射 RL は大気から地表への放射（気温の関数）と地表から大気への放射（地表面温度の4乗に比例）からなる．いずれも温度が高いほど放射量は大きい．人工排熱 AE は地表面付近の人間活動から排出される熱エネルギーである．

顕熱 H は大気を直接暖めるエネルギーであり，乱流輸送によって地表から上空へ運ばれる．上下の温度差が大きいほど，風速が大きいほどフラックスは大きくなり，また地表面の粗度にも依存する．潜熱 E_l は水蒸気の気化エネルギーとして運ばれるもので，蒸発散量に水の気化潜熱をかけて表される．地中への伝導熱 G は地中温度を上昇・下降させる熱エネルギーである．

これらの項を表す式をまとめると，以下のようになる．

$$RS = S(1-a) \tag{10.2.2}$$

$$RL = RLD - 0.98\sigma T_s^4 \tag{10.2.3}$$

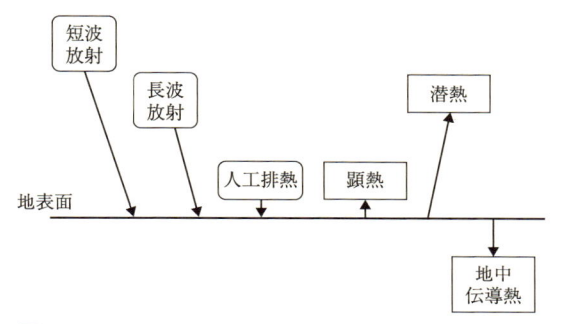

図 10.2.1 地表面の熱収支

$$H = \frac{\rho C(T_s - T)}{r} \tag{10.2.4}$$

$$E_l = \lambda E \tag{10.2.5}$$

ここに，S：地表面に入射する日射量（W m^{-2}），a：地表面のアルベド（0-1，無次元），RLD：大気からの下向き長波放射量（W m^{-2}），σ：ステファン・ボルツマン定数（5.67×10^{-8} W m^{-2} K^{-4}），T_s：地表面温度（K），ρ：空気の密度（kg m^{-3}），C：空気の比熱（J K^{-1} kg^{-1}），T：気温（K），r：抵抗（s m^{-1}），λ：水の気化潜熱（J kg^{-1}），E：蒸発散量（kg m^{-2} s^{-1}）である．なお，抵抗 r はバルク係数 C_H と風速 U により次の式で表される．

$$r = (C_H U)^{-1} = \frac{\ln\{(z-d)/z_0\} \ln\{(z-d)/z_T\}}{k^2 U} \tag{10.2.6}$$

ただし，z：地表面からの高さ（m），d：ゼロ面変位（m，植生が存在するときの基準面高さ），z_0：風速の空気力学的粗度（m），z_T：気温の空気力学的粗度（m），k：カルマン定数（0.41，無次元），U：風速（m/s）である．

都市域は，人工排熱 AE が大きく，地表面のアルベド a が大きく，粗度が大きい．また，地表面からの蒸発散量 E が小さく，構造物の熱容量が大きい．人工排熱の増加は式（10.2.1）の左辺を増大させ，都市の気温を上昇させる．また蒸発量の減少は潜熱輸送を減少させ，やはり気温を上昇させる．アルベドの増加は地表面へのエネルギー入力を減少させるので，気温を低下させる方向に働く．粗度の増加は式（10.2.6）の z_0 や z_T を増加させるが同時に風速 U を低下させるので，顕熱や気温に与える影響は単純ではない．

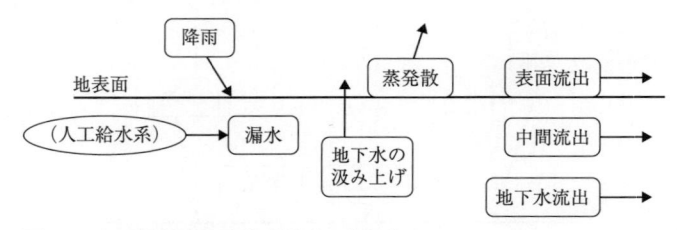

図10.2.2　都市域の地表面付近の水収支

構造物の熱容量増加は地表面温度を高め，夜間の気温を上昇させる．

地表面からの蒸発散量は都市域の熱環境を大きく左右する．なぜなら，蒸発散の潜熱として運ばれるエネルギーが小さければ顕熱がその分大きくなり，地表面温度も上昇して気温が高くなるからである．一方，蒸発散量があまりに増大すると湿度が高くなり人間にとっての不快感は高まるが，たいていの場合その影響は小さい（10.1.1式を参照）．つまり，都市域の熱環境改善には，アルベドの増大や人工排熱の削減とともに蒸発散量を高めることが有効な対策となりうる．

蒸発散は自然の水循環の一部であるが，都市域では水循環機構がさまざまな形で人間活動の影響を受けており，熱環境緩和には都市域特有の水収支システムを考慮に入れなければならない．都市域の地表面の水収支は次の式で表される．

$$P + WUL + GWP = E + R1 + R2 + RG + DS \quad (10.2.7)$$

ここに，P：降雨，WUL：水道管等からの漏水，GWP：地下水の汲み上げ，E：蒸発散，$R1$：表面流出，$R2$：中間流出，RG：地下水流出，DS：地下水貯留量の変化である．このほか，川の流れや人工給水系（上下水道など）による水平方向の水の流れがある．これらをまとめると図10.2.2のようになる．

水道管等からの漏水 WUL は都市域の水循環にかなり大きな役割を果たしているが，近年漏水率は徐々に改善しており，東京都や横浜市では10％未満になっている（東京都は5.4％，横浜市は6.0％，それぞれ2002，1998年度．1985年はそれぞれ13.7％，11.5％だった）．地下水の汲み上げ GWP も地盤沈下対策で規制がかかっている地域などでは小さいが，場所によっては大きな割合を占める．都市域の最大の特徴は，地下浸透して中間流

出 $R2$ や地下水流出 RG や地下水貯留量に回る水量が小さいところにある．そのため蒸発散 E や表面流出 $R1$ として域外に出る水が多くなっている．

10.2.2 土地利用

都市域は不浸透面の割合が高く，建物が多い．国土地理院の細密数値情報では土地利用を16種類に分けているが，東京都の1989年のデータ（100 mメッシュ）を表10.2.1のように地表被覆状態で再集計すると，図10.2.3が得られる（Jia and Tamai, 1998）．

舗装面と都市キャノピーを合わせた不浸透域は，多摩地区で3割，23区部では3分の2を占めるに及んでいる．より都市化が進んでいる23区の状況を多摩と比べると，森林と草地，とくに森林の差が著しい．ただし，表10.2.1と図10.2.3でいう「森林」とは街路樹や中木等も含んだ植生のことであり，「草地」には芝や稲等が含まれている．

土地利用は，地表面のアルベド，蒸発散量，人工排熱量，熱容量，風速等を通じて都市域の熱環境に影響を与える．このうち人工排熱量は次項で説明

表10.2.1 土地利用の再分類

細密数値情報での土地利用分類	水域	再分類後の土地利用					合計
		土壌-植生域			不浸透域		
		森林	草地	裸地	舗装面	都市キャノピー	
山林等		0.8	0.2				1.0
田			1.0				1.0
畑		0.2	0.8				1.0
造成中地				1.0			1.0
空地				1.0			1.0
工業用地		0.04	0.06	0.1	0.456	0.344	1.0
一般低層住宅地		0.06	0.09	0.15	0.399	0.301	1.0
密集低層住宅地		0.04	0.06	0.1	0.456	0.344	1.0
中高層住宅地		0.04	0.06	0.1	0.456	0.344	1.0
商業・事務用地		0.01	0.015	0.025	0.542	0.409	1.0
道路用地		0.01	0.015	0.025	0.542	0.409	1.0
公園・緑地等		0.2	0.6		0.114	0.086	1.0
公用公益施設用地		0.04	0.06	0.1	0.456	0.344	1.0
河川・湖沼等	0.5		0.5				1.0
その他		0.04	0.06	0.1	0.456	0.344	1.0
海	（計算に入れず）						

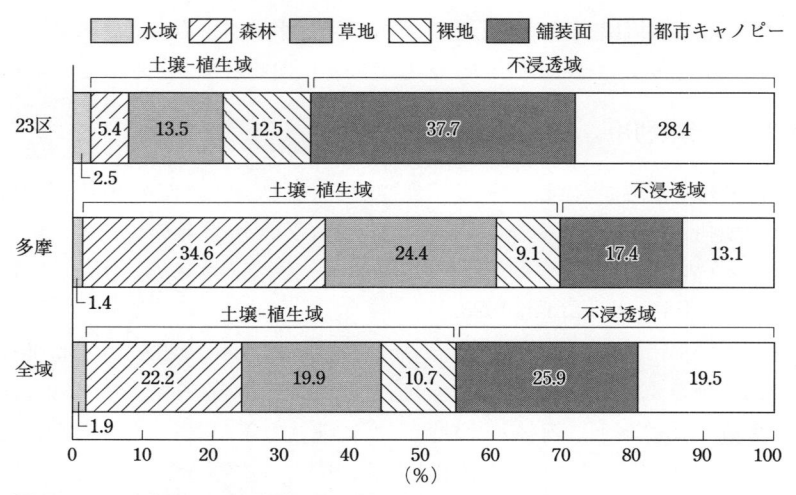

364　第10章　都市環境の機能回復

図10.2.3　東京都の土地被覆分類（1989年）

する．自然表面のアルベドは水面で0.02-0.10，森林で0.03-0.15，湿潤な裸地で0.05-0.15なのに対し（近藤，1994），コンクリートなどで覆われた都市域のアルベドは0.10-0.25といわれている（表10.1.1参照）．熱容量は，乾燥した土で1.3（J/cm³/K），湿った土で3.0（J/cm³/K），水（0°C）で4.2（J/cm³/K）に対しコンクリートが2.1（J/cm³/K），アスファルトが1.4（J/cm³/K）である（近藤，1994）．

10.2.3　人工排熱

　住宅，事務所，工場などから排出される熱は，都市の熱環境に大きな影響を与えている．また，道路を走る自動車も無視できない熱源である．人工排熱の発生量はエネルギーの消費量とほぼ線形関係にあるとみなすことができる．工場や事務所と住宅ではエネルギー消費の原単位も時間変動パターンも違うため，人工排熱発生の様子も異なる．川又（1994）は土地利用ごとの人工排熱量を図10.2.4のように設定している．工業用地や事務所等では始業時間の9時前後から終業時間の17時ごろまで大量の排熱を発生させ，夜中に向けて緩やかにその量を減じていく．一方，住宅では朝の立ち上がりが緩く，15時ごろに第一のピークに達し，19時ごろまで下がった後，21時あたりに第二のピークを迎える．このパターンは，東京都区部を対象に調査され

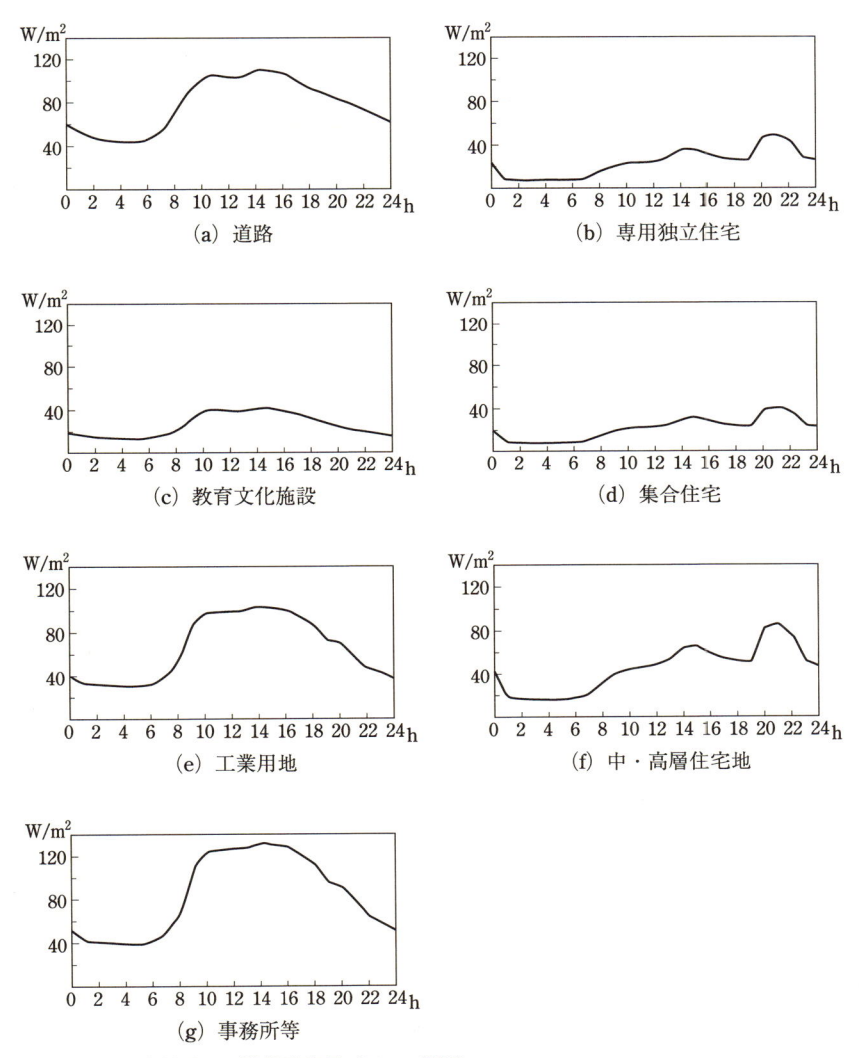

(a) 道路
(b) 専用独立住宅
(c) 教育文化施設
(d) 集合住宅
(e) 工業用地
(f) 中・高層住宅地
(g) 事務所等

図10.2.4 時刻別人工排熱発生量(川又, 1994)

た部門別の冷房・暖房・給湯の熱負荷量変動に照明や電化製品の使用などから発生する熱量を加味して作成したものである.日平均にすると図10.2.5のようになり,業務地の排熱量が大きいことがわかる.事務所等は独立住宅や専用住宅の3倍にも達する.

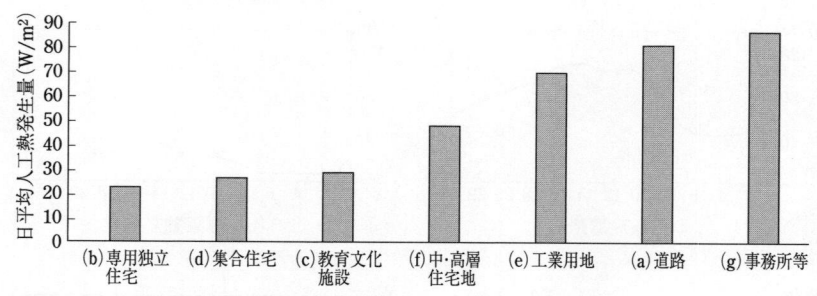

図 10.2.5 人工排熱発生量の日平均値 (川又, 1994)

10.2.4 東京都の水収支・熱収支

本節で記述してきた基礎式や各種データをもとに構築された分布型水・熱収支モデル (1 km グリッド) を東京都に適用した結果を示していく (Jia and Tamai, 1998; 日高, 1999). 表 10.2.2 は熱収支式 (10.2.1) の各項を, 表 10.2.3 は水収支式 (10.2.7) の各項で, いずれも単位面積当たりの年間を通じた値 (1992 年) である.

熱収支の特徴として見られるのは, 23 区では顕熱が大きく潜熱が小さいことである. ボーエン比 (顕熱/潜熱) は 23 区が 1.1, 多摩が 0.5 となっている. 水収支を見ると 23 区では蒸発散が少ないが, これは不浸透域が広いため表面流出が大きいことに起因する.

表 10.2.2 東京都の熱収支, 1992 年 (Jia and Tamai, 1998) (単位：MJ/m²)

	短波放射	長波放射	人工熱	顕熱	潜熱	地中伝導熱
23 区	3,430	−1,740	470	1,135	1,021	5
多摩地域	3,529	−1,670	176	663	1,367	6
全域	3,487	−1,700	302	864	1,219	6

表 10.2.3 東京都の水収支, 1992 年 (Jia and Tamai, 1998) (単位：mm)

	降雨	漏水	地下水汲み上げ	蒸発散	表面流出	中間流出	地下水流出	地下水貯留
23 区	1,588	255	23	415	941	2	444	19
多摩地域	1,579	63	270	557	476	21	348	−29
全域	1,583	145	165	496	675	12	389	−9

1992 年に比べ降雨量の多かった 1993 年および降雨量の少なかった 1994 年の解析からは，気候条件が熱収支・水収支に与える影響について興味深い結果が得られている．1993 年の降雨量は 1994 年に比べ 60% も多いにもかかわらず，蒸発散量がほとんど変わらなかったのである（3.3% 増）．これ

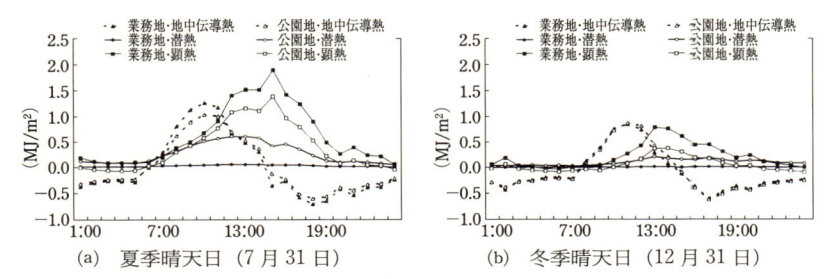

図 10.2.6　業務地と公園地の熱収支比較（日高，1999）

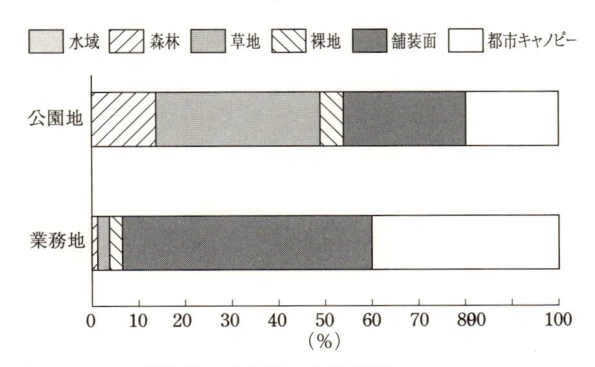

図 10.2.7　業務地と公園地の土地利用

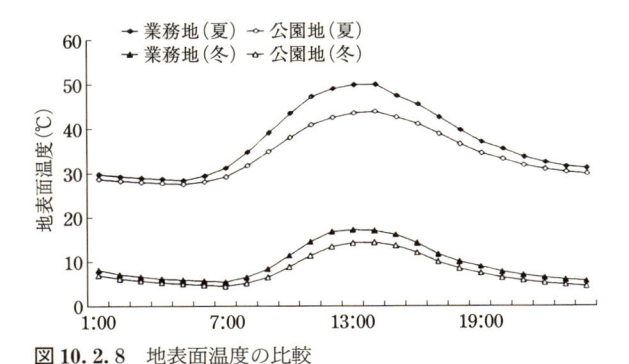

図 10.2.8　地表面温度の比較

表 10.2.4　モデル中の土地利用パラメータ

土地利用区分	アルベド	熱容量 (J/cm³/K)	熱伝導率 (W/m/K)	空気力学的粗度 (m)	ゼロ面変位 (m)
水域	0.08	4.18	0.57	0.001	0
森林	0.11–0.16			0.65–1.23	3.35–6.7
草地	0.20–0.26			0.012–0.025	0.07–0.13
裸地	0.15–0.35	1.30 (乾) 3.00 (湿)	0.3 (乾) 2.0 (湿)	0.005	0
舗装面	0.25–0.35	1.40	0.7	0.1	0
都市キャノピー		2.10	1.7	1.8–3.0	1.8–3.0

は，降雨量の増加分がほとんど表面流出になってしまったことによる．また短波放射量は 1994 年のほうが大きいことも理由のひとつである．そのため潜熱には差が出なかったが，顕熱は 1994 年が 1993 年より 36% も大きかった．

都心部の公園地と業務地区の夏季晴天日および冬季晴天日の熱収支を比べたのが図 10.2.6 である．公園地は明治神宮周辺，業務地区は大手町近辺のグリッドの計算値である．それぞれの土地利用は図 10.2.7 のようにきわめて対照的で，公園地では不浸透域が約半分なのに対し，業務地区では 9 割以上を占めている．図 10.2.6 を見ると，業務地では潜熱輸送が夏季・冬季ともにほとんど見られず，その分，顕熱輸送が大きくなっている．ただし，夜間にはその差はあまりない．図 10.2.8 の地表面温度（面積割合で重み付けした平均値）は夜間の最低値よりも昼間の最高値に差が現れ，冬季で約 3℃，夏季で約 6℃ もの違いになっている．

なお，ここで用いた土地利用ごとの主なパラメータを表 10.2.4 にまとめた．

10.3　屋上緑化による環境緩和

10.3.1　屋上緑化の可能性

図 10.2.3 や図 10.2.7 を見てわかるように，都市においてビルや建物（都市キャノピー）が占める面積はたいへん広く，道路などの舗装面に匹敵する．これらの建築物の屋上は不浸透面であり，都市熱環境に大きな影響を与える．

10.3 屋上緑化による環境緩和

ほとんどの土地が高度に利用されている都市部にあって，通常あまり利用されていない建物の屋上は環境改善目的の施策をとりやすい空間であり，各方面から注目を集めている．

熱環境改善だけでなく空気浄化などの物理環境改善や景観向上などの心理的な効果も発揮する屋上緑化は近年，全国的に推進される方向にある．東京都では，1999年12月に「東京における自然の保護と回復に関する条例施行規則」および「東京都緑化指導指針」の緑化基準を改正し，{(敷地面積−建築面積)×0.2}に{屋上の面積×0.2}を足し合わせることになった．また，2000年12月には「東京における自然の保護と回復に関する条例」を約30年ぶりに全面改正するに当たり，屋上緑化の推進をポイントのひとつに位置づけた．人工土壌など技術の進展も，重量や管理など制約条件の厳しい建物屋上での緑化・維持を促進する裏づけとなっている．

図10.3.1のように，屋上緑化可能面積は既存の都市公園面積より広い．壁面緑化まで含めれば，都市の熱環境緩和に大きな効果をもたらすと期待できる．なお，図10.3.1の屋上緑化可能面積とは，屋上のうち塔屋，クーリングタワーや通路等を差し引いた面積である．

屋上緑化を推進するうえでネックとなるのがコスト面である．屋上緑化のメリットは金銭化できないものが多く，建物の耐久性向上（風雨や紫外線，温度変化から屋上面を守る）や空調費の節約といった効果だけでは建物所有者に初期費用や維持管理の負担に見合う利益をもたらさない．心理効果，大

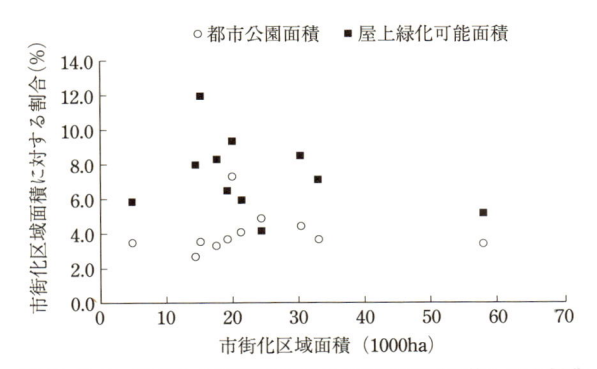

図10.3.1 日本の主要都市における都市公園面積と屋上緑化可能面積（都市緑化技術開発機構，1999）

気浄化，熱環境緩和など社会全体の厚生を高める外部効果を何らかの形で建物所有者の利害に内部化することが望ましく，緑化工事や維持管理に対する公共助成・補助金などが必要である．屋上面の利用として太陽電池が普及しつつあるが，太陽電池は設置者に利益をもたらすという点で屋上緑化とは性質を異にする．現在，太陽電池と屋上緑化は別々に普及が図られているが，ライフサイクルで見たエネルギー消費量やコストの比較，そして，その効果の享受者と費用負担のあり方まで考慮に入れた総合的な政策が必要になってくる．

10.3.2 屋上緑化の熱環境改善効果

東京都杉並区で行われた調査では，緑被率が10%増加すると夏季の14時前後の気温が0.32℃下がることが示されている（山田・丸田，1989）．そのほかの実測では緑被率10%当たりの気温低下効果は0.17-0.29℃と計算されているが，アメリカ合衆国の砂漠都市におけるシミュレーションなどでは1.4-2.2℃という結果もある（山田，1998）．樹冠 $20 m^2$ の樹木1本は1日に2万kcal強の熱を奪っており，家庭用クーラー8時間分に相当するという試算もある（三島，1995）．屋内への影響では，外気温が高いときにも室内の熱を屋上植栽層に逃がすパッシブクーリング効果により天井表面温度が低く抑えられることなどが実測やシミュレーションで示されており（堀口ら，1997），壁面緑化によって1日当たり $22 円/m^2$ の電気料金が節約できたという事例もあるという（都市緑化技術開発機構，1995）．

屋上緑化が熱環境を改善するのは，蒸発散を活発化させることにより潜熱輸送を増やし，その結果，顕熱輸送が減るのが最大の理由である．10.2.4項で紹介した水・熱収支分布型一次元モデルを用いた解析では，屋上緑化によって東京都全域で顕熱フラックスを年間約20%，場所によっては40%減少させうることが示されている（大友，2001）．地表面温度は図10.3.2に見るように，夏季の晴天日の都心において最大5℃下がった．これを三次元大気乱流モデルと組み合わせて計算したところ，上空50mの気温は約0.5℃下がった（大友，2001）．

灌水を行うと，植生や土壌からの蒸発散が促進されて顕熱フラックスはさらに減少する．夏季に降水量が少ないと，蒸発散の効果よりもアルベド低下

10.3 屋上緑化による環境緩和　371

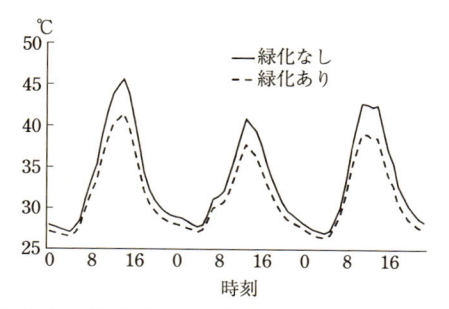

図10.3.2 屋上緑化による地表面温度低下（前田, 2001）

のほうが効いて顕熱フラックスはたいして減らないが, 灌水して土壌に水分を補給することによって蒸発散を回復させることができる. 図10.3.3はこの効果を表しており, 8月の顕熱フラックスを見ると150.3 (MJ/m²) から126.3 (MJ/m²) に減少している. 植生の根腐れや土壌流失などの物理条件,

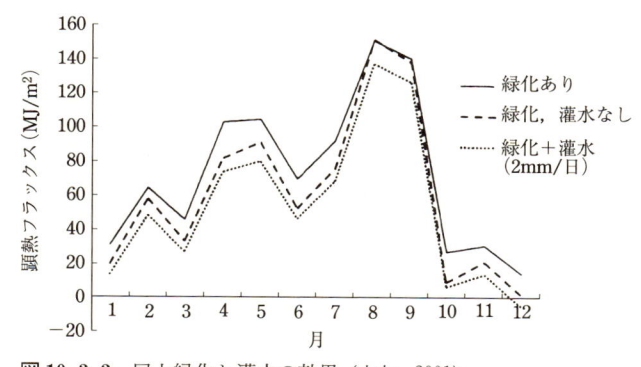

図10.3.3 屋上緑化と灌水の効果（大友, 2001）

表10.3.1 さまざまな対策による顕熱フラックス削減率の比較
（日高, 1999; 大友, 2001 など）

対策	屋上緑化	公園整備	道路緑化	水辺創出	排水性舗装	透水性舗装	屋上反射率向上
効果	20.5%	3.7%	4.0%	0.6%	2.5%	5.3%	16.8%
詳細	可能面積を100%緑化, 灌水なし	公園面積1.5倍	道路面積の10%を樹木40%を草地	公園面積の50%を水域	道路100%排水性	道路100%透水性	アルベド0.45

および技術や料金など水供給側の事情が許す限り，灌水量は多ければ多いほどよい．

屋上緑化の熱環境緩和効果を他の対策と比べてみたのが表 10.3.1 である．対策の規模は異なるが，屋上対策の有効性が高いことがうかがえる．

10.4　親しみのある都市河川空間

10.4.1　都市空間における河川の課題

明治以来，西洋から導入された近代土木技術は，われわれの国土をそれまでにはなかったスピードで変えていった．なかでも都市への人口集中による水害被害の増加を軽減する目的で進められた治水事業は，都市河川の風景を一変してしまった．一方，人工空間としての都市に生活する人々にとって，都市河川は貴重な親水空間として期待されているもののひとつである．

自然河川においては，降水や蒸発などの水文気象条件と地形や表層地質および土壌，植生などの流域地被条件によって，河川の形態や水量の変動が特徴づけられる．まず，主として農業を目的とした水利用や，都市およびその周辺では交通手段としての舟運のための河川整備による改変が加えられた．これら河川の低水利用は，平常時の河川水量の確保と河川へのアプローチのためのさまざまな道具立てを通じて親水性を確保し，社会条件と自然条件が織りなす都市河川の原風景を形成してきたといえよう．都市への人口の集中化は膨大な土地需要を生み出し，流域全体の都市化による流出率の増加と流下時間の短縮化による洪水流量の増加を招いた．さらに，洪水氾濫原にも資産が集中し，洪水危険度は著しく高まった．その対応策として治水目的の河道改修が進み，限られた土地のなかで，河川の縦横断面の整斉によって洪水疎通能力を向上させることのみに力点を置いた河道がつくられてきた．一方，昭和 50 年代初頭より，流域で洪水を貯留する「総合治水事業」が全国 11 の河川でモデル事業として進められ，河道への負担を減らす方策がとられたが，これも河道と内水氾濫処理施設だけではとうてい対応できない状況に追い込まれた河川に対する緊急避難的な適用事例ととらえることができる．つまり，基本的には河道のみを対象とした治水事業と都市の土地利用政策は有機的な

連携をもてないまま時代は推移し，親しみのある都市河川空間は次々と失われていった．

　また，社会が複雑化し中央集権化していくなかで，河川に関する当事者意識が都市住民のなかで失われていったことも，親しみのある河川空間の喪失の一因であろう．「地先の水防」といわれるように，河川管理は従来沿川住民に委ねられていたが，行政による一貫した河川管理は法律に謳われ，とりわけ都市部においては住民の流動も激しく，地域住民が自己決定権や連帯感を失い，行政サービスのたんなる受け手になってしまった．さらにその結果，住民のなかに過剰な被害者意識が形成されやすいという悪循環をつくりだしている．

　河川を取り巻くこれらの閉塞的な状況の改善を目指して，昭和50年代半ばより，親水機能の向上や河川の修景，あるいは生態的な環境整備を目的とした数多くの事業が試みられるようになった．そして，1997（平成9）年に改正された河川法では，治水および利水機能の向上に加えて環境整備を河川事業の目的に取り入れ，地域住民の意見を河川整備計画に反映させる枠組みがつくられた．都市河川においては，河道だけでなく流域一体となって，流域から河道への流出の割合を減らし洪水流下を遅延させて河道の負担を減らす抜本的な流域管理が不可欠であるが，これを具体化するうえでも，都市空間における河川の環境的価値を再認識し，親しみのある河川空間を創出するための合意を形成し，河川整備設計や管理に反映させる手法を見いだす必要がある．

10.4.2　都市河川空間の評価構造

　ここでは，東京都の典型的な都市河川といわれる神田川と石神井川を対象として，快適さ，うるおい，豊かさを創造するための基礎となる都市河川空間の評価構造を示す（小池ら，1988）．図10.4.1のように，両河川とも武蔵野台地をほぼ東西に流れる同じ規模の中小都市河川でありながら，神田川は江戸時代より都市化され，あるいは行楽地，水源として開発され，豊富な絵画・文献・写真資料が残されており，河川の物理的空間の変遷をたどることが可能である．一方，石神井川は神田川と比較すると歴史資料に乏しいものの，同一河川内に社会文化や自然環境の面で大きく異なる地区が混在してお

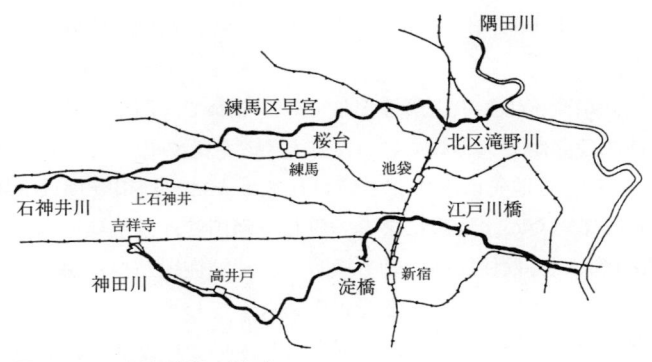

図10.4.1 対象地域の概要

り，住民の評価構造の違いを地区ごとに検討することが可能であると考えられる．そこで，神田川においては，長い時間をかけて形成されてきた歴史的河川風景のなかから，現在の河川設計や管理に適用可能な鍵となる河川空間構造を探る目的で，江戸時代より現在に至る河川空間の変遷を絵画・写真・文献より概観する．また，石神井川においては，河川の幾何学的構造や社会歴史性の異なる地区を対象に住民に対するインタビュー調査を実施し，認知心理学的アプローチによって，心理的空間の評価構造の違いを明らかにする．

(1) 歴史的な空間変遷を軸として——神田川を例として

神田川は，現在では全川を通して「神田川」という名称で呼ばれているが，昭和40年ごろまでは，江戸時代より都市河川として発達してきた下流は「神田川」，江戸近郊にあって風雅の残された行楽地としての性格をもっていた中流は「江戸川」，江戸時代は上水として大切に守られ，もっとも開発の遅れた上流は「神田上水」と呼ばれていた．このうち中・上流部は，古くから発達していた下流部と比較すると，近年の都市化と治水事業の進捗によって，河川の物理的空間構造は著しく変化した．

図10.4.2は中流部江戸川の芭蕉庵-早稲田の田圃を望む風景画で，図のようにこの付近の護岸の高さは低く，おそらく1m内外，高くても2mはなかったと思われる．右岸側には漠とした空間が広がっていたが，左岸には道路を含む数mほどの空間が台地と護岸との間に存在していた．一方，このあたりは農業用水の関係からか河床が高く，明治初めの改良工事まで出水が

10.4 親しみのある都市河川空間　375

絶えなかったところで，1910（明治43）年にも大水害に見舞われた．この水害後，小石川・牛込の両区および高田村連合の「治水委員会」が成立し，この要請が東京市区改正第二期促成事業としても取り上げられて，本格的な治水事業が実施された．図10.4.3は大正期の江戸川橋上流の雪景色で，河岸地に住宅が接近し，河床も3m程度に掘り下げられたが，石積みの護岸とつながれた小舟が好ましい景観をつくっている．

その後，1932（昭和7）年から1939年にかけて雨水の疎通能力を増加さ

図10.4.2　芭蕉庵——名所江戸百景（広重）江戸期

図10.4.3　江戸川雪景色——1925（大正14）年

図 10.4.4　江戸川橋上流——1987（昭和62）年

図 10.4.5　栄橋-伏見橋間（改修後）——1938（昭和13）年

図 10.4.6　栄橋-伏見橋間——1987（昭和62）年

せる目的で河川改修が行われ，主として河床の掘り下げおよび屈曲部分の緩和が図られた．このときの計画では，江戸川橋での河川断面は幅員20.0 m，深さ5.5 m である．その後，1958（昭和33）年の狩野川台風，1966（昭和41）年の台風4号の大水害に鑑み，緊急整備5ヵ年計画（1967-1971年）が設定され，また，それを吸収する形でシビル・ミニマム（1968年）が設定され，計画降雨50 mm/h，流出係数0.8の洪水に対応するように河道が整備された．現在この付近は，幅員は同じ20.0 m であるが，河道は8.0 m まで掘り下げられた．図10.4.4に示すように，水面までは非常に深く，高速道路が建設され，建物が密集しており，その高さは年々高くなる傾向にある．

上流の神田上水への人家の進出は明治・大正期にも多少あったようだが，住宅密集地となるのは戦後のことであった．ここでは，桃園川合流点と青梅街道淀橋に挟まれた地域に位置する栄橋-伏見橋間の景観の変遷を，写真を用いてたどってみる．図10.4.5は1930（昭和5）-1939（昭和14）年の改修後の同地点のもので，幅員約10 m，深さ約4 m となっている．その後，現在まで護岸の形態に大きな変更はないが，急激な都市化とともに河岸地への住宅の建設が進み，河川空間の与える印象は，図10.4.6に示すようにかなり変化している．

（2）空間認識特性を軸として――石神井川を例として

都市河川空間は，都市の成立や社会基盤整備状況などの社会的条件や気候・地形などの自然条件によって客観的に規定される物理的空間と，地域の人々が知覚したこれらの外的環境を心のなかにどのように思い描くかという主観的な心理的空間から構成される．これらはそれぞれ，シュルツ（1973）によって定義されるところの「建築的空間」と「実存的空間」に対応している．前者は河川の幾何学的構造や水質・水量，あるいは周囲の地形・植生・土地利用などによって定まる形態，オープンスペース量，色調などによって構成される空間であり，主として視覚によって知覚される．したがって，都市河川の物理的空間を構成する個々の要素に対する評価は比較的一般性が強く，刺激に対する応答を調査する実験心理学的アプローチによって明らかにすることができる．しかし，空間全体の知覚レベルの情報量はきわめて多く，個々の要素の組み合わせによって形成される空間の総合的な評価は困難であ

る．そこで記憶に変換された空間のイメージが取り上げられ研究されている．リンチ（1968）は「個々の人間が物理的外界に対して抱いている総合的心象」を環境イメージと定義し，アメリカ3都市における住民へのインタビュー調査から，大多数の住民が共通に抱いている「パブリックイメージ」を抽出し，各都市のイメージマップを作成した．このように空間全体の評価構造を明らかにするためには，さまざまな情報や体験を通して心に浮かび上がった像，すなわち心理的空間を認知心理学的に分析することが必要となる．この場合，注意すべき点は，このような空間認知の評価構造がそれまでの経験や履歴によって，人それぞれ別の構造をしているということである．したがって，従来のように多くの人々の情報を統計的にとりまとめるだけではなく，個々人の空間評価特性から，多くの人々が共通して抱いている部分を抽出し総合化することが必要である．

　人は知覚した環境を意味ある世界として理解する際，形容詞的性質をもつ一対の対立概念であるコンストラクトを単位として用いている．これらのさまざまなコンストラクトは階層構造をなしており，主観的かつ抽象的なコンストラクトが上位に，客観的かつ具体的なコンストラクトが下位に位置する．これはパーソナルコンストラクト理論と呼ばれ，この理論から考えると，人間が都市河川空間に対して『好ましい』とか『好ましくない』といった評価を与える際には，例えば「自然的であるから好ましい」というように『自然的である』という下位のコンストラクトを理由や条件として挙げる．さらに『自然的だ』というコンストラクトについても，「魚が多いから自然的だ」というように，『魚が多い』という，より具体的な下位のコンストラクトを理由や条件として挙げる場合がある．またコンストラクトのなかには必ずしも上下関係が明確ではなく，並列的に扱われるものも含まれる．そこで，小池ら（1988）は，図10.4.7に示すような3層の認知過程を考え，それぞれの階層に関わるコンストラクトを立体的に割り当てた都市河川環境の評価構造モデルを開発した．このモデルは，まず『外的環境を一次的に感じ取る部分』が下位にあり，それらをもとにさまざまなコンストラクトの『判断』が中位の階層でなされ，さらにさまざまに『判断』されたコンストラクトを根拠として上位の『評価』へつながるという3段階の心理的階層構造をしている．そして，それぞれの階層内では上下関係はあいまいであるものの，各階

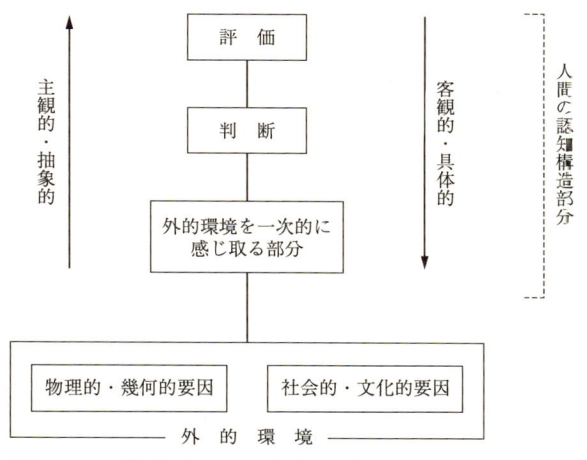

10.4 親しみのある都市河川空間　379

```
             ┌─────────┐
         ↑   │  評 価  │   ↑         ┊
         │   └────┬────┘   │         ┊
     主       ┌────┴────┐   客         人
     観       │  判 断  │   観         間
     的       └────┬────┘   的         の
     ・                    ・         認
     抽    ┌──────┴──────┐  具         知
     象    │外的環境を一次的に│  体         構
     的    │ 感じ取る部分  │  的         造
         └──────┬──────┘   │         部
         │                ↓         分
         │                           ┊
    ┌────┴──────┐  ┌──────────┐
    │物理的・幾何的要因│  │社会的・文化的要因│
    └───────────┘  └──────────┘
    ──────────── 外 的 環 境 ────────────
```
図 10.4.7 都市河川の心理的空間評価の階層モデル

層間では明確な上下関係が存在するものとしている．また，下位の『外的環境を一次的に感じ取る部分』を規定する外的環境は，河川形状などの幾何的構造による『物理的・幾何的要因』と社会性や歴史性を反映する『社会的・文化的要因』とに分けられる．それぞれの河川空間には違った歴史があり，異なる自然環境がそれぞれの文化を生んでいるわけだから，たんなる機能や美しさを越えた地域の表情というものが治水事業や親水機能向上のための河川環境整備事業に生かされることが重要である．小池ら (1988) は，対象とする地域で各階層間のコンストラクトの関連性を明らかにすることにより，外的環境を変えると河川空間に対して住民が抱いている『評価』や『判断』にどのような影響を与えるか，あるいはあるコンストラクトを強調するためには具体的にどのような修景，整備が必要であるか，などを知るために，本モデルが有効としている．

これらの評価構造における個々人の多様性を考慮し，個々人の空間認知の階層構造を直接求めるために，あるコンストラクトの上位・下位のコンストラクトを抽出する手法としてラダーリングが用いられた（讚井・乾，1986）．これは，図 10.4.8 に示すように，はじめに石神井川に関しての印象を尋ね，その語句を基本にして，「○○であることは良いことですか．良くないことですか．○○であると良い（良くない）理由は何ですか」という質問をする

第10章 都市環境の機能回復

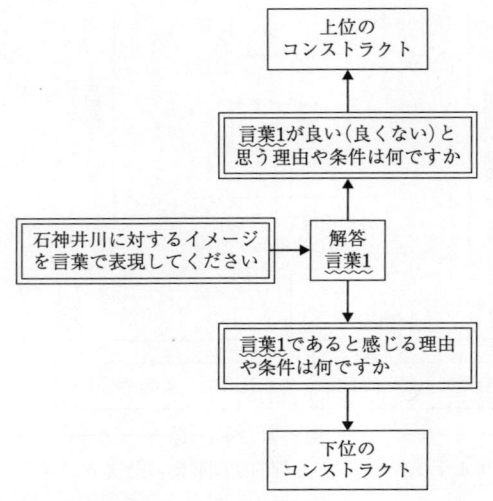

```
          ┌─────────────┐
          │  上位の      │
          │ コンストラクト│
          └─────────────┘
                 ↑
    ┌─────────────────────┐
    │ 言葉1が良い(良くない)と │
    │ 思う理由や条件は何ですか │
    └─────────────────────┘
                 ↑
┌──────────────────┐  ┌──────┐
│石神井川に対するイメージ│→│ 解答 │
│を言葉で表現してください│  │ 言葉1 │
└──────────────────┘  └──────┘
                 ↓
    ┌─────────────────────┐
    │ 言葉1であると感じる理由 │
    │ や条件は何ですか        │
    └─────────────────────┘
                 ↓
          ┌─────────────┐
          │  下位の      │
          │ コンストラクト│
          └─────────────┘
```

図 10.4.8 ラダーリングの方法

ことにより上位階層の語句を導き出し（ラダーアップ），また「〇〇であると感じる理由や条件は何ですか」という質問をすることにより下位階層の語句を導き出す（ラダーダウン）方法である．

そこで，石神井川流域で，表 10.4.1 に示すように歴史・文化や自然環境の面で大きく異なる中流部の練馬区早宮・桜台地区と下流部の北区滝野川地区を対象として取り上げ，それぞれの地区において個人の多様性を前提とした個々人の空間認知の階層構造を直接求めるためにラダーリングを適用し，

表 10.4.1 調査対象地区の特徴

	練馬区早宮・桜台地区	北区滝野川地区
江戸時代	江戸町民の食糧供給源の畑地	紅葉で有名な江戸の観光地
明治時代	引き続き畑地	河川水利用の工場地
住宅急増時期	昭和30年代	大正期
現状	住宅地と畑地	住宅地（高層アパート）
河川修復前	降りることの容易な小川・川沿いの桜並木	樹木の茂る深い崖
河川改修時期	1980年より現在	1965年より1970年
河道形状	ほぼ直線	曲線部が多い
断面形状	幅約14m，深さ約6m	幅約19m，深さ約9m
河川両脇	幅約5mの車道	幅約3mの遊歩道

10.4 親しみのある都市河川空間　381

それを前出のモデルをもとに考察した．なお，この調査は時間を要するために，それぞれの地区で3人を抽出して実施された．
　ラダーリングによる個人の環境に対する評価構造の分析結果を図10.4.9

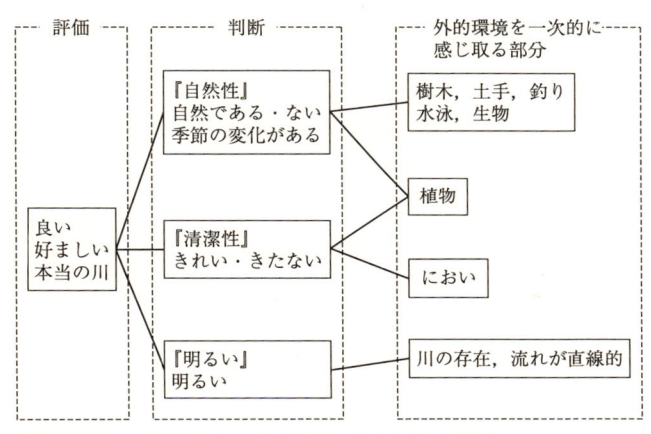

```
評価           判断                    外的環境を一次的に
                                      感じ取る部分

              『自然性』
              自然である・ない    ──  樹木，土手，釣り
              季節の変化がある         水泳，生物

良い
好ましい  ──  『清潔性』          ──  植物
本当の川      きれい・きたない
                                      におい

              『明るい』          ──  川の存在，流れが直線的
              明るい
```

図 10.4.9　練馬区早宮・桜台地区の包括的評価構造

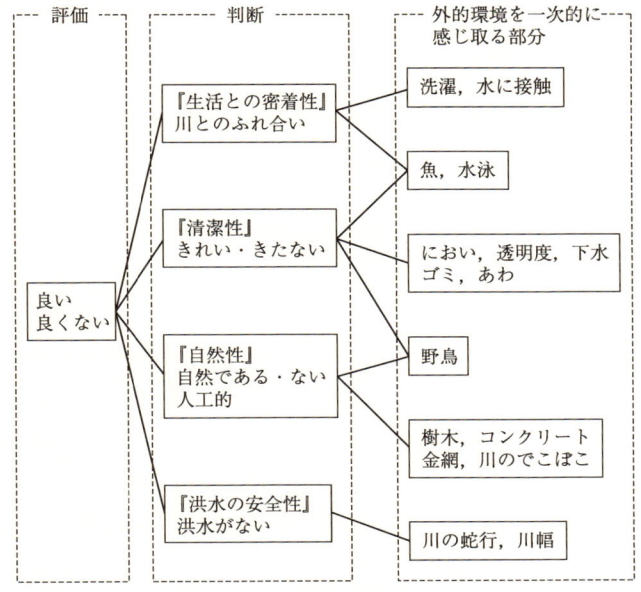

```
評価           判断                    外的環境を一次的に
                                      感じ取る部分

              『生活との密着性』 ──  洗濯，水に接触
              川とのふれ合い
                                      魚，水泳

良い      ──  『清潔性』          ──  におい，透明度，下水
良くない      きれい・きたない         ゴミ，あわ

              『自然性』          ──  野鳥
              自然である・ない
              人工的                   樹木，コンクリート
                                      金網，川のでこぼこ

              『洪水の安全性』    ──  川の蛇行，川幅
              洪水がない
```

図 10.4.10　北区滝野川地区の包括的評価構造

と図 10.4.10 に示す．ここでは，回答者自身の言葉の表現のなかから同様な意味をもった言葉をひとつにまとめ，各地区 3 人ずつの回答を包括して表現した．まず練馬区早宮・桜台地区では『自然性』『清潔性』『明るさ』が評価に関連しており，このなかでも『樹木-自然-好ましい』というつながりは，3 人とも共通して回答している部分であり，この地区の河川環境を左右する重要な要因であることがうかがえた．北区滝野川地区においては，『生活との密着性』『清潔性』『自然性』『洪水の安全性』といった要因を理由や条件として評価していることが抽出され，それらの根拠にはさまざまな客観的事実が存在していることも表現された．また，練馬区早宮・桜台地区では河道の平面的な幾何形状を反映して『直線的』→『明るい』と判断されていることと，北区滝野川地区では過去における川とのふれあいの記憶から『生活との

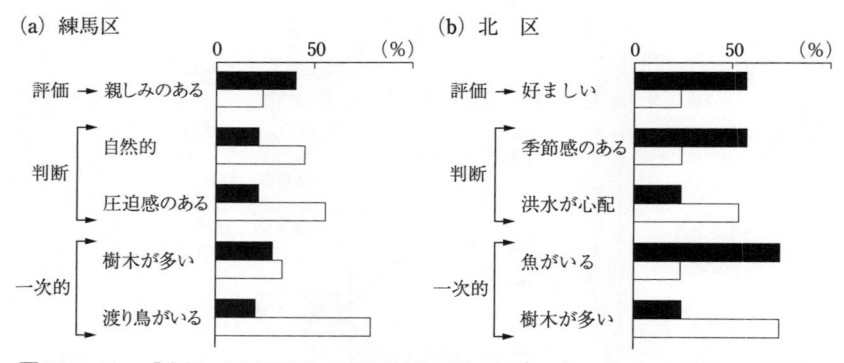

図 10.4.11 『歩行・広域空間』の認識特性（黒：低い，白：高い）と評価との関係

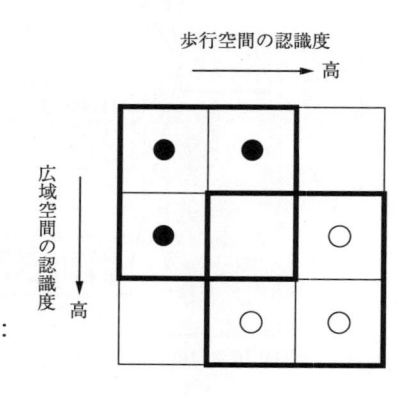

図 10.4.12 『歩行・広域空間』の認識度（●：低い，○：高い）

密着性』が『評価』に寄与していることが特徴である．

このように環境の評価構造は，地域において特有の性質をもっていることが示されたが，これらは地域の自然条件や社会条件などの影響を受けて形成されるものであるから，それぞれの地域での空間の認識特性と関連性があることが容易に推察される．ここでは，川沿いの上下流1km程度の空間の認識度，また交通機関による移動をも考慮した上下流10-20kmの空間の認識度をそれぞれ「歩行空間」「広域空間」の認識度として，それぞれの空間スケールで記憶している地名や駅名，ランドマークとなる橋，公園，ビル等の名前をもとに認識度を計量して用いる．そこで河川環境評価のためのコンストラクトとして，『評価』『判断』『外的環境を一次的に感じ取る部分』の各階層に割り当てられたもののなかから，各地区での特徴的なものを取り上げ，『歩行空間』・『広域空間』のスケールの認識度による違いを図10.4.11に示す（小池，1991）．ここでいうところの『歩行空間』・『広域空間』の認識度とは，図10.4.12に示すように，それぞれを3段階に表して，認識度の低いグループ（黒丸）と認識度の高いグループ（白丸）に分類したものである．各地区で『評価』に相当する項目では，いずれも空間認識度の高い人より低い人のほうが高い評価を与える割合が大きいことが示されており，すなわち空間認識度の高い人はそれぞれの河川環境に厳しい『評価』を与えていることになる．また，練馬区の『樹木が多い』以外の『判断』『外的環境を一次的に感じ取る部分』は，いずれも空間認識度の高低により評価が著しく異なっており，環境評価に対して，空間認識度の高低が大きく影響していることが示されている．

参考文献

一ノ瀬俊明（1999）：ドイツのKlimaanalyse——都市計画のための気候解析，天気，**46**, 709-715．

一ノ瀬俊明・花木啓祐・松尾友矩（1994）：細密地理情報にもとづく都市人工排熱の時空間分布の構造解析，環境工学研究論文集，**31**, 263-273．

大友　陵（2001）：都市域の不浸透面緑化がもつヒートアイランド軽減効果の研究，東京大学大学院工学系研究科修士論文，74pp．

金子槇治・前田利家・上野賢仁・井村秀夫（1994）：リモートセンシング輝度温度による都市域気温分布の推定——北部九州，関西，関東3地域への適用と比較，環境システム研究，**22**, 267-273．

河原能久・玉井信行・川又孝太郎（1994）：臨海部の開発が海風と都市熱環境に及ぼす影響に関する数値実験, 環境システム研究, **22**, 274-279.

川又孝太郎（1994）：3次元都市熱環境解析モデルの構築, 東京大学大学院工学系研究科修士論文, 80 pp.

河村　武（1977）：都市気候の分布の実態, 気象研究ノート, **133**, 26-47.

小池俊雄（1991）：環境の認識と評価, 中央学術研究所紀要, 61-83.

小池俊雄・玉井信行・高橋　裕・泉　典洋・岡村次郎（1988）：都市河川空間の評価構造に関する研究, 土木計画学研究・論文集, 105-112.

近藤純正（1994）：水環境の気象学, 朝倉書店, 350 pp.

讚井純一郎・乾　正雄（1986）：レパートリーグリッド発展手法による住環境評価構造の抽出, 日本建築学会計画系論文報告集, **367**, 15-21.

シュルツ, C. N.（加藤邦夫訳）（1973）：実存・空間・建築, 鹿島出版会, 236 pp.

高橋俊二・木村富士男・鈴木基雄（1990）：都市気候を表現する数値モデルの開発, 日本気候学会講演予稿集, **57**, 104.

（財）都市緑化技術開発機構（1995）：新・緑空間デザイン普及マニュアル（特殊空間緑化シリーズ①）, 誠文堂新光社, 84 pp.

（財）都市緑化技術開発機構（1999）：屋上・壁面緑化技術のてびき, 大蔵省印刷局, 147 pp.

日高直俊（1999）：緑化施策による都市熱環境の改善に関する研究, 東京大学工学部土木工学科卒業論文, 55 pp.

藤野　毅・浅枝　隆・中北英一（1996）：市街地スケールの都市機構モデルによる風・熱環境評価の検討, 水工学論文集, **40**, 231-236.

堀口　剛・梅干野晁・白井一義（1997）：RC造建築物における屋上植栽の室内熱環境の調整効果に関する研究, 日本緑化工学会誌, **23**：2, 93-105.

前田向陽（2001）：都市熱環境緩和効果増進を目指した屋上緑化方法の改良, 東京大学工学部土木工学科卒業論文, 68 pp.

三島次郎（1995）：一本の樹――目に見えない自然の働きを見る, 桜美林大学産業研究所年報, **13**, 129-141.

守田　優（1993）：都市の人工熱排出構造について, 環境システム研究, **21**, 19-26.

守田　優（1996）：都市人工熱源の熱環境負荷原単位について, 環境システム研究, **24**, 593-600.

山田宏之（1998）：都市緑化による間接的な CO_2 排出抑制効果の試算, 都市緑化技術, **30**, 26-30.

山田宏之・丸田頼一（1989）：都市における緑地の気象緩和作用についての実証的研究, 造園雑誌, **52**：5, 127-132.

吉門　洋（1990）：海岸の都市が海風と汚染物質拡散に与える影響の数値実験, 天気, **37**, 43-50.

理科年表99（1999）：丸善株式会社.

リンチ, K.（丹下健三・富田玲子訳）（1968）：都市のイメージ, 岩波書店, 276 pp.

Deardorff, J. W. (1978): Efficient prediction of ground surface temperature and moisture with inclusion of a layer of vegetation, *J. Geophysical Research*, **83**, 1889

-1903.

Huang, G. W., Tamai, N. and Kawahara, Y. (1994) : A dimensional analysis of urban heat island intensity, 環境システム研究, **22**, 261-266.

Jia, Yangwen and Tamai, N. (1998) : Integrated analysis of water and heat balances in Tokyo Metropolis with a distributed model, *J. Japan Soc. Hydrol. & Water Resour.* (水文・水資源学会誌), **11** : **2**, 150-163.

Kimura, F. and Takahashi, S. (1991) : The effects of land-use and anthropogenic heating on the surface temperature in the Tokyo metropolitan area, *Atmospheric Environment*, **25B**, 155-164.

Myrup, L. O. (1969) : A numerical model of the urban heat island, *J. Applied Meteorology*, **8**, 908-918.

Nkemdirim, L. C. and Truch, P. (1977) : Variability of temperature fields in Calgary, Alberta, *Atomospheric Environment*, **12**, 809-822.

Park, H. S. (1987) : Variations in the urban heat island intensity affected by geographical environments, Environmental Research Center Papers, Number 11, The University of Tsukuba.

Sundborg, A. (1950) : Local climatological studies of the temperature conditions in an urban area, *Tellus*, **2**, 222-232.

Urban Climate 21-investigation related to the urban climate and the planning of "STUTTGART 21" (2002) : CD-ROM, Office for Environmental Protection, City of Stuttgart.

Vu, T. C., Asaeda, T., Shibahara, C., Fujino, T., Nakamura, K. and Murakami, M. (1994) : Temperature distribution of walls and ground surface in street canyon, *Annual Journal of Hydraulic Engineering, JSCE*, **38**, 413-418.

Yoshikado, H. and Kondo, H. (1989) : Inland penetration of the sea breeze in the suburban area of Tokyo, *Boundary-Layer Meteorology*, **48**, 389-407.

11 良好な河川環境の保全・復元を目指した河川計画の事例

11.1 河川環境保全・復元の基礎

11.1.1 基本的な考え方

　河川整備・管理に関する計画を策定する際には，必要とされる治水上の安全性を確保しつつ，生物の良好な生息・生育環境をできるだけ改変しないようにする．改変せざるをえない場合においても，最低限の改変にとどめるとともに，良好な河川環境の復元が可能となるように努める必要がある．

　良好な河川環境が，人為の影響を受けて大きく改変されてしまっている場所においては，もともとあった良好な河川環境にできるだけ近づくよう努めることが重要である．

　計画の検討を行うに当たっては，出水による河川環境の攪乱や流量の変動など川自身がもつ自然のダイナミズムとその環境下で形成される自然環境の特徴を考慮するとともに，土壌や植生などにより構成される自然河岸が有する洪水への耐力や川の自然の復元力を考慮する必要がある．また，施工後においても，その川にふさわしい環境を維持するための管理を行うとともに，その後の河川環境の状況を把握し，得られた情報を今後の河川整備・管理にいかしていくことが重要である（中小河川における多自然型川づくり研究会，1998）．生態学的な観点より河川を理解し，川のあるべき姿を探ることを目的として，河川生態学術研究会の活動が1995年に始まり，現在は多摩川・千曲川・木津川・北川に広がっている．さらに，1998年には国土交通省（当時，建設省）に自然共生研究センターが設立された．

　河川整備・管理を行う際に，良好な河川環境の保全・復元の観点から留意

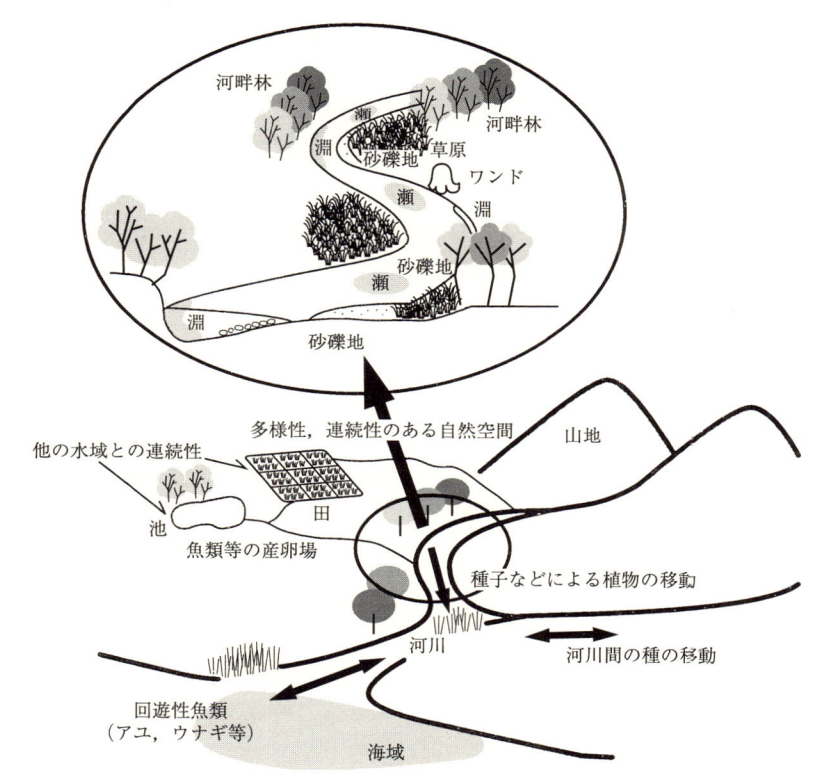

図 11.1.1 河川環境の多様性，連続性（建設省土木研究所，1996；中小河川における多自然型川づくり研究会，1998）

すべき基本的な事項を以下に示す（池内，2000）．

①その川がもともと有していた多様な河川環境を保全・復元する

その川がもともと有していた生物の多様な生息・生育環境を保全・復元することに努める．このため，安易な河道の直線化や台形断面化を避け，川の自然の復元力を最大限にいかし，その川がもともと有していた河川形状を保全・復元することに努める．

②連続した環境を確保する

川に生息する動物のなかには，川の上下流，本川と支川・水路や池沼，あるいは，川と川の周辺部を行き来して生活しているものもいる．また，水域と陸域の両方を必要とする動物や，植生のある場所を移動経路としている動

物もいる．このような動物の移動を妨げないようにするため，河道計画等を策定する際には，上下流方向，横断方向の連続した環境を確保するとともに，周辺環境との連続性も確保するように努める．

③その川らしい生物の生息・生育環境の保全・復元を図る

学術上または希少性の観点から重要な種，重要な群落および注目すべき生息地などの保全・復元に努めるとともに，瀬・淵，河原，河畔林，ワンド，湿地など，その川の特徴的な環境に生息・生育する動植物を代表する生物に着目することにより，その川らしい生物の生息・生育環境の保全・復元に配慮していくことが重要である．

④水の循環を確保する

水の循環の確保は，流域における連続した環境の確保の一環である．川の流水は，周辺の地下水と密接な関係があり，地下水位は河川植生の生育などにも影響を与えている．また，川の中の湧水は，清冽で水温もほぼ一定であることが多いため，そこでは本流とは異なった環境が形成され，河川環境の多様性を増す重要な要素にもなっている．したがって，自然な水の流れを遮断しないように，水際部の透水性を確保するなど，水の循環の確保に努める必要がある．

⑤市民，学識経験者，関係団体等の理解と協力を得る

市民，学識経験者，関係団体等の理解と協力を得ながら，河川の整備・管理を行っていくことが重要である．そのため，絶えず川に関する情報を発信するとともに，川に関心をもつ市民や学識経験者，関係団体等と日常的に情報交換や意見交換などを行いながら目指すべき川の姿を検討し，河川整備・管理に関する計画を策定することが望ましい．

11.1.2　河川環境の保全・復元に当たっての目指すべき方向性の検討

河川および流域の特性，自然環境，社会環境等の把握結果を踏まえて，河川環境の保全・復元に当たっての目指すべき方向性を検討する必要がある．検討に当たっては，ヒアリングなどによって得られた地域の意見や情報，当該河川の河川環境の歴史的な変遷等も十分に踏まえる必要がある．

自然環境の観点からは，対象とする川における「もともとの川の姿」（原風景）が参考となるが，その場合，いつごろの川の状況を参考とするのかが

問題となる．日本の川の多くは，古の時代より人々が営々と手を加えてきた結果，その姿が緩やかに変化し，その前提で土地利用がなされてきている．したがって，太古の川の姿を参考にすることは非常に難しい．そこで，近年の大幅な改修が行われる以前で，人為的な影響が比較的少なかったころの「もともとの川の姿」を参考にすることが考えられる．たとえば，高度経済成長期に大幅な改修が行われる前の河川形状や河川環境等がひとつの参考となる．

「もともとの川の姿」を把握する手段としては，昔の地形図や平面図，縦断図，横断図，航空写真，市町村史・郷土史，地元の古老からの聞き取り調査結果等を参考とすることができる．その他，(1) 対象区間の近傍の上下流で，人為的な影響が少なく，良好な河川環境が保たれている場所の環境，や (2) 地形，地質，河床形態，気候等の自然環境が類似し，人為的な影響が少なく，良好な河川環境が保たれている他の川の環境，なども参考にすることができる（第1章参照）．

11.1.3　河川整備・管理の目標の設定

河川整備・管理に当たっての目標を治水面，利水面，環境面等を総合的に勘案して設定する．計画の検討に当たっては，上記11.1.2項の検討結果を踏まえ，治水面・利水面・環境面等の観点から，どのような川の姿（河川形状，河川環境等）を目指すのかということを十分に検討する必要がある．その際，現在の状況からのみ判断するのではなく，河川および流域の特性，自然環境，社会環境などの歴史的な変遷も十分に踏まえる必要がある（池内，2001）．

その川に関する情報をわかりやすい形で提供したうえで，計画検討の初期段階より地域において十分に情報交換や意見交換などを行いながら，その川の河川整備・管理の目標を検討することが望ましい．

11.1.4　治水・利水・環境等の総合的な観点からの
　　　　河川整備計画等の検討

河川整備計画等を策定する際に，治水・利水上の検討を行った後に，環境面に配慮するのではなく，計画検討の初期段階より，治水・利水・環境等の

総合的な観点から検討を行うことが必要である．

　治水・利水・環境等の観点から，できるだけ多くの検討ケースを設定し，各ケースについて，治水・利水上の効果と環境への影響等を総合的に評価して計画案を策定する必要がある．

　それとともに，粗度係数の検討，水位の検討，平面計画・縦断計画・横断計画の検討，河岸防御工法の検討等の治水上の検討をいままで以上に，より綿密に行う必要がある．さらに，背後地の状況や流域における貯留・浸透，氾濫の許容度なども視野に入れて，柔軟に計画を策定することが望ましい．

11.1.5　事前調査・事後調査の実施と予測・評価手法の開発

　大規模な河川改修等を行う場合には，事前に河川環境に関する調査を実施し，事業の実施が河川環境に及ぼす影響について予測・評価を行うとともに，事業実施後にモニタリング調査を行い，必要な場合には事業内容の修正を行うことが望ましい．

　また，このようにして蓄積された情報の分析を行い，河川改修などの環境影響（インパクト）が与えられた場合に，それに対して河川環境がどのように応答（レスポンス）するのかということを予測する手法およびその結果を評価する手法を確立する必要がある．

11.1.6　河川環境情報図の作成と活用

　「河川環境情報図」とは，河川整備・管理を行う際に必要となる河川環境に関する情報を適切に把握することを目的として，河床形態や植生の状況，生物の確認状況，生物の生息・生育環境や生活史，地元からの聞き取り調査結果等の情報をわかりやすく図面上に整理したものである（池内，1999b；池内ら，1999；リバーフロント整備センター，1999）．

　以下に，河川環境情報図の作成と活用に当たっての留意事項等について述べる．

（1）河川環境情報図の作成手順

　河川環境情報図の作成手順の概要を以下に示す（図11.1.2参照）．
　①資料の収集・整理・分析

11.1 河川環境保全・復元の基礎　391

```
       ┌─────────────────────┐
       │  資料の収集・整理・分析  │
       └──────────┬──────────┘
           ┌──────┴──────┐
           ▼             ▼
  ┌───────────────┐  ┌───────────────┐
  │ 航空写真・植生図 │  │ 生物群集の特徴の │
  │ 等による河川環境 │  │    整理       │
  │ の特徴の整理    │  │               │
  └───────┬───────┘  └───────┬───────┘
     ┌────┴──────────────────┘
     │    ▼
     │ ┌───────────────────┐
     ┊ │ 環境区分（案）の作成 │
     ┊ └──────────┬────────┘
     ┊            ▼
     ┊ ┌───────────────────────┐
     ┊ │ 注目すべき生物種等によ  │
     ┊ │ る河川環境の特徴の整理  │
     ┊ └──────────┬────────────┘
     ┊            ▼
     ┊ ┌───────────────────┐
     └┄┤ 河川環境情報図の作成 │
       └───────────────────┘
```

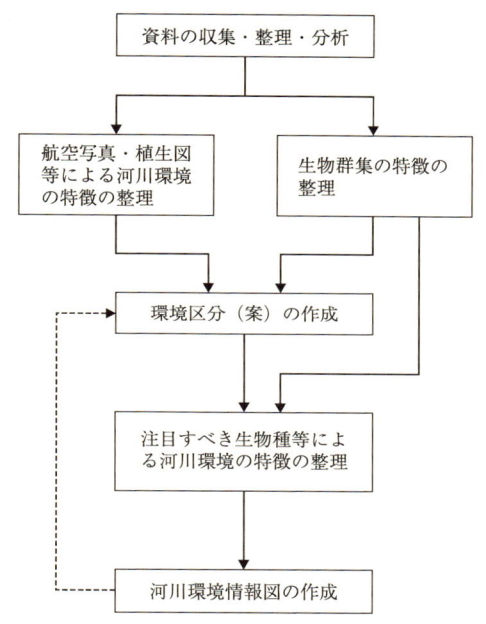

図 11.1.2 河川環境情報図の作成フロー

　地形図，航空写真，河川水辺の国勢調査結果（生物調査，河川調査，河川空間利用実態調査），その他の生物調査情報，市町村史・郷土史，地元の有識者や NGO 等からの聞き取り調査結果等の資料を収集・整理し，分析する．最新の資料だけではなく，経年的な変化を把握するために，過去の資料も収集・整理・分析する．

②航空写真，植生図等による河川環境の特徴の整理

　航空写真，植生図，河川水辺の国勢調査結果などを用いて河川環境の特徴を概括的に把握し整理する．河川環境の経年的な変化も把握する．

③生物群集の特徴の整理

　河川水辺の国勢調査結果などにより得られた生物種リストなどにより，当該河川の生物群集の特徴を整理する．

④環境区分（案）の作成

　航空写真，植生図，河川調査結果などをもとにして，陸域では植生区分，水域では河床形態（早瀬，平瀬，淵等）等の視覚的に区分できる情

報をもとに環境区分（案）を作成する．

⑤注目すべき生物種等による河川環境の特徴の整理

当該河川に生息・生育する生物のうちから，下記の視点に基づいて注目すべき生物種等を抽出する．

- 動物の重要な種および注目すべき生息地
- 植物の重要な種および重要な群落
- 上位性（生態系の上位に位置する性質），典型性（地域の生態系の特徴を典型的に現す性質），特殊性（特殊な環境であることを示す指標となる性質）等の視点から注目される動植物の種または生物群集

次に，抽出された生物種等の情報をもとに，④で整理された環境区分（案）ごとに，生息している動物，注目すべき生息地，生育している植物，植物群落などを整理する．

⑥河川環境情報図の作成

注目すべき生物種等による河川環境の特徴の整理結果等を踏まえ，④で作成した環境区分（案）に必要な修正を加えて，河川環境情報図を作成する．その際，注目すべき生物種等の生息・生育環境が反映されるよう環境区分を修正する．また，注目すべき生物種等の確認状況，注目すべき生息地・生育地，河畔林などの機能（魚付き林等），河川空間の利用状況，河川構造物の状況，対象区間の環境の特徴なども図面上に記載する．

（2）河川環境情報図の活用

河川環境情報図を作成することにより，生物の生息・生育環境等の環境情報を地図情報として一目で把握することができ，対象河川の全体的な環境の特性，特徴的な場所や生物の重要な生息・生育環境などを容易に把握することができるようになる．

河川環境情報図は，河川環境の保全・復元を目指した河道計画を検討する際の有効なツールとなる．たとえば，洪水の流下能力を確保するために河道掘削を行う必要がある場合に，それぞれの掘削対象区域を河川環境情報図に重ね合わせることにより，どのような環境がどの程度改変されるのか，また，

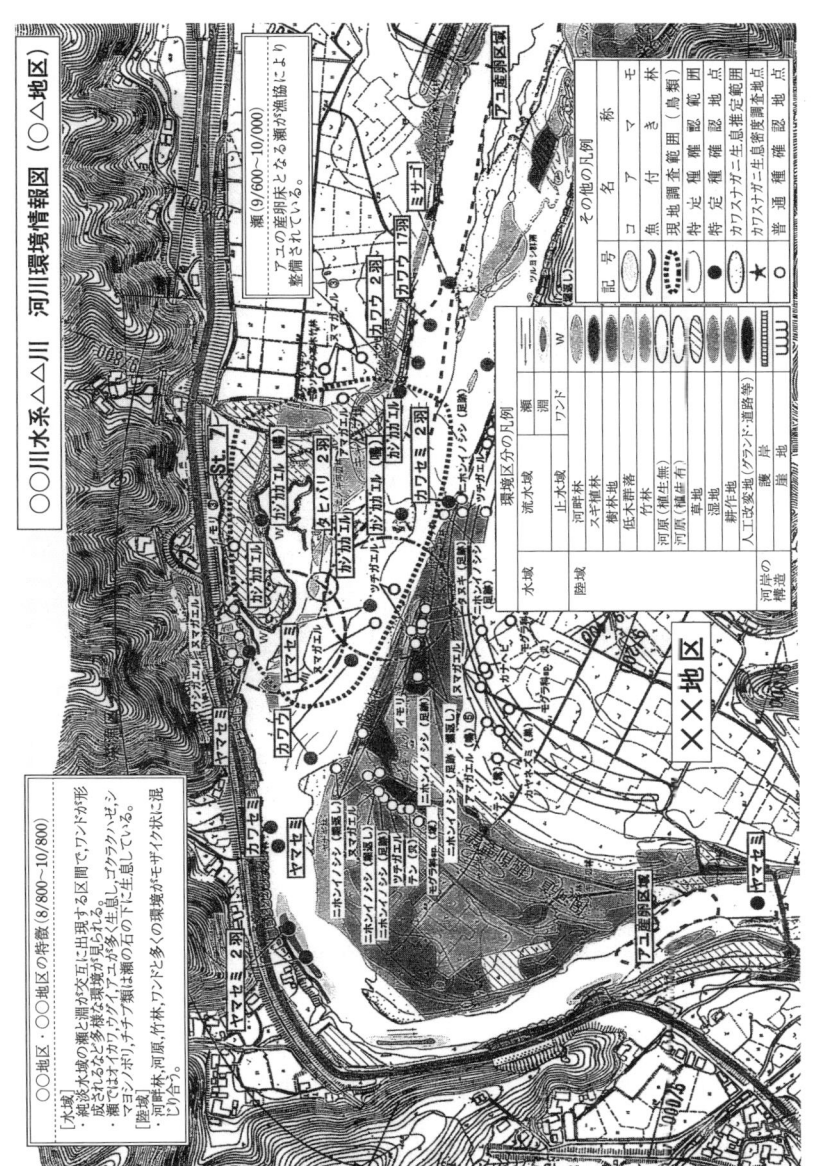

11.1 河川環境保全・復元の基礎　393

図 11.1.3　河川環境情報図の例（池内ら，1999；リバーフロント整備センター，1999）

注目すべき生物種等の生息・生育環境に対してどの程度の影響を及ぼすのかといった河川環境への影響を把握することができる．そして，各掘削案の治水上の効果，河川環境への影響等を整理し，治水・環境の両面から総合的な評価を行って改修計画案を策定することができる．北川（宮崎県）の河川激甚災害対策特別緊急事業では，改修対象の約 15 km の区間において図 11.1.3 に示される河川環境情報図を作成し，これを共通の基礎知識として改修計画の議論が進められた．

さまざまな立場の人々と意見交換を行いながら河道計画を検討する際に，河川環境情報図を用いることにより，当該河川の河川環境に対する認識の擦り合わせをスムーズに行うことができた事例もあり，河川環境情報図は河川整備計画策定等の際にも有効なツールとなる．

工事現場において施工計画を検討する場合にも河川環境情報図は非常に有効である．この場合には，注目すべき生物種等のその場所での生息・生育状況と注意すべき時期などを図面上に明記することにより，注目すべき生物種等の生息・生育環境への影響がより少ない施工計画を策定することができる．

治水上等の必要性から河道内の樹木群の伐採などの検討を行う際にも，現場において樹木群の有する環境上の機能などを把握する必要があり，その際にも河川環境情報図は非常に有効な手段となる．

このように河川環境情報図は，河川整備計画の策定，工事の実施，維持管理など，河川整備・管理の各段階で，それぞれの行為が河川環境に及ぼす影響を検討する際に非常に有効な手段であり，各河川において作成・活用されることが望まれる．

11.1.7　河川環境 GIS の整備と活用

調査・計画・設計・施工・維持管理の各段階において，GIS（Geographic Information System，地理情報システム）を活用することにより，下記のような作業を非常に効率的に行うことができる（図 11.1.4 参照）．

- 河川水辺の国勢調査など河川環境に関する情報や河道形状に関する情報などの整理・分析
- 河川環境情報図の作成と河川環境の特徴の把握
- 河川整備計画の検討

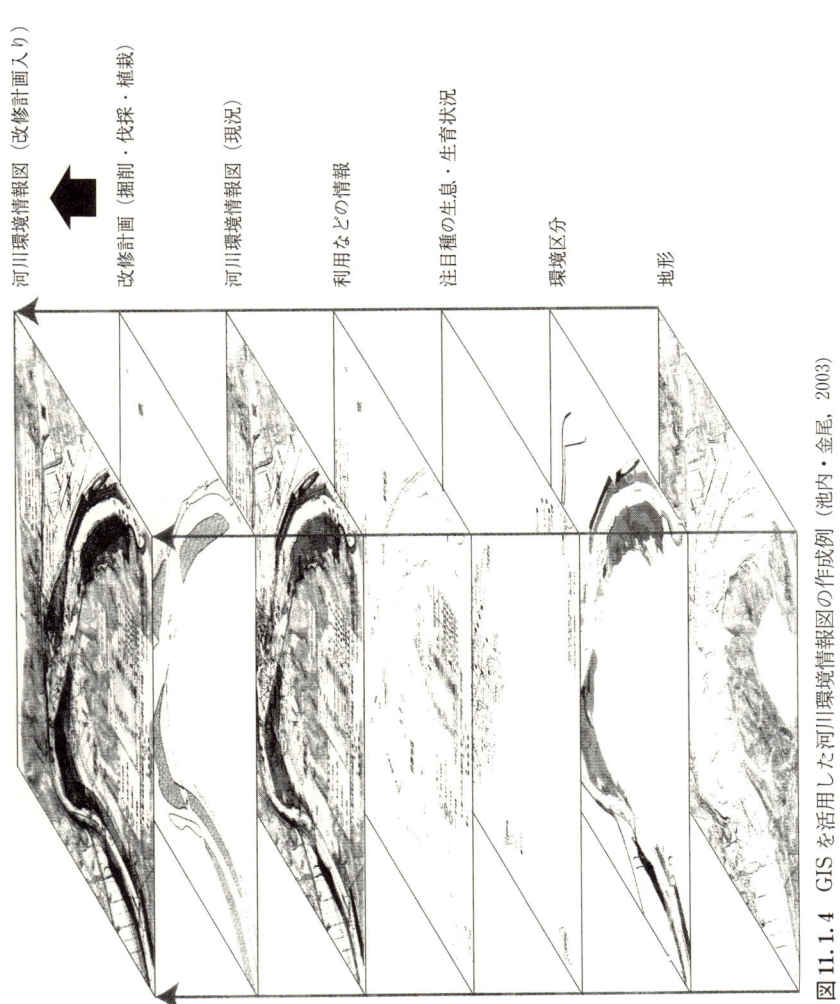

11.1 河川環境保全・復元の基礎 395

図 11.1.4 GIS を活用した河川環境情報図の作成例（池内・金尾，2003）

（上から）河川環境情報図（改修計画入り）／改修計画（掘削・伐採・植栽）／河川環境情報図（現況）／利用などの情報／注目種の生息・生育状況／環境区分／地形

- 施工計画や工事用道路等の仮設工事の計画の検討
- 河道内の樹木の管理計画の検討

とくに，河川環境情報図の作成や河道計画の検討の際には，フィードバック作業や数多くのケースの検討など，図面の修正や重ね合わせの作業，面積の計算などの作業が数多くあり，GIS の活用が非常に有効である．

河川整備計画を策定する際などには，計画の内容や河川環境等に関する情報を一般の方々にも理解しやすいような形で表現することが必要であり，その際にも GIS は非常に有力な手段である．

また，河川環境情報を公開する場合には，貴重種の位置情報等のマスキングが必要となり非常に煩雑な作業を伴うが，GIS を活用すると，そのような作業を非常に効率的に行うことができる．

以上述べたように，GIS を活用することにより，河川環境に関する情報の整理・分析・活用を非常に効率的に行うことができるので，河川環境情報に関する GIS（河川環境 GIS）の整備と活用の推進が望まれる．

11.2 北川における河川改修計画

11.2.1 はじめに

宮崎県の北川（五ヶ瀬川水系，図 11.2.1 参照）では，1997（平成 9）年 9 月に，九州地方を縦断した台風 19 号に伴う豪雨により，広範囲にわたる激甚な被害（浸水面積約 880 ha，浸水家屋等約 1900 戸）が発生した（図 11.2.2 参照）．この洪水被害が契機となり，河川激甚災害対策特別緊急事業（以下「激特事業」という）が採択され，5 ヵ年間で延長約 15 km の区間の抜本的河川改修がなされることになった．

北川は，洪水時には谷底平野一面を濁流と化す自然条件にありながら，一方で人々の生活を支えるとともに，生物の良好な生息・生育環境としての機能も果たしてきた．北川には，豊かな河畔林があり，動物の生息場所や魚付き林などとしての機能を有するとともに，沿川の水害を緩和する水防林としても機能している．良好な瀬・淵が形成され，アユ等の水生生物の生息にも適した河床形態が維持されている．また，生物相も豊かで，多くの貴重種も

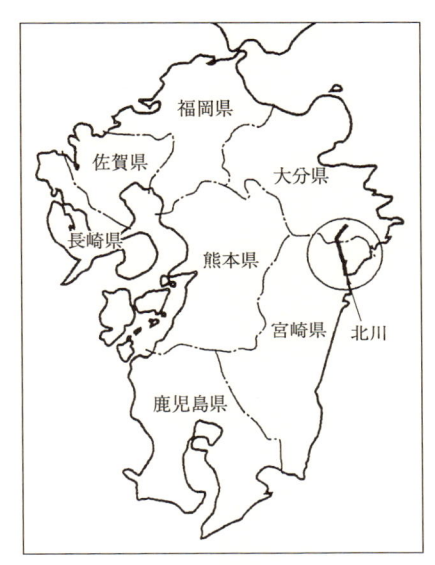

図 11.2.1　北川の位置図

生息・生育している（図 11.2.3 参照）．

　北川の激特事業計画の策定に当たっては，所要の治水安全度の確保とともに，良好な河川環境を保全・復元することが求められた．

　そこで，学識経験者や地元の代表者，関係機関の方々等から構成される『北川「川づくり」検討委員会』（表 11.2.1）が，九州地方建設局，宮崎県により設置された．1998（平成 10）年 2 月から 9 月までの間に，公開の場で 5 回の委員会が開催され，北川の河川改修のあり方について，熱心な意見交換がなされた．

　検討に当たっては，生物調査，河川調査，地元からの聞き取り調査等を実施し，その結果をとりまとめた「河川環境情報図」に基づき，数多くのケースについて詳細な検討が行われ，環境への影響と治水上の効果等を総合的に勘案して改修計画案が策定された．その検討経緯と計画の内容の詳細は，『北川「川づくり」検討報告書』（九州地方建設局等，1999）にとりまとめられているが，本節では，その概要について紹介する（池内，1999a）．

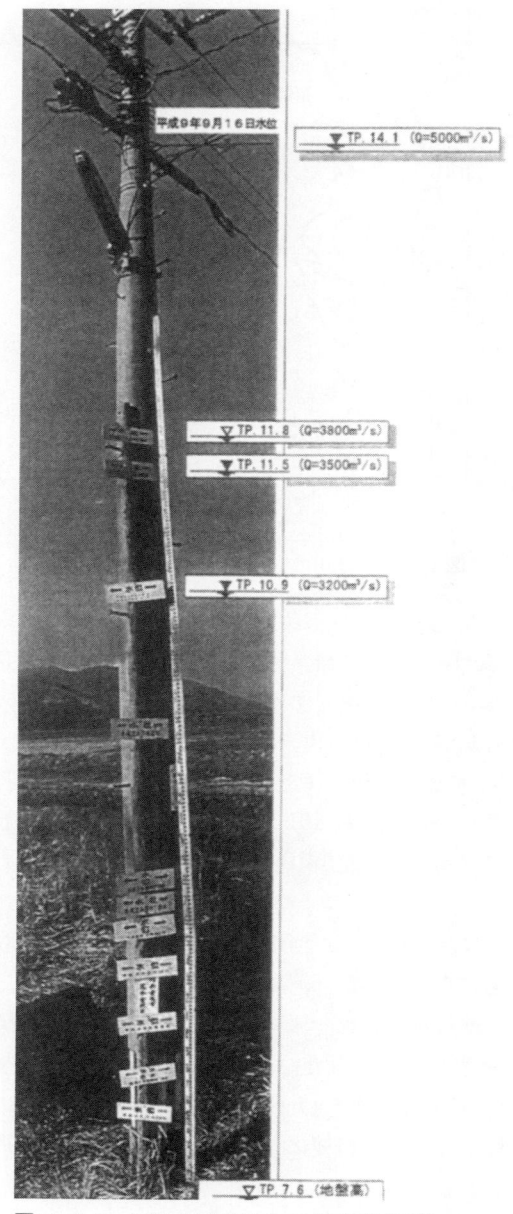

398　第11章　良好な河川環境の保全・復元を目指した河川計画の事例

図11.2.2　北川（家田地区）の洪水痕跡標柱

表 11.2.1 『北川「川づくり」検討委員会』の構成メンバー

	氏名	所属
委員長	杉尾 哲	宮崎大学工学部土木環境工学科教授
委員	赤崎正人	赤崎魚類研究所長
	伊藤力正	元公民館長（北川町）
	小野勇一	九州大学名誉教授
	甲斐 茂	延岡漁業協同組合長
	鎌倉 林	東海漁業協同組合長（第1,2,3回委員会）
	横山延市	（第4,5回委員会）
	菊屋奈良義	（社）大分野生生物研究センター副理事長
	櫻井哲雄	延岡市長
	島谷幸宏	建設省土木研究所環境部河川環境研究室長
	図師猛彦	宮崎日日新聞社論説委員会委員長
	土井裕子	宮崎の地域づくりを楽しむ会世話人代表
	中島義人	宮崎自然環境調査研究会代表
	成迫平五郎	聖心ウルスラ学園高等学校教諭
	藤田光一	建設省土木研究所河川部河川研究室長
	盛武義美	北川町長
	米田稔男	北川漁業協同組合長
事務局	光成政和	（第1回委員会）
		建設省九州地方建設局河川部　河川計画課長
	八尋 裕	（第2～5回委員会）
	小田一哉	建設省九州地方建設局延岡工事事務所長
	武藤泰秀	宮崎県土木部河川課長
	池内幸司	（財）リバーフロント整備センター研究第二部次長

敬称略，委員については五十音順．1999年3月時点．

11.2.2　河川環境調査の実施

北川の改修計画の策定に当たっては，生物の良好な生息・生育環境の保全・復元を図るため，魚類，底生動物，鳥類，植物，両生類，爬虫類，哺乳類，陸上昆虫類などの生物調査と，瀬や淵などの河床形態等の調査を実施した．

また，河川環境や河川利用，改修内容に対する意見等について，地元の方々から綿密な聞き取り調査を実施した．

さらに，地形図，河道の平面図，縦断図，横断図，航空写真，市町村史・郷土史および関連する文献等の資料を収集し，分析を行うとともに，過去の資料についてもできる限り収集し，経年的な変化についても分析を行った．

図 11.2.3 北川の状況（9 km 付近）

11.2.3 河川環境情報図の作成と河川環境の特徴の把握

事前調査で収集した資料をもとに，河川環境に関する情報をわかりやすくとりまとめた図面を作成した．作成フローについては 11.1.6 項で論じられ，図 11.1.2 に示されている．

航空写真，生物の生息・生育状況，河床形態などの調査結果をもとにして，陸域では植生（河畔林，植林地，草地，河原（植生有），河原（植生無）等），水域では河床形態（瀬，淵，ワンド等）等の視覚的に区分できる情報をもとに環境区分（案）を作成した（表 11.2.2 参照）．

その上に，生物の生息・生育状況や注目すべき生息地，河畔林の機能（魚付き林等），利用状況，河川構造物の状況などの情報を重ね合わせて分析を

表 11.2.2 環境区分の例

淡水域	瀬，淵，ワンド
汽水域	水域，干潟
陸域	湿地，河原（植生無），河原（植生有），草地，河畔林，竹林，樹林地，植林地，低木群落，耕作地，人工改変地（グラウンド，道路等）

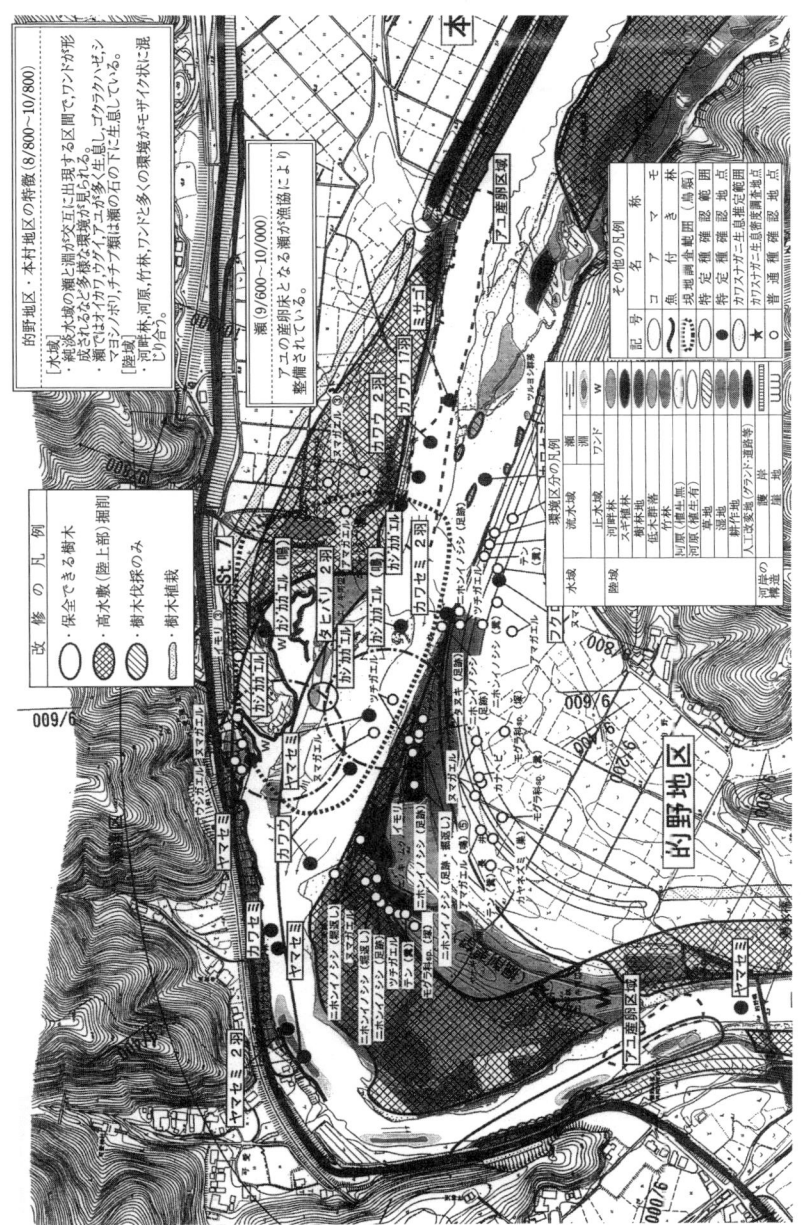

11.2 北川における河川改修計画　401

図 11.2.4　北川(的野・本村地区)の河川環境情報図 (九州地方建設局等, 1999)

行い，その結果をもとに当初設定した環境区分（案）を修正して，図面を作成した．

この図面および事前調査の分析結果から得られた対象区間の河川環境の特徴についても，図面上に記述し，河川環境情報図を作成した．

北川の改修計画の検討に当たっては，改修対象の約 15 km 区間の全域について河川環境情報図を作成した．

北川中流域の的野・本村地区の河川環境情報図を図 11.2.4 に示す．北川の河川環境情報図の作成に当たっては，各種情報をレイヤー構造とし，各種情報の組み合わせや範囲設定，色などの変更が迅速にできるよう工夫した．また，環境区分の色使いについても，その場の環境の特徴をイメージできるよう工夫した．

河川環境情報図を作成することにより，対象区間の河川環境の特徴や改修に当たって注意すべき場所などを容易に把握することができるとともに，さまざまな立場，専門の方々から構成される委員会において，北川の環境に対する認識の擦り合わせをスムーズに行うことができた．

なお，図 11.2.4 には，これらの議論を踏まえて策定された改修計画案の内容も記載している．

11.2.4　改修計画の検討

生物の生息・生育環境や地域の社会環境などを十分に考慮して，現況の河川環境をできるだけ保全するとともに，環境を改変せざるをえない場合においても，最低限の改変にとどめ，良好な河川環境の保全・復元が可能となるよう努めた．

各区間の検討に当たっては，生物調査，河川調査，地元の方々からの聞き取り調査等の結果をとりまとめた河川環境情報図をもとに，数多くの検討ケースを設定し，各ケースについて詳細な検討を実施した．河川環境に及ぼす影響の把握については，河川環境情報図に，各検討ケースを重ね合わせることにより行った．

そして，各検討ケースについて，
- どのような環境がどの程度改変されるのか
- 注目すべき生物種等の生息・生育環境に対してどの程度の影響を及ぼす

のか
という点に着目して検討を行った．

各検討ケースについて，治水上の効果，環境への影響を把握し，治水・環境の両面から総合的な評価を行って，改修計画案を策定した．

ある検討対象区間の改修計画案を設定するに当たっての基本的な考え方を以下に示す．

① 瀬・淵が連続するとともに，自然な水際部が存在し，これらがアユ等の魚類の良好な生息環境を形成していることから，水域および水際部はなるべく手をつけず，高水敷を掘削することなどにより，洪水の流下能力を確保する．

② 樹木群については，下記の観点に基づき保全・伐採を検討する．
   - 北川に本来ある樹木か
   - 自然環境上の機能（魚付き林，動物の生息場所等）
   - 社会環境上の機能（地域の歴史・文化との関連等）
   - 治水上の機能（水防林等）

③ 高水敷の掘削高については，下記の観点から検討を行い，平水位 +1 m 程度とする．
   - 低すぎると洪水時の河床変動の影響により，低水路の低下につながるおそれがある
   - 高すぎるとすぐに樹木が繁茂し，維持管理に支障を来すおそれがある

水理解析は，樹木群の影響を考慮する必要があったため，準二次元解析手法を用いた．検討区間は約 15 km にも及ぶため，議論のしやすさを考慮し，河川環境や河川形態をもとに 7 区間に分割し，対象区間ごとに検討を行った．

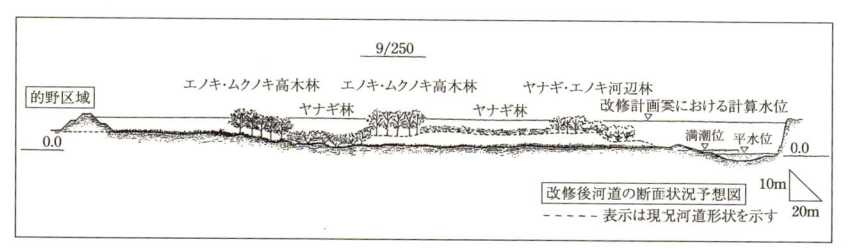

図 11.2.5 改修後河道の断面状況予測図（点線の下の白抜きの部分が掘削される部分）
（九州地方建設局等，1999）

そして，各区間の検討が終了した後に，全区間の検討結果を整理・分析し，全体として整合がとれるよう必要な修正を行って改修計画案を作成した．

最終的な改修計画案の例として，区間IV（的野・本村地区）について，その計画の概要を図 11.2.4, 図 11.2.5 に示している．

11.2.5 改修後河道の安定性の評価

北川の改修に当たっては，相当区間にわたって高水敷の掘削等を行うことから，改修後の河道断面については，出水等により，その形状が変化することも考えられる．そこで，摩擦速度の分析，河床変動計算，過去の航空写真や河道の平面図・縦断図・横断図を重ね合わせることによる瀬・淵の変遷の分析等により，改修後河道の変化（川幅の変化，河床の縦断形状の変化，淵の形状の変化等）について検討を行った．

11.2.6 モニタリング調査

河道掘削や樹木伐採等による河床形状の変化や生物の生息・生育環境への影響の予測は，困難な部分もあるので，モニタリング調査が行われている．

モニタリング調査対象項目を表 11.2.3 に示す．河川環境の変化を対象区間の全川で俯瞰的に把握するために特定の項目あるいは生物種について全川にわたって実施する調査（全体調査）と，激特事業による影響が大きいと考えられる地区，環境保全対策を実施した箇所，特異な環境の箇所等において物理的な環境や生物等への影響を把握するために実施する調査（重点地区調査）の2つに分類して，モニタリング調査を実施している．

11.2.7 おわりに

本節では，北川激特事業における改修計画の検討経緯と計画の概要について紹介した．

学識経験者等の指導を得て，必要とされる治水安全度の確保と良好な河川環境の保全・復元を目指した改修計画を策定することができた．

本検討においては，試行錯誤の後に，「河川環境情報図」という表現手法を開発することができた．この図を用いることにより，対象区間の河川環境の特徴を容易に把握することができるとともに，さまざまな立場，専門の

11.2 北川における河川改修計画

表11.2.3 北川モニタリング調査対象項目

分類	調査対象	調査種類	調査項目
河川形状および材料調査	河道状況（瀬・淵，砂州，ワンド等の形状）	全体	航空写真撮影
		全体	河川測量
		重点	ワンドの地形測量
		全体	定点写真撮影
	高水敷材料	重点	土壌調査
	河床材料	全体	材料調査
	底質	重点	底質調査
河川流況調査	河道流況	重点	流況撮影（ビデオ撮影）
	霞堤開口部流況	重点	流況撮影（ビデオ撮影）
		重点	水位観測
	河川水位	全体	定点水位観測
	河川流量	全体	定点流量観測
		全体	定点横断測量
	浮遊砂量	重点	濁水採取分析
	高水敷冠水頻度	全体	位況・流況整理
	粗度係数・流速等水理量	全体	水理検討（検証・推算）
水質調査	水質	全体	濁度・SS・pH・電気伝導度
	塩分濃度	全体	電気伝導度・塩分
	塩水遡上	全体	電気伝導度・水位・水温・気温
生物調査	魚介類	重点	魚類相
		全体	アユ産卵場
		全体	アユ漁獲量
		重点	ワンド内魚類相および支内川魚類相
	底生動物	重点	底生動物相
		全体	カワスナガニ生息量
		重点	ワンド内底生動物相および友内川底生動物相
		全体	カワニナ生息量
	植物	全体	植生（植生図作成）
		重点	植物相
		重点	掘削箇所植物相
		重点	堤防覆土箇所の植物
		重点	コドラート・ベルトランセクト
		重点	ラジコンヘリでの低高度空中写真撮影
		重点	移植植物等追跡
		全体	コアマモ分布
	鳥類	重点	鳥類相
		全体	オオヨシキリ・イカルチドリの繁殖

分類	調査対象	調査種類	調査項目
生物調査	哺乳類・爬虫類・両生類	重点	哺乳類・爬虫類・両生類
		全体	カジカガエル
		重点	カメトラップ
		重点	ヘビトラップ
		重点	カヤネズミの巣
		重点	ネズミのトラップ
	陸上昆虫類	重点	陸上昆虫類相
		全体	ホタル生息量
河川空間利用調査	河川利用	全体	河川利用（水域・陸域）

方々から構成される委員会において，北川の河川環境に対する認識の擦り合わせをスムーズに行うことができた．河川環境情報図は，今後，他の河川においても河川整備計画の検討や河川管理などの場面で，有効なツールになるものと思われる．

また，本事業においては，事業の実施段階から，生物の生息・生育状況や河道形状などについてモニタリング調査を行い，その結果に基づき，必要な場合には事業内容などを修正することとされている．

このようなモニタリング調査を行うことにより，河道掘削という環境インパクトが与えられた場合に，それに対してどのように自然環境が変化したのかという情報も蓄積することができ，良好な河川環境を保全・復元するための技術の確立にも寄与するものと思われる．

11.3 乙川における河川改修計画

11.3.1 はじめに

乙川は，愛知県の額田町，岡崎市を流れ矢作川に合流する延長約 34 km，流域面積約 260 km² の一級河川である．1971（昭和46）年の洪水では，堤防が数箇所決壊し多大な被害が発生するとともに，1971 年以降も相次いで洪水被害が生じている．乙川中流域の現況河道の疎通能力は不足している状況にあり，河川改修が急務となっている．

一方，乙川には「男ノウズ」「女ノウズ」「仁田の瀬」などの名前のついて

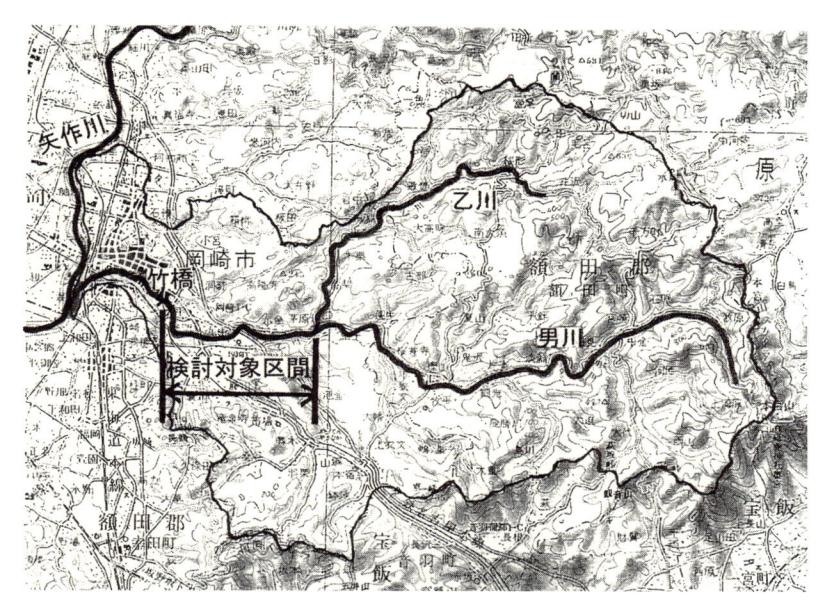

図 11.3.1　検討対象区間

いる瀬や淵が多く存在しており，これらの水域は，魚類などの生物の良好な生息場所となっている．また，水際域や陸域は，エノキなどの河畔林があり，多くの重要な種が生息・生育している．このように乙川は，生物の良好な生息・生育場所となっており，その自然環境の保全が求められている．

改修計画案の策定に当たっては，治水安全度の向上，良好な生物の生息・生育環境の保全・復元，多様な河川利用などを十分に考慮する必要があったことから，河川工学，生物，景観，水質などの各分野の学識経験者から構成される乙川多自然型川づくり計画検討委員会（委員長：玉井信行東京大学大学院教授）が 1996（平成 8）年 7 月に設置され，改修計画の検討が行われた．

また，検討に当たっては，ワークショップ方式の会議が取り入れられた．会議中に提案された河道計画案についてその場で水位計算などを行い，検証・評価を行いながら，議論が進められた．

本節では，乙川多自然型川づくり計画検討委員会によりとりまとめられた乙川多自然型川づくり検討報告書の概要とその検討過程について紹介する．

表 11.3.1 乙川多自然型川づくり計画検討委員会名簿

	氏 名	専 門	所 属
委員長	玉井信行	河川工学	東京大学大学院工学系研究科社会基盤工学専攻 教授
委員	井手久登	生物	東京大学名誉教授
	奥田重俊	生物	横浜国立大学環境科学研究センター植生生態工学研究室 教授
	加藤和弘	生物	東京大学農学部付属緑地植物実験所 助教授
	河原能久	河川工学	土木研究所河川部都市河川研究室 主任研究員
	北村忠紀	河川工学	京都大学大学院工学研究科環境地球工学専攻 助手 (-1997年7月)
	小出水規行	河川工学	豊橋技術科学大学工学部建設工学系 助手
	篠沢健太	景観	大阪芸術大学芸術学部環境計画学科 講師
	白川直樹	河川工学	東京大学大学院工学系研究科社会基盤工学専攻 助手
	髙田靖司	生物	愛知学院大学歯学部解剖学第2講座 講師
	辻本哲郎	河川工学	名古屋大学大学院工学研究科地圏環境工学専攻 教授
	冨永晃宏	河川工学	名古屋工業大学工学部社会開発工学科 教授
	中村俊六	河川工学	豊橋技術科学大学工学部建設工学系 教授
	東 信行	生物	弘前大学農学生命科学部生産生物科学科 助教授
	細見正明	水質	東京農工大学工学部応用化学科 教授
	水野信彦	生物	愛媛大学名誉教授
事務局	愛知県土木部河川課長		本守眞人
	愛知県土木部河川課		佐藤政明, 沼野秀樹, 岡島充典, 寺西億人
	愛知県岡崎土木事務所長		葉山公久
	愛知県岡崎土木事務所		萩原紘一, 近藤 朗, 竹田一夫
	(財)リバーフロント整備センター研究第二部		池内幸司, 糸魚川孝榮, 飛鳥川達郎, 大谷 徹
	パシフィックコンサルタンツ株式会社		高木茂知, 市山 誠, 蔵原洋美, 渡邊治久

(敬称略, 委員については五十音順, 1999年2月時点)

11.3.2 多自然型川づくりの基本方針

　乙川の河道計画の策定に当たっては，必要とされる治水上の安全性を確保しつつ，乙川らしい生物の良好な生息・生育環境をできるだけ保全することを基本とした．やむをえず改変せざるをえない場合においても，最低限の改変にとどめるとともに，良好な自然環境の復元が可能となるように川づくり

を行うことを目標とした．この際，乙川に生息・生育する生物の調査や乙川における潜在自然植生のとらえ方とその活用方法，乙川の河道特性と環境特性の変遷の把握など，さまざまな検討を実施していくことが必要である．以下に，基本方針の4つを具体的な形で示す．

①水生生物の良好な生息場所となっている水域をできる限り保全する

乙川には，「男ノウズ」「女ノウズ」「仁田の瀬」など名前の付いている瀬や淵が，多く存在している．これらの水域は，ゼゼラ，ヤツメウナギ，オイカワ，カワムツ，カワヨシノボリ，アユなどに良好な生息場所を提供しており，検討区間における象徴的な環境要素のひとつとなっている．

このため，河川改修に当たっては，平水位以下の河床には手を入れないことを基本とし，現在の水域の環境をできる限り保全していくものとする．

②水際域や陸域の生物の生息・生育場所の保全・復元を図る

乙川の水際域や陸域は，ツルヨシなどの草本類，エノキ，タケなどの河畔林，ミカワオサムシ，ゲンジボタル等の生物が生息・生育する場となっている．また，ミツデウラボシ，ヒメカンアオイ等の重要な種も生息・生育しており，中流部の河畔にあるサギのコロニーは，当該付近では重要なサギの営巣地となっている．さらに，淵などに覆いかぶさる河畔林は，魚類等にとって良好な生息場所を提供している．

このため，河道改修に当たっては，これらの生物の生息・生育場所をできる限り保全・復元していくこととする．とくに，水際部の保全は，水域の安定化に寄与することから，十分検討したうえで実施していく必要がある．

③乙川の景観（ランドスケープ）を構成する河畔林をできる限り保全・復元する

河畔林は，乙川の景観（ランドスケープ）を構成する重要な環境要素であり，できる限り保全・復元していくものとする．

乙川の河川植生としては，全域を通じモウソウチク・マダケなどの竹林やスギ植林などの植生が広く分布しており，全般的に単調といえる．そのなかでエノキ林は，乙川にまとまって存在する数少ない自然植生であるとともに，潜在自然植生と位置づけられる樹木である．

このため，河道改修に伴い，樹木の伐採が必要となった場合には，エノキ林を優先的に保全していくこととし，やむをえず伐採しなければならない場

合には，代償措置を検討する．また，同様に山付林は，連続した環境条件の確保といった観点からも重要であり，保全を図っていくこととする．

④市民，学識経験者，関係団体，沿川自治体等の理解と協力を得ながら川づくりを行う

市民，学識経験者，関係団体，沿川自治体等の理解と協力を得ながら川づくりを進めていくことが重要である．このためには，川に関する情報を発信していくとともに，計画・設計・施工・維持管理の各段階において，市民等と情報交換を行っていくことが必要である．

川づくりに関連する情報提供に当たっては，できる限り多くの方々に理解していただけるよう配慮していくことが必要である．また，情報収集に関しても，市民からの日常的な情報収集や懇談会などさまざまな手段により行っていく必要がある．

11.3.3 検討の進め方

検討に当たっては検討委員会が設置され，委員会が6回，ワークショップが3回開催された．実施されたワークショップは，河道計画案の抽出からその決定までを，河川工学，生物，景観，水質等各分野の学識経験者，河川管理者，事務局も含めた全員で議論し，全員の納得が得られるまでフィードバック作業を行うことに特徴がある．

検討対象区間は約8kmと長いため，河道特性や環境特性からある程度まとまりをもった区間に5分割し，区間ごとの特性を踏まえて検討を行った．水理解析手法は，河道内樹木の影響を考慮した準二次元解析手法を用いた．

各区間について，「対象区間の河道特性および環境特性の把握→河道計画案の抽出→その場での水位計算→結果の評価→必要な場合には計画案を修正→水位計算→結果の評価」という作業が全員の納得が得られるまで繰り返された．また，検討区間の河川模型を作成し，河川形状を立体的に把握したり，アイデアの書き出しや河道計画案の抽出に当たっては，ホワイトボードを多数使用するなどの工夫が行われた．このため，通常の委員会が2-3時間であるのに対し，ワークショップでは1回当たりの討議が10時間を超えたこともあった．しかしながら，現状の認識から河道計画策定上の課題の抽出，計画案の決定までの各段階において，出席したメンバーが同一の場で実感とし

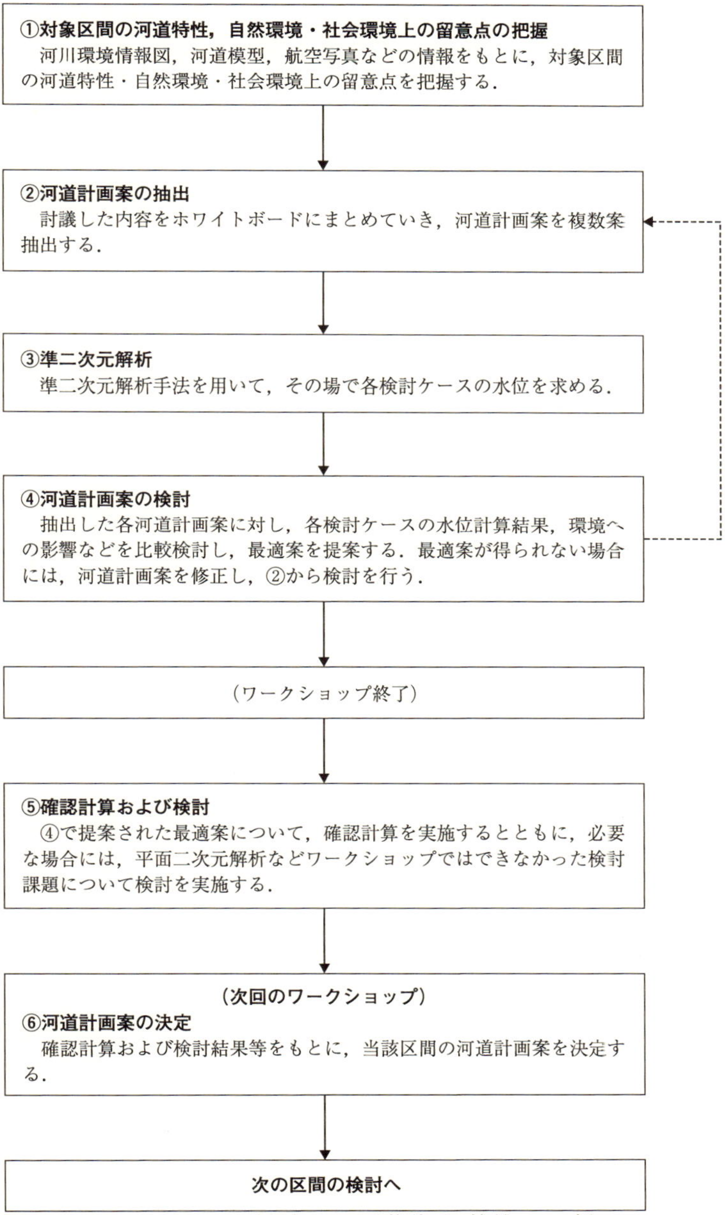

11.3 乙川における河川改修計画

①対象区間の河道特性，自然環境・社会環境上の留意点の把握
　　河川環境情報図，河道模型，航空写真などの情報をもとに，対象区間の河道特性・自然環境・社会環境上の留意点を把握する．

②河道計画案の抽出
　　討議した内容をホワイトボードにまとめていき，河道計画案を複数案抽出する．

③準二次元解析
　　準二次元解析手法を用いて，その場で各検討ケースの水位を求める．

④河道計画案の検討
　　抽出した各河道計画案に対し，各検討ケースの水位計算結果，環境への影響などを比較検討し，最適案を提案する．最適案が得られない場合には，河道計画案を修正し，②から検討を行う．

（ワークショップ終了）

⑤確認計算および検討
　　④で提案された最適案について，確認計算を実施するとともに，必要な場合には，平面二次元解析などワークショップではできなかった検討課題について検討を実施する．

（次回のワークショップ）

⑥河道計画案の決定
　　確認計算および検討結果等をもとに，当該区間の河道計画案を決定する．

次の区間の検討へ

図 11.3.2　ワークショップ方式による改修計画の検討フロー例

て体験できたことにより，結果的に早く結論（意見の合意）を導き出せたといえる．事業計画の策定過程においては関係者の間で合意形成を行う必要があるので，こうしたワークショップ形式の討論をさまざまな段階で行うことが有効である．

図 11.3.2 に，ワークショップの手順の概要を示す．

11.3.4　改修計画の検討

多自然型川づくりの検討対象区間は約 8 km と長いため，河道特性や環境特性から，ある程度まとまりをもった 5 つの区間に分割し，各区間ごとに検討を行った．各区間の検討が終了した後に，全区間の検討結果を整理分析し，全体として整合がとれるよう必要な修正を行って改修計画案を作成した．

改修計画検討の例として，ある区間における改修計画の検討の概要を以下に示す．

①自然環境上の留意点
○水域の環境

魚類では，カマツカ属の一種である「ゼゼラ」が確認されている．ゼゼラは乙川固有の種ではないが，愛知県において生息範囲が限られているため，保全対策を講じなければならない種となっている．丸岡橋下流左岸に城淵があり，城淵付近から丸岡橋上流ではオシドリの飛来が確認されている．また，丸山堰下流に瀬が形成されている．

○陸域の環境

城淵対岸の高水敷にある竹林周辺は，サギのコロニーとなっている．竹林の堤防側には，マツの植林やスギ・ヒノキの植林が繁茂しており，コロニーに対する緩衝帯（目隠し，防風など）となっているものと思われる．丸岡橋上流右岸には，まとまりのあるエノキ群落があり，魚付き林となっている．

②社会環境上の留意点

大平橋は国道 1 号線の橋梁であり，交通量も非常に多い重要な施設となっている．大平橋上流と丸岡橋の右岸沿いには，それぞれ数棟の工場が立地しており，その地盤高が低いため，改修上の配慮が必要である．丸岡橋は，地域の交通網として利用されているが，老朽化が進み，幅員も自動車が一台通過できる程度で，桁下高も周辺の地盤高よりも低くなっている．

11.3 乙川における河川改修計画 413

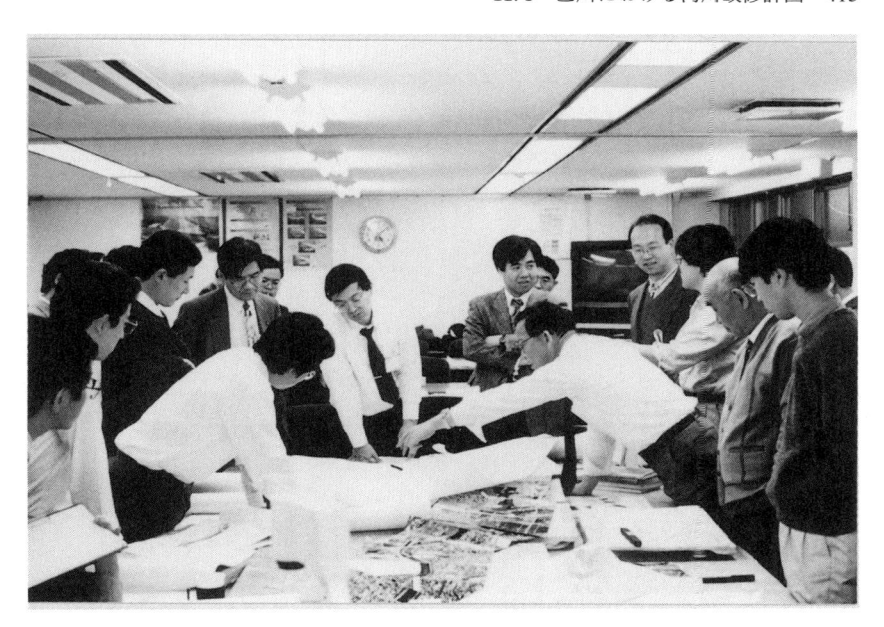

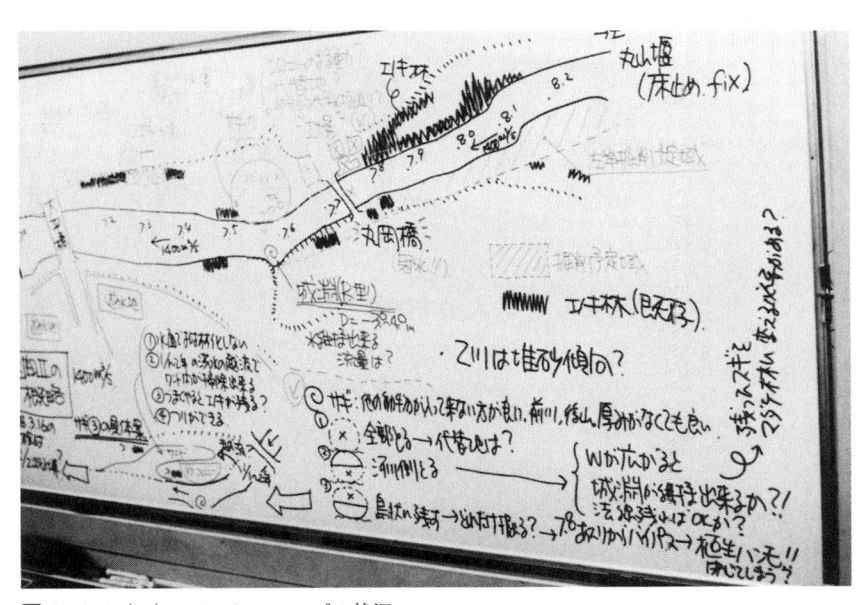

図 11.3.3（a） ワークショップの状況

414　第11章　良好な河川環境の保全・復元を目指した河川計画の事例

図 11.3.3 (b)　ワークショップの状況

11.3 乙川における河川改修計画　415

図11.3.3（c）　ワークショップの状況

③河道計画案の検討

　丸岡橋下流のサギのコロニーは，水際まで広がっており洪水の疎通の妨げとなっている．河積を確保するためにはサギの生息場所を保全しつつ樹木の伐採等を検討する必要がある．

　サギのコロニーおよび丸岡橋周辺における河積拡大方策として以下の2案を河道計画案として抽出した．

　　○水際部拡幅案…コロニーの低水路側の樹木を半分程度伐採し，高水敷を平水位以上の高さで掘削する案
　　○ワンド掘削案…コロニーの右岸側の樹木を半分程度伐採し，その位置にワンドを整備する．ワンドへの洪水流の流入を考慮して，丸岡橋右岸側を年に数回はワンドに流入する高さまで掘削する

　なお，2案とも丸岡橋上流左岸の高水敷は平水位 +50 cm 程度の高さまで掘削することにより，河積を拡大する．これにより，右岸側のエノキの群落などの植生を保全することができる．

　サギのコロニーには横断方向の厚みはそれほど必要ないといわれており，2列の樹木にコロニーが形成された例も報告されている．そこで，5割程度の樹木の伐採を行うこととしたが，樹林地が水際に接するように，また人間や外敵がコロニーに侵入できないように工夫する必要がある．

　サギのコロニーをすべて伐採する河積拡大案も検討されたが，周辺の河道内に現在のコロニーの代替地として適当な場所が見つからなかったため，この案は採用しないものとした．

　河道計画の比較案を表 11.3.2 に示す．

④河道計画案の総合評価

　計算水位は，ケース1（現況河道）において，ほぼ全区間で堤内地盤高より高くなり，4 m 以上も高くなる箇所もある．ケース2, 3は，ケース1の計算水位と比べて 1-2 m 程度低くなる．また，ケース2, 3の計算水位は，堤内地盤高と比べて高いところでも 2 m 程度に抑えることができるとともに，第Ⅱ区間の約半分に当たる丸岡橋下流のほとんどの区間で，堤内地盤高より低くなる．

　築堤高は，ケース1において平均で 3.2 m 程度であり，高い箇所では 4.5

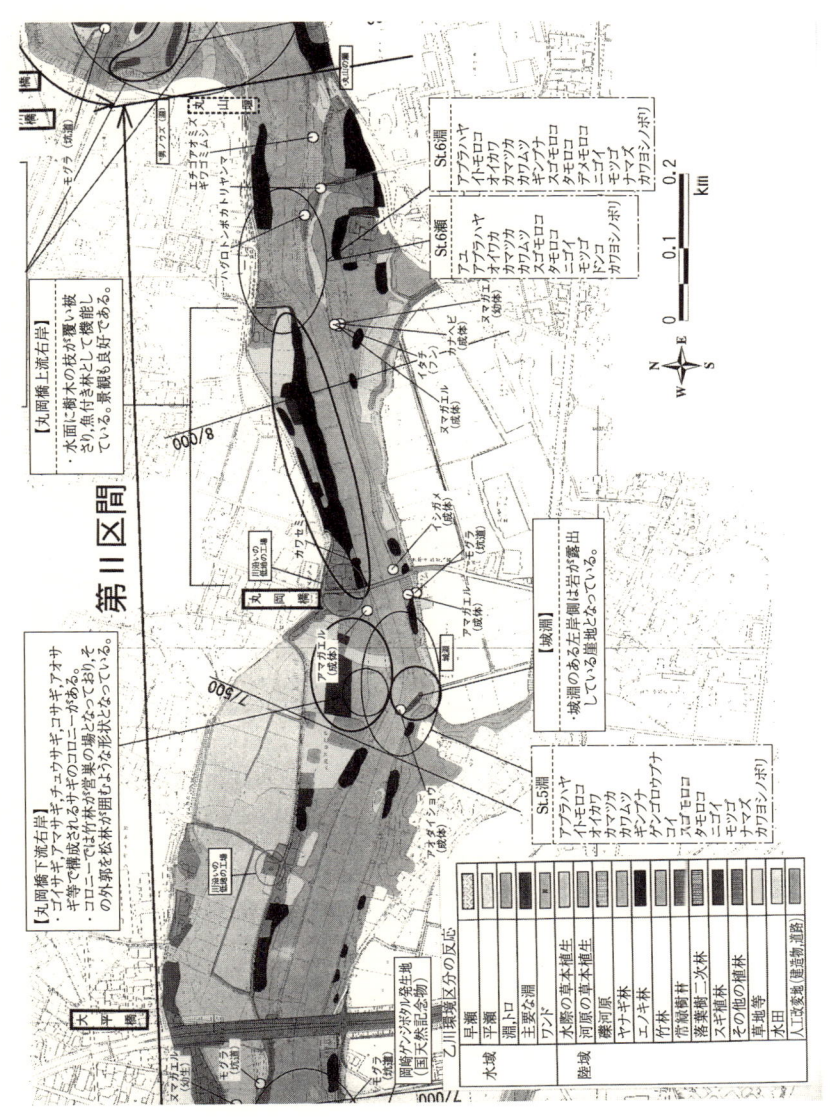

11.3 乙川における河川改修計画　417

図 11.3.4　検討区間の河川環境情報図

418 第11章 良好な河川環境の保全・復元を目指した河川計画の事例

ケース①：
現況河道

サギのコロニー
丸岡橋

ケース②：
サギのコロニーの低水路側を伐採・掘削

平水位+50cm程度まで掘削
サギのコロニー
丸岡橋
城淵
サギのコロニーの低水路側を伐採・掘削

ケース③：
サギのコロニーの背後にワンドを開削

平水位+50cm程度まで掘削
TP+23m程度まで掘削
サギのコロニーの背後にワンドを創出
丸岡橋
城淵
サギのコロニー

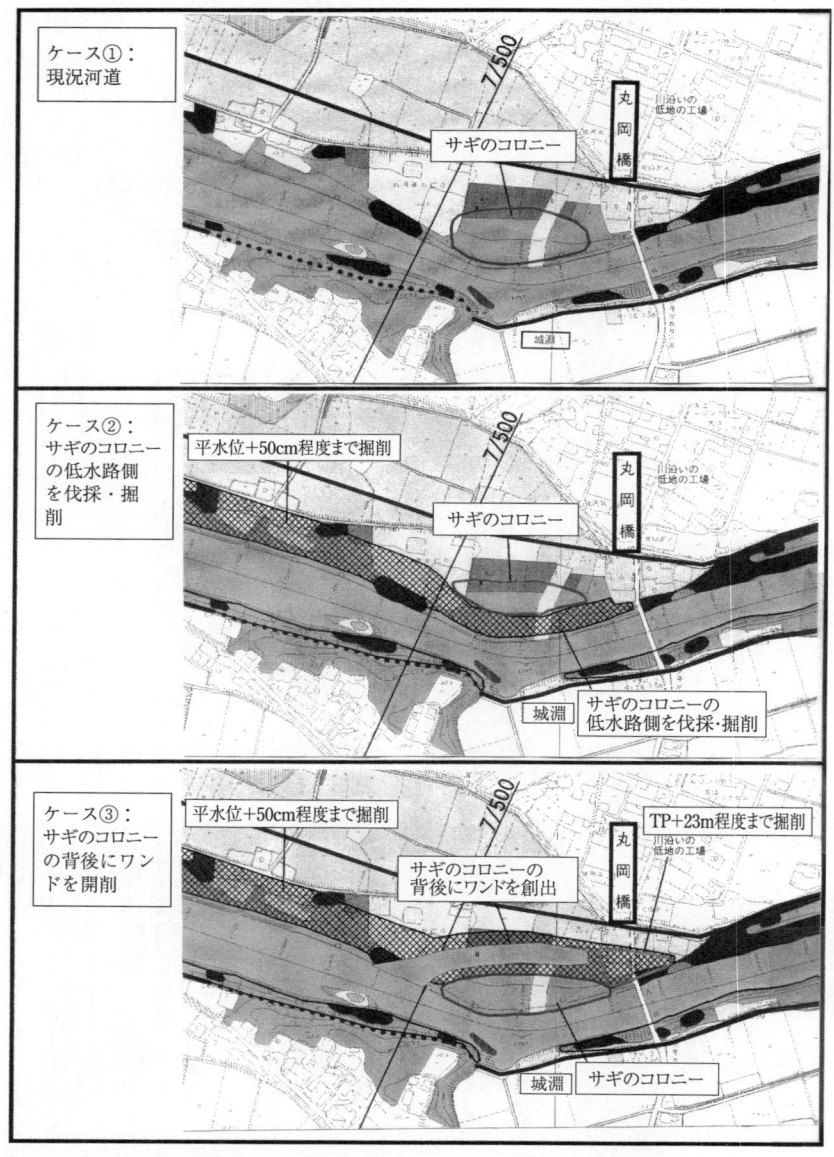

図11.3.5 河道計画案の比較検討図

表 11.3.2 河道計画の比較案

ケース	河床の改変	サギのコロニーの扱い	その他
1	現況河道	現況保全	現況
2	サギのコロニー伐採部分の河床を平水位+50 cm程度まで掘削する	低水路沿いの約半分を伐採する	―
3	サギのコロニー伐採部分にワンドを開削する	右岸側の約半分を伐採する	ワンドの上流部を年に2-3回程度冠水する高さまで掘削する

表 11.3.3 河道計画案の比較検討

ケース	治水面	環境面
1	●計算水位は，ほぼ全区間で堤内地盤高より高くなり，4 m以上も高くなる箇所もある． ●築堤高は，平均でも3.2 m程度であり，高い箇所では4.5 m以上となる．	●サギのコロニーは現状のまま保全が可能である．
2	●ケース2，3の水位差はごくわずかであり，ケース3のほうが若干低い．	●サギのコロニーとなっている樹木群の面積が半分程度になる．
3	●計算水位は，現況河道（ケース1）の計算水位と比べて1-2 m程度低くなる．計算水位は，堤内地盤高と比べて高いところでも2 m程度に抑えることができるとともに，第Ⅱ区間の約半分に当たる丸岡橋下流のほとんどの区間で，堤内地盤高より低くなる． ●築堤高は，平均で1.5 m程度で，現況河道（ケース1）の半分程度となり，2 m以上となる区間も数ヵ所と少ない．	●サギのコロニーとなっている樹木群の面積が半分程度になる． ●ワンドにより，外部の動物や人間の侵入からサギのコロニーを守ることが期待できる． ●ワンドの水質は，流水の流入によりある程度保たれると予想される．

m以上となる．ケース2，3の築堤高はケース1の半分程度に抑えられる．

ケース2，3の水位差はごくわずかであるが，ケース3ではワンドの整備によって，外部の動物や人間の侵入からサギのコロニーを守ることができるとともに，多様な河川環境の保全が期待できる．

以上の検討により，本検討区間においては，ケース3を提案した．

11.3.5 多自然型川づくり計画策定に関する今後の課題

乙川の多自然型川づくり計画の検討内容を踏まえ，多自然型川づくり計画を今後策定していく際の課題を以下に示す．

①河川環境調査の実施方法について

本計画策定においては，初期の段階から自然環境の調査を実施しながら検討を進めてきた．この調査は，乙川らしい環境を把握するためのものであり，「優先して保全すべき生物の生息・生育環境」を示すことにより，川づくり計画の策定において有効に活用することができた．しかしながら，現況の自然環境に河川改修等のインパクトが与えられた後の河川環境の応答に関する知見の蓄積が十分ではないので，改変する部分の将来の環境を予測するまでには至らなかった．

このようなことから，河川改修後の自然環境のモニタリング調査を行い，現況にインパクトが与えられた場合の自然環境の応答に関する知見を蓄積し，今後の川づくりにいかしていくことが必要である．

また，環境調査を実施する際には，個別の調査を積み重ねていくだけではなく，動物，植生，河川の物理環境との相互の関連性について評価が可能なように，調査の地点，時期，手法等の整合を図りながら実施していくことが必要である．

②河川域における潜在自然植生の設定について

潜在自然植生とは，ひとつの植生概念であり，「ある土地の代償植生を持続させている人為的干渉が全く停止されたとき，今その立地が支えることのできると推定される自然植生」（『岩波生物学辞典』より抜粋）である．また，潜在自然植生は，地形や土壌条件が変化しないことを前提としたものである．

このようなことから，攪乱の多い河川域での潜在自然植生の提案は，従来行われてこなかった．しかしながら，河川改修という人為的な改変が加わる場合には，潜在自然植生という軸を通して将来の植生を推定していくことが重要と考えられる．

こうした考えのもとに，初期の段階から河川域および沿川の植生調査を行い，河川域における潜在自然植生の提案を行うことができた．河川域内でも洪水等による攪乱の比較的少ない場所，たとえば高水敷の地盤の高い区域に

は直接的に適用が可能であり，エノキの代替地の選定に当たり，潜在自然植生の考え方を活用した．今後は，攪乱の大きな区域における将来の植生を予測する手法について検討していく必要がある．

③計画策定方法の改善・修正方法について

本計画策定のための方法として6回の検討委員会と3回のワークショップを実施した．このうち学識経験者や関係者によるワークショップは，新しい試みであり，1回当たりの討議時間としては長時間を要したものの，お互いの理解を深めることができ，結果的に早く結論（意見の合意）を導き出せたものと思われる．

その際，検討区間の河川模型を用いることにより，河川形状を立体的に把握することができ，関係者が共通認識をもつことができた．また，提案された河道計画案の水理計算を速やかに行い，その結果をわかりやすく表示するツールを開発できた．これにより，ワークショップの限られた時間の中で河道整備計画の採用案を決定することができた．

水理計算においてもっとも時間を要した作業は地形条件の変更であった．たとえば，高水敷を掘削する場合には，一断面ごとの河床データの変更を必要とした．今後は，地形条件等の変更に対応して，速やかにデータを修正できるツールの開発が必要である．

11.3.6 おわりに

11.3節では，乙川における改修計画の検討経緯と計画の概要等について紹介した．多分野にわたる学識経験者の指導を得て，必要とされる治水安全度の向上，良好な生物の生息・生育環境の保全・復元，多様な河川利用などを十分に考慮した改修計画を策定することができた．本検討においては，新たに開発したリアルタイムの水位計算ツールや多数のホワイトボードを活用したワークショップ方式による検討，潜在自然植生の検討，河川環境情報図の作成・活用など先駆的な手法が導入された．

本検討で試みられたさまざまな計画策定手法が，他の河道計画策定の際にも適用され，生物の良好な生息・生育環境の保全・復元や河川の適正な利用を考慮した河川整備・管理がより一層推進されることが望まれる．

カラム-6　自然再生推進法

　2002年12月に「自然再生推進法」が議員立法により成立した．この法律の「目的」は，自然再生についての基本理念を定め，および実施者等の責務を明らかにするとともに，自然再生基本方針の策定その他の自然再生を推進するために必要な事項を定めること，および，自然再生に関する施策を総合的に推進し，もって生物の多様性の確保を通じて自然と共生する社会の実現を図り，併せて地球環境の保全に寄与することである（第一条）．

　この法律における「自然再生」とは，過去に損なわれた生態系その他の自然環境を取り戻すことを目的として，関係行政機関，関係地方公共団体，地域住民，特定非営利活動法人，自然環境に関し専門的知識を有する者等の地域の多様な主体が参加して，河川，湿原，干潟，藻場，里山，里地，森林その他の自然環境を保全し，再生し，もしくは創出し，またはその状態を維持管理すること，と定義されている（第二条）．また，「基本理念」として，自然再生は，健全で恵み豊かな自然が将来の世代にわたって維持されるとともに，生物の多様性の確保を通じて自然と共生する社会の実現を図り，併せて地球環境の保全に寄与することを旨として適切に行われなければならない，とされている（第三条）．

　実施の段階に関しては，国および地方公共団体は，地域住民，特定非営利活動法人その他の民間の団体等が実施する自然再生事業について，必要な協力をするよう努めなければならない，とされている（第四条）．また，この法律に基づいて自然再生事業を実施しようとする者（河川法，港湾法，その他の法律の規定に基づき自然再生事業の対象となる区域の一部または全部を管理する者からの委託を受けて自然再生事業を実施しようとする者を含む）は，基本理念にのっとり，自然再生事業の実施に主体的に取り組むよう努めなければならない，とされている（第五条）．

　政府は，自然再生に関する施策を総合的に推進するための基本方針を定めなければならない，とされており（第七条），この自然再生基本法は2003年4月に閣議決定された．この法律における主務大臣は，環境大臣，農林水産大臣および国土交通大臣である（第十八条）．

　この法律は，2003年1月1日から施行されている．

カラム-7　自然再生への取り組み

　2003年1月に自然再生推進法が施行され，自然再生の目標と基本理念，責任のあり方，実施時の協議機関の設立などを法的に定めたことは大きな意義がある．自然再生推進法では特定非営利活動法人も自然再生事業を計画することができるようになったので，今後は国や地方公共団体などの管理者が実施する事業と法人が進める自然再生事業が相まって進展するものと考えられる．

　自然再生事業は2002年度に創設された国土交通省の予算制度である．これが制度化される前から，国土交通省は北海道における自然再生事業を先導的に行ってきた．ラムサール条約登録湿地であり，国立公園でもある釧路湿原は，自然の摂理を超える速さで乾燥化が進み，近年50年間で湿原面積が2割減少するとともに，湿潤環境で生育するヨシ群落の面積が半減し，より乾燥した環境で生育するハンノキ林の面積が，3倍以上に増加している．2000年6月には，湿原植生の変化の要因とされる湿原への流入土砂の抑制など，河川法に基づく具体的な管理が可能となるよう，湿原の大部分が河川区域に指定された．1999年度より，「釧路湿原の河川環境保全に関する検討委員会」が開催されており，2001年3月には当委員会より，湿原保全のための提言が出されている．

　また，標津川では2000年度より，「標津川流域懇談会」を開催し，地域の意見を聴取しながら，「標津川技術検討委員会」を開催し，自然復元型川づくりに関わるさまざまな技術的検討を行っている．昭和40年代の河川に復元することが目標であり，2001年度には試験的にひとつの蛇行を戻す工事が行われ，旧川の一区間に通水を開始した．全国初の大規模な自然復元のモデルケースとして，蛇行河川の復元や河川植生の保全など，さまざまな取り組みが行われている．

　国土交通省は自然再生事業を，河川，公園，港湾で行っている．河川に関係する事業は，湿地・自然河川・干潟の再生である．2003年以降には，湿地環境の復元（渡良瀬遊水地），旧河道を生かした蛇行河川の復元（荒川），河岸改良による干潟の復元（荒川）が検討されている．

　一方，環境省（生物多様性センター）は自然再生推進法を受けた形で，国土交通省と連携しながらサロベツ湿原，釧路湿原で直轄事業としての自然再生事業を進めている．また，大台ヶ原での事業も計画されている．

　釧路湿原においては，湿原のもっとも中心的な地域を保全することを最優先と考え，外部からの環境負荷を受けやすい湿原の周辺地域で，それぞれの地域の特徴に応じてテーマを設け，自然再生事業に取り組み始めている．す

なわち，湿原の再生（広里地域，1960年代後半に造成された農地跡地をヨシやスゲの湿原に再生する取り組み），森の再生（達古武地域，地元NPO法人との連携・協働によって荒廃した丘陵地に落葉広葉樹林を主体とした豊かな森を再生する取り組み），水環境の再生（塘路・茅沼地域，地元ベンチャー企業や高校との連携・協働によって水生植物を使った水質浄化を試みる取り組み）が行われている．

「サロベツ自然再生事業」は環境省・農林水産省・国土交通省とが連携して，利尻礼文サロベツ国立公園サロベツ地域とその周辺において実施しているものである．この事業においては，乾燥化しつつある湿原を復元したり，また，すでに開発された農地のうち条件の整っていない土地を利用して，緩衝地や遊水地としての機能をもつ湿原を再生することが目標である．このため，「サロベツ再生構想策定検討会」が設置され，関係する機関が情報・意見交換を行っている．

里山の復元を目的とした自然再生事業としては，埼玉県他による「くぬぎ山の雑木林」再生がある．

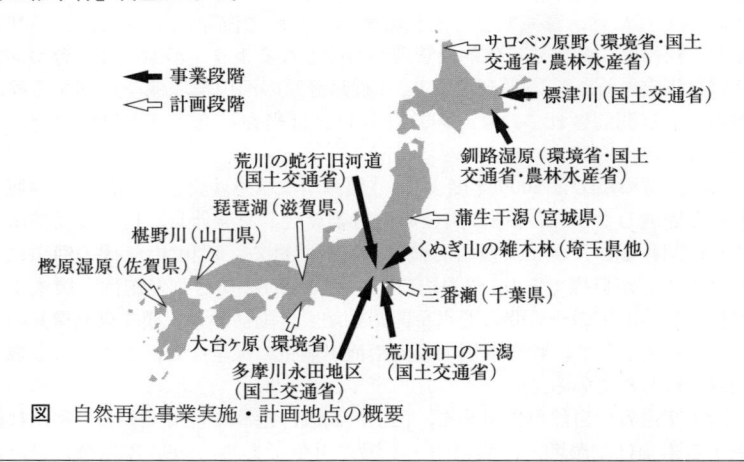

図　自然再生事業実施・計画地点の概要

参考文献

池内幸司（1999a）：北川激特事業における良好な河川環境の保全・復元を目指した川づくり，河川 1999-12月号（通巻641号），社団法人日本河川協会，36-41.

池内幸司（1999b）：河川環境情報図を活用した多自然型川づくり，環境新聞，平成11年5月26日号.

池内幸司（2000）：多自然型川づくりの基本的な考え方と課題について，多自然型川づくりシンポジウム報告，応用生態工学，3：2，応用生態工学研究会，258-260.

参考文献

池内幸司（2001）：良好な河川環境の保全と復元，河川 2001-3月号（通巻 656 号），社団法人日本河川協会，54-61．

池内幸司・糸魚川孝榮・大谷　徹・内田誠治・市村文昭（1999）：河川 環境情報図の作成と利用，リバーフロント研究所報告第 10 号，(財)リバーフロント整備センター，158-172．

池内幸司・金尾健司（2003）：日本における河川環境の保全・復元の取り組みと今後の課題，応用生態工学，**5 : 2**，応用生態工学研究会，205-216．

乙川多自然型川づくり計画検討委員会（1999）：乙川多自然型川づくり検討報告書，(財)リバーフロント整備センター，本文 217 pp.，参考資料 87 pp.

九州地方建設局・宮崎県・(財)リバーフロント整備センター（1999）：五ヶ瀬川水系北川　北川「川づくり」検討報告書，262 pp.

建設省土木研究所（1996）：中小河川改修と河川の自然環境，建設省土木研究所資料 3453 号，51 pp.

中小河川における多自然型川づくり研究会（1998）：中小河川における多自然型川づくり，(財)リバーフロント整備センター，32 pp.

山田常雄・前川文夫・江上不二夫・八杉竜一・小関治男・古谷雅樹・日高敏隆（1983）：岩波生物学辞典 第 3 版，岩波書店，1753 pp.

(財) リバーフロント整備センター（1999）：河川環境表現の手引き（案），45 pp.

V
総合管理編

12 経済評価

12.1 治水・利水における経済的評価法

12.1.1 治水経済調査要綱

　治水事業の経済評価には，投資効果を計測する指針として1970（昭和45）年にとりまとめられた「治水経済調査要綱」が使われている．1982（昭和57）年に最初の改正がなされ，12.5節で詳述する内閣総理大臣指示を受けて，2000（平成12）年に大幅な見直しが行われた．想定される洪水の確率規模別に治水工事によって防御される総便益と治水工事の総費用を計算し，その比をもって投資効果を判断する．実際には，資産分布調査，洪水氾濫調査，治水計画調査，そして治水効果解析調査というステップを踏んで費用便益分析を行う．

　資産の算定項目に挙げられているのは，家屋，家庭用品，事業所および農漁家の一般資産，営業停止による損失，間接被害，農作物，公共土木施設等である．各資産の算定に用いられる原単位とデフレータは毎年公表されている．また，被害率は冠浸水深，冠水日数，地盤勾配，土砂堆積厚などから資産項目別に設定されている．1999（平成11）年の改正（建設省河川局，2000）では，便益として地下街被害の軽減や土地の高度化便益などへも言及していること，新たに費用対効果の評価手法として，整備期間と投資計画，治水施設の維持管理費や間接的な諸費用および減価償却と残存価値の算定基準を導入したことが大きな改善点である．表12.1.1にあるダムの費用対効果の算出事例を示す．

　総費用は，治水施設の完成に要する今後の事業費と評価対象期間内での維

表12.1.1 あるダムの費用対効果の分析結果

(単位:100万円)

年次	年度(平成)	t	便益		費用								残存価値 ③	計①+②-③	費用便益比(B/C)
			便益	現在価値	建設費			①		維持管理費 ②		①+②			
					費用(ダム)	費用(河道)	費用合計	費用	現在価値	費用	現在価値	費用	現在価値			
整備期間(S)	3	0	0	0	29.4	0.0	29.4	29.4	29.4	0.0	0.0	29.4	29.4			
	4	1	0	0	44.0	0.0	44.0	44.0	42.3	0.0	0.0	44.0	42.3			
	5	2	0	0	73.4	0.0	73.4	73.4	67.9	0.0	0.0	73.4	67.9			
	6	3	0	0	110.3	0.0	110.3	110.3	98.1	0.0	0.0	110.3	98.1			
	7	4	0	0	184.0	0.0	184.0	184.0	157.3	0.0	0.0	184.0	157.3			
	8	5	0	0	219.8	0.0	219.8	219.8	180.6	0.0	0.0	219.8	180.6			
	9	6	0	0	325.9	0.0	325.9	325.9	257.5	0.0	0.0	325.9	257.5			
	10	7	0	0	329.6	0.0	329.6	329.6	250.5	0.0	0.0	329.6	250.5			
	11	8	0	0	295.0	0.0	295.0	295.0	215.6	0.0	0.0	295.0	215.6			
	12	9	0	0	295.0	0.0	295.0	295.0	207.3	0.0	0.0	295.0	207.3			
	13	10	0	0	225.6	0.0	225.6	225.6	152.4	0.0	0.0	225.6	152.4			
	14	11	0	0	553.8	0.0	553.8	553.8	359.8	0.0	0.0	553.8	359.8			
	15	12	0	0	512.8	0.0	512.8	512.8	320.3	0.0	0.0	512.8	320.3			
	16	13	0	0	1,476.9	0.0	1,476.9	1,476.9	887.0	0.0	0.0	1,476.9	887.0			
	17	14	0	0	1,538.4	0.0	1,538.4	1,538.4	888.4	0.0	0.0	1,538.4	888.4			
	18	15	0	0	3,128.1	0.0	3,128.1	3,128.1	1,736.9	0.0	0.0	3,128.1	1,736.9			
	19	16	0	0	3,692.2	0.0	3,692.2	3,692.2	1,971.3	0.0	0.0	3,692.2	1,971.3			
	20	17	0	0	5,312.6	0.0	5,312.6	5,312.6	2,727.4	0.0	0.0	5,312.6	2,727.4			
	21	18	0	0	4,065.5	0.0	4,065.5	4,065.5	2,006.8	0.0	0.0	4,065.5	2,006.8			
	22	19	0	0	4,615.2	0.0	4,615.2	4,615.2	2,190.6	0.0	0.0	4,615.2	2,190.6			
	23	20	0	0	1,476.9	0.0	1,476.9	1,476.9	674.0	0.0	0.0	1,476.9	674.0			
	24	21	0	0	984.6	0.0	984.6	984.6	432.1	0.0	0.0	984.6	432.1			

22	25	4,983.0	2,102.6	29.5	12.4	29.5	12.4
23	26	4,983.0	2,021.7	29.5	12.0	29.5	12.0
24	27	4,983.0	1,944.0	29.5	11.5	29.5	11.5
25	28	4,983.0	1,869.2	29.5	11.1	29.5	11.1
26	29	4,983.0	1,797.3	29.5	10.6	29.5	10.6
27	30	4,983.0	1,728.2	29.5	10.2	29.5	10.2
28	31	4,983.0	1,661.7	29.5	9.8	29.5	9.8
29	32	4,983.0	1,597.8	29.5	9.5	29.5	9.5
30	33	4,983.0	1,536.4	29.5	9.1	29.5	9.1
31	34	4,983.0	1,477.3	29.5	8.7	29.5	8.7
32	35	4,983.0	1,420.4	29.5	8.4	29.5	8.4
33	36	4,983.0	1,365.8	29.5	8.1	29.5	8.1
34	37	4,983.0	1,313.3	29.5	7.8	29.5	7.8
35	38	4,983.0	1,262.8	29.5	7.5	29.5	7.5
36	39	4,983.0	1,214.2	29.5	7.2	29.5	7.2
37	40	4,983.0	1,167.5	29.5	6.9	29.5	6.9
38	41	4,983.0	1,122.6	29.5	6.6	29.5	6.6
39	42	4,983.0	1,079.4	29.5	6.4	29.5	6.4
40	43	4,983.0	1,037.9	29.5	6.1	29.5	6.1
41	44	4,983.0	998.0	29.5	5.9	29.5	5.9
42	45	4,983.0	959.6	29.5	5.7	29.5	5.7
43	46	4,983.0	922.7	29.5	5.5	29.5	5.5
44	47	4,983.0	887.2	29.5	5.3	29.5	5.3
45	48	4,983.0	853.1	29.5	5.1	29.5	5.1
46	49	4,983.0	820.3	29.5	4.9	29.5	4.9
47	50	4,983.0	788.7	29.5	4.7	29.5	4.7
48	51	4,983.0	758.4	29.5	4.5	29.5	4.5
49	52	4,983.0	729.2	29.5	4.3	29.5	4.3
50	53	4,983.0	701.2	29.5	4.2	29.5	4.2

施設完成後の評価期間（50年）

432　第12章　経済評価

(単位：100万円)

年次	年度(平成)	t	便益		費						用			残存価値 ③	計 ①+② -③	費用便益比(B/C)
			便益	現在価値	建設費 ①			維持管理費 ②		①+②					
					費用(河道)	費用(ダム)	費用合計	現在価値	費用	現在価値	費用	現在価値			
施設完成後の評価期間(50年)	54	51	4,983.0	674.2					29.5	4.0	29.5	4.0			
	55	52	4,983.0	648.3					29.5	3.8	29.5	3.8			
	56	53	4,983.0	623.3					29.5	3.7	29.5	3.7			
	57	54	4,983.0	599.4					29.5	3.5	29.5	3.5			
	58	55	4,983.0	576.3					29.5	3.4	29.5	3.4			
	59	56	4,983.0	554.1					29.5	3.3	29.5	3.3			
	60	57	4,983.0	532.8					29.5	3.2	29.5	3.2			
	61	58	4,983.0	512.3					29.5	3.0	29.5	3.0			
	62	59	4,983.0	492.6					29.5	2.9	29.5	2.9			
	63	60	4,983.0	473.7					29.5	2.8	29.5	2.8			
	64	61	4,983.0	455.5					29.5	2.7	29.5	2.7			
	65	62	4,983.0	437.9					29.5	2.6	29.5	2.6			
	66	63	4,983.0	421.1					29.5	2.5	29.5	2.5			
	67	64	4,983.0	404.9					29.5	2.4	29.5	2.4			
	68	65	4,983.0	389.3					29.5	2.3	29.5	2.3			
	69	66	4,983.0	374.4					29.5	2.2	29.5	2.2			
	70	67	4,983.0	360.0					29.5	2.1	29.5	2.1			
	71	68	4,983.0	346.1					29.5	2.0	29.5	2.0			
	72	69	4,983.0	332.8					29.5	2.0	29.5	2.0			
	73	70	4,983.0	320.0					29.5	1.9	29.5	1.9			
	74	71	4,983.0	307.7					29.5	1.8	29.5	1.8			
合計				4,9675.3	0.0	29,488.8	29,488.8	15,853.2	1,475.0	278.1	30,963.8	16,131.3	602.3	15,529.0	3.02

持管理費とする．ただし，評価対象期間後に残存価値が評価できる場合には，これを費用から除く．つまり，総費用＝建設費（現在価値化）＋維持管理費（現在価値化）－施設等の残存価格（現在価値化）である．現在価値化に用いる割引率は4％（建設省河川局，2000）とし，現在価値化，維持管理費，残存価格はそれぞれ定義式に従って算出される．施設完成後の評価対象期間は50年間を目安とする．ダムは完成して初めてその治水機能を発揮するので，堤防と異なり整備期間中の維持管理費用は算定しない．この事例では，整備期間22年の建設費のみを現在価値化した158億5320万円に，評価対象期間の50年間の維持管理費2億7810万円を加え，残存価値6億230万円を引いた155億2900万円が総費用となる．

総便益は評価対象期間における治水事業実施の有無による被害額の差分とするが，将来の便益は割り引いて評価する．この事例では，評価対象期間である50年間に毎年49億8300万円の便益が生じる．つまり，50年間では2491億5000万円となるが，現在価値にして割り引くと，50年間の総計で469億7530万円の総便益と算定される．割引率は費用と同様で4％である．

経済性の評価は，総便益B/総費用Cで示されるから，このダムの事例では，469.753/155.29＝3.02となり，投資効果はプラスである．

12.1.2 多目的ダムの費用割り振り

利水事業の経済評価としては，多目的ダムのコストアロケーションを挙げることができる．1967（昭和42）年に決定された「新アロケーション方式要綱」では，それまでの「身代わり妥当支出法」に代わって「分離費用身代わり妥当支出法」を基準方式に採用した．分離費用身代わり妥当支出法は日本式SCRB法とも呼ばれ，アメリカ合衆国で提案されたSCRB法を日本の事情に適合するよう改良したものである．この方式では，まず各事業用途が最低限負担すべき金額を定め（分離費用），それを控除した事業費（残余共同費と呼ぶ）を分担者（治水，灌漑，上水，工水，発電）に割り振る．各事業用途が最終的に負担するのは，それぞれの専用費，分離費用，そして割り振られた残余共同費の合計ということになる（旧方式では分離費用を考慮しなかった）．

分離費用とは，ある用途が多目的ダム建設に参加するために生じる増分費

用のことである．つまり，その用途を除いたダムの建設費と本来の多目的ダムの建設費の差額である．しかし，わが国の多目的ダムの特性として重複利用が多いために，分離費用を明確に算出することは困難である．そこで，ダム容量配分計画に基づいて機械的に算出するように定められている．総計額から分離費用の和を引いたものが残余共同費である．残余共同費は，残余便益の割合に応じて各事業用途に割り振られる．残余便益は，身代わり建設費と妥当投資額の小さいほうから専用費と分離費用を引いた額で表される．表12.1.2に具体例を示す（佐々木，1992）．

　身代わり建設費とは，各用途のそれぞれについて，多目的ダムと同等の効用を有する代替の工作物を設置する場合の推定費用である．つまり，灌漑ダムや発電ダムをそれぞれ単独に建設した場合の費用のことである．妥当投資額は各用途の便益を示すもので，年効用から年経費を差し引いた金額を資本還元率（利子率，耐用年数，多目的ダムに固定資産税が課せられる場合にはその固定資産税率，国有資産等市町村に納付義務のある場合にはその税率）で除した金額である．年効用，年費用の算出方法は用途別に定められている．治水の用途では，妥当投資額は前節で説明した総便益と見なしてよい．利水（灌漑，上水，工水，発電）の用途では，年効用は農作物の収穫，水道料金の収益，発電価値の増分であり，年経費はそれらの維持に必要な費用となる．ただし，上水と工水に関しては原価主義により料金が建設費から算出される

表 12.1.2　大倉ダムのコスト・アロケーションの例　　　　　　　　（単位：100万円）

項目	治水	灌漑	上水	工水	発電	合計
a．身代わり建設費	2,760	3,710	2,480	2,290	—	
b．妥当投資額	6,060	1,483	1,782	1,518	473	
c．a,b いずれか小	2,760	1,483	1,782	1,518	473	
d．専用施設費		910			436	
e．(c−d)	2,760	573	1,782	1,518	37	
E．先行投資利益控除	2,760	394	1,782	1,108	37	
f．分離費用	540	290	240	170	26	1,266
g．残余便益 (E−f)	2,220	104	1,542	938	11	4,815
h．同上率	46.1	2.2	32.0	19.5	0.2	100
i．残余共同費配分	1,201	57	833	508	5	2,604
j．負担金額 (f+i)	1,741	347	1,073	678	31	3,870
k．負担率	45.0	9.0	27.7	17.5	0.8	100
l．竣工価格配分額	1,243	249	765	483	22	2,762

ため，妥当投資額は身代わり建設費と同額になるのが普通である（表12.1.2の例でそうなっていないのは，身代わり建設費では上水と工水それぞれの代替施設を想定しているのに対し，妥当投資額では両者の共同施設を想定しているからである）．また，発電価値とは有効出力の価値（kW価値）と有効電力量の価値（kWh価値）を合わせたものである．身代わり建設費や妥当投資額の計算に用いる単価，利子率等は随時見直しが行われている．

　身代わり建設費と妥当投資額のいずれか小さいほうから，専用施設費（その用途のみに必要な機能の設置費用で取水施設など）を差し引いたものがアロケーション評価の対象となる．表12.1.2のEにあるように，都市用水や農業用水の効用発揮がダム竣工から少し遅れて始まる場合，便益を割り引いて評価する．

　この方式は，その後，係数など細部の改正を重ねて今日も使われている．現在の多目的ダムはダム湖周辺を公園としたり環境用水を放流したりするなど前述の5者以外の役割も果たすようになってきており，それに対応したアロケーション手法の拡大が必要である．

12.2　自然復元事業の経済的評価

12.2.1　自然復元の価値と評価法の選択

　前節において治水および利水事業の経済評価法について述べた．しかし，治水にしろ利水にしろ現在採用されている評価手法には環境影響や自然復元といった要素が含まれていない．潜在自然型河川計画の総合評価には自然復元の評価が不可欠である．自然環境評価にはまだ定まった理論がないが，ここでは環境経済学をベースにした評価手法の現状と適用例を説明する．

　自然復元は，自然を復元するという行為，復元される自然，その自然が人間に及ぼす影響，という3つの階層で評価することができる．自然復元行為そのものの評価は，哲学や倫理による規範的な判断である．河川計画に関わる技術者や意思決定者は，社会の現状認識や河川のあるべき姿をどう描くかといった判断に基づいて，自然を復元することの善悪や必要性について他者を説得できる理論をもっていなくてはならない．本書では第Ⅰ部がこの点に

答えている．次の階層での評価は，復元される自然環境の物量や機能に着目する．対象となる自然環境はいくつもの物理量で表現され，その変化や変質によって復元の度合いが測られる．本書の第II部から第IV部がこれに当たり，工学的・理学的評価法といえる．

さらに，復元された自然の物量や機能が人間へ作用する階層では，人文・社会科学的な評価をなすことができる．そのひとつが経済評価である．経済学はそもそも個人の効用や社会の厚生を論じる体系であって，個人や社会を取り巻くさまざまな条件が変化したときに個人の効用や社会の厚生がどう変化するかをとらえるための理論である．自然復元によって自然環境が変化したときに個人の効用や社会の厚生がどう変化するか，それを計測するのが本節でいう自然復元事業の経済的評価の役割である．

治水や利水事業に比べて自然復元事業の経済評価が難航するのは，個人の効用や社会の厚生に自然環境が与える作用を明確化できないからである．自然環境の複雑さや不確定性をすべて織り込んだ評価は本質的に不可能だが，環境経済学は環境の作用を単純化してとらえることによって，後に説明する代替法や表明選好法などの評価手法を考案してきた．これらの評価手法をうまく組み合わせることによって，環境の価値をおおよそ見積もることができる．

人間が自然環境から受ける恩恵は，およそ4つの種類に分けることができよう（図12.2.1）．まずひとつはモノとしての恩恵である．木材の切り出しや河川水の取水がこれに当たり，使った分だけ減ってしまう（時間がたつと回復するものも含める）．次は場としての恩恵である．山野散策やスポーツ，

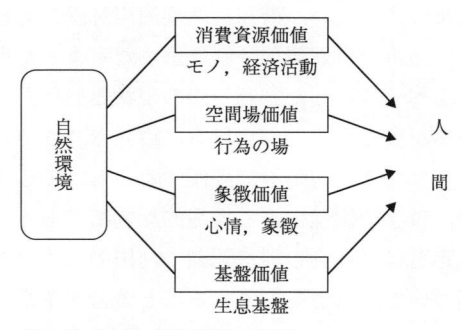

図 12.2.1 自然環境の価値

水遊びなどの利用形態では，自然環境はモノとして消費されることなく行為の場として利用される．第三に，景観や象徴としての恩恵がある．美しい花，ふるさとの山，象徴的な動物などは，それらについて考えるだけでわたしたちの心に何かを響かせ，豊かな気持ちにしてくれるものである．そして第四に，自然環境は人類の生息基盤を形成してわれわれの生存を支えている．動物・植物・微生物等の生物から土壌・水・大気等の無生物までが織りなす網目のなかで人間は暮らしているのである．この生息基盤を形成する役割のうち自然科学で明らかにされている部分はほんのわずかである．

以上の4種類の恩恵に対応する価値を，それぞれ消費資源価値，空間場価値，象徴価値，基盤価値と呼ぶことにする．これら4つの価値を合わせたものが自然環境の総価値になる．

4つの価値の特性に応じて，表12.2.1のように評価手法を組み合わせる．それぞれの手法については次項で述べるが，ひとつ注意しなくてはならないのは時間軸である．4つの価値にはそれぞれ現在発揮されている価値とされていない価値がある．現在無価値であっても将来価値を発揮する可能性があれば，それを無視してはならない（これを可能性価値と呼ぶ）．可能性価値は，割り引きやリスク分析などの方法を用いて経済評価に取り込むことができるが，世代間倫理や持続可能性といった規範的な議論に深く関わるため根拠のない安易な扱いは避けたほうがよい．

12.2.2　評価手法の各論

表12.2.1に示した各評価手法を簡単に説明する．

まず代替法は，評価対象を代替するのにかかる費用をもって評価額とする

表12.2.1 評価手法の選択

		適用すべき評価手法				
		代替法	顕示選好法	表明選好法	(自然科学)	(倫理・規範)
価値の種類	消費資源価値	○				
	空間場価値	△	○	○		
	象徴価値			○		
	基盤価値	△			○	
	可能性価値					○

○：最適，△：場合によって適用可能

方法である．自然環境をモノとして利用する場合，多くの資源は他の人工物で代替がきくので，この方法が使える．また，自然環境のひとつの機能だけを評価するのも容易である．たとえば流水の自浄作用や植生浄化を評価するには，浄水場を建設して運転する経費を算出して評価値とすればよい．レクリエーションの場としての評価も，代替地が近傍に得られる場合には可能である．また，同じ性質と機能をもつ自然地を復元する費用をもって対象自然環境を評価することもできる．たとえば，ダム建設によって水没する天然林を評価するのに，同面積の市街地を取得して構造物を撤去し，土壌改良して天然林にする費用によって計算した例がある（地域開発研究所，2000）．

顕示選好法は，地価や入場料などの取引データに対象物の価値が反映されていると見る方法である．ヘドニック法（地価）やトラベルコスト法（旅行費用）などがある．自然環境を利用するのに人々が支払ったコスト（金銭，時間，労力）の集計値で評価する．公園ならば，各利用者の移動時間と移動距離を調査し，時間と距離の単価をかけて総コストを求める（有料なら入場料も）．土地環境ならば，環境質で分類した取引データを統計的に分析し，地価に与える各環境質の寄与分を求めて評価値とすればよい．いずれにしても人々の利用から生まれる価値を測る手法なので，空間場価値の評価には最適である．逆に，誰が利用しているか特定しがたい象徴価値や基盤価値の評価には適さない．

表明選好法は，評価額を人々の意識から導く方法である．CVM (Contingent Valuation Method) やコンジョイント分析などがある．アンケート調査によって対象の価値を人々に尋ね，その集計値を評価額とする．細心の注意をもって調査票を設計すれば，概念上はどんな対象物でも評価できないものはない．しかし，この方法で得られる結果は対象物の性質よりむしろ人々の性質によって揺れ動く．とくに，対象物の量変化を評価しにくいこと（スコープ無反応性）や便益の集計範囲を決めにくいことは大きな制約点であり，実際には適用可能範囲はかなり狭いといえよう．むしろ，政策のスクリーニング，環境問題の啓蒙，合意形成の材料といったような方面で使用されるべき方法である．大々的に調査を行い結果を広報することで環境問題の所在を知らしめることができるし，住民の意見を直接汲み上げる機会にもなるからである．環境評価では，質の評価，あるいは「ある-なし」のデジタル的評

価のみに用いるのがよいだろう．人々の意識を測るという調査方法の特徴を生かせるのは象徴価値の評価である．空間場価値についても（仮想的状況での行動を正しく回答させられるとしてだが）適用可能である．

基盤価値を経済評価することはできない．自然環境システムはあまりに複雑で未知の領域が多すぎるからである．無理に経済評価しようとするよりも，自然科学の知見を集積して定性的な把握にとどめておいたほうが総合判断や意思決定には有益である．可能性価値については先に述べた通り，規範的根拠に基づいて重み付けを決めるのが望ましい．

12.2.3 多自然型河川工事の経済評価

建設省（現国土交通省）は1992（平成4）年度に全国で行われた多自然型川づくりの実施例の調査を行っている．この調査では，全国の直轄河川の施工例約400について，実際の工費と工期のほかに在来工法で施工した場合の工費と工期を積算基準に基づいて仮想的に求めている．

図 12.2.2 はこれらの施工例の費用を示した．横軸が多自然型川づくりの費用，縦軸はその費用と従来工法の費用の比である．中央の線（工費比が 1.0）より上の点は多自然型工法が割高になるケース，下の点は割安になるケースを示している．これを累積曲線で表したのが図 12.2.3 で，約 15% の事例で割安，約 15% で不変，約 70% で割高となっている．割高な事例のうち約半数は 1.2 倍未満に収まっており，全体の平均をとると多自然型工法による費用増加は約 15% である（玉井ら，1998）．

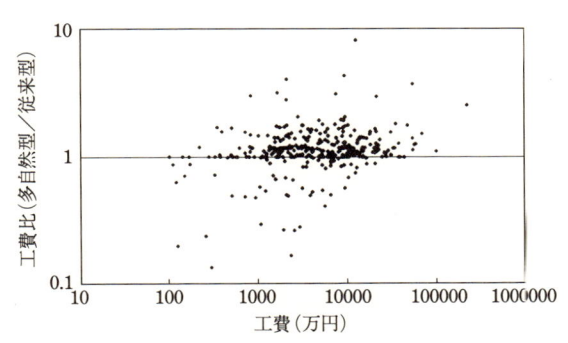

図 12.2.2 多自然型工法と従来工法の費用比（1992 [平成 4] 年資料）

440　第12章　経済評価

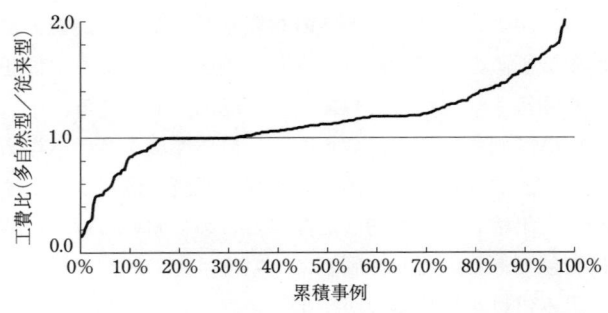

図12.2.3 多自然型工法と従来工法の費用比（1992［平成4］年資料，累積）

　このように工費が上昇すると，場合によっては費用便益比が悪化し，事業を行えないケースが生じるであろう．多自然型川づくりは新たな費用を生み出すとともに新たな環境便益も生み出すので，環境便益を評価に入れて費用便益分析を修正することが必要になる．全国の河川事業がすべて多自然型川づくりになったとき，直轄河川改修費は毎年4000億円余りであるから単純にその15%をとると600億円の費用増加になる．これは1世帯当たり約1400円に相当し，それに見合う便益増加があることを示さないと多自然型川づくりの経済的な支持，つまり投資効果は得られないことになる．

　また，図12.2.4に示すように，多自然型川づくりでは工期も従来工法に比べて長くなる傾向が見られる．この理由は生物や施工法への配慮をしているからである．つまり，まず河川工事の調査・計画段階で生物調査に時間を費やすし，施工段階でコンクリートブロックなどの建設材料を蛇籠や自然石，柳枝工といった伝統工法に変更する際には素材の入手や施工に時間を要する．結果的にこれらの調査・計画，施工を実施することで多自然型川づくりの工期と工費は増加している．環境面のきめ細かな処置を行う以上，そうでない工事に比べて工費や工期が膨らむのは，いわば当然である．とくに調査は大切なプロセスであってこれを軽んじるわけにはゆかないし，事後のモニタリングも重要になってくる．工費だけでなく工期の増分をも補って余りある便益増加が多自然型川づくりにはある，と考えねばならない．図12.2.2から図12.2.4のデータは多自然型川づくり初期段階のものであり，その後，多自然型川づくりもさまざまに進化している．

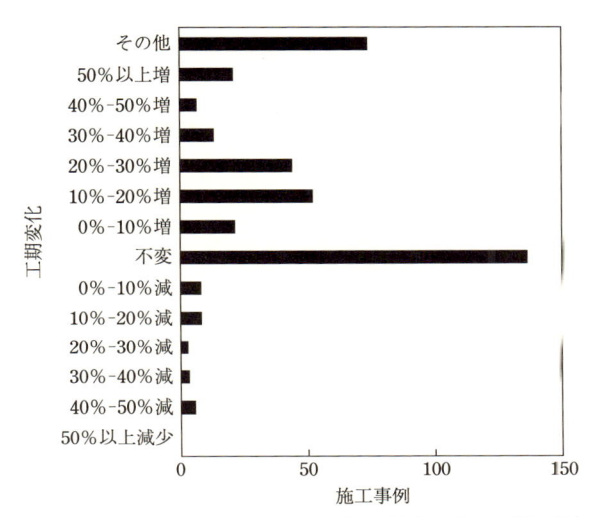

図 12.2.4　多自然型川づくりの工期と従来工法の工期の比較
(1992［平成 4］年資料)（玉井ら, 1998）

12.2.4　表明選好法の適用例

表明選好法の適用例を 2 つ紹介する．

ひとつめは，環境用水の便益を筆者らが測った事例である（玉井・白川, 2000）．図 12.2.5 に示す調査票を用いてアンケート調査を行った．調査票の設問 3 にある金額を 1000 円から 3 万円まで 6 段階用意し，それぞれの提示額に対する賛同率を調査した．図 12.2.5 の調査票は，前段階で行った予備調査の感触と結果に基づく質問項目の整理，選択肢の更新，分量や配置の調整を経てできあがったものである．調査は現地面接方式とし，関東地方の観光地化されている多目的ダムのダムサイトにて複数回実施した．郵送や戸別訪問形式に比べ，現場を目にしているため話題を明確にイメージできること，レクリエーション気分でゆったりと回答してもらえること，回答者の反応や思考の動きを目の当たりにできることなど研究目的の調査としては利点が多かった反面，回答者の属性が偏ること，多数のサンプルを集めにくいこと，質問者の影響が少なからず出てしまうことなどの欠点もある方式であった．

金額の提示には変則的な 2 段階方式を使っている．一般的なダブルバウンド（2 段階 2 項選択式）方式では，最初に賛同した回答者にはより高い金額

河川環境に関するアンケート

東京大学工学部 河川／流域環境研究室

1. あなたと川との関わりについてお聞きします。
   (1) あなたが川に行く場合、何をしに行くことが多いですか。いくつでも選んでください。
   　　　a. 散歩　　b. 釣り　　c. ジョギング　　d. 自転車　　e. 犬の散歩
   　　　f. その他（　　　　　　　　　　　　　）　　g. 行かない
   (2) 遊び・散歩などで年に何回くらい川に行きますか。　　　　　　　＿＿＿＿回／年
   (3) 川の水が少なすぎると感じたことがありますか。　　　a. ある　　b. ない

2. ダムの多くは、生活に必要な電気や水を得るためにつくられたものです（災害を防ぐ目的もあります）。しかしダムで水を取りすぎると下流の川の水が少なくなり、自然環境に次のような悪影響を与えます。<u>あなたはどの問題が最も気になりますか？　一つだけ選んでください。</u>
   　　a. 魚がすめなくなること
   　　b. 水がきたなくなること
   　　c. 川での遊びができなくなること
   　　d. 景色が悪くなること
   　　e. 上記のような具体的なことでなく、川本来の姿が変えられてしまうこと
   　　f. その他（　　　　　　　　　　　　　　　　　　　　　　　　　　　　）
   　　g. 特に気になる問題はない

3. 全国各地で、前問のように、水量が減ったためさまざまな問題がおこっています。<u>前述の問題点を解決するために、ダムから下流に流す水を増やすという政策があるとしたら、あなたはこの政策を支持してその費用を負担しますか？</u>　この政策を実行するための負担は<u>世帯あたり年間 1,000 円</u>であったとします。
   　　a. 負担してもよい
   　　b. 負担しない--------→その理由：a. 高すぎる（＿＿＿＿＿円が適当）
   　　　　　　　　　　　　　　　　　　b. 金額の問題ではなく、政策に反対

4. (1) 住所　＿＿＿＿＿＿＿＿＿＿市・町・村・区
   (2) 性別　a. 女　　b. 男
   (3) 年齢　a. 30才未満　b. 30-39才　c. 40-49才　d. 50-59才　e. 60-69才　f. 70才以上

5. ご意見、ご感想があればお聞かせください。

ご協力ありがとうございました。

図 12.2.5　表明選好法で用いた調査票

を，拒否した回答者にはより低い金額を尋ねることになっているが，この調査では賛同者にはそれ以上尋ねず，拒否者には最大支払意思額を尋ねている．これは，賛同した金額の引き上げには心理的抵抗が働くこと，拒否した場合には支払意思額が明確に意識されていることが予想されたからである．

評価の対象は，ダム下流の減水軽減目的の環境用水放流である．設問1で個人特性（川との関わりの強さ）を聞き，設問2では減水問題の説明とそれに対する回答者の意識を聞いた．そして設問3で，前問で意識させた問題を解決するための支払意思額を尋ねた．

この調査では120サンプルの回答を得た．本格的な調査では統計分析のために600以上の標本数が必要とされている．

得られた結果を，簡単なロジットモデルを用いて解析した（ここで用いた方法の説明は藤本[1996]が詳しい）．提示額を支払って環境用水が増強されたときの効用水準と，支払わずに現状が維持されたときの効用水準の差を dV とする．dV は個人特性，個人属性，支払額の関数である．いま，個人特性と個人属性を度外視して支払額のみの関数として

$$dV = a + b \ln(A)$$

という対数型の dV を考える．ただし A は提示額（円）である．提示額を支払うかどうかは，

$$\Pr_{yes} = [1 + \exp(-dV)]^{-1}$$

と定式化される．$\Pr_{yes}$ は，支払う場合は1，支払わない場合は0となる変数である．調査結果から A と $\Pr_{yes}$ の関係を代入し，定数 a と b を推定する．推定された定数に基づいて，図12.2.6のような賛同率曲線が描ける．この曲線の下側の面積が平均支払意思額であり，賛同率が50％になる提示額をメディアン支払意思額と呼ぶ．この調査例では，平均が1万5250円，

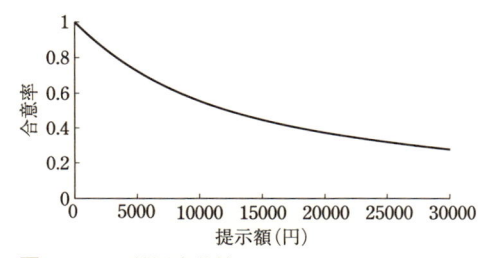

図12.2.6　賛同率曲線

メディアンが1万985円であった．ただし，平均を求めるに当たっては最高提示額の3万円で裾切りしている．平均は少数の高額回答や裾切り位置に大きく左右されるのに対し，メディアンは頑健な代表値といえる．

第二の例として，名古屋市中心部を流れる都市河川の河川改修事業の環境改善効果を本格的に計測した例を紹介する（三菱総合研究所，1999）．河川改修事業の効果のうち，水辺空間整備（親水護岸，緑化など）と水質改善（ヘドロ除去，魚類生息など）の2つに絞って評価を行った．調査形式は戸別訪問で名古屋市全域を対象とし，サンプル数は予備調査が約100件，本調査が約550件であった．予備調査では支払意思額を自由回答で聞き，その結果を踏まえて本調査では1世帯当たり毎月500円から1万円の6段階を提示した．ダブルバウンド方式で，2回目は100円から2万円に幅が広がる．支払方法は負担金，支払期間は25年間（事業完成まで）と明記されている．

調査票は，A3判で3枚（設問数19），それに説明用資料（A3判カラー）が2枚である．環境改善の評価とともに河川事業および河川自体への住民の意識調査という意味もあり，現状認識の程度や関心を問う設問も入っている．回答者の個人属性を見ると，調査方法と調査時間帯の影響か，平均よりも女性の割合が高く年齢層もやや高い．

調査結果の分析ではノンパラメトリックな集計によって支払意思額を算出している．対象河川からの距離や世帯所得による違いは見られなかったが，河川の認識度や事業への関心による差は明瞭に現れた．また，男性が女性より1.5倍ほど高くなっているのも目を引く．全回答からバイアス除去や裾切りを行った結果，平均支払意思額は世帯当たり毎月832円となり，25年間の事業全体から生まれる便益は総額1440億円に達すると計算された．

12.3 自然復元と総寿命影響評価

12.3.1 総寿命影響評価とは

自然復元事業を評価する軸のひとつに，環境負荷の大小という観点がある．製品や構造物の環境負荷を，供用中・使用中・稼動中のみならず製造中や廃棄時までひっくるめて評価する手法をLCA (Life Cycle Assessment, 本書

では総寿命影響評価と呼ぶ）という．異なる製品や製造工程の負荷を比較するのに有効な手法である．日本語に訳せば，総寿命影響評価，あるいは生涯負荷評価となろう．LCAはあくまでも環境負荷を評価する手法であってコストや便益は評価対象でないが，コストや便益にもLCA的考え方 (Life Cycle Thinking) を導入することができる．

1969年にアメリカで飲料容器を対象に研究されたのが，LCAの最初である（乙間・森下，1995）．環境毒物化学学会（SETAC）がもっとも積極的に取り組んでおり，ISO（国際標準化機構）では14040-14049 (SC5) で標準化されている．日本では，1995-1997年に活動した「LCA日本フォーラム」で徹底した議論が行われ，1998年度からは国家予算プロジェクト「製品等ライフサイクル環境影響評価技術開発」がスタートした（社団法人産業環境管理協会WWW）．土木学会では地球環境委員会が1996年に土木建設活動に伴う環境負荷（二酸化炭素排出量および廃棄物量）の原単位を推定するなどの分析を行っている．

LCAは，インベントリ (inventory)，インパクト分析 (impact analysis)，解釈と改善評価 (interpretation and improvement analysis) の3段階からなる．インベントリでは各段階での環境要素の負荷量が算定される．インパクト分析ではそれらの環境負荷がどのような環境影響をもたらし，環境問題として人間や生態系に被害を与えるのか計量する．しかしインパクト分析は難しく，インベントリの段階で解釈が行われることが多い．

LCAのポイントは，ライフサイクルと境界 (system boundary) の定義にある．製品や事業の一時期だけの環境負荷，一面だけの環境負荷を考えるのでなくもっと時間軸も空間軸も広げて環境負荷を評価しようというのがLCAの基本的な考え方だが，厳密に考えれば考えるほどライフサイクルは無限の時間に近づいていくし境界はむやみに広がってしまう．分析目的に応じてライフサイクルと境界を限定することが必要で，代替案の比較に当たって評価対象範囲の外側とのやりとり（物質・エネルギー）ができるだけ同一になるように範囲を定めることが大切である．

12.3.2 自然復元事業の総寿命影響評価事例

土木学会はいくつかの社会基盤施設についてモデル的な構造物の環境負荷

を試算している（土木学会，1997）．施設種類ごとに異なった目的意識をもって解析を進めており，道路舗装では材料リサイクルや再生工法の効果，ダムでは設計変更の感度分析と概略評価モデル，トンネルでは工法や工種ごとの特徴，橋梁では形式比較設計への応用，上下水道施設では供用時の負荷，にそれぞれ着目している．土木構造物の多くは建設時に大きな負荷を発生させ，供用時や廃棄時の負荷は小さい（上下水道施設は例外で供用時の負荷が大きい）．

巨大ダムや長大橋梁のように，土木構造物は大規模で環境負荷も大きいというイメージをもたれている．環境問題への社会の目が厳しくなっているこ

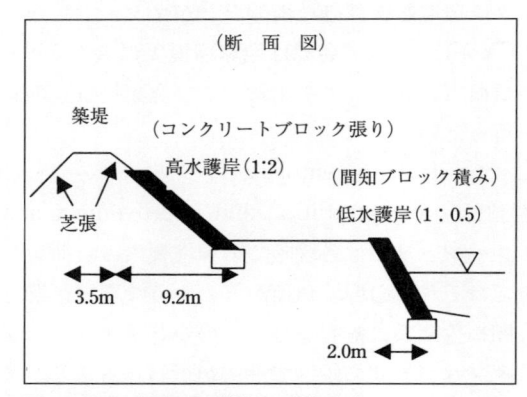

図 12.3.1　想定した築堤・護岸工事

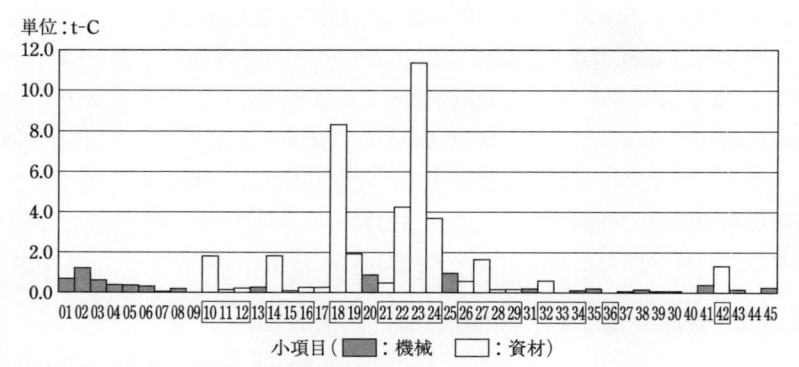

図 12.3.2　各工程の二酸化炭素排出量（白川ら，1998）

12.3 自然復元と総寿命影響評価

の時代には，社会基盤整備も環境負荷を明確に計算し，それを小さくするように努力しなければならない．自然復元型の事業はその意味で優れているのではないかと推察される．そこで，築堤護岸事業を取り上げて環境負荷を試算してみた．図12.3.1のような工事（延長65 m，『土木工事積算基準マニュアル』建設工事積算研究会編，1997年に例示されているもの）の二酸化炭素排出量を土木学会の原単位（付表1.3を参照）に基づいて計算すると図12.3.2のようになった．四角で囲った小項目は資材に対応しており，負荷量も大きい．これを，図12.3.3のような設計に変更した．高水護岸と築堤部分はそのままだが，低水護岸を緩勾配とし，コンクリートブロックの代わりに自然石と現地発生土を用いることにした．その計算結果は表12.3.1の

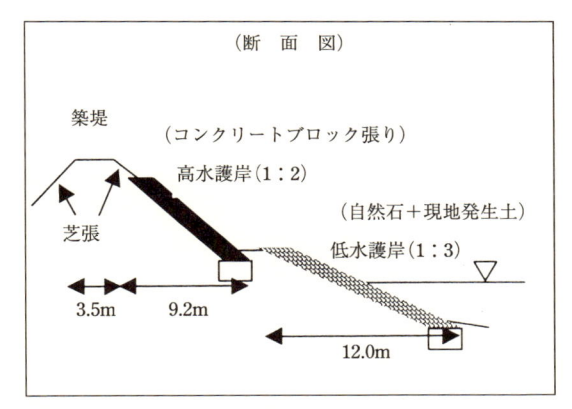

（断面図）

築堤
（コンクリートブロック張り）
高水護岸（1：2）
芝張
（自然石＋現地発生土）
低水護岸（1：3）
3.5m　9.2m
12.0m

図12.3.3 工事内容の変更

表12.3.1 工事変更による二酸化炭素排出量の変化（白川ら，1998）

（＋は増加方向，－は削減方向，＊は中立）
＋　緩勾配化により施工面積は増加（2.8倍）
－　ブロック→石により排出原単位が減少（0.047倍）
＊　単位面積当たりに必要な個数はほぼ同じ（0.67倍）
＋　一個の大きさは増加（2.0倍）
＋　運搬量は増加（5.0倍）
＊　石間のすきまの割合はほぼ同じ（0.92倍）
－　間詰を現地発生土にして排出量減少
合計：11.43 t－C 減少
裏込めコンクリートを用いた場合：2.10 t－C 減少

ようになっている．勾配を緩くしたため施工面積は増加し，それに伴う材料や運搬量は増加する．しかし，コンクリートと自然石の原単位が違うので，全体では排出量は減少する．ただし，自然石の裏込めにコンクリートを用いると，排出量の削減はわずかになってしまう．

　護岸には植生を利用する方法も工夫されている．植物を用いた場合，供用時に二酸化炭素を固定する効果が期待できるが，枯死した植物の処理いかんによってはその効果が失われてしまうので，計算では注意が必要である．

12.4　環境経済統合勘定

12.4.1　環境経済統合勘定の概念

　自然環境と経済活動は互いに大きな影響を及ぼしあっているにもかかわらず，質が異なるため従来は別々に扱われてきた．そして，両者の関わり合いは，学問的な追究より，社会的・政治的な文脈のなかで（いささか感情的に）論じられることが多かった．ようやく最近になって，経済活動の側から環境との関わりを考える分野（環境経済学）や自然環境の側から経済活動のインパクトを考える分野が成長してきたところである．

　自然環境と経済活動の関係を冷静に客観的に見つめるには，基礎データが必要である．それも，個別の関係ではなく経済と自然の多様な関わりを包括して参照できるような枠組みで整理したい．このような目的に沿って考案されたのが環境経済統合勘定（SEEA; System of Integrated Environmental and Economic Accounting）である．これは図12.4.1のような構造のマトリクスで表される．

　SEEAのなかで経済活動のみを扱う部分は従来から産業連関表や国民経済計算体系（SNA; System of National Accounts）として記録されてきたものとほぼ同じである．環境経済統合勘定はこれを自然環境に拡張したものといえるが，結果として環境の一部に経済が含まれる格好になっていると理解することができる．最初の行と最後の行は対象期間の始まりと終わりにおける資産のストック量を表示しており，その中間でフローを計算する．産業から産業への中間投入，最終需要のほか，産業が自然資産を使用した量，自

		国内生産	最終消費	非金融資産		域外	計
				生産資産	非生産資産		
	期首ストック	×	×			×	
生産物の使用	下水処理業						
	水道業						
	工業						
	農業						
	電力事業						
	その他						
非生産自然資産の使用	水質						
	水量						
	大気						
	森林						
	その他						
生産固定資産の使用							
エコ付加価値	エコマージン		×	×	×	×	
	純付加価値／国内純生産		×	×	×	×	
産出			×	×	×	×	
その他の資産量変動		×	×				
再評価		×	×				
期末ストック		×	×			×	

図 12.4.1 環境経済統合勘定の構造（吉田，2001）

然資産の自然変動量等が計上される．従来の枠組みでは経済活動の成果を表す指標として国内総生産（GDP）や国内純生産（NDP）が求められたが，環境経済統合勘定では自然環境分を調整した指標（「持続可能な国内純生産」「環境調整済国内純生産」「グリーン GDP」などと呼ばれる）が求められる．

　SEEA の独自性は経済活動による自然資産の変動を記載しているところにあるが，産業部門で環境関連の活動を独立させて明示しているのも大きな特徴である．とくに，環境悪化を防ぐ（および環境を復元する）活動と環境負荷の処理活動は注意深く扱われる．これらは環境負荷が大きいほど生産額の膨らむ活動であり，通常の GDP 概念で考えるように生産額が大きいほど望ましいとは必ずしもいえない（逆に環境意識の高さとも関連するので小さいほど望ましいとも断言できない）．具体的には，下水処理，公害防止，自然保護などの分野があるが，こうした活動が生産を行う産業のなかに部門として含まれていて，統計上分離できないこともある．国際連合の提示している環境経済統合勘定のバージョンでは，環境関連活動の分離はバージョン II に位置づけられており，環境関連の物的データを計上するバージョン III よりも前の段階で構成される．

　自然資産の変動は，最初は物量単位で集計される．自然環境と経済活動の

間のやりとりを物質やエネルギーに着目して表示したものを物質/エネルギー勘定,自然資産のストック変化を表示したものを自然資源勘定と呼び,これらの物量勘定と経済活動の貨幣勘定を結びつけたものがバージョンIIIのSEEAとなる.

SEEAはさらに,経済計算体系の枠内に自然環境を取り込むことを指向して,帰属環境費用を計算して貨幣化するバージョンIV,生産活動を拡張するバージョンV,と進化していく.しかし,貨幣化の段階で直面する多くの問題点から,バージョンIV以降のSEEAは理論上の存在にとどまり,社会への説得力をもちえない.自然資源勘定や物量・貨幣量混在型のSEEAが現時点で意思決定に使える道具といえよう.自然資源勘定は環境政策の貴重な基礎資料となりうるし,物量・貨幣混在型のSEEAは単一尺度での比較や指標化こそできないが,現状把握や環境対策の立案には有効である.

12.4.2 河川流域への適用

各種の経済勘定は国や地域など行政区域単位で集計されるのが通常であり,経済データの収集もその単位ごとに行われている.しかし,自然環境の把握を目的とするのなら,物質の流れに重点を置いた別の分け方もあってよい.自然界の物質循環に果たしている役割から見て,水量や水質といった基本的な物理量の動きを支配している河川流域でまとめることも合理的な意味をもつといえる.そこで,利根川上流域(有賀,1999; 白川ら,1999)や多摩川流域(白川ら,2000)で環境経済統合勘定の構築を試みた.

利根川上流域は,ほぼ群馬県と境界を一にすることが実務上のメリットになる.経済資料は行政区域で集計されており,河川流域で分類したデータはほとんどないため,流域境界に位置する自治体の分は,現段階では面積比や人口比に応じて按分していくしかない.産業連関表の部分はどうしようもないが,経済活動と自然環境の関係を見るのが主目的ならば多少の簡略化は許されるであろう.自然資産として,森林資源(天然林,人工林),水産資源(天然魚,養殖魚),農産資源(果樹,乳牛),水質(BOD負荷量),水量(環境流量ポテンシャル消費量=減水量×減水区間長)を選定し,農林水産統計などから計算した.その一部を表12.4.1に示す.

表 12.4.1 自然資源勘定の試算例（利根川上流域，1993 [平成 5] 年度）（白川ら，2000）

	人工的に生産される資産					自然が生産する資産			
	養殖魚 (トン)	人工林 (1,000 ha)	人工林 (1,000 m³)	乳牛頭	果樹 (ha)	天然魚 (トン)	天然林 (1,000 ha)	EFP (水量) (億 km*m³)	BOD 負荷 (1,000 トン)
期首ストック	0	183.5		69,000	2,685	?	212		
下水道									−29.8
水力発電								−766	
養殖業	−2,284					−380			
漁業								−51	
林業			−293						
造林		0.637							
農業					6				
果樹									
畜産業				−2,800					
家計		−0.045						−638	40.9
自然回復	2,284		1,316	0	0	?			
期末ストック	0	184.1		66,200	2,691	?	212		

12.4 環境経済統合勘定

多摩川は利根川上流域に比べて流域に農地が少なく高度に都市化している．そのため，農産資源や森林資源もさることながら人間活動の水量・水質へのインパクトが環境負荷として大きい．そこで，水量と水質の動きを取水点−浄水場−利用地−下水道−排出点の流れに沿って追い，各市町村および各産業分類の水量・水質負荷を計算した（吉田，2001）．東京都では多摩川の水と利根川の水が混合して利用されており状況が複雑だが，町田市や八王子市で水量負荷が大きいこと（図12.4.2），生産額当たりにすると第三次産業の水量負荷が大きいことなどが浮き彫りになっている（図12.4.3）（白川ら，2001）．

河川における自然復元事業の多くは，バイオマスの保全や増加に目標を置くが，直接コントロールできるのはバイオマスでなくハビタットである．よって，事業評価に用いる体系は，バイオマスとハビタットの両方を明示でき

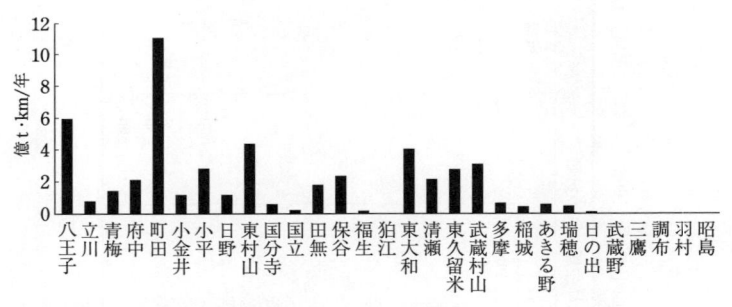

図12.4.2 多摩川の環境流量ポテンシャル消費量

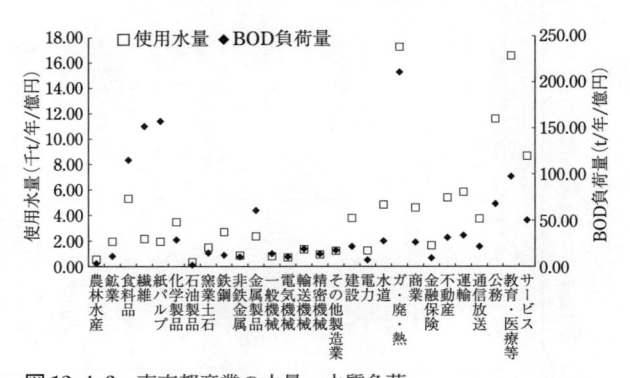

図12.4.3 東京都産業の水量・水質負荷

	バイオマス					ハビタット					水量	水質	土砂	歴史文化遺産
	魚	底生生物	藻類	森林	その他	自然河岸	自然な河川敷	瀬淵	産卵場	縦断障害	他				
期首ストック															
河川事業部															
上水道															
下水道															
水力発電															
養殖業															
漁業															
林業															
農業															
その他の産業															
家計															
自然変動															
期末ストック															

図 12.4.4 河川環境を評価するための勘定表の枠組み（白川ら，2000）

るものでなくてはならない．人間活動は，バイオマスに直接影響を及ぼすものもあれば（漁業，林業など），ハビタットを通じて影響を及ぼすものもある（改修工事，土地利用変化など）．河川環境の管理ツールとして利用することを念頭に置くと，図 12.4.4 のような枠組みが考えられよう．具体的な項目立てには理論的な正確さと実用上の手軽さのジレンマが常に生じるが，勘定表の意義からいっても，日常的な管理に用いるものにはデータ収集の容易さを重視するべきである．勘定表は大量のデータを整合性のとれた形でまとめるところに価値がある．将来の予測には使えないが，現在の状況を包括的に見るのに適している．まとめられた表からの考察のみならず，表を構築するプロセスで得られたデータはそれ以上の価値をもつ可能性が高い．

12.5 事業評価

12.5.1 行政の動き

1997（平成 9）年 12 月 5 日，当時の橋本内閣総理大臣から，「公共事業の再評価システムの導入と事業採択段階における費用対効果分析の活用について」と題する指示が建設大臣をはじめとする 5 大臣に命ぜられた．この指示は公共事業の透明性を確保することを目的としている．具体的には，事業実施段階において，事業採択ののち一定期間経過後に未着工の事業や長期にわ

第12章 経済評価

表 12.5.1 河川事業に関係する事業評価に関する行政の動向

分類	通達者	内容	日付
新規事業採択時評価	建設事務次官	建設省所管公共事業の新規事業採択時評価実施要領	平成10年3月27日（平成11年8月13日改正）
	河川局長	河川およびダム事業の新規事業採択時評価実施要領細目	平成10年6月22日
	河川局長	海岸事業の新規事業採択時評価実施要領細目	平成10年6月22日
	河川局長	砂防等事業の新規事業採択時評価実施要領細目	平成10年6月22日
	国土交通事務次官	国土交通省所管公共事業の新規事業採択時評価実施要領等の策定について	平成13年7月6日
再評価	建設事務次官	建設省所管公共事業の再評価実施要領	平成10年3月27日（平成11年8月13日改正）
	河川局長	河川およびダム事業の再評価実施要領細目	平成10年6月22日
	河川局長	海岸事業の再評価実施要領細目	平成10年6月22日
	河川局長	砂防等事業の再評価実施要領細目	平成10年6月22日
事後評価	建設事務次官	建設省所管公共事業の事後評価基本方針（案）	平成11年8月13日
費用効果分析	建設事務次官	社会資本整備に係る費用対効果分析に関する統一的運用指針	平成11年3月31日
	建設事務次官	費用対効果分析の共通的な運用方針（試行案）	平成11年3月30日
	防災・海岸課室長	海岸事業の費用対効果分析手法（平成9年度版）	平成10年10月23日
	河川局長	河川に係わる環境整備の経済評価の手引き（案）	平成11年5月
	河川計画課長	治水経済調査マニュアル（案）	平成11年6月1日
政策評価	政策統括官	「国土交通省政策評価実施要領」策定	平成13年1月30日
		「政策チェックアップのための政策目標，業績指標」および「事前評価書」の決定	平成13年8月24日
		「国土交通省政策評価基本計画（平成14-18年度）」「平成14年度事後評価実施計画」の決定	平成14年3月22日
		政策レビュー（プログラム評価）等の評価書の作成および「平成	平成15年4月1日

分類	通達者	内容	日付
政策評価	政策統括官	15年度事後評価書実施計画」の策定等について 政策レビュー（プログラム評価）等の評価書の作成および「平成16年度事後評価書実施計画」の策定等について	平成16年3月29日

たる事業等を対象に再評価を行い，その結果に基づき休止あるいは中止を含む必要な見直しを行う「再評価システム」を公共事業全体に導入することを言明している．併せて，事業採択段階において費用対効果分析を全公共事業に活用することを原則とする指示を出している．この内閣総理大臣指示を受けたその後の旧建設省の河川事業に関係するものの動向を表12.5.1に示す．とくに事業の再評価については，旧建設省では事業計画が採択されてから，種々の要因で事業の進捗が遅れた場合などに，現在の社会経済情勢や技術的な進歩等を勘案して，以下の条件に該当する事業については再評価を行うこととしている．

①事業採択後5年間を経過した時点で未着工の事業（着工済みの事業でも5年間を経過した時点で未着工の事業）
②事業採択後10年間を経過した時点で継続中の事業
③事業採択前の準備・計画段階で5年間が経過している事業
④再評価実施後一定期間が経過している事業および社会的状況の急激な変化により再評価の必要性のある事業

1999（平成11）年3月現在の旧建設省の再評価の状況は表12.5.2の通りである．

平成13年1月15日には，各府省が政策評価に関する実施要領を策定するための標準的な指針となる政策評価に関する標準的ガイドラインが決定された．全政府的な政策評価の取り組みが開始されており，平成14年4月1日以降は，政策評価制度の実効性を高め，国民の信頼を一層向上させることを目的として制定された行政機関が行う政策の評価に関する法律に基づいて政策評価が実施されている．

国土交通省では，このような背景を受けて表12.5.1に示す政策評価の実施計画を定め，事後評価については，平成15年度から本格実施した．さら

表 12.5.2 旧建設省所管事業の再評価の状況（1999 年 3 月現在）

	直轄・公団事業	補助事業	合計
全対象事業	853	4,871	5,724
うち再評価終了	853	4,752	5,605
継続決定	850	4,719	5,569
中止決定	1	9	10
休止決定	2	24	26
再評価手続き中	0	119	119

に，平成 16 年度予算等に反映させるべく，新規事業採択時評価および再評価を実施した．

平成 16 年度は，新規事業採択時評価の 735 事業について，原則としてすべての事業において費用対効果分析を含む総合的な評価を実施した．再評価については，採択後一定期間を経過した事業等を対象に，2509 事業について再評価を実施した．再評価の結果，「中止」48 事業，「見直し継続」47 事業，「継続」2447 事業となった．14 事業については評価手続中である．また，事後評価については，平成 15 年度から事後評価を本格導入し，173 事業について事後評価を実施した．

12.5.2 事業評価手法

公共事業の費用と効果の計測には，一般的に費用便益分析が使われる．費用は比較的正確な算出が可能であるが，効果には市場が存在しないために貨幣換算が困難な便益が含まれる．環境質の便益や外部不経済の算定には，12.2 節で挙げたような方法があり，それぞれの性質についてもそこで説明した．事業評価には，費用便益分析の発展形である拡張費用便益分析を使う方法なども提唱されている．以下に一般的な費用便益分析の考え方と拡張費用便益分析について概説するとともに，最近の新しい取り組みについて紹介する．

（1）費用便益分析

最終的には費用効果比を算出するが，その分析の前提条件や仮定によって大きく結果が異なるので，算出過程を明確に示しておく必要がある．つまり，

評価の対象期間，施設の耐用年数および費用の割引率などの条件，環境便益など市場価格が存在しない便益の有無とその計測手法などである．

表12.5.1にある「社会資本整備に係る費用対効果分析に関する統一的運用指針（建設省）」は公共工事全体に関しての包括的なガイドラインが示してある．施設の耐用年数や市場価格が存在しない便益等については，同じく表12.5.1にある「治水経済調査マニュアル（案）」や「河川に係わる環境整備の経済評価の手引き（案）」に詳しい．河川事業では，河川堤防やダムの耐用年数，償却費用などについて定めている．また，市場価格が存在しない便益については，現在のところ環境便益の計測手法について定めている．

このほかに，ガイドラインが未整備あるいは現在検討中である事業，すなわちダム貯水池の水質保全事業では代替法により水道事業者のコスト低減効果を便益として算定し，砂防事業では人命保護効果や渓流利用者増加による便益を算定している．舟運が重要な交通としての役割を果たしているヨーロッパでは，河川事業の便益に道路事業と同様な交通経済による便益やクルーズ等の観光便益を含めて評価する方法が指針として示されている国もある．

（2）拡張費用便益分析

拡張費用便益分析とは，あるプロジェクトに関連する直接・間接効果および外部効果を，一般均衡状態にあるという前提で連立方程式によってモデル化する応用一般均衡理論に基づいている（市岡，1991）．この社会経済モデルから便益帰着構成表を作成し，便益を算出するものである．便益にはEVとCVという2つの純便益が存在する．EV（Equivalent Variation）は等価的偏差と呼ばれ，変化を諦めるために世帯が必要と考える最小補償額であり，CV（Compensating Variation）は補償的偏差と呼ばれ，変化を獲得するために世帯が払うに値すると考える最大支払意思額である．

拡張費用便益分析の「拡張」のゆえんは市場メカニズムを経由しない外部効果，すなわち，環境改善による満足度とか環境不良による外部不経済および技術的外部効果などを一般均衡の市場メカニズムを通じて国民社会あるいは地域社会を構成する世帯の満足度の効用という形に帰着させる点である（森杉，1989）．

表12.5.3 スプレッドシート型評価

代替案	投資額評価		経済評価				
	総投資額 (10万円)	総投資額 受容性	B/C	B/C 順位	B/C 受容性	B/C 順位	
215 B	22,547	◎	1.34	1	◎	6	
306 C	20,554	◎	1.33	2	◎	5	
051 H	23,048	◎	1.29	3	◎	4	
114 D	24,005	○	1.15	4	○	9	
021 C	26,005	○	1.07	5	○	2	
151 F	26,054	○	1.06	6	○	7	
221 G	32,054	○	0.98	7	●	1	
333 K	35,055	●	0.95	8	●	3	
284 M	34,897	●	0.95	9	●	8	

評定の区分 ◎:受容性が非常に高い，○:受容性が高い，△:受容性に関して解決すべき

(3) 最近の事業評価方法の取り組み

最近では環境の評価方法に関して，一般応用均衡理論に基づく拡張費用便益分析のほかに，環境経済統合勘定（SEEA）による手法がある（12.4節参照）．この方法では，消費，支出などの経済活動のなかから環境関連のものを分離して記録し，環境の悪化や天然資源の枯渇を貨幣評価してストックとしての自然環境の変動をとらえ，それらを通じて自然環境を考慮した持続可能な国内純生産等の概念を導き出す．

また，建設コンサルタンツ協会は，改正河川法（1997［平成9］年）に伴う河川整備計画に合わせて，表12.5.3に示すような治水，利水，環境を総合的に評価するスプレッドシート型の評価方法を提唱している（建設コンサルタンツ協会, 1999）．

投資額評価は事業費予算との相対的な評価であり明確な基準があるわけではないが，事例では20億円前半は投資の可能性が非常に高く，30億の後半では投資の可能性が低いと判断している．また，経済評価は便益B/費用Cで示されていて，B/Cの値が1.0未満であると投資の可能性は低く，1.3程度以上であれば，投資の可能性が非常に高いと判断している．経済・環境評価については，環境を経済評価した場合のB/C順位と定性的な環境評価を加味し環境受容性として相対的な判断がなされている．帰着便益公平性とは，

経済・環境評価				備考
定性的な環境影響	環境受容性	帰着便益公平性	総合評価	
	○		○	
	○		○	
移転家屋 300	●	●	●	
自然植生の水没	△		△	水源地の負担大きい
	◎		○	
天然記念物への影響	●		●	
	◎		●	
	●		●	
	◎		●	
希少種への影響	●		●	

△ 課題がある，● : 受容性が低い

外部不経済性や受益者・負担者が偏らないことを判断する．以上の4つの観点における評価を総合的に評価して公共事業の投資判断を行う方法である．

参考文献

有賀圭司 (1999)：河川環境を含む環境経済統合勘定表の構築，東京大学工学部土木工学科卒業論文，51 pp.

市岡 修 (1991)：応用一般均衡分析，有斐閣，281 pp.

乙間末広・森下 研 (1995)：環境負荷の評価，(社) 未踏科学技術協会・エコマテリアル研究会編『LCA のすべて』，工業調査会，1-32.

建設コンサルタンツ協会 (1999)：公共投資の総合評価システムのフレーム．

建設省河川局 (2000)：治水経済調査マニュアル（案）．

小林華奈・松崎浩徳・白川直樹 (2000)：河川環境整備事業の費用便益分析と意思決定に関する一考察，河川技術に関する論文集，**6**, 249-254.

佐々木才朗 (1992)：多目的ダムのコストアロケーションに関する研究，東京大学学位論文，268 pp.

白川直樹・玉井信行・松崎浩憲 (1998)：多自然型川づくりへの LCA の適用，地球環境シンポジウム講演論文集，**6**, 293-298.

白川直樹・有賀圭司・玉井信行 (1999)：河川環境を対象とした環境経済統合勘定表の構築，環境システム研究論文集，**27**, 787-792.

白川直樹・玉井信行・吉田昌平 (2000)：河川事業の影響を包括的にとらえる自然資源勘定，河川技術に関する論文集，**6**, 243-248.

白川直樹・吉田昌平・玉井信行 (2001)：東京都の経済活動による河川環境負荷の定量

化とその軽減策の検討，環境システム研究論文発表会講演集，**29**, 111-116.
玉井信行・白川直樹（2000）：仮想市場法を用いた環境用水の便益評価について，水環境学会誌，**23**：8, 461-465.
玉井信行・白川直樹・松﨑浩憲（1998）：自然復元を目指す河川計画における費用・便益分析について，水工学論文集，**42**, 271-276.
地域開発研究所（2000）：水力発電の総合評価手法策定業務（その2）報告書，72 pp.
土木学会地球環境委員会環境負荷評価（LCA）研究小委員会（1997）：土木建設業における環境負荷評価（LCA）研究小委員会講演要旨集，86 pp.
藤本高志（1996）：農業がもつ環境保全機能の経済評価——コンティンジェント評価法の適用，奈良県農業試験場研究報告，160 pp.
三菱総合研究所（1999）：都市基盤河川堀川改修における河川環境改善効果調査報告書，100 pp.
森杉壽芳（1989）：プロジェクト評価に関する最近の話題，土木計画論文集，**8**, 1-33.
吉田昌平（2001）：東京都の環境・経済統合勘定を用いた多摩川の環境評価，東京大学大学院工学系研究科修士論文，95 pp.

13 住民参加と合意形成

13.1 合意形成の目標選択

13.1.1 河川事業を取り巻く社会情勢の変化

　1995年5月，長良川河口堰の本格運用を開始するに当たり当時の野坂建設大臣により，大規模な公共事業の進め方についてより透明性と客観性を確保する必要があるという趣旨の指摘がなされた．同年7月に河川局長は「ダム等事業に係る事業評価方策の試行について」という通達を出し，ダム等事業について事業の目的，内容等を審議するダム等事業審議委員会を設置し，審議委員会が地域の意見を的確に聴取し，十分な審議を行い，建設省に対して意見を述べる評価システムを試行することとなった．全国で11の事業が選定され，吉野川第十堰もそのなかのひとつであった．吉野川第十堰建設事業審議委員会は1995年10月に第1回審議委員会を開催し，1998年7月第14回審議委員会をもって終了した．この委員会はたいへん大がかりなものであり，第4審議委員会の後に1回，第6回審議委員会の後に2回，計3回の公聴会を開催し，各回，18人の公述人の意見を聞いている．また，第5回審議委員会と第6回審議委員会の中間に，2回の技術評価委員会を開催し，計6人の専門家の意見を聞いた．このような議論を重ねて得られた吉野川第十堰建設事業審議委員会の意見は，「流域住民の生命財産を守るとともに安定した水利用を維持するためには，第十堰を抜本的に改築することが必要である．よって，本事業を実施することが妥当である」というものであった．

　一方，民間においては1997年ごろから全国的な甲論乙駁の議論が見られた．このあたりの経緯は武田（1998）に詳しい．第十堰をめぐる議論での特

徴は，住民投票が行われた点である．徳島市で行われた住民投票は，第十堰を可動堰にする建設省改築案への賛否を問うものであった．投票者は有権者の55.0%であり，成立要件の50%を超えた．有効投票11万2000票余りのうち，91.6%が反対の意思表示であった．流域の一部であるとはいえ，最大都市である徳島市民の意思表示は重く受け止められた．

　この結果を受けて建設省は，一般公募で委員を募る新しい形式の検討会を企画した．「明日の吉野川と市民参加のあり方を考える懇談会」は，2000年2月に議論を開始し，2001年3月に報告書をとりまとめた．この間，14回の会議と12回の運営委員会，合計26回の会合を重ねた．この懇談会の特徴は，事業者が立案した計画の妥当性を判断したり，意思決定をする場とはせず，また，たんに第十堰問題という一事業を対象とするのではなく，吉野川流域でどのような治水対策を進めたらよいか，また，どのような市民参加と合意形成の仕組みをつくるかについて市民参加で検討する場としたところである．さらに，「懇談会」の提言は，あくまでも市民間の話し合いや団体間の話し合い，あるいは市民と行政の話し合いを進めるために行うもので，「懇談会」が何かを決定したり，「懇談会」が意思決定の場となるものではない，という性格を明らかにして行われた．懇談会は総合的な対策を市民参加で検討し，有効な複数の対策案を提言し，問題解決に向けた基本方向や市民参加と合意形成の基本的枠組みについて検討し提言するというものである．

　これは懇談会は事業者とは独立の第三者的な立場から，合意形成の基本的枠組みについて提言することを強調したものであり，審議会や委員会方式に対して新しい風を吹き込んだものといえよう．この提言に基づいて，事業者は自己の見識と責任のうえで，意思決定をし，合意形成を図ることになる．

　改正河川法（1997年）の成立を経て，「河川管理に関する国と地方の役割分担について」(1999年)，「河川管理への市町村参画の拡充方策について」(2000年)という河川審議会の答申があった．このような背景を受けて，全国で進められている河川整備基本方針や河川整備計画の策定には，審議会，学識経験者，公聴会などを通して住民の意見を反映させることが義務づけられている．そこでは関係者が整備水準の目標，事業の進捗や優先度，環境や水利権などの調整を行い，事業の費用を負担する納税者である住民の意見を取り込んでいくプロセスの透明性とその結果に対する相応の責任分担を問わ

れる．複数の関係者によって利害が相克するなかで，いかに合理的に目標を選択し合意を得ていくのかを，実例を通しながら模索してみる．

13.1.2　河川の認知度の向上

　河川そのもののアピールや河川事業の広報は，星野ら（1987），吉野ら（1986）により住民意識の向上や合意形成と施策の実施に大きく影響することがわかっている．また，清野ら（1999）はデータや現場を通した環境教育の重要性を指摘している．

　まず，対象河川で現在どのような河川整備計画をはじめとする河川事業が立案されつつあるかの事実とその内容を広く，住民に知らせる必要がある．そのためには，政府（自治体）広報，フォーラムの開催，マスメディアの利用，インターネット，学会・協会などを通じて，現状認識を向上させる必要がある．複数の伝達手段を用いて，重層的な効果を図ることが重要である．広報で知った住民が興味をもち，現計画のスケッチやフォーラムなどの情報についてインターネットを介してさらに詳しく知ることができる．

　これらの手段の特徴や狙いは次のようにまとめることができる．

①政府（自治体）広報：既存の広報活動に加える．

②フォーラム，シンポジウム等の開催：河川整備のための住民参加フォーラムなどを開催し耳目を引く．

③マスメディア利用：テレビに関しては，地元テレビでの特番要請，フォーラム等の会議のニュース性をアピールするなどがある．雑誌には，地元情報誌，土木学会など関連の学会誌，ビジネス誌などがある．新聞に関しては，地元紙への広告掲載，フォーラム等の会議の採録要請などを行う．

④インターネット：専用ホームページを開設し，階層的にすべての情報を提供することが可能である．また，国，自治体，NPO，学会などの既存のホームページへのリンクを要請し，広い範囲の人々の目に触れる努力をする．

⑤学会・協会の催し物への参加：たとえば，土木学会の地域支部開催の「土木の日」の催し物などへ積極的に参加しアピールすることが考えられる．

13.1.3 民意の聴取およびディスカッション

定井・上田（1982）は前述した吉野川第十堰問題をめぐる住民意識構造を調査している．住民の意識を広範に吸い上げ，施策に生かしていくことの重要性がアンケート調査の統計解析を通して述べられている．

もともとそれほど関心をもっていない人々でも認知度が向上すると，意見をもつ人が現れてくる．これらの意見を広く聴取するための仕組みとその意見を反映したディスカッションの場が必要となる．代表者による流域懇談会とは別に，市民集会などにより一般住民から意見を聞く機会を設けることが重要である．

リアルタイムで双方向のディスカッションができるという情報手段としては，伝達能力が高いインターネット，BSデジタル放送の活用が期待されている．BSデジタルは2000年9月に試験放送が開始され，まだコンテンツが少なく，双方向の威力を十分に生かしきれる番組も少ない．しかし，地上波のデジタル化やCSデジタル放送の開始が予定されている2008年ごろには，有力なインターネット通信と放送が融合した新しい双方向メディアに成長している可能性が高い．認知度を高めるための方策を以下に列挙する．

①目安箱「川の相談室（仮称）」等の設置：道路関係では，すでに「道の相談室」が各地方整備局に設置されている．電話やFAX・手紙での意見募集を行う．

②デジタルテレビ放送：双方向性での会議の生中継や，視聴者の意見を反映させた会議運営が可能である．フォーラムの採録やワークショップの活動照会なども低廉で可能となる．

③インターネットでの仮想会議室：①の活動と連動して，インターネット上に会議室を設けた運営が可能である．この方式は2003年3月に京都・滋賀・大阪で開催された第3回世界水フォーラムにおいても採用された．準備段階での議論を深めるために行われた．

④ワークショップの開催：将来像のスケッチとか，川の生き物・水質調査などワークショップ活動を通して，意見聴取・意見交換を行う．

⑤NPOとの協働：とくに河川環境に意識の高いNPOの参加を得て，ミニフォーラムやワークショップを開催，運営してもらう．NPOは民意

を反映する代表者だと考えられる．

13.1.4　合意形成のための価値比較手法

　河川事業の執行者と地域住民との間に典型的に生じる対立構造は，治水か環境か，もしくは利水か環境かというものである．相反する問題にどう折り合いをつけるのか，どちらかを優先させた場合のリスクは誰が負うのかという議論になる．

　しかしながら，こうした議論が生ずる根本的な原因は，問題を二元論でとらえてしまう単純な課題設定にある．われわれが単一目的の事業を計画するときには，その目的のための最適な解を追求する．そして，その最適であるという判断を経済的評価というひとつの基準で考えると，このような対立構造に陥りやすいのである．本書においては 1.5 節「潜在自然型河川計画とは」，3.6 節「世界の大河川における洪水と被害軽減への新しい動向」において，たとえば，治水と環境を統一的に考える計画論を展開してきた．また，第 IV 部においては，水域や流域において生物を含めた環境評価をどのように行うかについて新しい知見をとりまとめてきた．

　しかしながら，いつも関係者全員が賛成できる解が初めから見つかることはほとんどない．多くの関係者が集まれば，往々にして対立は生ずる．対立点のある議論を論理的に進め，いくつかの代替案を考え，代替案相互の比較・評価を行いながら合意に至るためには，関係する課題のそれぞれについてできるだけ客観的な価値判断の基準があるのが望ましい．ここでは，目標を選択するときの根拠となる費用，価値，安全度について概観する．

（1）よりよい環境を保全するための費用

①環境用水

　1988 年の建設省通達以来，発電ダムでは水利権更新時の行政指導が行われている．これは私有財産である発電ダムやその水利権といえども，最小限の公共性は満たすべきである，公共物としての河川のルールを守る，という論理である．これは最低限の要求であるから私有権者がそれを負担し，公共のゲームに参加する資格を得ることができる，と考えることができる．

　一方，一部の発電ダムでは環境用水の放流を維持しながら，最大取水量を

表 13.1.1 公共事業における環境保全費用・便益のとらえ方

対象事業	資料名称	計測項目
道路事業 （右に示す資料とは別に費用便益分析マニュアル（案）が策定されており，そのなかでは環境便益は計測対象となっていない）	道路投資の評価に関する指針（案）(1998.6)	環境改善便益
	道路投資の評価に関する指針（案）第2編総合評価 (2000.1)	走行快適性の向上
		走行の安全性・快適性の向上
		景観
		生態系
		道路空間の利用
		災害時の代替路確保
		生活機会・交流機会の拡大
		公共サービスの向上
鉄道事業	鉄道プロジェクトの費用対効果分析マニュアル99 (1999.6)	環境改善便益
下水道事業	下水事業における費用対効果分析マニュアル（案）(1998.3)	生活環境の改善効果
		便所の水洗化効果
		公共用水域の水質保全効果
港湾事業	港湾投資の評価に関するガイドライン (1999.4)	港湾就労者の就労環境の改善
		旅客の港湾利用環境の改善
		地域環境の保全・向上
		生態系・自然環境の保全
		良好な景観の形成
		公害の防止
		新たな国土の創出
海岸事業	海岸事業の費用対効果分析マニュアル (1999.6)	海岸利用の増進効果
		陸域環境の改善

13.1 合意形成の目標選択

便益のとらえ方	備考
大気汚染（NO_x 排出量），騒音，地球温暖化（CO_2 排出量）の評価額の差分	車種別，走行速度別に排出原単位を設定し，直接支出法，ヘドニック・アプローチ，CVM（仮想市場法）等による既存の研究事例を参考として便益原単位を設定
各環境質の価値評価	代替法，旅行費用法，ヘドニック法，CVMを紹介し，CVMについては手順や事例を説明
大気汚染（NO_x 排出量），騒音，地球温暖化（CO_2 排出量）の評価額の差分	車種別，走行速度別に排出原単位を設定し，直接支出法，ヘドニック・アプローチ，CVM等による既存の研究事例を参考として便益原単位を設定
悪臭防止等の代替事業のコストを便益と見なす（代替費用法）	中小水路の覆蓋費用と水路底部の清掃費用を代替費用と見なして設定
浄化槽設置等の代替事業のコストを便益と見なす（代替費用法）	浄化槽の設置・維持管理費用および浄化槽汚泥処理施設の建設・維持管理費用を代替費用と見なして設定
水質改善による環境価値の増大	CVMを紹介
各環境質の価値評価	CVMを紹介
	資源価値法を紹介
湾岸利用レクリエーションの効用増大	CVM，TCM（旅行費用法）を紹介
良好な景観形成による地域住民の快適性の向上	
広い開放型区間の創出による快適性の向上	

増加させるという対抗手段をとってきている．つまり，定められた流量は放流するが，それ以上の余剰分をできるだけ貯水しようとしている．このことは，流況の時系列変化が乏しくなり，ひいては生態的フラッシュ流量を減少させることにつながり，生態系にとって好ましくない状態に陥る．

現在は，発電ダムだけが環境用水を義務づけられている．しかし，それ以上の放流が必要になったり，魚類のライフサイクルに合わせたり，自然流況に合わせたりする弾力的な運用が必要になった場合には，他の水利権者にも同様の環境用水による費用負担の議論が起こることは容易に想像できる．つまり，環境用水を新しい水利用部門として独立して考え，そのうえで多目的ダムの費用割り振り（12.1.2 項参照）を新しい原則のもとで再度行う必要がある．環境用水量の設定については，本書の 8.1 節で詳しく述べた．また，良好な自然資源が存在していることの経済的価値については，12.2 節に述べられている．

②多自然型河川工事

建設省は 1992 年度に全国で行われた多自然型川づくりの実施例の調査を行っている．この調査では，全国の直轄河川の施工例約 400 について，実際の工費と工期のほかに在来工法で施行した場合の工費と工期を積算基準に基づいて仮想的に求めている．

本書の 12.2.3 項によれば，多自然型川づくりによって費用は 15 ％ほど増加する．また，多自然型川づくりでは工期も従来工法に比べて大きくなる傾向がある．この理由は生物や工種への配慮をしているからである．

このように環境保全の価値を評価する方法を進展させながら，合理的な合意形成に向かう必要がある．表 13.1.1 に公共事業における環境保全費用・便益のとらえ方を整理して示す．

（2）リスク評価

利害関係者によって合意された意思決定結果は，当初の治水計画を 100 ％満足するものではないかもしれず，水利権者は経営上の不利益を被るかもしれない．河川環境に配慮して譲歩した結果が，治水安全度の低下につながることは十分考えられる．また，平年以下の河川流況の年には，環境用水の制約条件のもとで，電力料金や水道料金が上昇したり，使用制限があったりす

13.1 合意形成の目標選択　469

るかもしれない．

　とくに，自然復元型の河川事業では，河道の植生や砂州を残したり，自然素材を利用したり，蛇行した河道形状を生かした川づくりが進んでいる．したがって，従来のような計画流量に対する計画河道の考え方では，洪水に対処できない事態が生じる可能性が大きい．そのため，計画概念のなかに，たんに費用便益分析だけでなく，本書第4章で述べられたような自然因子に基づく変動要因を考慮し，リスクアセスメントを盛り込まなければならない(Rahman, 1997)．

　治水上のリスクばかりではない．1995年の夏に筑後川で自然を残した河川敷にツツガムシが大量発生したということがあった．つまり，自然復元型河川工事といっても，それは，放置されたままの河川であってはならず，常にモニタリングが必要である．人間社会に近いところにある自然は，"ある水準で管理された自然"が望ましいことになる．現状のモニタリング対象は水質，水位，流量などが中心であるが，これからは，河川敷の植生や動物などの生態調査もきめ細かに行わなければならない．

　欧米各国では，このような環境法と環境リスクに対する概念が浸透し，環境リスクに対する補償，賠償の制度も整いつつある（東京海上火災保険株式会社編，1992）．

（3）合意形成の枢要

　環境用水は，水量という切り口から河川環境を眺めるときの概念である(8.1節，12.2節参照)．これらの節で扱った減水区間解消の問題は，ダム建設により変えられた河川環境をより良好な状態にしようという試みである．環境政策には費用がつきものだが，現状では発電者が電力量減少という形で費用を負担している．発電水利権を正当な権利と認めるならば，環境用水は発電者の水を横取りしていることになり，別の形の費用負担が望ましい．しかし，ダム建設前には確保されていた環境用水がダム建設によって失われたと考えるならば，発電者はけっして損をしているわけではなく，多く取りすぎていた水を川に返していると見なすことができる．このとき，発電者はダム建設時に過大評価された便益をもとに建設費用を負担していたのだから，その枠組みのなかに環境用水を考慮に入れた費用割り振りを体系化し，アロ

ケーションをやり直すべきだといえる．

　レクリエーションや観光用途については，1967年のアロケーション方式改正の際に話題に上り，便益算定の困難さなどから参加が見送られた経緯がある（佐々木，1992）．将来の費用割り振りはこれらの用途も含んで，より公平な費用分担ができるようになっていくであろう．

　これからの河川整備には利害関係者間の合意形成が必要で，これには住民意識，環境政策のパラダイム転換が必要である．とくに河川環境に配慮したことによる費用の上昇，自然因子増加の見返りとして発生するリスクの増大に対して，適切な評価と管理の方法を確立し，法規上，経済上の裏付けを策定することが急務である．これらは合意形成に向けて，社会的解決手法として求められている施策の例である．一方，合意形成に向けての技術面での進展も要請されている．相克する懸案点，複数ある代替案から論理的に解決を図る最適化手法として，OR，ゲーム理論およびAHP（階層化意思決定法）などがあり，これらの理論的な成果を活用した技術体系も重要である．

　もうひとつ指摘しておかなくてはならないことは，こうした社会的・技術的解決策の基礎として，水に関わる倫理が必要であるという点である．倫理は「何が正しいかを判断するときの基準を与えるもの」である．河川計画に関する倫理は1.5節に述べた．簡単にまとめれば，「持続可能な流域」を倫理の基本に据え，これを可能にするような社会的制度を導入し，技術的解決策を考案してゆくことである．

13.2　河川整備計画における地域連携と住民参加

13.2.1　どのように協働を進めるか？

住民参加には，以下の4つのステップがあるといわれている．
- 第1段階：参加と交流・意見交換（ともに学び合い，語り合う段階）
- 第2段階：共通認識に立った議論（エゴ・相互批判を排した議論の段階）
- 第3段階：合意形成（あるべき姿についての合意形成の段階）
- 第4段階：実践と協力（それぞれの責務を認識した行動の段階）

13.2　河川整備計画における地域連携と住民参加　471

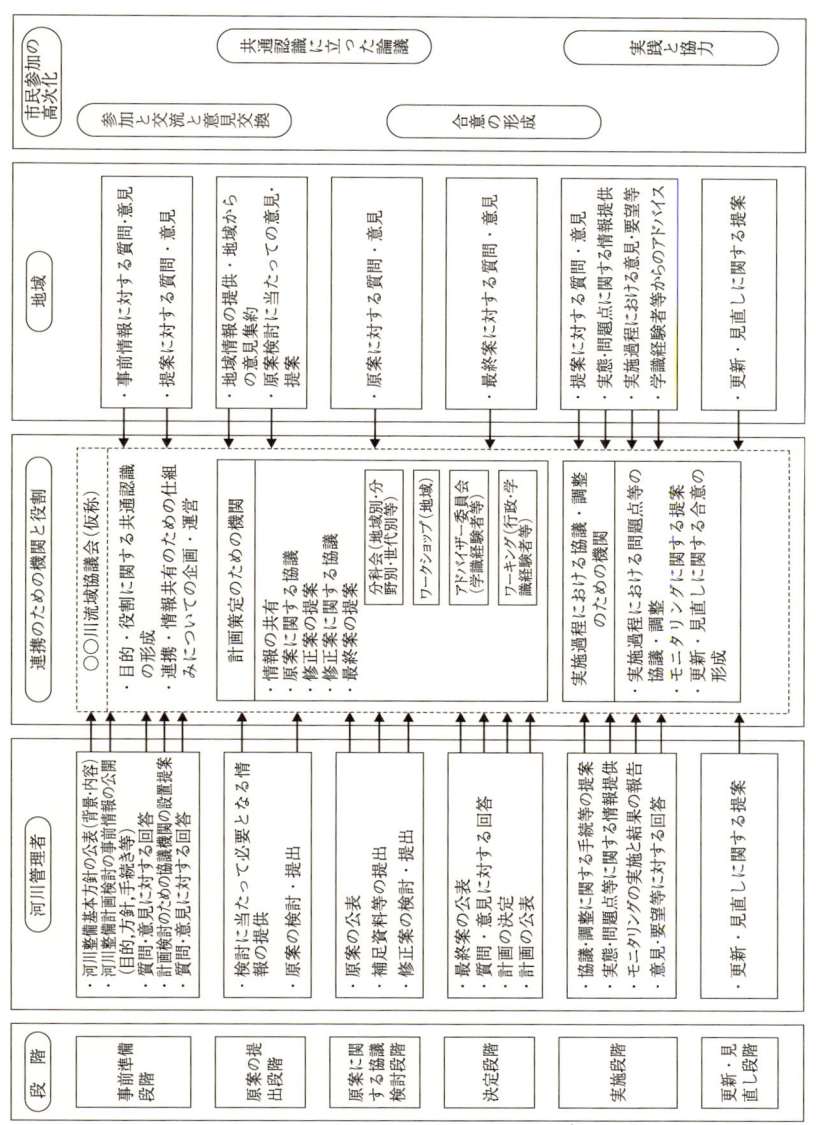

図13.2.1　河川整備計画の合意形成過程における地域との連携の仕組みの事例

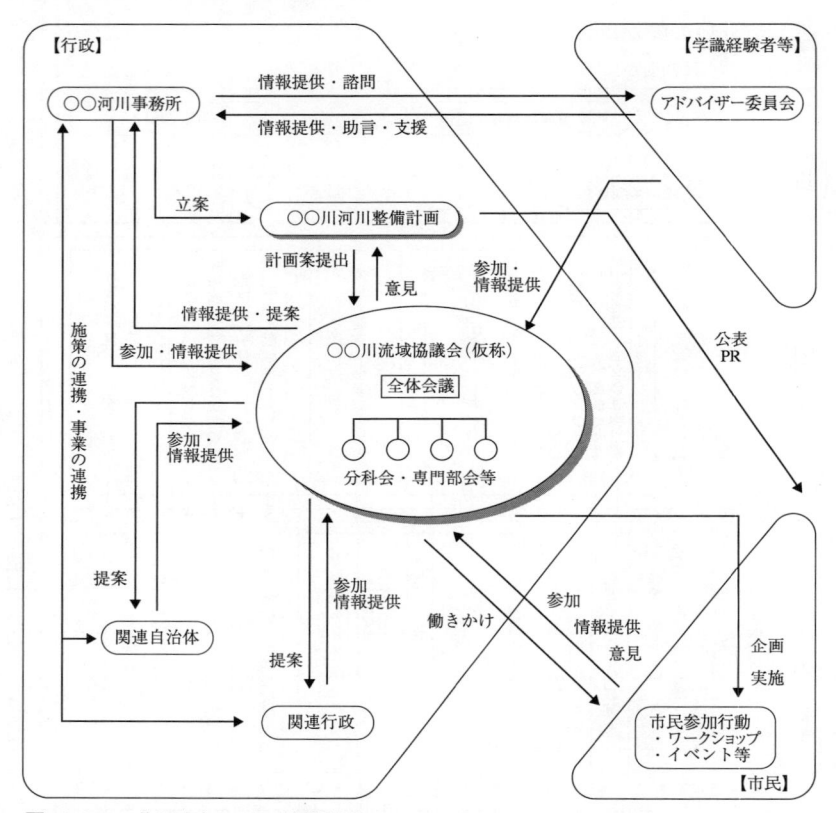

図 13.2.2 住民参加による連携行動のイメージ

　実際の河川整備計画を決定していく過程で，地域や住民といかに連携を図っていけばよいのか．その一例を図 13.2.1，13.2.2 のようなフロー図に示した．これらの図中には，以下の 3 つの基本的な考え方を示している．
　①人のネットワークの核としての協議機関の設置
　　　たとえば，「流域協議会」「地域懇談会」のように，市民，関係自治体，学識経験者など，さまざまな人が出会い，交流を深めていく，河川をめぐる人のネットワークの核となるような協議機関を常設し，継続的に運営していくことが必要である．この協議機関を引っ張っていくキーパーソンの選定や育成が大きな鍵を握っている．
　②広報，公聴，交流活動の活発な展開

お互いの顔がよく見え，声がよく聞こえるように，さまざまな情報技術，情報媒体を活用して，絶え間ない円滑な双方向の情報の流れをつくりだすことが必要である．

③市民の多様な参加機会の創出

協議機関のなかに地域別部会，専門部会などの分科会を設けたり，ワークショップを実施したりする．いろいろな工夫を行うことによって，子供からお年寄りまであらゆる市民が参加しやすい条件を整えることが必要である．

13.2.2 住民参加の事例

河川をめぐって住民や住民団体が活動している事例を3例示す．こうした団体は，河川事業に関しては河川管理者，地元地方自治体関係者などと連携して活動している．

①あらかわ学会

住民参加の事例	あらかわ学会
概要	
●「あらかわ学会」発足のきっかけは，荒川放水路の通水70年目の年にスタートした「荒川クリエーション」で，このクリエーションを通じて展開されたさまざまなイベントに集まり，知り合った人々「荒川大好き人間」たちが，その出会いと荒川への思いを継続していこうということが機運の核となった．そして，約1年に及ぶ準備期間を経て，平成8年8月4日「あらかわ学会」（会長宮村忠）が，荒川流域に住まい勤める人々を中心に171名を集めて発足した． ●"学会としての見識"をもとう，という意気込みもあり，従来からイメージされる学会としては若干異なる組織として活動を開始した． 〔あらかわ学会の目的〕 荒川に関する調査・研究・活動の報告・情報の交換ならびに親睦の場となり，荒川（流域）に関する学術，文化等の探究も行い，もって荒川に集う人々の健康で文化的な生活の実現に資すると共に，より良い川づくりに貢献することを目的とする．	
特徴	
●設立総会，平成8年度の年次大会，平成9年度の総会とシンポジウム「みん	

なで語ろう荒川の楽しみ方」を実施した．
- 第1回年次大会は，会場を荒川に隣接した小学校とした．体育館で記念講演の後，2つの教室を会場として，研究・活動の発表報告がなされた．会場内では，「自然・環境」「歴史・民俗」「文化・芸術」のジャンルで，活発な質疑応答が展開された．
- 研究・活動内容のポスターが，会場ロビーに展示された．
- あらかわ学会の日常的な活動の核としては，①自然・環境委員会，②歴史民俗委員会，③荒川安全委員会，④芸術文化委員会，⑤スポーツ・レクリエーション委員会，⑥学術誌「荒川下流」編纂委員会，⑦企画総務委員会がある．学会員の希望者はどの委員会にも所属し，参加活動することができる．
- 実際の委員会運営は，学会の担当理事を中心とした幹事（運営委員）数名によってなされる．
- 自然・環境委員会では，荒川をフィールドとして，一般市民へ広報し，流域の諸団体と連携した自然観察会や，市民による環境管理（ゴミ拾いなど）の企画実施から，荒川下流に生息する動植物の希少種を調査した「レッド・データブック」づくりを行っている．
- 荒川安全委員会は，バリアー・フリーの荒川，荒川におけるユニバーサル・デザインなどを考え，現在，荒川下流域を対象にして，危険な場所，危険行為発生個所の総点検（マップづくり）の実施を予定している．
- 歴史民俗委員会は，これまで市町村単位で調査・研究がなされていた分野において，川という流域単位で人々の暮らしを見つめ直すことを視野に入れながら，人々と荒川との関わりの歴史民俗を訪ねあるき，調査研究を重ね，その成果をひろく流域の人々に知ってもらう活動をしている．
- 芸術文化委員会とスポーツ・レクリエーション委員会は，荒川を舞台にした美術・芸術，各種スポーツとレクリエーションといった関心からさまざまな活動を企画している．
- 「荒川下流」編纂委員会は，学術的な内容の冊子を制作する．

　荒川学会の後援機関には，国土交通省関東地方整備局荒川下流河川事務所，荒川知水資料館などがある．荒川下流情報のホームページは，http://www.ara.or.jp である．

②多摩川センター

住民参加の事例	多摩川センター（多摩川沿川自治体）
概要	

多摩川流域では，昭和45年ごろから沿川の各所に川の自然を守る会が結成され，地先での自然を守る活動や各団体との交流を重ねてきた．そして，昭和49年には多摩川水系自然保護団体協議会，平成4年には三多摩自然環境センターなどの緩やかな交流ネットワークが形成され始めた．平成5年になって東京都による多摩地域の振興や環境保全を目的とした，市民参加型のTAMAらいふ21事業が開始され，環境関係では「多摩川の復権研究会」「湧水崖線研究会」「リサイクル研究会」などのプロジェクトが実施された．平成6年，その事業が終了すると同時に，このなかの研究会のメンバーを中心に，市民主体で活動を継続しようということになり，平成6年7月に多摩川センター，みずとみどり研究会（MM研）が発足した．多摩川センターの活動は，情報の収集と発信，市民・市民団体の交流拠点，多摩川の川づくりに関する調査や研究を中心とし，MM研は多摩地域全体の自然保全・保護・NPO活動に関する制度や制作研究を行っているが，組織は別になっていて，事務作業，事務所運営は共同で行っている．

特徴
共有化の方法
●会報の発行（現在，会報発行の合同化，一体化を実施中）． 　多摩川サロン，多摩川セミナーを通して共有化を進めている． ●多摩川クリーンエイド（一斉清掃），多摩川レンジャー養成講座等の実施．
共同事業の運営の仕方，協力体制
●多摩川ふれあい教室，多摩川源流学校などの共同事業を始めている． ●情報収集活動（映像資料，住民アンケート等）の共同事業を実施中．
市民との交流・意見交換の場
●多摩川サロン，多摩川セミナー，多摩川クリーンエイド，多摩川の源流を訪ねる会等を通じて交流．

多摩川センターのホームページは，http://www2.ttcn.ne.jp/~tamagawa/info/info.htm であり，多摩川の河川管理を行っているのは，国土交通省関東地方整備局京浜河川事務所（ホームページ http://www.keihin.ktr.mlit.go.jp）である．

③海外における例

> **海外での取り組みの事例**
> ～イギリス・マージー川の流域キャンペーン
>
> 　マージー川は，イングランド北西部で最大の河川で，河口にはリバプールが位置しています．かつては美しい川で，内陸部のマンチェスターでもサケが採れたといわれていますが，18世紀後半からの産業革命により河川の汚濁が進みました．
> 　マージー川キャンペーンは，「水質を改善し，すべての河川，運河に魚がすめるようにする」「ビジネスや住居開発，ツーリズム，文化遺産，レクリエーション，野生生物などに適した，魅力的な水辺環境の形成を促す」「地域住民が身近な川や水辺環境の価値をしっかり認識でき，しかも大切にしようとする意識を高める」ことを目的として，1985年にイギリス環境省が開始した25年継続のプログラムです．
> 　その核となっているのが，政府，企業，市民を代表する3つの団体です．
> - マージー川流域キャンペーン事務局（1985年設立）：公共セクターとの連携やキャンペーン全体のマネージメント，広報活動を担当しています．
> - マージー川流域ビジネス・ファウンデーション（1992年設立）：産業界との連携を担当し，企業の参画促進や環境パフォーマンス向上のためのプロジェクトを開発しています．
> - マージー川流域トラスト（1987年設立）：市民グループや学校などとの連携を担当し，コミュニティへの支援，学校との協力など，具体的なプロジェクトを展開しています．
>
> 　このキャンペーンでは，改善を「要求」するのではなく，改善への「参画」を促すアプローチをとって成功しているといわれていますが，それを可能にしたことのひとつに，これら3つの団体の個性的な強みを結集することがあげられています．

13.2.3　多摩川水系河川整備計画

(1) 市民の声と整備計画策定に至る経緯

　多摩川においては1980年に「多摩川河川環境管理計画」がまとめられた．これは自然生態系，都市計画等の学識経験者による審議，住民アンケート，沿川の自治体および住民団体の意見を反映してまとめられた．この計画は，洪水対策を中心とする河川行政に河川環境および市民団体という因子を初め

て取り入れたものであり，貴重な共有空間の望ましいあり方の方向を示すとともに，高水敷の機能区分を設定するなど，河川環境管理を行政のうえで最初に具体化した先導的なものであった．

このように，多摩川は「環境」と「市民」という事項については先進的な地域であった．1998年12月には「多摩川流域懇談会」が設立された．これは「パートナーシップではじめる〈いい川〉づくり」の提案を具体化するために設立され，行政部会（流域自治体と河川管理者），多摩川市民フォーラム（市民団体），企業，学識経験者等が，継続的に情報や意見の交換を行い，お互いの協力関係を築き信頼関係を深めつつ，緩やかな合意形成を図ることを目的としている．話し合いの原則は，自由な発言，徹底した議論，合意の形成であり，事務局は京浜河川事務所とNPO法人多摩川センターが共同で行っている．

流域においてこのような多面的な活動が行われている土壌のうえに，多摩川水系河川整備計画策定の議論が始まった．整備計画策定に直接関係した活動には次のようなものがあった．多摩川流域懇談会においては，市民フォーラムが沿川各地で多摩川を見て歩き，意見交換を行う「市民アクション」を実施した．1999年7月24日の第1回を皮切りに，2001年2月17日まで12回行われた（河川環境管理財団，2001）．また，懇談会の行政部会は多摩川の流域自治体（東京都20市3町1村2特別区，神奈川県1市，山梨県1市2村）と河川管理者（国土交通省京浜工事事務所，東京都，神奈川県，山梨県の各河川担当部局）により構成されている．行政部会により町内会，PTAなど沿川住民等と多摩川を見て歩く「ふれあい巡視」を1999年8月から実施し，それぞれの市町村ごとに，多摩川に対する意見，要望をまとめた「自治体素案」を作成した．

ふれあい巡視と市民アクションなどの結果を踏まえ，「多摩川流域懇談会」主催の「多摩川流域セミナー」が1999年3月から2001年1月にかけて8回開催され，素案の段階からの議論が行われた．そのなかで1999年12月には「多摩川流域委員会」が設立され，川のなかの議論だけにとどまらず，多摩川流域全体について議論を行った．委員会は市民団体の代表7人，学識経験者16人，行政11人で構成されており，2001年2月までに5回の議論を行い，河川整備計画原案の検討を行った（河川環境管理財団，2001）．

多摩川水系河川整備計画は行政，市民，学識経験者が多摩川を中心として重層的に集い，議論するなかでとりまとめられた．筆者（玉井信行）は多摩川流域懇談会のメンバーとして多摩川流域セミナーに数回参加し，流域委員会には委員長として参画した．

(2) 多摩川の概要

多摩川は山梨県笠取山を水源とし，山梨県，東京都，神奈川県にまたがり関東平野南部を流れる川である．長さ138 km，流域面積1240 km^2 で，山地が68%，平地が32%となっている．笠取山の標高は1953 mある．河口から55 kmの位置にある羽村取水堰地点での標高は120 mあり，平野部での平均勾配が約460分の1であり，首都圏を流れる川のなかでは勾配が急な川である．とくに，羽村取水堰から河口までの間に8つの堰があり，堰の落差の合計は約20 mにも及んでいる．流域の年間降水量は約1400 mmで，6月から9月にかけて流量が豊富である．

流域の人口は1995年度の国勢調査結果からの算定では，2000年で約425万人となり，全国総人口の3.4%である．人口密度は1 km^2 当たり約3400人（全国平均では337人）に達し，人口密集地域の河川である．

多摩川については新多摩川誌（2001）が編纂されており，これには河川工学に関わる課題のみではなく，流域の歴史・民俗，市民生活，産業・経済，治水・利水・河川環境などが総合的にとりまとめられている．

(3) 多摩川水系河川整備計画の概要

河川整備計画では直轄管理区間（国が管理している区間）を対象としており，2001年3月に策定された（河川環境管理財団，2001）．直轄管理区間は多摩川本川63.4 km（河口から青梅市の万年橋まで）と，支川の浅川13.2 km，大栗川1.1 kmである．この計画で特徴的なのは，水循環系を健全なものにする対策の実施のため，上下水道，地下水，氾濫流など多摩川水系の河川水が関わる地域についても計画対象区間としたところにある．

整備計画はおよそ20年から30年間に整備する事業内容を定めるものであるが，その基本となる考え方や整備水準は2000年12月に多摩川水系河川整備基本方針で定められた．治水の整備水準は再現年数150年の洪水にも安全

な水準であり，基準地点の石原（河口から 27.7 km 地点）における基本高水のピーク流量は 8700 m³/s である．洪水調節施設による調節流量は 2200 m³/s とされ，河道に配分される流量は石原地点で 6500 m³/s と定められている（河川環境管理財団，2001）．

　河川整備の前提を 3 つのポイントにまとめている．ポイント 1 は，環境整備が河川法に基づいて行われることになったので，より一層河川工事と環境が調和する河川管理を行うことである．ポイント 2 は，できるだけ自然の流れを生かした基準を導入することである．いわゆる「防護ライン」を設定し，川の流れがこの線より堤防に近づいて危険とならない限りは川の流れをそのままにしておくものである．ポイント 3 は，自然を残しつつ，安全な利用ができるためのルールとして河川敷の区分の設定を行うこと，水面の区分や水際の区分を新たに行うことである．

　整備計画における治水の目標は，戦後最大級の洪水に対しても安全な河道を確保することで，石原地点では 4500 m³/s の流量に対して安全な策を講ずることである．そのなかには，堤防の安全性を向上させること，総合的な治水対策として，流域での保水・遊水機能を高めること，計画を上回る洪水に対しても破壊的な被害を受けないために，高規格堤防を整備すること，広域防災対策の一角を担うことなどが挙げられている．整備計画における主要地点での目標流量を図 13.2.3 に示す．また，治水策全体のイメージを図 13.2.4 に示す．

　利水に関わる整備計画の目標は「水流実態解明プロジェクト」を推進し，多摩川流域の水循環を解明し，それに基づき適正な水利用，水質の改善などを進めることである．水流の実態解明には，地下水の把握，流域からの汚濁負荷の調査，有害化学物質の調査，生物調査，下水処理水の流下状態の調査など従来の河川調査にはなかった多くの項目が含まれている．

　環境の整備においては「多摩川河川環境管理計画」がいままでに果たしてきた重要な役割を踏まえて，生物の生息・生育環境を守り，多摩川らしい景観を次世代へ伝え，住民，関係自治体，関連機関と連携して流域の自然を残すことが目標である．多摩川水系河川整備計画では河川敷を 8 つの機能空間に区分している．これらは，①避難空間，②地先施設レクリエーション空間，③広域施設レクリエーション空間，④運動・健康管理空間，⑤自然レクリエ

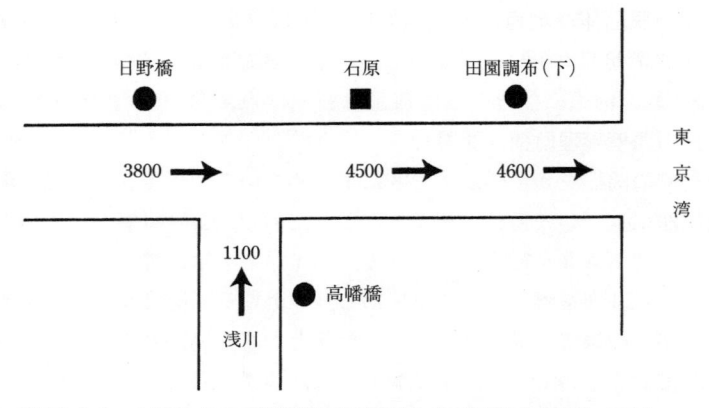

図 13.2.3 主要地点での整備計画目標流量（河川環境管理財団, 2001）

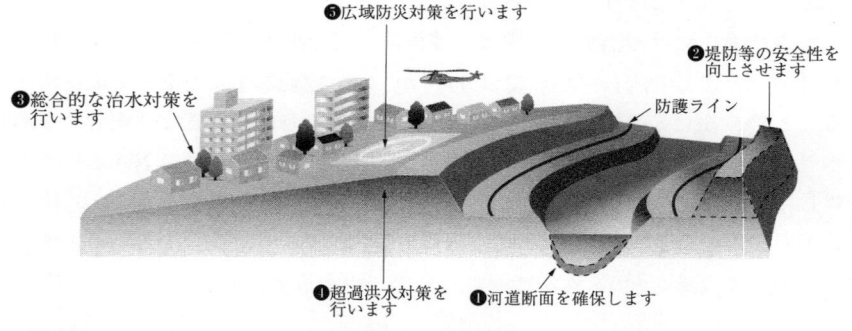

図 13.2.4 治水対策のイメージ図（河川環境管理財団, 2001）

ーション空間，⑥文教空間，⑦情操空間，⑧生態系保持空間である．これらの機能空間の面積および面積比は，表 13.2.1 の通りである．

ここに，自然系空間とは，機能空間区分のうち，自然レクリエーション空間，文教空間，情操空間，生態系保持空間の面積の和である．また，人工系空間とは，機能空間区分のうち，地先施設レクリエーション空間，広域施設レクリエーション空間，運動・健康管理空間の面積の和である．

表 13.2.1 機能空間の自然系空間および人工系空間の面積比

	自然系空間	人工系空間	合　計
多摩川（本川）	60 %（760 ha）	40%（470 ha）	100%（1,230 ha）

13.2 河川整備計画における地域連携と住民参加　481

　市民・市民団体，水利団体，河川に関する専門家，自治体，国土交通省京浜河川事務所が協力し合って川づくりを進めるためには多摩川への理解を深め，価値を共有することが必要である．そのため多摩川水系全体を博物館ととらえ，誰もが多摩川の自然・歴史・文化・防災などを学習できるシステムを構築すること（多摩川流域リバーミュージアム計画）が謳われている．これは資料を収集し，それを系列的に展示して知識の体系を伝える機能をもっている従来の博物館とは趣を異にしている．「多摩川流域リバーミュージアム」は，多摩川の現地に出てきてもらうことを重視した「現場主義」を原則とする博物館である．多摩川の堤防に敷設されている光ファイバーで関連する機関を結んだ情報システムを構築し，多摩川のどこにいても携帯電話やパソコンから多摩川や流域に関する情報を引き出せるように計画されている．
　また，市民が河原で発見した情報を提供してもらうことにより，情報データベースの共有化を進める計画となっている．こうした体系を構築することができれば，多摩川を教室とする環境教育とか，総合学習にも資することができる．多摩川に関する知識の集積，それらをわかりやすい形にまとめた情報，さらには高度処理をしたさまざまな分析結果，専門家による応答など，情報

図 13.2.5　リバーミュージアムのイメージ図（河川環境管理財団，2001）

内容の充実が今後の課題である．現在の多摩川流域リバーミュージアムのURLは，http://www.tamariver.net である．リバーミュージアムのイメージは，図13.2.5に示されている．

参考文献

河川環境管理財団（2001）：多摩川水系河川整備計画読本，197 pp.
佐々木才朗（1992）：多目的ダムのコストアロケーションに関する研究，東京大学学位論文，268 pp.
定井喜明・上田　誠（1982）：吉野川における住民意識構造と河川事業推進方策に関する研究，徳島大学工学部研究報告，**27**, 9-25.
新多摩川誌編集委員会（2001）：新多摩川誌　本編3巻，別巻4冊（文献目録，統計・資料，年表，写真・図表），河川環境管理財団．
清野聡子・濱田隆士・宇多高明（1999）：河川事業の遂行上取得された各種資料を有効利用した河川環境教育手法，環境システム研究，**27**, 135-146.
武田真一郎（1998）：吉野川第十堰建設事業の現状と問題点，水資源・環境研究，**11**, 21-30.
東京海上火災保険株式会社編（1992）：環境リスクと環境法，有斐閣，297 pp.
星野　淳・森田康志・川端真樹（1987）：これからの河川事業と河川広報について，北海道開発局技術研究発表会論文集，**31**, 571-576.
吉野清文・引野洋輝・青戸生治（1986）：太田川における住民意識と事業工法の手法について，中国地方建設局管内技術研究会論文集，**37**, 405-417.
M. D. Mafizur Rahman (1997) : Reliability analysis for the planning of flood control and environmental conservation, 東京大学学位論文，156 pp.

付　録

付表 1.1　直轄ダム・公団ダム容量等一覧——直轄ダム（平成 13 年度）（容量の単位：千 m^3）

ダム名	事業主体	総貯水容量	目的	洪水期 (I)								期間
				期間	洪水調節	不特定	かんがい	水道用水	工業用水	発電	最低水位以下	
大雪ダム	北海道開発局	66,000	F, N, A, W, P	7/1～9/30	30,000	—	20,000	4,700	—	—	11,300	6/11～6/30 10/1～10/31
漁川ダム	北海道開発局	15,300	F, N, W	7/1～9/30	11,900	200	—	2,000	—	—	1,200	
鹿ノ子ダム	北海道開発局	39,800	F, N, A, W	7/1～9/30	25,000	5,300	800	4,700	—	—	4,000	
金山ダム	北海道開発局	150,450	F, A, W, P	7/1～9/30	51,400	—	65,000	380	—	13,640	20,030	6/15～6/30 10/1～10/31
桂沢ダム	北海道開発局	92,700	F, A, W, P	6/15～10/31	10,400	—	65,700	5,700	—	—	10,900	
豊平峡ダム	北海道開発局	47,100	F, W, P	7/1～9/30	20,200	—	—	15,800	—	1,100	10,000	6/15～6/30 10/1～10/31
定山渓ダム	北海道開発局	82,300	F, W, P	通年	19,000	—	—	59,600	—	—	3,700	
岩尾内ダム	北海道開発局	107,700	F, A, W, I, P	7/1～9/30	48,600	—	46,280	190	1,230	—	11,400	6/15～6/30 10/1～10/31
十勝ダム	北海道開発局	112,000	F, P	7/1～9/30	80,000	—	—	—	—	8,000	24,000	
美利河ダム	北海道開発局	18,000	F, N, A, P	7/1～10/10	12,000	—	2,500	—	—	—	3,500	
二風谷ダム	北海道開発局	31,500	F, N, A, W, I, P	7/1～9/30	19,800	1,800	320	280	3,800	—	5,500	
札内川ダム	北海道開発局	54,000	F, N, A, W, P	7/1～10/31	25,000	2,900	4,300	9,800	—	—	12,000	
滝里ダム	北海道開発局	108,000	F, N, A, W, P	通年	50,000	8,200	26,000	800	—	—	23,000	
四十四田ダム	東北地方整備局	47,100	F, P	7/1～9/30	33,900	—	—	—	—	1,600	11,600	—
田瀬ダム	東北地方整備局	146,500	F, A, P	7/1～9/30	84,500	—	17,300	—	—	—	44,700	
湯田ダム	東北地方整備局	114,160	F, A, P	7/1～9/30	77,810	—	15,900	—	—	—	20,450	
石淵ダム	東北地方整備局	16,150	F, A, P	7/1～9/30	5,600	—	6,360	—	—	—	4,190	
鳴子ダム	東北地方整備局	50,000	F, N, P	7/1～9/30	19,000	—	—	—	—	16,000	15,000	
御所ダム	東北地方整備局	65,000	F, N, W, P	7/1～9/30	40,000	3,000	—	1,000	—	1,000	20,000	
釜房ダム	東北地方整備局	45,300	F, N, W, I, P	7/1～9/30	21,000	7,700	—	7,100	3,500	—	6,000	
白川ダム	東北地方整備局	50,000	F, N, A, I, P	6/16～7/25	27,000	2,400	11,200	—	400	—	9,000	8/1～10/10
寒河江ダム	東北地方整備局	109,000	F, N, A, W, P	6/16～10/10	37,000	39,000	15,000	7,000	—	—	11,000	—

	洪水期 (II)						期間	洪水期 (III)						
洪水調節	不特定	かんがい	水道用水	工業用水	発電	最低水位以下	期間	洪水調節	不特定	かんがい	水道用水	工業用水	発電	最低水位以下
8,200	—	20,700	5,200	—	20,600	11,300								
25,200	—	—	—	—	105,220	20,030								
8,100	—	—	29,000	—	—	10,000								
10,000	—	56,310	190	1,230	28,570	11,400								
—	—	—	—	—	—	—		—	—	—	—	—	—	—
—	—	—	—	—	—	—		—	—	—	—	—	—	—
—	—	—	—	—	—	—		—	—	—	—	—	—	—
—	—	—	—	—	—	—		—	—	—	—	—	—	—
30,000	2,200	8,500	—	300	—	9,000		—	—	—	—	—	—	—
—	—	—	—	—	—	—		—	—	—	—	—	—	—

486 付録

ダム名	事業主体	総貯水容量	目的	洪水期 (IV)								期間
				期間	洪水調節	不特定	かんがい	水道用水	工業用水	発電	最低水位以下	
大雪ダム	北海道開発局	66,000	F,N,A,W,P									
漁川ダム	北海道開発局	15,300	F,N,W									
鹿ノ子ダム	北海道開発局	39,800	F,N,A,W									
金山ダム	北海道開発局	150,450	F,A,W,P									
桂沢ダム	北海道開発局	92,700	F,A,W,P									
豊平峡ダム	北海道開発局	47,100	F,W,P									
定山渓ダム	北海道開発局	82,300	F,W,P									
岩尾内ダム	北海道開発局	107,700	F,A,W,I,P									
十勝ダム	北海道開発局	112,000	F,P									
美利河ダム	北海道開発局	18,000	F,N,A,P									
二風谷ダム	北海道開発局	31,500	F,N,A,W,I,P									
札内川ダム	北海道開発局	54,000	F,N,A,W,P									
滝里ダム	北海道開発局	108,000	F,N,A,W,P									
四十四田ダム	東北地方整備局	47,100	F,P									
田瀬ダム	東北地方整備局	146,500	F,A,P									
湯田ダム	東北地方整備局	114,160	F,A,P									
石淵ダム	東北地方整備局	16,150	F,A,P									
鳴子ダム	東北地方整備局	50,000	F,N,P									
御所ダム	東北地方整備局	65,000	F,N,W,P									
釜房ダム	東北地方整備局	45,300	F,N,W,I,P									
白川ダム	東北地方整備局	50,000	F,N,A,I,P									
寒河江ダム	東北地方整備局	109,000	F,N,A,W,P									

付　録　487

洪水期 (V)						非洪水期					
洪水調節	不特定	かんがい	水道用水	工業用水	発電	洪水調節	不特定	かんがい	水道用水	工業用水	発電	最低水位以下
						—	—	—	—	—	54,700	11,300
						10,300	300	—	3,500	—	—	1,200
						14,600	13,500	1,900	5,800	—	—	4,000
						—	—	65,000	380	—	65,040	20,030
						—	—	74,100	7,700	—	74,100	10,900
						—	—	—	37,100	—	—	10,000
						—	—	56,310	190	1,230	38,570	11,400
						12,000	—	—	—	—	76,000	24,000
						5,250	6,750	2,500	—	—		3,500
						11,830	6,630	70	440	7,030		5,500
						15,000	8,000	9,000	10,000	—		12,000
						3,800	—	—	—	—	31,700	11,600
						—	—	—	—	—	101,800	44,700
						15,150	—	—	—	—	78,560	20,450
						—	—	—	—	—	11,960	4,190
						2,000	—	—	—	—	33,000	15,000
						12,300	3,000	—	1,000	—	28,700	20,000
						2,900	19,100	—	11,100	6,200	—	6,000
						5,000	1,700	7,600	—	—	26,700	9,000
						5,000	29,000	15,000	8,000	—	41,000	11,000

488 付録

ダム名	事業主体	総貯水容量	目的	洪水期 (I)								
				期間	洪水調節	不特定	かんがい	水道用水	工業用水	発電	最低水位以下	期間
浅瀬石川ダム	東北地方整備局	53,100	F, N, W, P	7/1〜9/30	24,000	—	—	6,300	—	12,800	10,000	
玉川ダム	東北地方整備局	254,000	F, N, A, W, I, P	6/16〜9/30	107,000	76,700	11,300	6,800	27,200	—	25,000	—
七ヶ宿ダム	東北地方整備局	109,000	F, N, A, W, I	6/11〜10/10	35,000	—	10,800	49,100	4,600	—	9,500	
三春ダム	東北地方整備局	42,800	F, N, A, W, I	6/11〜10/10	28,000	600	3,700	3,650	50	—	6800	
月山ダム	東北地方整備局	65,000	F, N, W, P	6/1〜9/30	38,000	13,000	—	7,000	—	—	7,000	
藤原ダム	関東地方整備局	52,490	F, N, P	7/1〜9/30	21,200	14,690	—	—	—	—	16,600	
相俣ダム	関東地方整備局	25,000	F, N, P	7/1〜9/30	9,400	10,600	—	—	—	—	5,000	
薗原ダム	関東地方整備局	20,310	F, N, P	7/1〜9/30	14,140	—	—	—	—	—	6,170	
品木ダム	関東地方整備局	1,668	P, 水質改善	通年	—	—	—	—	—	280	1,388	
五十里ダム	関東地方整備局	55,000	F, N, P	6/15〜8/14	14,000	16,500	—	—	—	16,500	9,000	8/15〜9/30
川俣ダム	関東地方整備局	87,600	F, N, P	6/15〜8/14	24,500	48,600	—	—	—	48,600	14,500	8/15〜9/30
川治ダム	関東地方整備局	83,000	F, N, A, W, I	7/1〜9/30	36,000	3,100	15,500	7,900	13,500	—	7,000	
二瀬ダム	関東地方整備局	26,900	F, N, P	7/1〜9/30	21,800	16,000〜0	—	—	—	16,000〜0	5,100	
荒川調節池総合開発施設	関東地方整備局	11,100	F, W	7/1〜9/30	3,000	—	—	7,600	—	—	500	10/1〜6/30
渡良瀬遊水池総合開発施設	関東地方整備局	26,400	F, N, W	7/1〜9/30	14,200	5,000	—	7,200	—	—	—	
宮ヶ瀬ダム	関東地方整備局	193,000	F, N, W, P	6/16〜10/15	45,000	19,800	—	118,200	—	—	10,000	
大石ダム	北陸地方整備局	22,800	F, P	6/16〜9/30	17,500	—	—	—	—	300	5,000	
手取川ダム	北陸地方整備局	231,000	F, W, I, P	6/15〜10/15	20,000	—	—	14,660	1,540	153,800	41,000	3/1〜6/14
大町ダム	北陸地方整備局	33,900	F, N, W, P	6/1〜9/30	20,000	6,600	—	1,800	—	500	5,000	
大川ダム	北陸地方整備局	57,500	F, N, A, W, I, P	6/21〜10/10	32,400	2,100	2,700	357	943	6,000	13,000	
三国川ダム	北陸地方整備局	27,500	F, N, W, P	6/1〜9/30	18,000	900	—	900	—	—	7,700	
宇奈月ダム	北陸地方整備局	24,700	F, W, P	6/21〜9/30	11,200	—	—	1,000	—	500	12,000	
美和ダム	中部地方整備局	29,952	F, A, P	6/1〜9/30	13,400	—	2,835	—	—	4,503	9,207	
小渋ダム	中部地方整備局	58,000	F, A, P	6/10〜7/20	35,300	—	1,800	—	—	—	20,900	7/21〜10/5
新豊根ダム	中部地方整備局	53,500	F, P	6/1〜10/10	10,500	—	—	—	—	29,900	13,100	
矢作ダム	中部地方整備局	80,000	F, N, A, W, I, P	6/1〜10/15	15,000	19,000	—	12,000	19,000	—	15,000	
丸山ダム	中部地方整備局	79,520	F, P	通年	20,170	—	—	—	—	18,220	41,130	
横山ダム	中部地方整備局	43,000	F, A, P	6/16〜7/31	22,000	—	11,000	—	—	—	10,000	8/1〜10/15
蓮ダム	中部地方整備局	32,600	F, N, W, P	6/16〜10/31	17,000	5,500	—	6,900	—	—	3,200	

付　録　489

洪水期 (II)							期間	洪水期 (III)					
洪水調節	不特定	かんがい	水道用水	工業用水	発電	最低水位以下		洪水調節	不特定	かんがい	水道用水	工業用水	発電	最低水位以下
—	—	—	—	—	—	—		—	—	—	—	—	—	—
—	—	—	—	—	—	—		—	—	—	—	—	—	—
—	—	—	—	—	—	—		—	—	—	—	—	—	—
—	—	—	—	—	—	—		—	—	—	—	—	—	—
—	—	—	—	—	—	—								
34,800	11,200	—	—	—	—	9,000								
24,500	48,600	—	—	—	—	14,500								
3,000	—	—	10,200	—	—	500								
—	—	—	—	—	—	—		—	—	—	—	—	—	—
5,500	—	—	14,660	1,540	168,300	41,000								
35,300	—	1,800	—	—	—	20,900								
22,000	—	11,000	—	—	—	10,000								

490 付録

ダム名	事業主体	総貯水容量	目的	洪水期 (IV)									期間
				期間	洪水調節	不特定	かんがい	水道用水	工業用水	発電	最低水位以下	
浅瀬石川ダム	東北地方整備局	53,100	F, N, W, P									
玉川ダム	東北地方整備局	254,000	F, N, A, W, I, P									
七ヶ宿ダム	東北地方整備局	109,000	F, N, A, W, I									
三春ダム	東北地方整備局	42,800	F, N, A, W, I									
月山ダム	東北地方整備局	65,000	F, N, W, P									
藤原ダム	関東地方整備局	52,490	F, N, P									
相俣ダム	関東地方整備局	25,000	F, N, P									
薗原ダム	関東地方整備局	20,310	F, N, P									
品木ダム	関東地方整備局	1,668	P, 水質改善									
五十里ダム	関東地方整備局	55,000	F, N, P									
川俣ダム	関東地方整備局	87,600	F, N, P									
川治ダム	関東地方整備局	83,000	F, N, A, W, I									
二瀬ダム	関東地方整備局	26,900	F, N, P									
荒川調節池総合開発施設	関東地方整備局	11,100	F, W									
渡良瀬遊水池総合開発施設	関東地方整備局	26,400	F, N, W									
宮ヶ瀬ダム	関東地方整備局	193,000	F, N, W, P									
大石ダム	北陸地方整備局	22,800	F, P									
手取川ダム	北陸地方整備局	231,000	F, W, I, P									
大町ダム	北陸地方整備局	33,900	F, N, W, P									
大川ダム	北陸地方整備局	57,500	F, N, A, W, I, P									
三国川ダム	北陸地方整備局	27,500	F, N, W, P									
宇奈月ダム	北陸地方整備局	24,700	F, W, P									
美和ダム	中部地方整備局	29,952	F, A, P									
小渋ダム	中部地方整備局	58,000	F, A, P									
新豊根ダム	中部地方整備局	53,500	F, P									
矢作ダム	中部地方整備局	80,000	F, N, A, W, I, P									
丸山ダム	中部地方整備局	79,520	F, P									
横山ダム	中部地方整備局	43,000	F, A, P									
蓮ダム	中部地方整備局	32,600	F, N, W, P									

付　録　491

洪水期 (V)							非洪水期						
洪水調節	不特定	かんがい	水道用水	工業用水	発電	最低水位以下	洪水調節	不特定	かんがい	水道用水	工業用水	発電	最低水位以下
							4,200	14,000	—	8,200	—	16,700	10,000
							39,000	130,500	16,400	8,700	34,400	—	25,000
							35,000	800	10,100	49,000	4,600		9,500
							16,200	9,900	6,000	3,800	100		6,800
							18,000	37,100	—	2,900	—		7,000
							4,880	31,010	—	—	—		16,600
							9,400	10,600	—	—	—		5,000
							11,140	3,000					6,170
							14,000	32,000					9,000
								73,100					14,500
								4,200	23,600	17,400	30,800	—	7,000
							0	16,000	—	—		20,000	5,100
							—	5,000	—	21,400	—		—
							0	22200	0	160,800	0		10,000
							500	—	—	—		17,300	5,000
							2,500	—	—	14,660	1,540	171,300	41,000
							5,900	9,240	—	1,800	—	11,960	5,000
							19,200	8,700	3,900	743	1,557	10,000	13,000
							3,500	15,300	—	1,000	—	—	7,700
							10,200	—	—	1,250	—	1,250	12,000
							13,400	—	1,416	—	—	5,929	9,207
							8,000	—	—	—	—	29,100	20,900
							6,100	—	—	—	—	34,300	13,300
							—	19,000		12,000	19,000	15,000	15,000
							—	—	25,000	—	—	8,000	10,000
							1,200	11,022	—	17,178	—	—	3,200

ダム名	事業主体	総貯水容量	目的	洪水期 (I)								最低水位以下	期間
				期間	洪水調節	不特定	かんがい	水道用水	工業用水	発電			
長島ダム	中部地方整備局	78,000	F, N, A, W	6/16～10/15	47,000	6,300	2,800	11,900	—	—	10,000		
天ヶ瀬ダム	近畿地方整備局	26,280	F, W, P	6/16～10/15	*20,000	—	—	**600	—	**3,800	6,280	—	
猿谷ダム	近畿地方整備局	23,300	N, P	通年	—	17,300	—	—	—	—	6,000		
九頭竜ダム	近畿地方整備局	353,000	F, P	通年	33,000	—	—	—	—	190,000	130,000		
真名川ダム	近畿地方整備局	115,000	F, N, P	7/1～7/31	76,400	—	—	—	—	18,600	20,000	8/1～9/30	
加古川大堰	近畿地方整備局	1,960	F, N, W, I	通年	—	1,010	—	630	—	320	—		
土師ダム	中国地方整備局	47,300	F, N, A, W, I, P	6/11～10/15	31,500	1,152	864	5,088	2,496	—	6,200		
弥栄ダム	中国地方整備局	112,000	F, N, W, I, P	通年	58,000	15,500	—	19,840	12,660	—	6,000		
八田原ダム	中国地方整備局	60,000	F, N, W	通年	34,000	4,000	—	13,414	5,586	—	3,000		
菅沢ダム	中国地方整備局	19,800	F, A, I, P	6/16～6/30	1,600	—	3,900	—	—	10,800	900	2,600	7/1～7/31
島地川ダム	中国地方整備局	20,600	F, N, W, I	通年	7,200	1,000	—	2,600	8,800	—	1,000		
温井ダム	中国地方整備局	82,000	F, N, W, P	6/11～10/25	41,000	16,000	—	22,000	—	—	3,000		
芦田川河口堰	中国地方整備局	5,460	F, I	通年	—	—	—	—	4,960	—	500		
坂根堰	中国地方整備局	2,200	F, N, A, W, I	通年	—	600	—	818	182	—	600		
高瀬堰	中国地方整備局	1,980	F, W	通年	—	—	—	1,550	—	230	200		
石手川ダム	四国地方建設局	12,800	F, A, W	通年	4,300	—	1,300	5,000	—	—	2,200		
野村ダム	四国地方建設局	16,000	F, A, W	6/16～7/14	890～3,410	10,120～7,880	—	1,690～1,410	—	—	3,300	7/15～10/15	
大渡ダム	四国地方建設局	66,000	F, N, W, P	7/1～10/10	39,000 (10,000)	10,000	—	3,000	—	—	14,000		
中筋川ダム	四国地方建設局	12,600	F, N, A, W, I	6/16～10/31	8,600	1,450	850	180	920	—	600		
柳瀬ダム	四国地方建設局	32,200	F, A, W, I, P	通年	800 (6,800)	A, W, I 合わせて 28,800					—	2,600	
遠賀川河口堰	九州地方整備局	11,140	F, W, I	通年	—	—	—	3,650	5,190	—	2,300		
耶馬渓ダム	九州地方整備局	23,300	F, N, W, I, P	通年	11,200	5,500	—	2,462	1,838	—	2,300		
平成大堰	九州地方整備局	278	F, N, W	通年	—	—	—	52	—	—	226		
厳木ダム	九州地方整備局	13,600	F, N, W, I, P	通年	6,200	800	—	1,371	429	3,000	1,800		
下筌ダム	九州地方整備局	59,300	F, N, P	6/11～7/20	51,300	—	—	—	—	1,000	7,000	7/21～9/30	
松原ダム	九州地方整備局	54,600	F, N, W, P	6/11～7/20	45,800	—	—	400	—	1,300	7,500	7/21～9/30	
緑川ダム	九州地方整備局	46,000	F, N, A, P	6/11～7/20	15,800	—	6/21～7/20 10,000	—	—	6/11～6/20 19,400	10,800	8/1～9/30	
										6/21～7/20 9,400			
鶴田ダム	九州地方整備局	123,000	F, P	6/11～7/20	72,000	—	—	—	—	*5,500	45,500	7/21～8/20	
六角川河口堰	九州地方整備局	19,000	F, N	通年	14,000	3,300	—	—	—	—	1,700		

* 予備放流量を含む, ** 予備放流量の内数.

付　録　493

洪水調節	不特定	洪水期 (II) かんがい	水道用水	工業用水	発電	最低水位以下	期間	洪水調節	不特定	洪水期 (III) かんがい	水道用水	工業用水	発電	最低水位以下
—	—	—	—	—	—	—	—	—	—	—	—	—	—	—
—	—	—	—	—	—	—	—	—	—	—	—	—	—	—
—	—	—	—	—	—	—	—	—	—	—	—	—	—	—
39,000	6,000	—	—	—	—	20,000	—	—	—	—	—	—	—	—
—	—	—	—	—	—	—	—	—	—	—	—	—	—	—
—	—	—	—	—	—	—	—	—	—	—	—	—	—	—
—	—	—	—	—	—	—	—	—	—	—	—	—	—	—
2,500	—	3,900	—	10,800	0	2,600	8/1〜8/31	6,800	—	3,300	—	7,000	100	2,600
—	—	—	—	—	—	—	—	—	—	—	—	—	—	—
—	—	—	—	—	—	—	—	—	—	—	—	—	—	—
—	—	—	—	—	—	—	—	—	—	—	—	—	—	—
—	—	—	—	—	—	—	—	—	—	—	—	—	—	—
3,500	—	7,800	1,400	—	—	3,300	—	—	—	—	—	—	—	—
—	—	—	—	—	—	—	—	—	—	—	—	—	—	—
—	—	—	—	—	—	—	—	—	—	—	—	—	—	—
—	—	—	—	—	—	—	—	—	—	—	—	—	—	—
22,000	12,500	—	—	—	30,300	7,000								
7,600	12,500	—	400	—	39,500	7,500								
24,000	—	8/1〜10/10 最大 10,000	—	—	8/1〜9/30 概ね 1,200	10,800	10/1〜10/15	10,000	—	—	—	—	25,200	10,800
68,000	—	—	—	—	*9,500	45,500	8/21〜8/31	62,000	—	—	—	—	*15,500	45,500

* 予備放流量を含む．

494 付録

ダム名	事業主体	総貯水容量	目的	洪水期 (IV) 期間	洪水調節	不特定	かんがい	水道用水	工業用水	発電	最低水位以下	期間
長島ダム	中部地方整備局	78,000	F, N, A, W									
天ヶ瀬ダム	近畿地方整備局	26,280	F, W, P									
猿谷ダム	近畿地方整備局	23,300	N, P									
九頭竜ダム	近畿地方整備局	353,000	F, P									
真名川ダム	近畿地方整備局	115,000	F, N, P									
加古川大堰	近畿地方整備局	1,960	F, N, W, I									
土師ダム	中国地方整備局	47,300	F, N, A, W, I, P	─	─	─	─	─	─	─	─	─
弥栄ダム	中国地方整備局	112,000	F, N, W, I, P									
八田原ダム	中国地方整備局	60,000	F, N, W, P									
菅沢ダム	中国地方整備局	19,800	F, A, I, P	9/1〜9/30	16,500	─	0		700	0	2,600	10/1〜10/20
島地川ダム	中国地方整備局	20,600	F, N, W, I									
温井ダム	中国地方整備局	82,000	F, N, W, P	─	─	─	─	─	─	─	─	─
芦田川河口堰	中国地方整備局	5,460	F, I	─	─	─	─	─	─	─	─	─
坂根堰	中国地方整備局	2,200	F, N, A, W, I									
高瀬堰	中国地方整備局	1,980	F, W	─	─	─	─	─	─	─	─	─
石手川ダム	四国地方建設局	12,800	F, A, W									
野村ダム	四国地方建設局	16,000	F, A, W									
大渡ダム	四国地方建設局	66,000	F, N, W, P									
中筋川ダム	四国地方整備局	12,600	F, N, A, W, I									
柳瀬ダム	四国地方整備局	32,200	F, A, W, I, P									
遠賀川河口堰	九州地方整備局	11,140	F, W, I									
耶馬渓ダム	九州地方整備局	23,300	F, N, W, I, P									
平成大堰	九州地方整備局	278	F, N, W									
厳木ダム	九州地方整備局	13,600	F, N, W, I, P									
下筌ダム	九州地方整備局	59,300	F, N, P									
松原ダム	九州地方整備局	54,600	F, N, W, P									
緑川ダム	九州地方整備局	46,000	F, N, A, P									
鶴田ダム	九州地方整備局	123,000	F, P	9/1〜9/30	35,000	─	─	─	─	*42,500	45,500	10/1〜10/15
六角川河口堰	九州地方整備局	19,000	F, N									

付　録　495

洪水期 (V)							非洪水期					
洪水調節	不特定	かんがい	水道用水	工業用水	発電	最低水位以下	洪水調節	不特定	かんがい	水道用水	工業用水	発電	最低水位以下
							20,000	26,300	3,200	18,500	—	—	10,000
							*20,000	—	—	**600	—	**13,480	—
							—	—	—	—	—	—	—
							—	—	—	—	—	—	—
							48,000	—	—	—	—	47,000	20,000
							—						
—	—	—	—	—	—	—	5,500	4,272	3,204	18,868	9,256	—	6,200
							58,000	15,500	—	19,840	12,660	—	6,000
							34,000	4,000	—	13,414	5,585	—	3,000
5,100	—	0	—	10,800	1,300	2,600	1,600	—	3,900	—	10,800	900	2,600
							7,200	1,000	—	2,600	8,800	—	1,000
							31,000	26,000	—	22,000	—	—	3,000
							—	—	—	—	—	—	—
							—	—	—	—	—	—	—
							800	—	10,200	1,700	—	—	3,300
							18,000 (21,000)	31,000	—	3,000	—	—	14,000
							8,100	1,900	900	180	920	—	600
							—						
							—	12,500	—	—	—	52,300	7,000
							—	12,500	—	400	—	47,100	7,500
							5,200	—	—	—	—	30,000	10,800
10,000	—	—	—	67,500	45,500	—	—	—	—	—	77,500	45,500

* 予備放流量を含む，** 予備放流量の内数．

ダム名	事業主体	総貯水容量	目的	洪水期 (I)									期間
				期間	洪水調節	不特定	かんがい	水道用水	工業用水	発電	最低水位以下	
竜門ダム	九州地方整備局	42,500	F, N, A, I	通年	8,000	11,500	19,300	—	2,700	—	1,000	
福地ダム	沖縄総合事務局	55,000	F, N, W, I	通年	7,300	2,000	—	31,400	11,300	—	3,000	
新川ダム	沖縄総合事務局	1,650	F, N, W, I	通年	650	100	—	370	130	—	400	
安波ダム	沖縄総合事務局	18,600	F, N, W, I	通年	4,800	200	—	9,130	3,270	—	1,200	
普久川ダム	沖縄総合事務局	3,050	F, N, W, I	通年	1,600	150	—	590	210	—	500	
辺野喜ダム	沖縄総合事務局	4,500	F, N, W, I	通年	2,400	150	—	1,070	380	—	500	
漢那ダム	沖縄総合事務局	8,200	F, N, A, W	通年	1,150	240	1,740	4,670	—	—	400	

空白及び—の欄については, 目的なしか, 専用容量なしである.
「目的」欄の記号は以下の意味である. F:洪水調節, N:不特定, A:かんがい, W:水道, I:工水, P:発電 (容量はないが
出典:国土交通省資料 (2003年) による.

洪水調節	不特定	かんがい	水道用水	工業用水	発電	最低水位以下	期間	洪水調節	不特定	かんがい	水道用水	工業用水	発電	最低水位以下

洪水期 (II) / 洪水期 (III)

的にPが含まれている場合がある).

ダム名	事業主体	総貯水容量	目的	洪水期 (IV)									期間
				期間	洪水調節	不特定	かんがい	水道用水	工業用水	発電	最低水位以下	
竜門ダム	九州地方整備局	42,500	F, N, A, I									
福地ダム	沖縄総合事務局	55,000	F, N, W, I									
新川ダム	沖縄総合事務局	1,650	F, N, W, I									
安波ダム	沖縄総合事務局	18,600	F, N, W, I									
普久川ダム	沖縄総合事務局	3,050	F, N, W, I									
辺野喜ダム	沖縄総合事務局	4,500	F, N, W, I									
漢那ダム	沖縄総合事務局	8,200	F, N, A, W									

洪水期 (V)						非洪水期					
洪水調節	不特定	かんがい	水道用水	工業用水	発電	最低水位以下	洪水調節	不特定	かんがい	水道用水	工業用水	発電	最低水位以下

付　録　499

付表 1.2 直轄ダム・公団ダム容量等一覧──公団ダム (平成 13 年度)(容量の単位:千 m³. 目的

ダム名	事業主体	総貯水容量	目的	洪水期 (I)				
				期間	洪水調節	不特定	かんがい	水道用水
矢木沢ダム	水資源開発公団	204,300	F, N, A, W, P	通年	22,100	30,000	85,500	
奈良俣ダム	水資源開発公団	90,000	F, N, A, W, I, P	7/1〜9/30	13,000	2,500	5,000	64,500
草木ダム	水資源開発公団	60,500	F, N, A, W, I, P	7/1〜9/30	20,000	2,720	12,400	13,830
下久保ダム	水資源開発公団	130,000	F, N, W, I, P	7/1〜9/30	35,000	38,200		46,800
浦山ダム	水資源開発公団	58,000	F, N, W, P	7/1〜9/30	23,000	5,100	—	27,900
利根川河口堰	水資源開発公団	—	N, A, W, I	通年	—	—	—	—
霞ヶ浦開発総合	水資源開発公団	1,253,000	F, A, W, I	6/1〜7/31	361,000	—	97,200	37,800
岩屋ダム	水資源開発公団	173,500	F, A, W, I, P	通年	50,000	—		61,900
阿木川ダム	水資源開発公団	48,000	F, N, W, I	6/1〜10/15	16,000	6,000		22,000
味噌川ダム	水資源開発公団	61,000	F, N, W, I, P	6/1〜10/15	12,000	12,000	—	31,000
長良川河口堰	水資源開発公団	—	F, W, I	通年	—	—	—	—
高山ダム	水資源開発公団	56,800	F, N, W, P	6/16〜10/15	35,400	4,700	—	9,100
青蓮寺ダム	水資源開発公団	27,200	F, N, A, W, P	6/16〜10/15	8,400	4,300	11,100	
室生ダム	水資源開発公団	16,900	F, N, W	6/16〜8/31	6,150	1,700		6,450
布目ダム	水資源開発公団	17,300	F, N, W	6/16〜8/15	5,400	—		10,000
比奈知ダム	水資源開発公団	20,800	F, N, W, P	6/16〜10/15	9,000	2,400		7,000
一庫ダム	水資源開発公団	33,300	F, N, W	6/16〜10/15	17,500	3,600		9,700
日吉ダム	水資源開発公団	66,000	F, N, W	6/16〜10/15	42,000	9,600		6,400
琵琶湖開発総合	水資源開発公団	27,500,000	F, W, I	6/16〜8/31	BSL+1.4m〜-0.2m	—		BSL-0.2m
旧吉野川河口堰	水資源開発公団	—	F, N, W, I	通年	—	—	—	—
今切川河口堰	水資源開発公団	—	F, N, W, I	通年	—	—	—	—
新宮ダム	水資源開発公団	13,000	F, A, I, P	7/1〜10/10	5,000	—	6,700 (水道用水含ま
早明浦ダム	水資源開発公団	316,000	F, N, A, W, I, P	7/1〜10/10	90,000	173,000		
池田ダム	水資源開発公団	12,650	F, N, A, W, I, P	通年	4,400	—	—	—
富郷ダム	水資源開発公団	52,000	F, W, I, P	通年	12,500	—		35,100
寺内ダム	水資源開発公団	18,000	F, N, A, W	通年	7,000	700	4,000	4,300
筑後大堰	水資源開発公団	5,500	F, N, A, W	通年	—	—	—	930

付　録　501

の略号，出典は付表1.1と同じ）

			洪水期（II）							
工業用水	発電	最低水位以下	期間	洪水調節	不特定	かんがい	水道用水	工業用水	発電	最低水位以下
—	38,200	28,500	—	—	—	—	—	—	—	—
—	—	5,000	—	—	—	—	—	—	—	—
1,550	—	10,000	—	—	—	—	—	—	—	—
—	—	10,000	—	—	—	—	—	—	—	—
—	—	2,000	—	—	—	—	—	—	—	—
—	—	—	—	—	—	—	—	—	—	—
121,000	—	—	—	—	—	—	—	—	—	—
—	38,100	23,500	—	—	—	—	—	—	—	—
—	—	4,000	—	—	—	—	—	—	—	—
—	—	6,000	—	—	—	—	—	—	—	—
—	—	—	—	—	—	—	—	—	—	—
—	—	7,600	—	—	—	—	—	—	—	—
—	—	3,400	—	—	—	—	—	—	—	—
—	—	2,600	9/1～10/15	7,750	6,550（かんがい含まず）		—	—	—	2,600
—	—	1,900	8/16～10/15	6,400	—	—	9,000	—	—	1,900
—	—	2,400	—	—	—	—	—	—	—	—
—	—	2,500	—	—	—	—	—	—	—	—
—	—	8,000	—	—	—	—	—	—	—	—
m～−1.5	—	—	9/1～10/15	BSL+1.4m～−0.3m	—	—	BSL−0.3m～−1.5m	—	—	—
—	—	—	—	—	—	—	—	—	—	—
—	—	—	—	—	—	—	—	—	—	—
ず）	—	1,300	—	—	—	—	—	—	—	—
—	26,000	27,000	—	—	—	—	—	—	—	—
—	—	8,250	—	—	—	—	—	—	—	—
—	—	4,400	—	—	—	—	—	—	—	—
—	—	2,000	—	—	—	—	—	—	—	—
—	—	4,570	—	—	—	—	—	—	—	—

502 付録

ダム名	事業主体	総貯水容量	目的	洪水期 (III)				
				期間	洪水調節	不特定	かんがい	水道用水
矢木沢ダム	水資源開発公団	204,300	F, N, A, W, P	—	—	—	—	—
奈良俣ダム	水資源開発公団	90,000	F, N, A, W, I, P	—	—	—	—	—
草木ダム	水資源開発公団	60,500	F, N, A, W, I, P	—	—	—	—	—
下久保ダム	水資源開発公団	130,000	F, N, W, I, P	—	—	—	—	—
浦山ダム	水資源開発公団	58,000	F, N, W, P	—	—	—	—	—
利根川河口堰	水資源開発公団	—	N, A, W, I	—	—	—	—	—
霞ヶ浦開発総合	水資源開発公団	1,253,000	F, A, W, I	—	—	—	—	—
岩屋ダム	水資源開発公団	173,500	F, A, W, I, P	—	—	—	—	—
阿木川ダム	水資源開発公団	48,000	F, N, W, I	—	—	—	—	—
味噌川ダム	水資源開発公団	61,000	F, N, W, I, P	—	—	—	—	—
長良川河口堰	水資源開発公団	—	F, W, I					
高山ダム	水資源開発公団	56,800	F, N, W, P	—	—	—	—	—
青蓮寺ダム	水資源開発公団	27,200	F, N, A, W, P	—	—	—	—	—
室生ダム	水資源開発公団	16,900	F, N, W	—	—	—	—	—
布目ダム	水資源開発公団	17,300	F, N, W	—	—	—	—	—
比奈知ダム	水資源開発公団	20,800	F, N, W, P	—	—	—	—	—
一庫ダム	水資源開発公団	33,300	F, N, W	—	—	—	—	—
日吉ダム	水資源開発公団	66,000	F, N, W	—	—	—	—	—
琵琶湖開発総合	水資源開発公団	27,500,000	F, W, I	—	—	—	—	—
旧吉野川河口堰	水資源開発公団	—	F, N, W, I	—	—	—	—	—
今切川河口堰	水資源開発公団	—	F, N, W, I	—	—	—	—	—
新宮ダム	水資源開発公団	13,000	F, A, I, P	—	—	—	—	—
早明浦ダム	水資源開発公団	316,000	F, N, A, W, I, P	—	—	—	—	—
池田ダム	水資源開発公団	12,650	F, N, A, W, I, P	—	—	—	—	—
富郷ダム	水資源開発公団	52,000	F, W, I, P	—	—	—	—	—
寺内ダム	水資源開発公団	18,000	F, N, A, W	—	—	—	—	—
筑後大堰	水資源開発公団	5,500	F, N, A, W	—	—	—	—	—

付　録　503

工業用水	発電	最低水位以下	非洪水期						
			洪水調節	不特定	かんがい	水道用水	工業用水	発電	最低水位以下
—	—	—	—	—	—	—	—	—	—
—	—	—	—	15,500	5,000	64,500		—	5,000
—	—	—	—	4,500	20,500	22,900	2,600	—	10,000
—	—	—	—	54,000		66,000		—	10,000
—	—	—	—	9,700	—	46,300	—	—	2,000
—	—	—	—	—	—	—	—	—	—
—	—	—	339,000	—	105,600	41,000	131,400	—	—
—	—	—	—	—	—	—	—	—	—
—	—	—	1,340	22,000	—	22,000		—	4,000
—	—	—	270	24,000	—	31,000		—	6,000
—	—	—	—	—	—	—	—	—	—
—	—	—	—	31,700	—	17,500	—	—	7,600
—	—	—	4,700	4,300	11,100		—	—	3,400
—	—	—	1,000	1,700	—	6,450	—	—	2,600
—	—	—	2,700	2,700	—	10,000	—	—	1,900
—	—	—	3,100	8,300	—	7,000	—	—	2,400
—	—	—	4,000	12,000	—	14,800	—	—	2,500
—	—	—	22,000	21,000	—	15,000	—	—	8,000
—	—	—	—	—	—	BSL+0.3 m〜−1.5m		—	—
—	—	—	—	—	—	—	—	—	—
—	—	—	—	—	—	—	—	—	—
—	—	—	—	—	11,700（水道用水含まず）			—	1,300
—	—	—	80,000		173,000			36,000	27,000
—	—	—	—	—	—	—	—	—	—
—	—	—	—	—	—	—	—	—	—
—	—	—	—	—	—	—	—	—	—

付表1.3 土木建設活動に係る二酸化炭素排出量原単位の推定値

土木学会 LCA 小委員会の推奨値．基本的に産業連関分析法で推定．括弧内は積上法による値．

分類項目		土木学会推奨値	他文献値の範囲	単位	備考
砂利・採石		0.00154	0.00246-0.00267 (0.000280)	kgC/kg	
砕石		0.00189	0.00265-0.00325 (0.000320)	kgC/kg	
木材	製材品	0.0297	0.0380-0.147 (0.00778)	kgC/kg	
	合板	0.0519	0.0947 (0.0487)	kgC/kg	合板単価により変動
セメント	ポルトランドセメント	0.228 (0.193)	0.205-0.346 (0.214-0.235)	kgC/kg	
	高炉スラグ45%混入高炉セメント	0.135 (0.114)	0.194-0.335 (0.138)	kgC/kg	
	生コンクリート	84.9	60.4-96.2	kgC/m³	配合・流通で変動
鉄鋼	高炉製熱間圧延鋼材	0.411 (0.357)	0.355-0.467 (0.436)	kgC/kg	
	電炉製棒鋼・型鋼	0.128 (0.111)	0.131-0.254 (0.173-0.189)	kgC/kg	
アルミニウム（サッシ相当品）		2.03	0.699 (1.38-1.77)	kgC/kg	海外生産分も考慮
陶磁器（建設用）		0.188	(0.114)	kgC/kg	
ガラス（板ガラス相当品）		0.486	0.050-0.372 (0.414)	kgC/kg	単価が大きく左右
プラスチック製品		0.492	(0.176-0.372)	kgC/kg	
アスファルト	アスファルト	0.0281	0.0752	kgC/kg	石油精製副産物と仮定
	舗装用アスファルト混合物	0.0113	0.0293-0.0309	kgC/kg	配合・流通で変動
ゴム（タイヤ）		1.20		kgC/kg	
塗料		0.452	(0.142)	kgC/kg	
建設機械類		1.52	1.51-3.71	kgC/kg	乗用車から推定
汎用機械類		1.21	4.28-4.96	kgC/kg	ポンプで代表
仮設機材					

分　類　項　目	土木学会推奨値	他文献値の範囲	単　位	備　　考
軽油	0.779	0.994	kgC/l	
天然ガス（LNG）	0.669		kgC/m³	
液化天然ガス（LPG）	0.868	1.37	kgC/m³	
電力	0.129	0.130	kgC/kWh	
運輸	0.0930		kgC/t·km	平均エネルギー消費量

出典：「土木建設業における環境管理と環境負荷評価」講習会講演要旨集，土木学会地球環境委員会環境負荷評価（LCA）研究小委員会，平成9（1997）年8月22日．

索 引

[ア行]

IFIM（流量増分式生息域評価法） 23, 24
アジアモンスーン 223, 225, 226
荒川 131, 474
RVA 267, 269
r 戦略 255
アルベド 360, 361, 364, 370
アロケーション 469
案内板付高落差立坑 178
アンモニア 320
維持流量 4, 259, 261
位相 98, 282, 283
一次元解析 67, 69
一次生産 301
一般化極値分布 48
因子負荷量 291
インターネット 463, 464
Vollenweider モデル 330, 332
浮き石 15
栄養塩 13, 337
栄養塩のスパイラル 303
栄養カスケード 339
エクマン・スパイラル 326
N-BOD 311
エネルギー収支 212
LCA 444
エルニーニョ 221
エルニーニョ南方振動（ENSO） 221, 225
沿岸帯 323, 335
塩水くさび 314
大型粒子態有機物（CPOM） 304, 305, 309
屋上緑化 368, 370

乙川 406
オハイオ川 116
重み付き利用可能面積 279

[カ行]

科 237
海風 357, 360
拡散波モデル 194
拡大速度 149
拡張費用便益分析 457
拡張フェア式 49
攪乱 10, 12, 18, 138, 253, 261, 386, 420
河床形態の多様性 14
河床生態保全洪水 272, 276, 277
風の道 356
河川環境 GIS 396
河川環境管理計画 479
河川環境情報図 390, 392, 397, 402, 417
河川環境評価 383
河川格子 193, 195, 197
河川整備基本方針 478
河川整備計画 478
河川の自然特性 9
河川の重要度 38
河川法 3
河川法改正 8, 31
河川模型 421
河道維持流量 262, 264
加熱期 317
可能性価値 437
河畔植生 13
河畔林 409
ガマ 337, 338
刈取食者 306

灌漑耕作　228
環境因子の重み付け　291
環境影響（インパクト）　390
環境応答（レスポンス）　390
環境教育　463
環境経済統合勘定　448,458
環境収容力　246
環境用水　468,469
環境用水の便益　441
環境流量　264
環境倫理　25,29,32
冠水頻度　139
間接被害　429
神田川　374
環七地下河川　132
ガンマ分布　47,55
汽水域　314
北川　396
基盤価値　437
忌避曲線　297
基本高水　39,43
逆算粗度係数　76
境界混合係数　67,73
胸高直径　150
距離尺度　18
魚類生息場　260
空間認識度　383
空間認知　378
空間場価値　437
空間分解能　231
釧路湿原　423
群集　241
グンベル分布　48,55,59
景域　20
計画河床　143
計画高水流量　40,42,57
計画断面　143
計画の規模　38
景観　19,260,409
荊江大堤　124
荊江分洪区　127
景相　20

$k\text{-}\varepsilon$ モデル　79
下水道　175,176,310
K 戦略　255
顕示選好法　438
減水区間　261
現存量　244
顕熱　190,360,366,368
原風景　388
綱　237-240
合意形成　463,465,469,470
降雨の継続時間　38
高規格堤防　131,479
公共事業の再評価　453
光合成　13,301
交互砂州　16
洪水到達時間　51
洪水の非定常性　108
洪水保険　119
高度化便益　429
高度処理　177
合理式　50
合流式下水道　177
コストアロケーション　433
個体　240
個体群　240
コリオリ係数　327
コリドー　14
今日的潜在自然　6

[サ行]

再現期間　45
再生水利用　179,180
最低流量　262
砂礫堆相似則　111
三次元解析　68
GIS　394
CVM　438,467
事業評価　456,461
資源量　249
自浄作用　312
死水域　69,71
沈み石　15

自然河岸　386
自然環境の価値　436
湿地復元　122
支払意思額　443, 444
標津川　423
石神井川　373
斜面係数　82
種　237
従属栄養生物　243
住民参加　470
自由連結ツリー　192
主成分分析　289
主堤防後行　99, 102, 104, 105
主堤防先行　99, 102, 105
首都圏外郭放水路　132
樹木群　67-71
樹林化　147
循環期　318
準二次元解析　67, 70
象徴価値　47
蒸発散　190, 202, 206, 215, 362, 370
蒸発散量の増加率　207
消費資源価値　437
消費者　243
植生地被　76
植生破壊　161
植生破壊流量　157
植物プランクトン　316, 321, 335, 336
食物連鎖　243, 301
ショケ積分値　294
新河川法　4
人工排熱　355, 358, 364
親水空間　372
浸水実績　121
浸水想定水域　121
心理的階層構造　378
水温躍層　317, 325
水質指標生物　312
水蒸気　213
水制　77
水文統計法　266
水理指標法　266

水利流量　259
ストームトラック　218
政策評価　455
生息域環境質評価指標法（HQI）　22
生息域適性度　21, 24
生息域モデル法　266
生態系　241
生態系維持流量　263, 264
成長モデル　347
生長モデル　345
生物多様性　26
生物的健全度指標（IBI）　21
赤外放射　213
セストン　242
瀬と淵　15
潜在自然型河川計画　27, 29, 30, 32
潜在自然植生　8, 139, 409, 420
選択指数　281, 285
尖頭流量　57, 61, 63
潜熱　190, 360, 366, 368
総寿命影響評価　445
増殖力　246
掃流砂量　80
粗度　75, 76, 140, 141, 154, 155, 361

[夕行]

大気循環　213
代償植生　139
対数正規分布　46, 55, 59, 158
代替案　465
代替法　437, 467
太陽放射　213
竹　153, 155, 160, 163
蛇行流路　16
多自然型河川工事　468
多自然型工法　439
多自然型川づくり　4
妥当投資額　434
ダブルバウンド方式　441, 444
WUA　279
多摩川　131, 450, 475, 477, 478
段上がり　92

索　引　509

タンクモデル　53
淡水資源量　211
短波放射　213, 360
地下河川　131
地下水流出　362
地球温暖化　219
治水経済調査　429
地中への伝導熱　360
窒素　311, 320
地表面の熱収支　360
抽水植物　334
超過確率　38, 44
長江　122
長波放射　360
貯留関数法　52
沈水性植物　334
低水路満杯流量　63
底生動物　13
適性曲線　280
デトリタス　337
Tennant 法　268
透過係数　68
等価祖度係数　153
東京都の水・熱収支　186
洞庭湖　130
倒伏限界モーメント　156
動物プランクトン　316, 322, 335
独立栄養生物　242
都市キャノピー　182, 359, 368
土地景観　21, 32
土地利用　363
トップダウン　254, 256, 340
利根川　131, 198, 450

[ナ行]

二元論　465
ニッチ　251
ニッチのシフト　252
人間環境保全流量　263, 264
認知度　464
ネクトン　241
熱慣性　216

熱収支　181, 183
熱帯収束帯　218
年最大日流量　55, 61, 63

[ハ行]

バイアス除去　444
バイオエナジェティクス　344, 348
バイオマス　302
剝離渦　84
ハザードマップ　121
破砕食者　306, 308, 309
羽村取水堰　478
ハリエンジュ　149, 151, 154, 156, 160, 163
バルク係数　361
氾濫原管理　119
氾濫原格子　193, 195, 197
ピアソン III 型分布　47, 55, 59
PHABSIM（微視的生息域評価法）　22, 278
BOD　311, 312
ヒートアイランド　190, 353, 355
比高　139
微細粒子態有機物（FPOM）　304, 305, 307, 309
微視的生息域評価法（PHABSIM）　24
費用対効果　429
費用便益分析　456
表明選考法　438, 441
表面流出　190, 362
貧酸素　319
貧酸素化　320
ファジィ測度　293, 296
van Rijn 式　81
富栄養　311, 320, 322
Wedderburn 数　317
不快指数　354
復元力　386
複断面二重蛇行流路　98
腐食連鎖　301
付着藻類　302
浮遊植物　334
浮葉植物　334

プランクトン　241
フルード相似　107, 109
分解者　243, 306
分離費用　433
平面二次元解析　68
ヘドニック法　467
ベントス　241
包括的手法　266
防洪法　128
ボーエン比　190, 366
ポーヤン湖　130
捕食　252, 254
捕食者　306
ボトムアップ　254, 256, 340

[マ行]

身代わり建設費　434
ミシシッピ川　112
ミシシッピ川委員会　116
ミジンコ　342
ミズーリ川　112
水際部　403, 409, 416
水収支　181, 182, 362
水循環変動　231
水使用量　211
密生度　69, 153
密度成層　216
南太平洋収束帯　218
ミニマルモデル　342
Meyer-Peter-Müller 式　81
目　237-240
門　237-240
モンスーン循環　222

[ヤ行]

躍層の破壊　324
ヤナギ　151
溶解性有機物（DOM）　304, 305, 307
ヨシ　337, 338, 345
吉野川第十堰　461
淀川　131

[ラ行]

ラダーリング　379
ラングミュア・スパイラル　326
ランドスケープ　19, 409
陸軍工兵隊　116
リスクアセスメント　469
リター　304, 306, 308
流域委員会　477
流域下水道　176
流出係数　50
粒状有機物　13
流入係数　52
流量増分式生息域評価法（IFIM）　24, 280
旅行費用法　467
リン　311, 321, 347
倫理　470
連続性　12, 388
漏水　362
濾過摂食者　306, 309
ロジスティック曲線　247
ロジットモデル　443

[ワ行]

ワークショップ　410, 464
わんど（ワンド）　90, 92, 94, 416

[編者紹介]

玉井信行（たまい・のぶゆき）　第1章，第2章，第3章 3.2節，3.3節，3.4節，3.5節，3.6節，第4章，第5章，第8章，第13章，コラム

1941年　愛知県に生まれる．
1966年　東京大学大学院工学系研究科修士課程修了．
1966年　東京大学大学院工学系研究科博士課程中退．
現　在　金沢大学大学院自然科学研究科教授，工学博士，東京大学名誉教授．
専　門　河川工学・河川計画．
主要著書　『河川生態環境工学——魚類生態と環境工学』（共編著，1993年，東京大学出版会），『河川工学』（編著，1999年，オーム社），『河川生態環境評価法——潜在自然概念を軸として』（共編著，2000年，東京大学出版会）

[執筆者紹介]（五十音順）

浅枝　隆（あさえだ・たかし）　第7章，第9章 9.1節，9.2節，9.3節，9.4節，9.6節，9.7節

1953年　広島県に生まれる．
1978年　東京大学大学院工学系研究科修士課程修了．
現　在　埼玉大学大学院理工学研究科教授，工学博士．
専　門　環境工学・応用生態学
主要著書　『河川工学』（共著，1999年，オーム社），"Problems, Restoration & Conservation of Lakes and Rivers: Encyclopedia of Life Support System, UNESCO"（共著，2002年，UNESCO）

池内幸司（いけうち・こうじ）　第3章 3.1節，第11章

1957年　兵庫県に生まれる．
1982年　東京大学大学院工学系研究科修士課程修了．
現　在　国土交通省河川局河川計画課河川事業調整官，工学修士，技術士（総合技術監理部門，建設部門）．
専　門　河川工学
主要著書　"Floodplain Risk Management"（共著，1998年，A. A. Balkema），『河川と自然環境』（共著，2000年，理工図書），『多自然型川づくり——河岸を守る工法ガイドブック』（共著，2002年，財団法人リバーフロント整備センター）

小池俊雄（こいけ・としお） 第6章，第10章10.4節

1956年 福岡県に生まれる．
1985年 東京大学大学院工学系研究科博士課程修了．
現　在 東京大学大学院工学系研究科教授，工学博士．
専　門 水文学・河川工学
主要著書 『地球環境論』（共著，1996年，岩波書店），
　　　　『水・物質循環系の変化』（共著，1999年，岩波書店）

白川直樹（しらかわ・なおき） 第10章10.2節，10.3節，第12章12.2節，12.3節，12.4節，付録

1972年 栃木県に生まれる．
1998年 東京大学大学院工学系研究科博士課程中退．
現　在 筑波大学大学院システム情報工学研究科講師，工学博士．
専　門 河川工学
主要著書 『環境問題へのアプローチ』（共著，2001年，東京電機大学出版局）

黄　光偉（ホアン・グアンウェイ） 第9章9.5節，第10章10.1節

1961年 中国上海市に生まれる．
1994年 東京大学大学院工学系研究科博士課程修了．
現　在 新潟大学工学部助教授，工学博士．
専　門 環境水工学

松﨑浩憲（まつざき・ひろのり） 第12章12.1節，12.5節，第13章

1962年 島根県に生まれる．
1988年 山口大学大学院工学系研究科修士課程修了．
現　在 （株）建設技術研究所社会システム部・環境システム室次長，工学博士，技術士（総合技術監理部門，建設部門，情報工学部門，水産部門）．
専　門 河川工学
主要著書 『元気の出る北陸からの公共投資論』（共著，1999年，東洋経済新報社），『社会資本整備の新機軸』（共著，2004年，山海堂）

河川計画論──潜在自然概念の展開

2004年10月18日　初　版

［検印廃止］

編　者　玉井信行

発行所　財団法人　東京大学出版会

代表者　五味文彦

113-8654　東京都文京区本郷 7-3-1 東大構内
電話 03-3811-8814　Fax 03-3812-6958
振替 00160-6-59964

印刷所　株式会社三秀舎
製本所　矢嶋製本株式会社

© 2004 Nobuyuki Tamai
ISBN 4-13-061125-9 Printed in Japan

Ⓡ〈日本複写権センター委託出版物〉
本書の全部または一部を無断で複写複製（コピー）することは，著作権法上での例外を除き，禁じられています．本書からの複写を希望される場合は，日本複写権センター（03-3401-2382）にご連絡ください．

河川生態環境工学
魚類生態と河川計画
玉井信行・水野信彦・中村俊六-編

A5判・320ページ・3800円

河川生態環境評価法
潜在自然概念を軸として
玉井信行・奥田重俊・中村俊六-編

A5判・280ページ・3600円

河川工学
高橋　裕

菊判・360ページ・3900円

川の昭和史
安藝皎一

A5判・466ページ・7500円

利根川治水の変遷と水害
大熊　孝

A5判・418ページ・8000円

首都圏の水
高橋　裕-編

A5判・248ページ・4500円

ここに表記された価格は本体価格です．ご購入の際には消費税が加算されますのでご了承下さい．